阿基米德全集
THE WORKS OF ARCHIMEDES
（第 3 版）

［英］T. L. 希思　编辑、英译及评注
朱恩宽　常心怡　等译
叶彦润　冯汉桥　等校

陕西新华出版传媒集团

陕西科学技术出版社
Shaanxi Science and Technology Press
————西 安————

本书译者

班晓琪　陈凤至　张大卫　魏　东　常心怡　张毓新　万桂花　高　嵘
朱恩宽　兰纪正　李三平　李文铭　刘　萍　王青建　周冬梅　黄秦安
张惠民　莫　德

本书校者

胡世琴　王渝生　叶彦润　赵宗尧　常心怡　冯汉桥　苟增光　朱恩宽

图书在版编目（CIP）数据

阿基米德全集：第 3 版／（英）T.L.希思编辑、英译
及评注；朱恩宽等译. — 西安：陕西科学技术出版社，
2022.6

ISBN 978 - 7 - 5369 - 8459 - 2

Ⅰ. ①阿… Ⅱ. ①T… ②朱… Ⅲ. ①古典数学 - 古希
腊 - 文集 Ⅳ. ①O115.45 - 53

中国版本图书馆 CIP 数据核字（2022）第 085872 号

阿基米德全集（第 3 版）
THE WORKS OF ARCHIMEDES
[英]T.L.希思　编辑、英译及评注
朱恩宽　常心怡　等译
叶彦润　冯汉桥　等校

责任编辑	李　珑　常丽娜	
封面设计	曾　珂	

出 版 者	陕西新华出版传媒集团　　陕西科学技术出版社
	西安市曲江新区登高路 1388 号 陕西新华出版传媒产业大厦 B 座
	电话 (029)81205187　传真 (029) 81205155　邮编 710061
	http://www.snstp.com
发 行 者	陕西新华出版传媒集团　　陕西科学技术出版社
	电话 (029)81205180　81206809
印　　刷	西安五星印刷有限公司
规　　格	787mm×1092mm　　16 开本
印　　张	24.75
字　　数	541 千字
版　　次	2022 年 6 月第 3 版
	2022 年 6 月第 1 次印刷
书　　号	ISBN 978 - 7 - 5369 - 8459 - 2
定　　价	85.00 元

Ο Αρχιμήδης (287-212 π.Χ.).

阿 基 米 德

（希腊国家图书馆1996年提供）

ARCHIMEDIS

OPERA OMNIA
CVM COMMENTARIIS EVTOCII

ITERVM EDIDIT
IOHAN LVDVIG HEIBERG

CORRIGENDA ADIECIT
EVANGELOS S. STAMATIS

VOL. I

EDITIO STEREOTYPA EDITIONIS
ANNI MCMX

STVTGARDIAE IN AEDIBVS B. G. TEVBNERI MCMLXXII

海伯格《阿基米德全集及注释》第Ⅰ卷本1972年再版本扉页

（丹麦王室国家图书馆1996年提供）

THE WORKS OF

Archimedes

EDITED IN MODERN NOTATION
WITH INTRODUCTORY CHAPTERS BY

T. L. Heath

WITH A SUPPLEMENT

The Method of Archimedes

RECENTLY DISCOVERED BY HEIBERG

NEW YORK
DOVER PUBLICATIONS, INC.

T.L.希思《阿基米德全集》1912年版本扉页

2010 年修订版前言

本书初版已有十余年时间,它用中文介绍了伟大的古希腊数学家、力学家阿基米德现存的著作,以及英国数学史家希思在这方面的研究成果.这些珍贵的世界历史文化遗产在国外有多种文字的传播,而在我国这样集中全面的介绍尚属首次,所以在国内数学史界和科技史界产生了一定的影响,对于数学史和科技史的研究提供了第一手的资料.

这次修订再版,译者和校者对已发现的错误以及不妥之处进行了修正,并对部分内容进行了重译:其中导论第 2、第 5 和第 6 这三章由常心怡重译;第 3 章由张毓新重译.另外将原附在各章最后的注文,对应地移到正文同一页的下方,将希思的原注用方括号(〔1〕,〔2〕,……)表示,汉文译、校者的注用圆圈(①,②,……)表示.书的最后增添了一篇"汉译者附录".赵生久先生重新绘制了全部插图.修订版重新设计了版面,使得这部经典的学术专著看上去更加精美.全部修订稿由朱恩宽和常心怡统稿.限于水平,书中仍可能存在错误和不妥之处,欢迎批评指正.

朱恩宽　常心怡

2010 年 10 月

汉译本序

阿基米德(Archimedes,公元前287—前212)是古希腊最伟大的数学家和力学家,后人对他给予了极高的评价,常把他和牛顿、高斯并列为有史以来三位贡献最大的数学家.

阿基米德在继承前人数学成就的基础上,作了进一步完善和发展,他给出了"阿基米德公理",使与极限有关命题证明的"穷竭法"更加严密,并且运用自如,最后完成了圆面积、球表面积以及球体积的证明.

阿基米德在对古希腊三个著名的问题(倍立方体、三等分角和化圆为方)的深入探索中引出了诸多的发现,并且在数学的各个方面做出了开创性的工作.他研究了与螺线、抛物线和圆锥曲线旋转体有关的命题,同时在三次方程和算术方面都有贡献.

阿基米德是数学、物理结合研究的最早典范,他用公理化方法完成了杠杆平衡的理论和重心理论,在《论浮体》中,仍用公理化方法完成了静止流体浮力的理论,成为力学的创始人.不仅如此,他还通过力学的实际应用发明了许多实用机械.

1906年,丹麦语言学家、数学史家海伯格(J. L. Heiberg,1854—1928)发现了阿基米德的《方法》一文(此发现被认为是20世纪最大的科学考古发现之一).该文主要讲述根据力学原理(杠杆原理和重心理论)去发现问题的方法:如球体积、抛物线弓形面积、旋转圆锥曲面体的体积等,实际就是我们近代积分处理的方法,因而具有划时代的意义.他的最大贡献也在于此,从而被誉为近代积分的先驱.没有一个古代科学家能像阿基米德那样将熟练的计算技巧和严格的证明融为一体,将抽象的理论和工程技术的具体应用紧密结合起来.

阿基米德的著作是数学阐述的典范,写得完整、简练,显示出巨大的创造性、计算技能和证明的严谨性.他的每一篇论文都为数学知识宝库作出了崭新的贡献.

《阿基米德全集》收集了已发现的阿基米德著作,它对于人们了解古希腊数学,研究古希腊数学思想以及整个科技史都是十分宝贵的.

另外,《阿基米德全集》的编辑者——英国古希腊数学史研究权威 T. L. 希思(T. L. Heath,1861—1940)——在书中添加了"导论"(共8章),可以说是研究阿基米德著作的总结.其内容丰富、资料翔实,对我们进一步了解和认识阿基米德著作很有帮助.

这次对阿基米德著作的翻译,是我国首次全面的翻译.我们要感谢中文编译者们高质量地完成了这样一件意义深远的工作,感谢陕西科学技术出版社出版了这样一本重要的学术名著.

李文林

1998年7月于北京

汉译本出版说明

《阿基米德全集》汉译本依据的底本是 1912 年英国出版的《THE WORKS OF ARCHIMEDES WITH THE METHOD OF ARCHIMEDES》,这部英文版著作是由 T. L. 希思根据丹麦语言学家、数学史家 J. L. 海伯格的《阿基米德全集及注释》以及有关史料编辑而成. 书中有"导论"8 章,由 T. L. 希思撰写,并且希思在阿基米德著作的原文中引进了现代数学的符号.

1994 年 8 月在成都召开了"全国高等学校欧几里得《几何原本》研讨会",会议确定翻译阿基米德的著作. 合作单位有中国科学院自然科学史研究所、辽宁师范大学数学系、陕西师范大学数学系等科研单位和高等院校. 中国科学技术史学会副理事长、辽宁师范大学数学系教授梁宗巨先生对此工作给予了大力支持,他不仅提供了翻译所依据的 T. L. 希思的英文版底本,并且参与了组织工作. 不幸的是,梁先生于 1995 年 11 月病故,未能看到此项工作的完成.

参加该书翻译和校阅的人员有:序言,班晓琪译、胡世琴校. 导论:第 1 章,陈凤至译、王渝生校;第 2 章,张大卫、魏冬译,张大卫校;第 3 章,魏东译、叶彦润校;第 4 章,魏冬译、赵宗尧校;第 5 章,万桂花译、常心怡校;第 6 章,万桂花译、常心怡校;第 7 章,高嵘译、常心怡校;第 8 章,高嵘译、常心怡校. 阿基米德著作:论球和圆柱Ⅰ、Ⅱ,朱恩宽译、叶彦润校;圆的度量,兰纪正译、叶彦润校;论劈锥曲面体与旋转椭圆体,李三平译、冯汉桥校;论螺线,李文铭译、冯汉桥校;论平面图形的平衡Ⅰ、Ⅱ,刘萍译、苟增光校;沙粒的计算,王青建译、冯汉桥校;求抛物线弓形的面积,周冬梅译、朱恩宽校;论浮体Ⅰ、Ⅱ,黄秦安译、苟增光校;引理集,张惠民译、叶彦润校;家畜问题,莫德译、冯汉桥校;方法,周冬梅译、苟增光校.

全书由朱恩宽、李文铭统稿,并增添了"附录"和"人名索引". 樊太和参与了部分章节的校对工作.

在翻译过程中,得到了译、校者所在单位的大力支持. 陕西师范大学数学系将该译本作为"古希腊数学思想史研究"课题的内容之一,为该项工作提供了启动经费. 此外,在与国外有关机构的联系中,我们还获得了有价值的资料. 中国数学会秘书长、全国数学史学会理事长李文林教授为该书写了序. 台湾九章出版社社长孙文先先生闻知该译本即将出版,特来电祝贺. 陕西科学技术出版社总编张培兰女士和编辑赵生久先生为该书出版做了很多工作. 值此付梓之际,对支持、关心和参与此项工作的单位和同志表示衷心的感谢!

朱恩宽　王渝生

1998 年 9 月

目录

附　录 ·· (359)

第3版后记 ·· (379)

序　言

出版本书的用意在于为我最近编辑问世的阿波罗尼奥斯(Apolonius)有关圆锥曲线论著创作一部姊妹篇,努力促使这位"最伟大的数学家"的著作易于为当今搞数学的人所接受,也许是值得的;由于这些著作篇幅太长而形式过时,人们不可能去读它的希腊原文或者拉丁文译本,或者即便读了,也不可能掌握和抓住整个论著的要领.能为公众献上一部重新制作的,或许曾经是世界上最伟大的数学天才的现存著作,说实在的,这也使我感到少了一份歉疚.

迈克尔·查斯纳斯(M. Chasles)曾经对阿基米德的几何,与我们从阿波罗尼奥斯的著作中看到的高度发展了的几何的主要特点,作过一个颇有教益的区分,查斯纳斯说,他们的工作可看作是整个几何学领域内两大探索方向的起源和基础.阿波罗尼奥斯搞的是**形位几何**,而从阿基米德的著作中,我们看到的是,研究平面曲边图形的面积与曲面图形的表面积和体积的**度量几何**,这些研究"产生了刚开始孕育并接连由开普勒(Kepler. J.),卡瓦利里(Cavalieri),费马(Ferro. s.),莱布尼兹(Leibniz, G. W.)和牛顿(Newton, I.)完成的无穷演算".无论是否认为阿基米德是在按自己的主意运用极限方法,他确实成功地求得了抛物线弓形和螺线形的面积,球与球缺的体积和表面积,以及圆锥截线旋转体任意截段的体积,而为了达到这些目的,他实际上用的是**积分**.他还知道求抛物线弓形的重心,计算出 π 的算术近似值,创造了一种用字词表示一直大到 1 后面加 800000 亿个零的任何数目的系统,或许还创立了整个水静力学,并将这个学科推进到,给出对浮在液体中旋转抛物体的物体的任意正截段的静止和稳定位置的最完整研究.用心的读者不能不被他涉猎学科范围的广泛和论述的精辟所打动,而如果是这些激起了人们研究阿基米德的真正热情,那么他的风格和方法同样具有不可抗拒的魅力.或许对习惯于用具有普遍性的现代方法迅速而直接求得答案的数学家来说,印象最深的大概是,阿基米德对待他力求解决的任何一个主要问题的审慎.这个特点本身的必然效应就是,激起对他的更加敬慕,因为这样的方法揭示出一位预知一切的大战略家的战术,这就是取消对实施他的计划不直接有利的所有事情,把一切安排到位之后,突然(这时在旁观者心中,详尽的论述已经掩盖了最终的目标)出手最后一击.我们就是这样从阿基米德那里读着一个接一个的命题,即使对它们的意义不是当时就明了,但总是发现接下去都有用;在这些易懂的步骤引导下,我们会发现出现在著作开头的原始问题并不很困难,正如普卢塔克(Plutareh)所说的"在几何学中不可能有更难、更麻烦的问题,或更简单、更明晰的解释".但普卢塔克继续说,由于这些流畅易懂的步骤,使我们以为任何人自己都可以发现这些命题,这显然是言过其实.相反,论著研究的简洁与完美的结果包含着一种神秘的因素.虽然每个步骤都依赖着前一步,但这些步骤是如何被阿基米德想到的,对此我们一无所知.瓦里斯

1

（Wallis）的评论道出了一些事实，他说他（阿基米德）"似乎有既定的意图掩盖他研究的踪迹，好似不愿让他的后来者知道他探究问题的方法，而希望强迫他们赞同他的结论"．瓦里斯进而说，不仅是阿基米德，几乎所有的古人都向他们的后来者如此隐藏分析①的方法（虽然可以肯定他们有一种），以至于很多现代的数学家感到创造一种分析法远比寻求一种古老的方法要容易．毫无疑问，这就是为什么阿基米德和其他希腊的几何学家在本世纪几乎没有受到多少注意的原因，也就是为什么在极大限度上阿基米德仅被模糊地记为螺旋提水器的发明者．甚至数学家们除了知道他是以他的名字命名的流体静力学原理的发现者之外，对他也知之甚少．只是到了近些年，我们才有了希腊原文比较令人满意的版本，即 1880—1801 年海伯格（Heiberg）出版的．而且据我知道自 1824 年内兹（Nizze）出版的德文版以来还没有完整的译本，而德文版本现已绝版，以至于我很难寻到一个副本．

本书的规划因此与我所编辑的阿波罗尼奥斯的《圆锥曲线论》的规划相同．在这种情况下，也没有太大必要选择压缩，而有可能保持其命题数目，以接近原作的方式阐述，避免使解释不清．再者，主题并不那么复杂，因而没有必要将使用的符号绝对统一（这是尚可读懂阿波罗尼奥斯的唯一方法），虽然我尝试过尽量使其统一．我主要的目的是忠实再现论著像我们刚见它时那样的风貌，不添加也不漏掉任何本质的、重要的东西，绝大部分的注释在于让原文中的特殊观点清楚明白地显示出来或为阿基米德假定成立的命题提供证明．有时我认为将方括号插到命题的后面是合适的，用同样的方法使注释说明那些命题的准确意义，以免由于将注释放在导论部分或页尾而被人忽略．

导论大部分是有关历史的，其余的一部分致力于给出比注释中给出的对阿基米德所用方法及其数学意义更为一般的评估，另一部分在于讨论历史上没有确定而引起的问题．对后一种情况，有必要提出一些以解释模糊的观点．虽然我已给出历史证据，以便引用来支持一个特定的假设，但我还是非常注意它们的推测特性．我的目的在于给出我们所拥有的真实信息，以及由此我们已给或可能推出的结论，从而使读者自己判断他能接受假设的程度．也许我应为被称为 νευσεισ 或 inclinations 一章的长度致歉，它是比阐述阿基米德所需要的长了一些，但它的主题非常有趣，我认为详尽地描述它使我对有关阿波罗尼奥斯和阿基米德的研究更完满．

在此书印刷准备过程中有一点失望，就是我非常希望在书的扉页上或其背面印上阿基米德的肖像．我的想法被这一事实所激励——即陶瑞利（Torelli）版本的扉页上就有以纪念章形式出现的肖像，上面签着"Archimedis effigies marmorea in veteri anaglypho Romae asservato"的字样，但当我发现另外两个完全不同与此的肖像时，我觉得应该审慎．（一个出现在 1807 年佩拉（peyrard）法文版本上，另一个出现在格罗那韦尔斯（Gronovius）的 Thesaurus Graecaram Antiquitation 上．）我认为有必要进一步研究此事．后来我从大英博

---

① 此处的"分析"是相对于"综合"而言的，指一种普遍的思维方法．

物馆的默雷(A. S. Murray)博士那儿获知这三幅肖像都没有权威性. 肖像研究的作者们显然没有从现存的肖像中辨认出一个阿基米德. 基于此,我不得不放弃我本来的想法,虽然这令我倍感遗憾.

校样承我的兄弟,伯明翰市 Mason 学院院长 R. S. 希思博士通读. 我希望借此机会感谢他,感谢他这位对希腊几何学并不是非常有兴趣的人所做的耐心的工作.

T. L. 希思

(班晓琪 译 胡世琴 校)

导论

（T. L. 希思）

─────── 第 **1** 章 ───────

阿基米德

一个名叫赫拉克利德（Heracleides）[1] 的人曾写过一本阿基米德的传记，但是这本传记没有留传下来，因此有关的史实必须从为数众多的不同来源[2]中去收集. 按照采齐斯（Tzetzes）[3]所述，阿基米德死于 75 岁，由于他是在叙拉古城陷落时（公元前 212 年）被杀的，可以推知他大约生于公元前 287 年. 他是天文学家菲底亚斯（Pheidias）[4] 的儿子，如果不是希罗王和他的儿子革隆（Gelon）的亲戚，与他们交往密切也是肯定的. 由狄俄多鲁斯（Diodorus）[5] 的一段文字可以推知，阿基米德曾在亚历山大里亚待过很长一段时间，并与欧几里得的继承者共同作过研究. 也许，他在亚历山大里亚就已结识了萨摩斯岛的科农（Conon）（无论是作为数学家还是作为自己的朋友，阿基米德对他都有很高的评价）和厄拉多塞（Eralosthenes）. 对于前者，阿基米德习惯于在发表自己的论文之前就与他交流；对于后者，据传著名的"家畜问题"就是寄给他的. 另一位朋友是 Pelusium 的多西修斯（Dositheus），他是科农（也许是在亚历山大里亚）的学生，尽管时间上在阿基米德旅居那里之后，但阿基米德曾把自己的若干著作奉献给他.

在回叙拉古后，阿基米德全身心地投入对数学的研究. 他发明了各种各样的精巧机械，这些发明竟使他远近闻名. 不过他认为这些事情只是"研究几何学之余的消遣"[6]，并不看重它们. 用普卢塔克的话来说，"他具有崇高的志向，深邃的灵魂，丰

─────────────

[1] 欧托西乌斯（Eutocius）在评论阿基米德的《圆的度量》（ὡς φησιν Ἡρακλειδης ἐν τῷ Ἀρχιμηδους βιφ.）时曾提及此著作. 他在评论 Apollonius 圆锥曲线（海伯格编，卷 II，P. 168）时也间接提到此书. 不过，在这里名字被误写为 Ἡράκλειος. 这个赫拉克利德也许就是阿基米德本人在《论螺线》一书序言中提到的那个赫拉克利德.

[2] 有关资料已详尽无遗地收集在海伯格的《Quaestiones Archimedeae》（1879）一书中. 陶瑞利（Torelli）版本的序言也给出了要点，同一本书中（P. 363 – 370）还列举了有关阿基米德的机械发明的绝大多数原始文献. 此外，在 Pauly-Wissowa's Real-Encyclopädie der classischen Altertumswissenschaften 中的论文"阿基米德"（惠尔慈著）对所有已知的资料给出一个令人赞叹的总结. 也可参阅 Susemihl 的《Geschichte der griechischen Litteratur Alexàndrinerzeit》，I. P. 723 – 733.

[3] 采齐斯，Chiliad.，II. 35，105.

[4] 在阿基米德的《沙粒的计算》中曾提到菲底亚斯，τῶν προτέρων ἀστρολόγων Εὐδδξου... Φειδια δὲ τοῦαμοῦ παγρὸς（最后几个词是 Blass 对 τοῦ 'Ακούπατρος' 所作的修正，见原文的读法）. 参阅 Schal. Clark. 的 Gregor. Nazianz. Or. 34，P. 355 a Morel. Φειδίας τὸ μέν γένος ἦν Συρακόσιοε ἀστρολόγος ὁ 'Αρχιμήδους πατήρ.

[5] 狄俄多鲁斯 v. 37，3，οὓς [τοὺς κοχλίας] 'Αρχιμήδης ὁ Συρακόσιος εὗρεν, στε παρέβαλεν εἰς Αἴγυπτον.

[6] 普卢塔克，Marcellus，14.

富的科学知识，以致他对在他身后留下一部有关这些发明的著述不屑一顾，尽管它们为他赢得了'具有超人智慧'这一荣誉．他认为把机械或艺术直接用于实际或谋利都是鄙贱的事，他把他的追求都放在这样的一些思考上，它们的美丽和奇妙之处就在于其中不搀有日常生活的需要[1]".

他的某些机械发明曾被有效地用于抗击罗马人对叙拉古城的围攻．例如，他设计了投石机，这种机械构造巧妙，可用于长程或短程发射．还有一种机器可以从城墙的小洞处向外抛撒飞石，另一种机器带有可移动的长杆，利用从城墙后伸出的长杆可以向敌人的船舰投掷重物，或是利用铁锚或类似起重机铁夹的东西抓住船头，将船舰提到空中然后再抛下．[2]据说，玛塞勒斯（Marcellus）曾不无戏谑地对他的工程师和工匠们说了以下这段话，"难道我们就不能结束与这位几何学的百年巨人的战斗么？他悠闲地坐在海边，随意地摆弄我们的船舰，让我们莫明其妙，还向我们投掷大量的飞石，难道他真的比神话中的百手巨人还厉害吗？[3]"但是，他的激励不起作用．罗马人处于极度的恐惧之中，以至一旦见到有一段绳子或一根木棍从城墙上伸出，他们就会喊"又来了"，意思是说阿基米德又在开动什么机器打他们了，于是就转身飞奔逃命．鉴于这种情形，玛塞勒斯只好放弃一切攻击的企图，把希望寄托在长期的围困上．[4]

如果我们得到的信息正确，阿基米德临死的时候，也像他活着时一样，正陷于对数学的沉思．关于他死时的确切情况，文献记载在细节上稍有出入．例如，列维（Livy）只是说叙拉古城陷落后情况非常混乱，人们发现他注视着他画在沙子上的图形，并被一个不知他是何人的士兵杀死[5]．普卢塔克（Plutarch）在以下这段话中记载了几种说法．"听到了阿基米德的死讯，玛塞勒斯非常悲痛．好像是命中注定似的，阿基米德专心于一个图形问题的解答，他的心灵和他的眼睛都集中在研究上，既没有注意到罗马人的入侵，也没有发现城市的陷落．当一个士兵突然走来，并命令阿基米德跟他到玛塞勒斯那里去时，他坚持要证明出这道题再走，结果这个士兵大怒，拔出剑来杀死了他．另一种说法是罗马人向他跑来，拿着一把出鞘的剑要杀他，阿基米德看到他后，迫切地求他稍等片刻，以免他留下一个不完整的和没有解决的问题，但另一个罗马人不理会他的恳求并杀死了他．关于阿基米德的结局还有第三种说法：当他带着他的数学仪器、日晷、球面和测量太阳视直径的量角器去见玛塞勒斯时，一群罗

---

[1] 普卢塔克，Marcellus, 14.

[2] Polybius, Hist. Ⅷ. 7 - 8；Livy ⅩⅩⅣ. 34；普卢塔克，Marcellus, 15 - 17.

[3] 普卢塔克，Marcellus, 17.

[4] 同上.

[5] 列维 ⅩⅩⅤ. 31. Cum multa irae, multa auaritiae foeda exempla ederentur, Archimedem memoriae proditum est in tanto tumultu, quantum pauor captae urbis in discursu diripientium militum ciere poterat, intentum formis, quas in puluere descripserat, ab ignaro milite quis esset interfectum; aegre id Marcellum tulisse sepulturaeque curam habitam, et, propinquis etiam inquisitis honori praesidioque nomen ac memoriam eius fuisse.

马士兵遇见了他. 他们以为他的盒子里装的是金子，就杀死了他.[1]" 最生动的说法也许是，他向走近他的罗马士兵说"小伙子，离我的图形远些"，于是那人大怒并杀死了他.[2] 佐那拉斯（Zonaras）在对这个故事所做的补充中说，阿基米德曾说"παρα κεφαλα̅ καὶ μὴ παρα̅ γραμμα̅ν"，这无疑会使人想到普卢塔克给出的第二种说法. 这一补充也许是后人对这个故事所做的添枝加叶中最不自然的一笔.

据说，阿基米德曾要求他的朋友和亲戚在他的墓碑上刻一圆柱和内切于该圆柱的球面，并刻上说明圆柱面和球面面积之比的碑文[3]. 由此推测，阿基米德本人认为这一比值［《论球和圆柱》I. 33，34］的发现是他最伟大的成就. 当时是西西里的会计官的西塞罗（Cicero）发现了这座无人问津的坟墓，并修复了它.[4]

除了以上这些有关阿基米德生平的史实，剩下的只是一些故事. 这些故事也许不是句句准确无误，但可以帮助我们了解这位古代最伟大的数学家的个性. 因此，我们不愿意改动这些故事，例如，为了说明他在作抽象研究时的全神贯注，有故事说他会忘掉食物和生活中的一切必要的事，他会在火堆的灰烬上或在身体的油膏上[5]（当他往身上涂油膏时）画几何图形. 同类故事中最著名的一个是：当他在洗澡时解决了希罗王交给他的一个问题（一顶应当由纯金制成的王冠是否真的没有搀入一定比例的银）时，他赤裸着身体穿过街道跑回家，一边还大声喊叫着 εὕρηκα，εὕρηκα.[6]

按照帕普斯（Pappus）[7]，正是由于发现了用一定的力移动一给定重物问题的解答，阿基米德说出了以下名言："给我一个立足点，我就可以移动这个地球（δός μοι πού στω̅ καὶκιω̅ τὴν γῆν）." 普卢塔克（plutarch）描述说，他对希罗宣称，任一给定的重物都可以由一给定的力移动. 由于相信他的证明的说服力，他夸口说，如果给他另一个地球，他可以跳到那个上去，并移动这个地球. 当时希罗感到非常吃惊，要求他把问题简化得实际些，并给出一个小的力可以移动巨大重物的实例. 他从国王的军火库中选出一条三桅货船，这条船是很多人化了很大力气才拉到这里的. 他让人将船装满货物，并载上许多人. 他坐在远处，并不用劲，只是平静地将滑轮组的末端握在手中，并拉动它，于是船就平稳地前进，就像在大海上航行一样.[8] 按照普罗克拉斯（Proclus）所述，这条船是希罗为送给 Ptolemy 王而定做的，全体叙拉古居民共同用力也不能使之下水. 阿基米德设计了一种机械，它使希罗一人就能移动这条船. 这件事使后者宣称"从那天起，阿基米德所说的每一件事都是可信的[9]". 虽然这个故事证

---

[1] 普卢塔克，Marcellus，19.

[2] 采齐斯，Chil. II. 35，135；Zonaras IX. 5.

[3] 普卢塔克，Marcellus，17 到完.

[4] 西塞罗，Tusc. V. 64 以下.

[5] 普卢塔克，Marcellus，17.

[6] 维特鲁维乌斯，Architect. IX. 3. 这一行为的一种解释是阿基米德很可能解决了这一问题，见正文下的脚注，I. 7（P259 以下）

[7] 帕普斯 VIII. P. 1060.

[8] 普卢塔克，Marcellus，14.

[9] 普罗克拉斯，Comm. n Eucl. I.，P. 63（Friedlein 编）.

实了阿基米德曾发明某种机械来移动大船，从而给予他的理论一个实际例证，不过，还不清楚，这台机械是否如普卢塔克所说的那样只用了滑轮组（πολύσπαστος），因为阿瑟内乌斯（Athenaeus）[1] 在描述同一事件时说还用了螺旋. 这个词大概是指类似于帕普斯所描述的 κοχλίας 的机器，它有一个嵌有斜齿的轮子，当转动手柄时，轮子会沿螺旋线运动[2]. 但是，帕普斯对它的描述是与海伦（Heron）的 βαρουλκός 相联系的，并明确地把发明权归于海伦. 他并未暗示阿基米德曾发明了 βαρουλκός 或特殊的 κοχλίας；另一方面，盖伦（Galen）[3] 曾提到 πολύσπαστος，Oribasius[4] 曾提到 τρίσπαστος（三滑轮组），它们都被当成是阿基米德的发明. τρίσπαστος 之所以这样称呼，也许是因为它有三个轮子（维特鲁维乌斯）或三根绳索（Oribasius）. 无论如何，情况可能是这样的，货船一旦启动，利用 τρίσπαστος 或 πολύσπαστος 很容易使之保持运动，但阿基米德不得不使用某种类似于 κοχλίας 的装置以给予货船最初的推动力.

还有一种仪器的名字出现在与移动地球有关的段落中. 采齐斯的复述是"给我一个支点（παβῶ），我将利用 χαριστίων 挪动整个地球[5]"；但在另一段话中[6]，他用了 τρίσπαστος 一词，可以假定这两个词代表同一东西.[7]

在这里提一下阿基米德的另一些机械发明是恰当的. 最著名的是提水螺旋[8]（也称 κοχλίας），这种机械显然是他在埃及时为灌溉田地而发明的. 它也被用来从矿井或船的底舱向外抽水.

另一项发明是制作了一个球面，用以模仿太阳、月亮和五大行星在天球上的运动. 西塞罗确实看到过这一装置，并作了如下描述.[9] 他说，该装置显示了月相的周期和太阳

---

[1] 阿瑟内乌斯 v. 207 a–b, κατασκευάσας γὰρ ἕλικα τὸ τηλικοῦτον σκάφοσς εἰς τὴν θάλασσαν κατήγαγε πρῶτος δ'Ἀρχιμήδης εὗρε τὴν τῆς ἕλικος κατασκευήν. Eustathius ad Il. Ⅲ. P. 114（Stallb 编）中的叙述也给人以同样的印象，λέγεται δὲ ἕλιξ καί τι μηχανῆς εἶδος, δ πρῶτος εὑρὼν ὁ Ἀρχιμήδης εὐδοκιμησέ, φασι, δι' αὑτοῦ.

[2] 帕普斯 Ⅷ. P. 1066, 1108 及以下.

[3] 盖伦（Galen），Hippocr. 中的 De artic., Ⅳ. 47（= XⅧ. P. 747，Kühn 编）.

[4] Oribasius, Coll. med., XL IX. 22（Ⅳ. P. 407 Bussemaker 编），Ἀπελλ-ίδους ἢ Ἀρχιμήδους τρίσπαστον，在同一段落中被描述成已发明的，πρὸς τὰς τῶν πλοίων καθολκάς.

[5] 采齐斯，Chil. Ⅱ. 130.

[6] 同上., Ⅲ. 61, ὁ γῆν ἀνασπῶν μηχανῇ τῇ τρισπάστῳ βοῶν ὅπα βῶ καὶ σαλεύ-σω τὴν χθβνα.

[7] 海伯格比较 Simplicius, Comm. in Aristot. Phys.（Diels 编，P. 1110, 1. 2），ταύτῃ δὲ τῇ ἀναλογια τοῦ κινοῦντος καὶ τοῦ κινουμένου καὶ τοῦ καὶ τοῦ διαστή-ματοςτὸ σταθμιστικὸν ὄργανον τὸν καλούμενον χαριστλωνα συστήσας ὁ Ἀρχιμήδης ὡς μεχρι παυτὸς τῆςἀναλογιας προχωρούσης ἐκ ὁμπασεν ἐκεῖνο τὸ πᾶ βῶ καὶ κινῶ τὰν γᾶν.

[8] Diodorus Ⅰ. 34, Ⅴ. 37；维特鲁维乌斯 Ⅹ. 16（Ⅱ）；Philo Ⅲ. P. 330（Peiffer 编）Strabo XⅦ. P. 807；Athenaeus v. 208 f.

[9] 西塞罗，De rep., Ⅰ. 21–22；Tusc., Ⅰ. 63；De nat. deor., Ⅱ. 88. Cf. Ovid, Fasti, Ⅵ. 227；Lactantius, Instit., Ⅱ. 5, 18；Martianus Capella, Ⅱ. 212, Ⅵ. 583 sq.；Claudian, Epigr. 18；Sextus Empiricus, p. 416（ed. Bekker）.

的视运动，并且是如此精确，以致在很短的时间内就能看出日食和月食. 惠尔慈（Hultsch）猜想该装置是由水力推动的.[1] 如前所述，我们由帕普斯知道阿基米德曾写过一本有关制作这种球面的书，帕普斯在一处写道，"那些懂得制作球面的人利用水的规则圆周运动来展示了一个天球模型". 无论如何，阿基米德在天文学上曾用去大量的时间是肯定的. Livy 称他为"unicus spectater caeli siderumque". 希帕苏斯（Hippasus）说,[2] "由这些观测可见，年和年的长度差别很小，至于说到两至点，我总觉得我和阿基米德无论在观测上还是在推算上都差了四分之一天."由此可见，阿基米德曾考虑过年的长度问题，阿米亚努斯（Ammianus）也曾提到这点.[3] 马克罗比乌斯（Macrobius）说，他发现了行星的距离.[4] 阿基米德本人在《沙粒的计算》一书中描述了一种仪器，用它可以测量太阳的视直径，或太阳相对于眼睛所张的角.

关于他使用引燃镜（burning-glasses）或凹面镜装置使罗马船舰起火的故事在鲁西安（Lucian）[5] 以前的著作中都未曾见到. 所谓的 loculus archimedius 是一种拼图板，它由 14 块形状各异的象牙板（由正方形切割而成）组成，不能认为是阿基米德发明的，之所以取这个名字也许仅仅是为了表明这一拼图板制作的巧妙，正如 πρόβλημα Ἀρχιμήδειον 只是表示某事非常困难的谚语而已.[6]

（陈凤至　译　王渝生　校）

〔1〕 Zeitschrift f. Math. u. Physik(hist. litt. Abth)，XXII. (1877)，106 sq.

〔2〕 托勒密，σύνταξις，I. P. 153.

〔3〕 阿米亚努斯，Marcell.，XXVI. i. 8.

〔4〕 马克罗比乌斯，in Somn. Scip.，II. 3.

〔5〕 普罗克拉斯在 Zonaras XIV. 3 中读到了同一故事. 关于这一主题的其他文献可参阅海伯格的 Quaestiones Archimedeae，P. 39－41.

〔6〕 可参阅采齐斯，Chil. XII. 270，τῶν Ἀρχιμήδους μηχανῶν χρειαν ἔχω.

第 ② 章

手写本及主要印本、成书次序、方言和佚著

海伯格（Heiberg）在他编订的阿基米德著作集卷Ⅲ的前言中，已对其正文和版式的来源讲得十分详尽，在其中他补充并在某种程度上修正了自己在文章《Quaestiones Arehimedeae》（1879）中对同一问题的论述. 因此这里只简要地讲一下论述的要点就够了.

最好的几个手写本都出自同一现知已不复存在的原本. 有一个抄自它的本子（属于1499—1531 年间的某个时期，后面还会提到）说它是"最古老的（παλάωτατον）"，并且所有的证据表明，它早在 9～10 世纪已经写成. 有一段时间，它为 1486—1489 年间在威尼斯教书的 George de Valla 所有，并且从他本人翻译并发表在他的书《expetendis et fu-giendis rebus》（威尼斯 1501）中的阿基米德和欧托西乌斯的部分工作的译文中，可以对它的样式作出许多重要的推测. 看来它是按某位对数学十分内行的人的原稿精心抄写成的，大部分的图画得细致而准确. 但图与正文文字之间混淆得很厉害. 这份手稿在 1499年 Valla 死后成了 Albertus Pius Carpensis Alberto pio prince of Carpi 的财产. 此人的部分藏书后来几经转手最终归了梵蒂冈，但 Valla 手写本的命运似乎不同，因为我们听说，它在1544 年归 Arbertus 的侄儿，红衣主教 Rodolphus（Rodolfo Pio）所有，再往后就不知去向了.

现存最重要的三种手写本是：

F（抄本 Florentinus bibliothecae Laurentianae Mediceae plutei XXVⅢ. 4to. ）

B（抄本 Parisinus 2360，olim Mediceus）.

C（抄本 Parisinus 2361，Fonteblandensis）.

其中 B 肯定是从 Valla 的手写本抄来的. 这可以由这个抄本本身的一条注记证明，注记说它所据的原本曾先后属于 Valla 和 Albertus Pius. 由此还可以推测，B 是 Albertus 去世的 1531 年以前写的，因为如果在 B 的年代 Valla 的手写本已经转到 Rodolphus Pius 手中，就该提到后者的名字. 这条注记还有一个它所据原本用的特有略语表，这个表对于比较 F和其他手写稿十分重要.

由 C 上面的一条注记看来，这个本子是由 Rodez 的主教 Georgius Armag-niacus（他曾受国王弗郎西斯一世的派遣，去过教皇保罗三世那里）出钱请一位名叫 Christophorus

Auverus 的人于 1544 年在罗马写成的. 另外，在 Vitruvius（1552）的某一版中公布的致弗朗西斯的一封信中，有个叫 Guilelmus Philander 的提到，他曾经蒙红衣主教 Rodolphus Pius 的恩准，在 Georgius Armagniacus 的请求之下，代为看到并摘录了阿基米德著作的一卷，来为弗朗西斯在 Fontainebleau 建的图书馆增光. 他还说这卷书曾经归 George Valla 所有. 这样，我们就很难怀疑，C 就是 Georgius Armagniacus 为献给 Fontainebleau 图书馆而作的抄本.

F、B 和 C 都包括阿基米德和欧托西乌斯的相同的著作，而且次序相同，即①de sphaera et cylindro 两卷，②de dimensione circuli，③de conoidibus，④de lineis spiralibus，⑤de planis aeque ponderantibus，⑥arenarius，⑦quadratura paradolae，以及欧托西乌斯对①、②和⑤的注释. F 和 B 的 quadratura paradolae 的结尾都有下列文字：

ε ὐτυχοίης λέου γεώμετρα

πολλοὺς εἰς λυκάβαντας ἰοισ πολύ φίλτατε μούσαις.

F 和 C 还包含海伦的 περὶ σταθμῶν 和 περὶ μέτρων 两个残稿，二者次序相同，只是在内容上 F 中的 περὶ μέτρων 比 C 中的略长.

C 的短序说它所据的原本首页因磨损严重和岁月久远，以至于其上阿基米德的名字都看不清，并且在罗马就没有一个抄本可用以补救这一缺陷. 此外，海伦的 de mensuris 末页也有类似的问题. 但 F 的首页开初大概是空白，后来由别人补写并留下许多脱漏，而 B 也有类似的问题，抄写者附了一条注记，说明其原本首页模糊不清. 在另一处地方（海伯格编的卷Ⅲ第 4 页），这三种手写本有相同的脱漏，并且 B 的抄写者指出，有一整页到两页遗失了.

C 不可能是由 F 抄来的，因为残稿 περὶ μέτρων 的末页与 F 的完全不同，且 F 的原本的这个末页一定不可辨认，因为在那里既无 τέλος 这个词，也无抄写者通常用以标记他们的任务完成的其他记号. 再者，Valla 的译本显示，他的手写本具有与 B 和 C 的正确样式都一致的某种样式，而不是 F 给出的不正确样式，因此 F 不可能就是 Valla 的手写本.

关于 F 的肯定论据是这样，除了刚才提到的少数几处样式问题，Valla 的译本与 F 的正文完全一致. 根据 1491 年 Angelus Politianus 在威尼斯写给 Laurentius Mediceus 的信，前者在威尼斯似乎发现了一份包含阿基米德和海伦著作的手写本，并打算把它抄下来. 由于 G. Valla 那时就住在威尼斯，所以这个手写本除了是他的那份，很难有别的可能，并且无 F 准是在 1491 年或稍后由那个本子抄来的. 从下述事实中可以找到 F 的这个起源的确实证据，就是其大多数字母以及略语等的形式都比 15 世纪的更古老，它们全都有一种古老原本的味道，与前面说的 B 上的注记给出了 Valla 手写本所用略语的情况惊人地一致，还有一点值得注意，对应于原本不可辨认的首页有问题的地方，在 F 上不多不少刚好占了一页.

从所有这些证据得到的一个自然的推论就是，F、B 和 C 的原本都是 Valla 的手写本，并且三个本子之中以 F 最为可信. 这是因为：①F 的抄写者极其注意与原本保持一致，其中的若干错误与瓦拉本的样式相一致，而这些错误在 B 本和 C 本中得到了纠正，能充分说明这一点；②毫无疑问，B 本的抄写者在某种程度上懂得他所抄的内容，并且作了许多改动，但不是总是成功.

再看看其他的手写本. 我们知道，教皇尼古拉斯五世有一种阿基米德著作的手写本，他命人译成了拉丁文. 翻译是由 Jacobus Cremonensis（Jacopo Cassiani[1]）完成的，它的一个抄本是雷琼蒙塔努斯（位于 Franconia 境内 Hassfurt 附近 Konigsberg 的 Johann Muller）在 1461 年前后抄写的，此人不仅在书页边白处对拉丁译本的多处讹误作了批注，而且还根据其他手写本用希腊文添加了许多内容. 雷琼蒙塔努斯的这个抄本现存于纽伦堡，是 Thomas Gechauff Venatorius 的 editio princeps（Basel，1544）中拉丁文本的原本，海伯格称之为 N^b 本.（雷琼蒙塔努斯曾提及同一拉丁译本的另一个抄本，此抄本肯定就是大约 15 世纪尚存于威尼斯的拉丁文抄本 327.）鉴于 Jacobus Cremonensis 的译本与前述 F 本. B 本及 C 本的脱漏相同（海伯格，卷Ⅲ，第 4 页），译者显然手中有瓦拉手写本或者（更可能）该手写本的抄写本，尽管此译本所收著作的排列次序与我们的那些抄本中的不同，即是说，arenarius 在 quadratura parabolae 之后而不是之前.

有可能，雷琼蒙塔努斯使用的希腊文手写本是至今尚存的 V 本（Venetus Marcianus cccv. 抄本，约 15 世纪），它包括与 F 一样的阿基米德和欧托西乌斯的著作以及海伦的著作残稿，而且排列次序也相同. 如果上述关于 F 的年代为 1491 年或其前后是正确的，那么，由于 V 属于死于 1472 年的红衣主教 Bessarione，它不可能抄自 F，那么它为何与 F 如此相似，最简单的考虑莫过于假定它也出自瓦拉（Valla）抄本.

在后来用另一种颜色的墨水插入的一条批注中，雷琼蒙塔努斯提到另外两部希腊文手写本，其中之一被他称为 "exemplar vetus apud magistrum Paulum". 这里提到的也许是威尼斯的僧侣 Paulus（Alberini），其生活的年代是 1430—1475 年，而且很有可能 "exemplar vetus" 就是瓦拉手写本.

其他两种次要抄本，即 A（= Codex Parisinus 2395，olim Mediceus）和 D（= Cod. Parisinus 2362，Ponteblandensis），均源于 V.

还有必要考虑尼古拉斯的塔尔塔利亚（Tartaglia）在完成阿基米德的某些著作的拉丁文译本时可能用了哪些手写本. 1543 年在威尼斯出的这部译本的一部分，包括著作 de centris gravium vel de aequerepentibus Ⅰ-Ⅱ, tetragonismus［parabolae］, dimensio circuli 和 de insidentibus aquae Ⅰ，其余部分是 de insidentibus aquae 的卷Ⅱ，在塔尔塔利亚 1557 年死后，由库特乌斯（Troianus Curtius）（威尼斯，1565）将其与含有同一篇论文的卷Ⅰ一起出版. 最后提到的那篇论文在其他任何希腊文抄本中都没有出现过，但塔尔塔利亚没有作任何其他出处的暗示，就这样加上了. 他说著作的其余部分是他从一本残缺不全、几乎难以辨认的希腊抄本中转载的. 这就可以容易推断出，希腊文抄本中也应该包含那篇论文. 但塔尔塔利亚于 8 年后（1551 年）的一封信中肯定，他当时没有 de

---

〔1〕 Tiraboschi, Storia della Literatura Italiana, Vol. Pt. Ⅰ（1807 年版 P. 358）. Cantor（Vorleaungen ub. Gesch. d. Math.，Ⅱ. P. 192）给出此人的全名和头衔为 Jacopo da S. Cassiano Cremonese canonico regolare.

insidentibus aquae 诸卷的希腊原文，但如果这篇论文在这么短的时间里消失得无踪无影就奇怪了．再者，康曼弟努斯（Commandinus）在其编订的同一篇论文的序言（Bologna，1565）中指出，他从未听说过此论文的希腊文本．因此，最有可能就是塔尔塔利亚从另一种途径获得它，并且只是拉丁文译本．[1]

塔尔塔利亚谈到了他用过一个古老的手写本"fracti et qui vix legi poterant libri"，与此同时，抄本 C 的序言作者又对瓦拉抄本作出类似的描述．这一事实使人觉得有可能这两种本子是完全相同的，鉴于塔尔塔利亚抄本与瓦拉抄本中存在的错讹大都相同，从而证实了这一可能性．

但对于 quadratura parabolae 和 dimensio circuli，塔尔塔利亚统统将其采纳，而未对其出处作任何暗示．由高里库斯（Lucas Gauricus）"Iuphanensis ex regno Neapolitano"（即 Gifuni 的 Luca Gaurico）在 1503 年出版的另一种拉丁文译本，与所据原本亦步亦趋，即重复了极明显的错误和保留了全部标点，只是补充了一些脱漏，改变了一些图形和字母．将高里库斯的译本与瓦拉的样式以及克雷蒙纳斯（Jacobus Cremonensis）的译本比较可以看出，它们与后者源于同一手写本，即教皇尼古拉斯五世手写本．

在塔尔塔利亚用到瓦拉手写本的地方，即使当手写本不易辨认时，他似乎也没费太大工夫——也许他本来就不习惯于辨认抄本吧——在这类情况下，他干脆援引其他来源的资料．其中有一处（de planor. equilib. II. 9），实际上他给出的阿基米德的证明是经过欧托西乌斯多少修正并节略的释义，在许多其他情况，就插入了他以前提到过的另一种希腊文抄本中的修改和篡改．这个本子看样子是 F 的抄本，其中的解释是由某位并非对内容不熟悉的人所做．这个带解释的 F 的抄本显然也是就要提到纽伦堡手写本的来源．

Nᵃ（ = Codex Norimbergensis）成书于 16 世纪，是由波克海默（Wilibald Pirckheymer）从罗马带到纽伦堡的．此抄本所包括的阿基米德和欧托西乌斯的著作及其顺序都和 F 抄本一致，但明显不是从 F 抄本直接抄写过来．而且，由于此抄本与塔尔塔利亚的译本非常接近，因此这两本可能有相同的来源．Nᵃ 曾为维那图留斯（Venatorius）在准备 editio princeps 时所用，而且维那图留斯在抄本的边白处或在所附的纸条上亲自改正了其中许多错误；他还在文本上另写了许多，涂掉原来的，有时在它上面写一些印刷说明，因此有可能此抄本实际上是用作印刷的．此抄本的特点显示出它和其他手写本同属于一个级别：在一些严重错误及开头的脱漏上它均与它们一致．此手写本与 F 的一些共同错误显示出它起源于 F，显然如上所说，它是二手．

剩下的就是要列举全部或部分基于对手写本直接校勘的希腊文本和已发表的拉丁文译本的主要印刷版本．这些版本除去高里库斯（Gaurico）和塔尔塔利亚（Tartagia）

---

〔1〕由 A. Mai 根据两种梵蒂冈手写本（Classici. I. P. 426 – 430；vol. II. 海伯格的编著 P. 356 – 358）编订的 περὶ τῶν ὕδατι εφισταμένων ἡ περὶ τῶν ὀχονμένων 卷 I 的希腊文残稿，其可靠性看来值得怀疑．除第一个命题之外，它只包括解释而无证明．海伯格倾向于认为，它是某位中世纪学者将回译为希腊文的一种尝试，而且他这一尝试与瑞劳特类似的尝试做了比较．

的译本以外，还有：

1. 维那图留斯于 1544 年在 Basel 出版了题为 Archimedis opera quae quidem exstant omnia nunc primum graece et latine in lucem edita. Adiecta quoque sunt Eutocii Ascalonitae commentaria item graece et latine nunquam antea excusa 的初版，此版本中的希腊文本与拉丁文本的来源不同，希腊文本就是 N^a，而拉丁文译本是 Joannes 雷琼蒙塔努斯根据克雷蒙纳斯的拉丁译本所作的修订本（N^b），而克雷蒙纳斯的拉丁译本是根据教皇尼古拉斯五世的抄本所作的. 而雷琼蒙塔努斯所做的修正借助了①当时尚存的同一译本的另一副本；②其他希腊文抄本，其一可能是 V，另一个也许就是瓦拉抄本.

2. 1558 年在威尼斯出版的康曼弟努斯译本，该译本的标题是 Archimedis opera nonnulla in latinum conversa et commentariis illustrata（包括以下著作 Circuli dimensio, de lineis spiralibus, quadratura parabolae, de conoidibus et sphaeroidibus, de arenae numero）. 为完成此译本，他利用了几种抄本，其中有 V，但没有一本比我们现在所拥有的更好.

3. 1615 年在巴黎出版的瑞劳特（D. Rivault）的版本，它的标题是 Archimedis opera quae exstant graece et latine novis demonstr. et comment. illustr. 它仅给出了希腊文的命题，证明则用的是拉丁文，并做了一些修正. 瑞劳特借助 B 抄本，依据 Basel 的初版完成了此版本.

4. 陶瑞利的版本（牛津，1792），标题为 Ἀρχιμήδους τὰ σωζόμενα μετὰ τῶν Εὐτοκίου Ἀσκαλωνίτου ὑπομνημάτων, Archimedis quae supersunt omnia cum Eutocii Ascalonitae commentariis exrecensione J. Torelli Veronensis cum nova versione latina. Accedunt lectiones variantes ex codd. Mediceo et Parisiensibus.

陶瑞利主要依据 Basel 初版，但也用到经过校勘的 V. 此书是陶瑞利死后由罗伯特森（Abram Robertson）出版的，他又增加了经过校勘的 F、A、B、C、D 五种以上手写本，以及 Basel 版本. 但校勘做得不太好，而且在印刷过程中也没有完全改正.

5. 最后是海伯格的确定版（Archimedis opera omnia cum commentariis Eutocii. Ecodice Florentino recensuit, Latine uerlit notisque illustrauit J. L. Heiberg. Leipzig, 1880 – 1881）.

海伯格把所有抄本，上述版本及译本之间的关系，用下表清楚地表示出来（但略去了他自己的版本）：

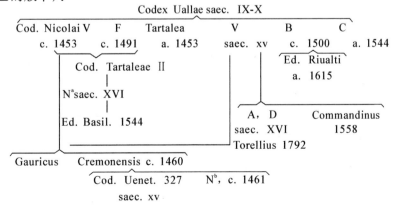

虽然有些编纂者（值得一提的如瓦里斯及内兹）对文本做过一些极好的校正，其余的在海伯格版本以前出现的阿基米德部分著作的希腊文的，以及其全部或部分著作的其他拉丁文译本的印刷版本，都没有以对所据的原本良好的校勘作为基础．下面几本书还可以提一下：

斯特姆(Joh. Chr. Sturm)，Des unvergleichlichen Archimedis Kunstbücher, übersetzt und erläulert(纽伦堡，1670 年)．此译本包括现存所有希腊文著作，三年后，他又翻译出版了《沙粒的计算》单行本．从斯特姆的前言中可知他主要用了瑞劳特版本．

巴罗 (Is. Barrow)，Opera Archimedis，Apollonii Pergaei conicorum libri，Theodosii sphaerica methodo novo illustrata et demonstrata (伦敦，1675 年)．

瓦里斯，Archimedis arenarius et dimensio circuli，Eutocii in hanc commentarii cum versione et notis (牛津，1678 年)，瓦里斯《著作集》Vol. Ⅲ. P. 509 - 546 也给出了它．

Karl Friedr. Hakber 的 Archimeds zwei Bücher über Kugel und Cylinder. Ebendesselben Kreismessung. Uebersetzt mit Anmerkungen u. s. w. begleitet 于 1798 年出版于 Tübingen.

F. Peyrard，Euvres d'Archimède，traduites littéralement，avec un commentaire，suivies d'un memoire du traducteur，sur un nouveau miroir ardent，et d'un autre mémoire de M. Delambre，sur L'arithmétique des Grecs. (巴黎，1808 年第二版.)

Ernst Nizze，Archimedes von Syrakus vorhandene Werke，aus dem Griechischen übersetzt und mit erläuternden und kritischen Anmerkungen begleitet (1824 年).

各手写本所给出的著文按序排列如下：

1. περὶ σφαίρας καὶ κυλίνδρου ά β，《论球和圆柱》两本著作．

2. κύκλου μέτρησις[1]，《圆的度量》．

3. περὶ κωνοειδέων καὶ σφαιροειδέων，《论劈锥曲面体与旋转椭圆体》．

4. περὶ ἑλίκων，《论螺线》．

5. ἐπιπέδων ἰσορροπιῶν ά β[2]，《论平面图形的平衡》两本著作．

6. ψαμμίτης，《沙粒的计算》．

7. τετραγωνισμὸς παραβολῆς (代替阿基米德在其著作中所用的名字，后者无疑是 τετραγωνισμὸς τῆςτοῦ ὀρθογωνίου κώνου τομῆς[3])，《求抛物线弓形的面积》．

---

〔1〕 在惠尔慈编订的书 1. P. 312，帕普斯在语句 ἐν τῷ περὶ τῆς τοῦ κύκλου περιφερειας 中提到 κύκλου μέτρησις.

〔2〕 阿基米德两次提及在卷 I 中证明，叙述为 ἐν τοῖς μηχανικοῖς 提到 (《抛物线的求积》命题 6，10) 的性质．帕普斯 (Ⅷ. P. 1034) 引用 τὰ Ἀρχιμήδους περὶ ἰσορροπιῶν，卷 I 的开篇也被普罗克拉斯在其《几何原本注释》I. 181 中引证过，那里叙述为 τοῦ αισορροπιων 而不是 τῶν ἀνισορροπιων (惠尔慈).

〔3〕 首次应用名称"抛物线"的是阿波罗尼奥斯，阿基米德一直用旧称"直角圆锥的截线"，参看欧托西乌斯 (海伯格著作 vol. Ⅲ. P. 342) δεδεικται ἐν τῷ περὶ τῆς τοῦ ὀρθογωνίου κώνου τομῆς.

8. $\pi\epsilon\rho\grave{\iota}\ \acute{o}\chi o\upsilon\mu\acute{\epsilon}\nu\omega\nu^{[1]}$，即论文《论浮体》的希腊文标题，现只在一篇拉丁译文中保存.

这些著作并不是按上述顺序写成的，通过阿基米德的通信以及在各著作的引言，使我们能按时间顺序将其著作大致排列如下：

1.《论平面图形的平衡》I.

2.《求抛物线弓形的面积》.

3.《论平面图形的平衡》Ⅱ.

4.《论球和圆柱》I，Ⅱ.

5.《论螺线》.

6.《论劈锥曲面体与旋转椭圆体》.

7.《论浮体》I，Ⅱ.

8.《圆的度量》.

9.《沙粒的计算》.

需要说明的是，对于（7）只能肯定它写于（6）之后，对于（8）只能肯定它成书晚于（4）而早于（9）.

在以上所列之外，通过阿拉伯人的传播，我们还接触到一部引理集（Liber Assumptorum）. 此集第一次由福斯特（S. Foster）1659 年于伦敦出版，标题为 Miscellauea，其后博雷利（Borelli）在佛罗伦萨 1661 年出版的一本书中收集进它，题目为 Liber assumptorum Archimedis interprete Thebit ben Kora et exponente doctore Almochtasso Abilhasan. 然而，按其现今形式，这些引理肯定不是由阿基米德写的，因为他的名字在引理集中不止一次被提到. 可能它们是被后来某位希腊作者[2]为了阐明某种古代著作而收集起来的，但有些命题的确很像出自阿基米德之手，例如"有关"分别被称为 $\ddot{\alpha}\rho\beta\eta\lambda os^{[3]}$（字义为鞋匠的刀子）及 $\sigma\acute{\alpha}\lambda\iota\nu o\nu$（可能是盐

---

〔1〕此标题与 Shrabo I. P.54（$'A\rho\chi\iota\mu\acute{\eta}\delta\eta s\ \acute{\epsilon}\nu\ \tau\lambda\hat{\iota}s\ \pi\epsilon\rho\grave{\iota}\ \tau\hat{\omega}\nu\ \acute{o}\chi o\upsilon\mu\acute{\epsilon}\nu\omega\nu$）和帕普斯Ⅷ. P.1024（$\acute{\omega}s\ 'A\rho\chi\iota\mu\acute{\eta}\delta\eta s\ \acute{o}\chi o\upsilon\mu\acute{\epsilon}\nu o\iota s$）所列参考书一致. 由麦（Mai）编辑的一部分起了一个很长的名字 $\pi\epsilon\rho\iota\ \tau\hat{\omega}\nu\ \acute{\upsilon}\delta\alpha\tau\iota\ \acute{\epsilon}\varphi\iota\sigma\tau\alpha\mu\acute{\epsilon}\nu\omega\nu\ \acute{\eta}\ \pi\epsilon\rho\grave{\iota}\ \tau\hat{\omega}\nu\ \acute{o}\chi o\upsilon\mu\acute{\epsilon}\nu\omega\nu$，这里开头部分与塔尔塔利亚的版本 de insidentibus aquae，以及康曼弟努斯的 de iis quae vehuntur in aqua 一致，但阿基米德一直喜欢用更一般的词$\acute{\upsilon}\gamma\rho\acute{o}\nu$（流体）代替$\acute{\upsilon}\delta\omega\rho$，因而标题 $\pi\epsilon\rho\grave{\iota}\ \acute{o}\chi o\upsilon\mu\acute{\epsilon}\nu\omega\nu$ 看来更好一些.

〔2〕从相当大的程度看，Liber Assumptorum 的汇编者一定与帕普斯有同一来源. 我认为两个集子中的形式基本一致的命题数量甚至比所曾注意到的还要多. 唐内里（于《La Geometrie grecque》P.162）作为例子提到引理 1，4，5，6，但从此书做的注释中可以看出，还有另外若干相致之处.

〔3〕关于这同一图形，帕普斯（P.208）给出一个他所谓的"古代命题"（$\acute{\alpha}\rho\chi\alpha\iota\alpha\ \pi\rho\acute{o}\tau\alpha\sigma\iota s$），他把这个图形描述为 $\chi\omega\rho\iota o\nu$，$\acute{O}\ \delta\grave{\eta}\ \kappa\alpha\lambda o\hat{\upsilon}\sigma\iota\nu\ \ddot{\alpha}\rho\beta\eta\lambda o\nu$. 见命题 6 之注释（P.308）. 此词的意思，取自对 Nicander, Theriaca P423：$\ddot{\alpha}\rho\beta\eta\lambda o\iota\ \lambda\acute{\epsilon}\gamma o\nu\tau\alpha\iota\ \tau\grave{\alpha}\ \kappa\upsilon\kappa\lambda o\tau\epsilon\rho\hat{\eta}\ \sigma\iota\delta\acute{\eta}\rho\iota\alpha,\ o\iota s\ o\iota\ \sigma\kappa\upsilon\tau o\tau\acute{o}\mu o\iota\ `\tau\acute{\epsilon}\mu\nu o\upsilon\sigma\iota\ \kappa\alpha\acute{\iota}\ \xi\acute{\upsilon}o\upsilon\sigma\iota\ \tau\grave{\alpha}\ \delta\acute{\epsilon}\rho\mu\alpha\tau\alpha$.的页旁注解，参看 Hesychius, $\acute{\alpha}\nu\acute{\alpha}\rho\beta\eta\lambda\alpha,\ \tau\grave{\alpha}\ \mu\grave{\eta}\ \acute{\epsilon}\xi\epsilon\sigma\mu\acute{\epsilon}\nu\alpha\ \delta\acute{\epsilon}\rho\mu\alpha\tau\alpha'\ \ddot{\alpha}\rho\beta\eta\lambda o\iota\ \gamma\acute{\alpha}\rho\ \tau\grave{\alpha}\ \sigma\mu\iota\lambda\acute{\iota}\alpha.$

碟[1]）的几何图形，及命题 8，针对三等分角的那些.

人们还认为由莱斯英（Lessing）1773 年编汇的在讽刺诗中所发表的'牛问题'是阿基米德所作，从讽刺诗前的标题看，它本是阿基米德与在亚历山大城的数学家交流中，在给厄拉多塞的一封信中提到的[2]，在 Schlia 给柏拉图（Plato）的 "Charmides 165E" 中也有一处提到"被阿基米德称为'牛问题'"的问题（τό κληθέν ὑπ' Ἀρχιμ

---

〔1〕 相当多的证据几乎都说明，给问题中的图形加上名字 σάλτνον 的，无论如何都不是阿基米德本人，而是后来的某位作者. 至于说这个注记，我认为 σάλτνον 完全就是拉丁词 salinum 的希腊化. 我们知道，意大利从罗马共和国早年起，"盐碟"就是一主要的家居用品. "所有脱离了贫困的人，都有一件由父亲传给儿子的银器（Hor. Carm. Ⅱ. 16, 13），并用一个银的小盘和盐碟一起在家庭祭祀中完成传交（Pers. Ⅲ. P. 24, 25），这两件银器都与共和国早期罗马礼仪的简洁是协调的（Plin, H. N. ⅩⅩⅩⅢ. §153, val. Max. iv. 4. §3），外形上 salinum 大约多数是图形浅碗"〔《希腊与罗马文物词典》salinum 条〕. 其次我们在 Mommsen 的《罗马史》前几章中有类似的拉丁词变为希腊的西西里方言的丰富证据，由于与拉丁—西西里的商贸往来，因此（卷Ⅰ，第ⅻ章）就有，表示重量大小的一些词，如 libra、triens、quadrans、sextans、uncia，随着在形式 λίτρα、τριᾶς、τετρᾶς、ἑξᾶς、οὔγκια 之下，进入了西西里这个城市 3 世纪时的语言. 与此类似，拉丁的法律用语（第Ⅺ章）也变过去了：像 mutuum（一种货款形式）就变成了 μοίτον，carcer（监狱）变为 κάρκαρον. 最后，拉丁词 arvina（猪油）变成希腊西西里方言 ἀρβίνη，而 patina（盘子）变成 πατάνη，后面这个词与设想中 salinum 变过去的形式相平行的样子极为接近. 此外，把 σάλτνον 解释成 salinum 还有两个好处：①它不需要对这个词作任何改动，②图中下面的曲线像一只通常类型的盐碟，这也是证据. 为了确认我的假设，我还必须补充上大不列颠博物馆 A. S. Marray 博士对此表达的观点，他说把在法国的 Chaoe（Aisne）发现，存于博物馆的罗马祭祀用小银碗中的一个当作 salinum 不会出大错，这种碗的截面很像 Salinon 中的曲线.

其他提到过的对 σάλινον 的解释有：

（1）康托尔将它与 σάλος 联系在一起，"das Schwanken des hohen Meeres,"并推测它译成"波浪线"，但这个字形相似的说法不完全说得通，而且词尾 –ινον 还需要解释.

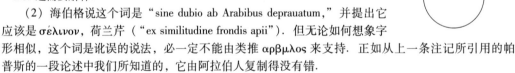

（2）海伯格说这个词是 "sine dubio ab Arabibus deprauatum," 并提出它应该是 σέλινον，荷兰芹（"ex similitudine frondis apii"）. 但无论如何想象字形相似，这个词是讹误的说法，必一定不能由类推 ἀρβμλος 来支持. 正如从上一条注记所引用的帕普斯的一段论述中我们所知道的，它由阿拉伯人复制得没有错.

（3）经过与 σάλαξ 比较，Gow 博士提出，σάλινον 可能是 "sieve"（筛，滤网），但这种猜测得不到任何证据的支持.

〔2〕 标题是 Πρόβλημαὅπερ Ἀρχιμηδηςἐνἐπιγράμμασιν εὑρώντοῖςἐν Ἀλεξανδρεία περί ταῦτα πραλματευομευοις ζμτεῖν ἀπ'στειλεν ἐν τῇ πρός Ἐρατοσθένην τόν Κυρηναῖου ἐπιστολῇ. 海伯格将它译成"在写给厄拉多塞信中的阿基米德发现并将其编入讽刺诗中的问题". 但他承认诗中的句子顺序与此相反，还用了ἐπιλράμμασιν 的复数形式，并很清楚把它的两种表达形式ἐν ἐπιλράμμασιν 和 ἐν ἐπιστολῇ都用在ἀπέστελλεν 的后面是十分古怪的. 事实上，看来不作词的变动也有翻译，就像 Krumbiegel 保持词的顺序所做的，"阿基米德从（某个）讽刺诗中发现并写入……他给 Eratosthenes 的信中的问题". 但这个意思显然不能令人十分满意. 惠尔慈对它评论道，虽然有将 πραγματουμευοις 当成 πραγματευομέυοις 的错误，并且标题的整个写法也暴露了作者是生活于阿基米德几个世纪之后的，但他还是肯定得有这一消息的更早来源，因为他极不可能自编这么一个写给厄拉多塞信中的故事.

-ήδους βοεικὸν πρόβλημα). 但阿基米德是否真的提出过此问题，或是否只将其名字写于前以示其超常之难度，目前仍在争论，赞成和反对论点的完整记述见于科鲁贝格尔（Krumbiegel）在 Zeitschrift für Mathematik und Physik（Hist., litt. Abtheilung）XXV. (1880)，P. 121 以后的论文，昂绍尔（Amthor）又在（ibid. P. 153 以后）加了关于问题本身的讨论. 科鲁贝格尔研究总的结果显示，①根据讽刺诗现存形式，几乎不可能出自阿基米德之手；②很有可能此问题实际上源于阿基米德，惠尔慈（Hultsch）[1] 对此有其独创见解. 众所周知，在 ὠκυτόκιον 中，阿波罗尼奥斯计算出 π 的近似值比阿基米德更为接近. 因此，他一定作过比《圆的度量》所包含的更为困难的乘法，而且部分保留于帕普斯的另一部阿波罗尼奥斯关于大数乘法的著作，也是由阿基米德的《沙粒的计算》激发出的. 虽然我们不完全认为阿波罗尼奥斯的论文真就是论战，但实际上它确实包含了对以前著作的批评. 相应地，阿基米德给出了一道题，涉及极大数运算的问题作为答复，其难度对于阿波罗尼奥斯来说，也不是完全不能作出. 在讽刺诗的开篇几句，无疑是讽刺的风格，"假如你有智慧，就把头脑用到这里，计算一下太阳下公牛的数目". 在第一部分向第二部分过渡之处，诗中对能够解出第一部分的人这样称呼"对于数字算不得无知，也算不上无技巧，但仍是不能算作明智之人"，在最后几行又重复这几句. 惠尔慈推算出，此问题无论如何不晚于阿基米德时代很多，最迟也应是 2 世纪之初.

现存书籍肯定在 6 世纪，大家所知的只有三部书，即《论球和圆柱》《圆的度量》和《论平面图形的平衡》. 因而给这些著作写注记的欧托西乌斯肯定只知《求抛物线弓形的面积》其名，却从未见过其书，也未见过《论螺线》. 本来有些章节可以用前一部书的内容来阐述，而欧托西乌斯却给出了从阿波罗尼奥斯及其他途径导出的解释，而且对于发现一条线段等于"用某个螺线画出的圆"的周长说得很含糊. 而且，如果他知道《论螺线》，就会引用命题18. 这就是认为 Isidorus 那时通常的版本都只包含欧托西乌斯评价的那三篇论文的原因（Miletus 的 Isidoras 是欧托西乌斯的老师，后面还会多次提到）.

在这种情况下，令人奇怪的是，居然今天有更多的书，虽然它们大都失去了原来的形式. 阿基米德文章是用 Doric 方言写的，但现今在众人所最了解的著作（《论球和圆柱》及《圆的度量》）中实际上方言的痕迹都没有了，而一部分遗失的 Doric 方言形式在其他著作中却出现了，其中《沙粒的计算》是受篡改最少的. 除《沙粒的计算》外，所有著作的改动及增补都首先由一名通晓 Doric 方言的篡改者所为，继欧托西乌斯之后的年代，著作《论球和圆柱》与《圆的度量》被彻底重写了.

以下为被证实的阿基米德之佚著.

---

〔1〕欧托西乌斯在《论球和圆柱》等命题4 的注记中说道，他在一本老书中发现，并认为是这个命题丢失了的补充的残稿，它"部分保存下来阿基米德习用的 Doric 方言"（ἐν μέρει δὲ τὴν Ἀρχιμήδει φίλην Δωρίδα γλῶσσαν ἀπέσωζον）. 海伯格用词语 ἐν μέρει 的用法断定，Doric 词形到欧托西乌斯时代已开始从书本稀版流传至今，而不只是上述残稿中涉及的那些，那些 Doric 方言的词语形式，从欧托西乌斯时代开始，就已经开始在书本中消失.

1. 涉及帕普斯的有关"多面体"的研究，他在对 5 个正多面体讨论后，又给出对其他由阿基米德发现的 13 个多面体的描述，它们是半规则的，包括等边和等角而不相似多边形.

2. 一本内容是算术名为《ἀρχαί 原理》并献给赛克西普斯（Zeuxippus）. 我们从阿基米德著作中可知，它是讲怎样命名的（κατονόμαξις τῶν ἀριθμῶν）[1]，并详述了表达比普通希腊记法中还大的数字系统. 这一系统包含有一个极大数以下的所有数字，这个极大数今天我们要用数字 1 后面跟 80 万亿个零来表示，并且在《沙粒的计算》中，阿基米德给出同一系统，他解释道这么做的目的是为了给没有机会拜读写给赛克西普斯的那本早期著作的读者的.

3. περί ζυγῶν《论平衡与杠杆》，帕普斯说（Ⅷ. P.1068），在其中阿基米德证明了"大圆覆盖（κατακρατοῦσι）小圆，当它们绕同一中心旋转时"，无疑此书中阿基米德证明的定理是他在《求抛物线弓形的面积》命题 6 所用到的，认为是真的，即若悬挂于一物体一点，物体的重心与悬挂点在同一铅垂线上.

4. κεντροβαρικά《论重心》，辛普利休斯（Simplicius）在页旁注解中亚里士多德（Aristotle）的《de caelo Ⅱ.（Scholia in Arist 508 a 30)》中提到过这部著作. 阿基米德被认为是该书的作者，在《论平面图形的平衡Ⅱ.4》中说道，他以前已经证明了，两个物体总体的重心位于两物体各自重心的连接线上，这里可能指的就是这篇著作. 还有阿基米德在《论之字体》中假定了，旋转抛物体截段的重心位于它的轴上离顶点距离等于轴长 $\frac{2}{3}$ 处，如果没有一篇单独的著作以这个问题为主题的话，它大概也是在 κεντροβαρικά 被证明了的.

无疑 περί ζυγῶν 及 κεντροβαρικά 先于现存论文《论平面图形的平衡》成书.

5. κατοπτρικά 是一本关于光学的著作，赛恩（Then）（on Ptolemy, Synt. Ⅰ. P. 29, ed, Halma）从中引用了关于折射的注记. 参看 Olympiodorus in Aristot. Meteor., Ⅱ. P. 94, ed. Ideler.

6. περί δφαιροποιίας《论球体的制作》，它是关于某种表现天体运动的球形结构的机械方面的书，如前所述（P. xxi）.

---

[1] 惠尔慈注意到《沙粒的计算》中所有提到这本书的地方，阿基米德都说是"为数字命名"或"被命名的数字"或"有其名的数字"（ἀριθμοί κατωνομασμένοι, τὰ ὀνόματα ἔχοντες, τὰν κατουομαξίαν ἔχοντες），于是谈起（Pauly - Wissowa's Real - Encyclopädie, Ⅱ. 1, P. 511）把 κατονόμαξις τῶν ἀριθμῶν 当成该书的书名，又把 τινάς τῶν ἐν ἀρχαῖς 〈ἀριθμῶν〉 τῶν κατουομαξίαν ἐχόντων 解释成"某些在开始时提到的有特殊名字的数字"的意思，其中的"在开始时"指的是阿基米德第一次提到时的那段话 ὑφ ἁμῶν κατωνομασμένων ἀριθμῶν καί ἐνδεδομένων ἐν τοῖς ποτί Ζεύξιππον γεγραμμένοι. 但是与 ἐν ἀρχῆ 或 κατ'ἀρχάς 相比，εν αρχαις 显得是"在开始时"的一种不大正常的表示. 还有，除了 κατονομαξιαν εχόντων 与这种意思下的 ἐν ἀρχαῖς. 合起来，其中（指惠尔慈解释其意思的那个短语——译者）再无分词表达成分，它的意思也就很不令人满意了. 这样，开始时的那些数就不是被命名，而仅仅是被提到，并且因此必须用一个像 εἰρημένων 之类的词. 基于这些原因，我认为海伯格、康托尔和苏塞米尔把 ἀρχαί 当成那个论著的名字是对的.

7. εφόδιον《一种方法》，Suides 注意到的，并说西奥多修斯（Theodosius）曾写过关于此书的评注，再没有给出更多的信息.

8. 根据希帕霍斯的说法，阿基米德肯定写过《关于历法》或一年的长度的东西.

一些阿拉伯学者也将以下著作归于阿基米德所作：①《圆内接正七边形作图》；②《论相切圆》；③《论平行线》；④《论三角形》；⑤《论直角三角形的性质》；⑥《数据》. 但没有可信的证据说明他曾写过上述著作. 一本由贡伽瓦（Gongava）（Louvain，1548）将其从阿拉伯文译成拉丁文的著作，其题目为《antiqui scriptoris de speculo comburente comcavitatis parabolae》，肯定不是阿基米德的作品，因为它引出了阿波罗尼奥斯的材料.

（张大卫　魏东　常心怡　译）

第 **❸** 章

阿基米德与其前辈工作的关系

阿基米德的著作中绝大部分题材都是他本人的新发现. 尽管他的题材范围几乎无所不包, 有几何（平面的和立体的）、算术、力学、流体静力学和天文学, 他却不是一个汇编者, 也不是一个课本的写作者. 在这方面他甚至不同于他那位伟大的后继者阿波罗尼奥斯, 后者的著作, 与他以前的欧几里得的著作一样, 大都是把更早的几何学家们各人独自努力取得的成果、可使用的方法加以系统化和推广而形成的. 在阿基米德的著作中, 并不仅有对已有资料的综合整理, 他的课题总是某种新事物、某种对知识总和的真正的增添和他完全首创的精神, 不能不给任何一个用心读过其著作的人留下深刻的印象, 而不需要任何确实的证据来佐证, 这类东西在其大多数著作前面的导言性信件中可以找到. 这些前言突出地刻画出这个人和他的工作, 直截了当、简洁明了, 毫无自我夸耀, 也没有利用与他人对比或在他自己获得成功之处强调他人的失误来夸大他自己的成果. 所有这一切都强烈地给人同一种印象: 他的风格总是这样, 那就是简洁地陈述前人的某些特殊发现如何启发他有把这些往新方向上扩展的可能. 例如, 他曾说: 早期几何学家对 "化圆为方和化其他图形为方" 的努力, 让他联想到还没有谁致力于 "化抛物线弓形为方", 因而他就致力于这一问题, 并最终解出了它. 同样, 在其论著《论球和圆柱》(On the Sphere and cylinder) 的前言中, 他谈到他关于立体图形的那些发现, 是对欧多克斯所证明的有关四面体、圆锥和圆柱定理的补充. 他毫不掩饰地谈到某些问题长时间困扰过他, 有的求解花费了他多年的精力, 在一处［《论螺线》的序言中］他为了指出一个教训, 郑重地坚持要说明, 他曾表述过的两个命题在以后的研究中被证明是错误的; 在同篇序言中有一段对科农 (Conon) 的慷慨颂扬: 他宣称科农 (Conon) 若非早逝定会在他之前解出某些问题, 而且会在当时用许多其他发现使几何学丰富起来.

在阿基米德从事的一些学科中, 他是开山鼻祖. 例如, 在流体静力学方面, 他创建了整个学科; 在力学研究中（只要涉及数学表达）也是如此. 在这些情况, 为了打好学科基础, 他决定采用更接近初等教科书的形式, 但在以后的部分中, 他却立即投入专门的研究当中去.

因此, 数学史家在讨论阿基米德有哪些得益于其前辈们的问题时, 面对的任务将相对容易了. 但这里必须做的, 首先是关于阿基米德所使用的一般方法, 是他从更早的几何学家那里接受来的; 其次涉及一些特殊结果, 是他所提到以前已发现的, 并被他用作自己研究的基础, 或被他默认为已知的.

§1 传统几何方法的使用

在我编辑的阿波罗尼奥斯的《圆锥曲线论》(Conics) 书中, 我试图根据塞乌滕

（Zeuthen）的著作《Die leher von den kegelschnitten im Altertum》中给出的提示，对被恰当地称为"几何的代数学"的内容作一些解释说明，它在希腊几何学家们的著作中是非常重要的部分. 包含在这一术语下的两种主要方法是：①比例理论的用法；②面片的贴合的方法. 在欧几里得（Euclid）的《几何原本》中这两种方法都已被充分阐述. 其中第二种方法更为古老，欧德莫斯（Eudemus）的学生们认为（由普罗克拉斯（Proclus）引述的）这是由毕达哥拉斯学派创立的. 已经指出"面片的贴合"（正如欧几里得《几何原本》第Ⅱ卷所讲述，且在第Ⅵ卷所扩充的）是阿波罗尼奥斯用来表达他所认为的圆锥线的基本性质的工具，也就是我们用笛卡儿方程

$$y^2 = px$$

$$y^2 = px \mp \frac{p}{d}x^2$$

所表述的性质.（方程）所参照的笛卡儿坐标系是以（截线的）任一直径为 x 轴、以该直径的一个顶点为原点、以截线在该点处的切线为 y 轴；后一方程是与欧几里得书中卷Ⅵ的命题 27、28 和 29 的结果相比较得出的，这相当于用几何方法解二次方程

$$ax \pm \frac{b}{c}x^2 = D,$$

这也表明阿基米德通常并不像阿波罗尼奥斯那样，将他关于有心圆锥曲线的论述与面片的方法联系起来. 阿基米德一般用比例形式

$$\frac{y^2}{x \cdot x_1} = \frac{y'^2}{x' \cdot x'_1}$$

来表述基本性质. 在锐角圆锥截线（椭圆）的情形里，写成

$$\frac{y^2}{x \cdot x_1} = \frac{b^2}{a^2},$$

其中，x，x_1 是所取直径两端点的横坐标.

　　比较而言，"面片的贴合"的术语很少出现于阿基米德的书中，而经常出现于阿波罗尼奥斯的书中，然而除去最一般的形式外，前者用过它的各种形式. 最简单的形式是：对一给定线段"贴合一矩形"，使它等于一已知面片，例如出现在《论平面图形的平衡》Ⅱ.1 之中的；而且同一表达模式（像在阿波罗尼奥斯的书中一样）被用于抛物线的性质 $y^2 = px$，px 在阿基米德的用语中被说成"贴合于"（παραπίπτον παρά）一个等于 p 的线段的矩形，"其宽等于"（希腊文：πλάτος ἔχον）横坐标（x），然后在《论球和圆柱》[1]的命题 2，命题 25，命题 26，命题 29 中，我们就有了相当于解方程

$$ax + x^2 = b^2$$

的完整的表达模式："（对一给定线段）贴合一矩形，且超出一方形而等于（某一矩形）."（παραπεπτωκέτω χωρίον ὑπερβάλλον εἴδει τετραγώνω）因此这种类型的矩形（在命题 25 中）须是等于我们在上面关于钝角圆锥截线（双曲线的一支）的情形里称为 $x \cdot x_1$ 的矩形，与 $x(a+x)$ 或 $ax + x^2$ 是同一回事，其中 a 表示横截轴的长度. 奇怪的是，在阿基米德的书中，我们并未见到贴合一矩形"但缺掉一方形"的表述，而如果我们在锐角圆锥线（椭圆）的情形里用 $x(a-x)$ 替换 $x \cdot x_1$，就会得到它. 在椭圆这种情形里，面片 $x \cdot x_1$ 被表示成一磬折形（《论劈锥曲面体与旋转椭圆体》命题 29）. 这个磬折形是两

---

〔1〕原文如此. 查《论球和圆柱》分二卷，此处应记作《论球和圆柱》Ⅰ.

个矩形之差. 第一个矩形 $h \cdot h_1$ 是围成"椭圆弓形"的两条纵线的横坐标，第二个矩形则是贴合于 $h_1 - h$ 的一个矩形，它超出一个边长为 $h - x$ 的正方形. 这样阿基米德便避免了[1]"贴合一矩形但缺掉一个正方形"的表述，为了 $x \cdot x_1$ 而使用略为复杂的形式

$$h \cdot h_1 - \{(h_1 - h)(h - x) + (h - x)^2\},$$

容易看出，上式是等于 $x \cdot x_1$ 的，因为它化简为

$$h \cdot h_1 - \{h_1(h - x) - x(h - x)\}$$

$$= x(h_1 + h) - x^2$$

$$= ax - x^2 \text{ (这是因为 } h_1 + h = a)$$

$$= x \cdot x_1.$$

容易看出，矩形与正方形之间的变换，与欧几里得的书卷 II 中的方法是一致的，对于阿基米德以及其他几何学家同等重要，没有必要评述它的几何的代数形式.

欧几里得书的卷 V 和卷 VI 中阐述的比例理论，包括比的变换（常用术语 componendo，dividendo 等表示）以及比的复合或相乘在内，使得古代几何学者们能够一般地讨论多个量，用一种不比现代代数逊色的有效工具去解开其间的关系，像比的加和减在方法步骤上就能与我们在代数中所说的通分效果相当. 另外，由于比的复合或相乘能够次数无限地做下去，因此乘和除这些代数运算就在几何的代数中有了简便的表示. 作为特例，假设有成连比的一系列量（即几何数列）a_0, a_1, $\cdots$, a_n, 使得

$$\frac{a_0}{a_1} = \frac{a_1}{a_2} = \cdots = \frac{a_n - 1}{a_n},$$

用乘法可得出

$$\frac{a_n}{a_0} = \left(\frac{a_1}{a_0}\right)^n \text{ 或 } \frac{a_1}{a_0} = \sqrt[n]{\frac{a_n}{a_0}}.$$

容易看出，像这种比例运算方法到了一位像阿基米德的人的手中多么具有威力. 这里再举几个例子以示他使用比例运算的娴熟技巧.

1. 《论平面图形的平衡》 II 命题 10 提供了一个仿照上面说明的方法，按比的顺序进行化简的好例子. 这里，阿基米德有一个比，我们称之为 a^3/b^3, 已知 $a^2/b^2 = c/d$, 要求将这个立方体的比化为二线段之比. 方法是取二线段 x、y, 使得

$$\frac{c}{x} = \frac{x}{d} = \frac{d}{y}$$

由此导出

$$\left(\frac{c}{x}\right)^2 = \frac{c}{d} = \frac{a^2}{b^2}$$

或

$$\frac{a}{b} = \frac{c}{x}$$

因而有

$$\frac{a^3}{b^3} = \left(\frac{c}{x}\right)^3 = \frac{c}{x} \cdot \frac{x}{d} \cdot \frac{d}{y} = \frac{c}{y}.$$

----

[1] 毫无疑问，阿基米德的目的是使命题 2 中那个引理（论述以 $a \cdot (rx) + (rx)^2$ 为项的级数求和，其中的 r 陆续取值 1，2，3，$\cdots$），也可用于旋转双曲体及旋转椭圆体.

2. 在上例中，我们看到为了化简一个比而增设辅助线的实例．这样可较为简便地解决复杂的问题，由于在图形中增设辅助线、辅助点的帮助与应用比例运算联合起来，阿基米德才得以实现颇受注意的"消元"．

在《论球和圆柱》Ⅱ.4 这个命题中，他就这样得出三个尚待确定的点之间的三个关系，然后消去其中两点，使问题简化为用一个方程去找出剩余的点．用代数形式表示，三个初始关系相当于三点方程：

$$\begin{cases} \dfrac{3a-x}{2a-x} = \dfrac{y}{x}, & (1) \\[2mm] \dfrac{a+x}{x} = \dfrac{z}{2a-x}, & (2) \\[2mm] \dfrac{y}{z} = \dfrac{m}{n}, & (3) \end{cases}$$

消去 y、z 后，阿基米德将结果表为①

$$\frac{m+n}{n} \cdot \frac{a+x}{a} = \frac{4a^2}{(2a-x)^2}.$$

在《论平面图形的平衡》Ⅱ.9 中，再次用同样的比例运算方法证明：如果 a，b，c，d，x，y 是满足

$$\left. \begin{array}{c} \dfrac{a}{b} = \dfrac{b}{c} = \dfrac{c}{d} \quad (a > b > c > d) \\[3mm] \dfrac{d}{a-d} = \dfrac{x}{\dfrac{3}{5}(a-c)} \\[5mm] \dfrac{2a+4b+6c+3d}{5a+10b+10c+5d} = \dfrac{y}{a-c} \end{array} \right\} \text{的线段．}$$

而且

那么

$$x + y = \frac{2}{5}a.$$

这个命题仅作为下一命题的辅助命题给出，本身并不重要．但看一眼这个证明（再次使用辅助线）便知，这是一个真正精通使用比例运算的绝好例子．

3. 这里还有一个值得一提的例子，即证明：如果

$$\frac{x^2}{a^2} + \frac{y^2}{b^2} = 1,$$

---

① 由得（1）$y = \dfrac{3a-x}{2a-x} \cdot x$；

　　由（2）得 $z = \dfrac{a+x}{x}(2a-x)$；

　　由（3）得 $\dfrac{m}{n} = \dfrac{y}{z} = \dfrac{(3a-x) \cdot x^2}{(a+x)(2a-x)^2} = \dfrac{3ax^2 - x^3}{4a^3 - 3ax^2 + x^3}$．

　　取合比，$\dfrac{m+n}{n} = \dfrac{4a^3}{(a+x)(2a-x)^2} = \dfrac{a}{a+x} \cdot \dfrac{4a^2}{(2a-x)^2}$，

　　因此有 $\dfrac{m+n}{n} \cdot \dfrac{a+x}{a} = \dfrac{4a^2}{(2a-x)^2}$．

则 $$\frac{2a+x}{a+x} \cdot y^2 (a-x) + \frac{2a-x}{a-x} \cdot y^2 (a+x) = 4ab^2.$$

A，A' 是一旋转椭圆体的两个平行切面的切点. 纸面是过 AA' 及旋转椭圆体轴线的平面，而 PP' 是这个平面和另一与它交成直角的平面（因而与切面平行）的交线，后一平面将旋转椭圆体分割成两个其轴分别是 AN、$A'N$ 的球缺. 通过中心且平行于切面的平面将旋转椭圆体分成两半，最后画出各个以旋转椭圆体被这两个平行平面截出的截面为底的圆锥，如图所示.

阿基米德的命题取如下的形式 [《论劈锥曲面体与旋转椭圆体》命题 31，32]：

APP' 是以过 PP' 的截面为公共底面的两个球缺中较小的一个，x，y 是 P 的坐标. 在前面的命题中他已证明

$$\frac{球缺 APP'（体积）}{圆锥 APP'（体积）} = \frac{2a+x}{a+x} \qquad (\alpha)$$

和

$$\frac{半旋转椭圆体 ABB'}{圆锥 ABB'} = 2 \qquad (\beta)$$

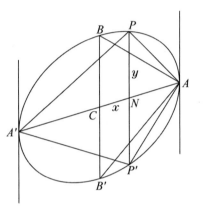

他试图证明

$$\frac{球缺 A'PP'}{圆锥 A'PP'} = \frac{2a-x}{a-x}.$$

方法如下：

我们有 $$\frac{圆锥 ABB'}{圆锥 APP'} = \frac{a}{a-x} \cdot \frac{b^2}{y^2} = \frac{a}{a-x} \cdot \frac{a^2}{a^2-x^2},$$

如果说 $$\frac{x}{a} = \frac{a}{a-x}, \qquad (\gamma)$$

则这两个圆锥之比变为

$$\frac{za}{a^2-x^2};$$

接下来，根据假设 (α)，

$$\frac{圆锥 APP'}{球缺 APP'} = \frac{a+x}{2a+x}.$$

因此，取首末比 $$\frac{圆锥 ABB'}{球缺 APP'} = \frac{za}{(a-x)(2a+x)}.$$

从 (β) 导出 $$\frac{旋转椭圆体}{球缺 APP'} = \frac{4za}{(a-x)(2a-x)}.$$

因此有

$$\frac{球缺 A'PP'}{球缺 APP'} = \frac{4za - (a-x)(2a+x)}{(a-x)(2a-x)}$$

$$= \frac{z(2a-x) + (2a-x)(z-\overline{a-x})}{(a-x)(2a+x)}.$$

现在我们来求出球缺 $A'PP'$ 与圆锥 $A'PP'$ 之比，即球缺 APP' 与圆锥 $A'PP'$ 之比由前两个比联合取首末比而成. 这就是说

$$\frac{球缺\,APP'}{圆锥\,APP'} = \frac{2a+x}{a+x}, \ 根据（\alpha）$$

$$\frac{圆锥\,APP'}{圆锥\,A'PP'} = \frac{a-x}{a+x}.$$

联合最后三个比，取首末比，我们有

$$\frac{球缺\,APP'}{圆锥\,A'PP'} = \frac{z(2a-x)+(2a+x)(z-\overline{a-x})}{a^2+2ax+x^2}$$

$$= \frac{z(2a-x)+(2a+x)(z-\overline{a-x})}{z(a-x)+(2a+x)x}.$$

这是因为　　$a^2 = z(a-x)$，根据（γ）.

［最后一个分式的分子、分母变换的目的现在很清楚了，其中 $z(2a-x)$ 与 $x(a-x)$ 取作第一项，因为 $\dfrac{2a-x}{a-x}$ 就是阿基米德想要求出的分式，为了证明所需的比与这个分式相等，只需证明

$$\frac{2a-x}{a-x} = \frac{z-(a-x)}{x}］.$$

现在　　　$\dfrac{2a-x}{a-x} = 1 + \dfrac{a}{a-x}$

$$= 1 + \frac{z}{a}, \ 根据（\gamma）$$

$$= \frac{a+z}{a}$$

$$= \frac{z-(a-x)}{x}, \ （取分比）$$

结果　　　$\dfrac{球缺\,A'PP'}{圆锥\,A'PP'} = \dfrac{2a-x}{a-x}.$

4. 欧几里得用过一次比例方法值得一提，因为阿基米德在类似的情形里并不使用它. 在《求抛物线弓形的面积》命题 23 中，阿基米德求一特殊等比级数

$$a + a\left(\frac{1}{4}\right) + a\left(\frac{1}{4}\right)^2 + \cdots + a\left(\frac{1}{4}\right)^{n-1}$$

之和，其方法与我们的课本类似，即欧几里得的《几何原本》（Ⅸ. 35）求任何等比级数的任意多项之和，则使用如下的比例方法：

设 a_1，a_2，$\cdots$，a_n，a_{n+1} 是一等比级数的 $n+1$ 项，这里 a_{n+1} 是最大项，则

$$\frac{a_{n+1}}{a_n} = \frac{a_n}{a_{n+1}} = \frac{a_{n-1}}{a_{n-2}} = \cdots = \frac{a_2}{a_1},$$

因此　　　$\dfrac{a_{n+1}-a_n}{a_n} = \dfrac{a_n-a_{n-1}}{a_{n-1}} = \cdots = \dfrac{a_2-a_1}{a_1}.$

将所有的前项相加和所有后项相加，我们有

$$\frac{a_{n+1}-a_1}{a_1+a_2+a_3+\cdots+a_n} = \frac{a_2-a_1}{a_1},$$

这样就给出了级数的 n 项之和.

§2 影响体积和面积求法的早期发现

阿基米德引述过早期几何学家们所证明的定理"二圆(面积)彼此之比等于它们直径的平方之比",而且他还说,是用一引理证得这个定理的. 此引理的陈述如下:对于不等的线段、不等的面积或不等的立体,较大的超出小的那部分的量能够这样,如果(不断地)把它累加到自身上去,它总能超出任意一个与它可以互相比较的给定量.

我们知道 Chios 的希波克拉底(Hippocrates)证明过圆面积彼此之比等于它们的直径的平方之比的定理,至于他用什么方法建立这一定理却并无清楚的结论. 另外,欧多克斯(Eudoxus)(在《论球和圆柱》的序言中曾证明,现在要提起的两个立体几何中的定理)是被公认为穷竭法的发明者. 欧几里得《几何原本》XII.2 就是用这种方法来证明的. 在欧几里得书的字面上无论如何找不到阿基米德所陈述的,说是在最初的证明中用到的那个引理,XII.2 的证明也没有用它. 该处所用的引理是他在命题X.1 中所证明的那个,亦即"给定两个不等量,若从较大者减去比它的一半更大的(一部分),又从所剩余的减去比它(剩余)的一半更大的(一部分),如此继续下去,一定会留下一个比所给的小者更小的量". 阿基米德常采用后一引理,他还把对圆或扇形内接等边多边形按XII.2 方式的应用归结为源于"原本"①,很清楚它所指只能是欧几里得的原本. 对于由提到两个与问题中的定理有关的引理可能引起的表面上的困难,我想看一下欧几里得X.1 的证明来解释. 他在该处取较小的量,并说,通过小量逐次倍增,肯定会在某一时刻超过超大量,这一阐述显然建立在《几何原本》卷V 的定义4 的基础上. 第4 定义的大意是:"两个量被说成彼此之间有一个比是指其中一个在数倍之后都能超过另外一个." 于是因为在命题X.1 中的较小量可能指的是二不等量之差,那么阿基米德所首先引述的引理显然在实质上就是用来证明X.1 的引理,这个引理在流传下来的面积与体积求法的研究中起着重要的作用.

阿基米德所列举的归属于欧多克斯(Eudoxus)名下的两个定理②是:

(1)任何棱锥(体积)都是同底等高棱柱(体积)的三分之一.

(2)任何圆锥(体积)都是同底等高圆柱(体积)的三分之一.

其他由早期几何学家所证明、被阿基米德引用的立体几何定理③是:

(3)等高圆锥(体积)之比等于它们的底(面积)之比,反之亦然.

(4)若一圆柱被平行于底面的平面所截,则所得二圆(体积)之比等于基轴(长)之比.

(5)二圆锥间(体积)之比等于与它们同底等高的圆柱间(体积)之比.

(6)体积一定的圆锥中,底面积与高成反比,反之亦然.

(7)若二圆锥中底圆直径之比等于二轴长之比,则它们(体积)之比是其底面直径的三次比.

---

① 《论球和圆柱》 I.6.

② 《论球和圆柱》 I.6,序言.

③ 《论球和圆柱》 I 的命题16 与命题17 之间的几个引理.

在《求抛物线弓形的面积》的序言中，他提及早期几何学家们所证明的定理还有：

（8）二球（体积）之比是其直径的三次比．他还说，这个命题与他所认为是由欧多克斯（Eudoxus）要创立的那些命题中的第一个，即前面编号为（1）的那个，是用同一引理（即"倍增二量之差可大于其中的较小量"）来证明的，然而［如果海伯格（Heiberg）的正文是对的话］欧多克斯（Eudoxus）的命题中第二个，即编号为（2）的那个，也是用"类似于上引理"来证明的．实际上，除了命题（5）外，所有的命题（1）～（8）都在欧几里得的卷XII中给出了．而命题（5）是从命题（2）极易导出的推论，而且命题（1）、命题（2）、命题（3）及命题（7）都依赖于同一引理［X.1］.恰如在欧几里得XII.2所用的一样．

上述除去命题（5）之外七个命题的证明，都像由欧几里得给出的那样，在此处引述是太冗长了．下面的概要可展示命题证明的线索及顺序．如下图所示，设 $ABCD$ 是底面为三角形的棱锥，被二平面所截，一平面在点 F、G、E 分别平分 AB、AC、AD，另一平面在点 H、K、F 分别平分 BC、BD、BA．于是二平面分别平行于棱锥的一个面，所截出的两个小棱锥体积相等且都与原棱锥相似，同时原棱锥中的剩余部分被证明由两个相等的棱柱组成，其和大于原棱锥体积的一半［XII.3］，接下来证明［XII.4］：如果有二棱锥都有三角形的底及相等的高，而且它们每一个都按上述方式被截成两个体积相等、每个相似于整个棱锥的小棱锥及两个小棱柱，则一个棱锥中棱柱体积之和与另一棱锥中棱柱体积之和的比分别等于各原棱锥的底面积之比．这样，若按同一方式截割原棱锥中所剩二棱锥，再截割所有依次截出的小棱锥，一方面，根据X.1，必有：我们最终可截出的棱锥体积之和可以小于任意给定的立体；另一方面，由连续截割而得到的所有棱柱体积之和与原二棱锥之底（面积）成定比．照着XII.2"穷竭法"正规用法的样子，欧几里得建立命题［XII.5］：即底面为三角形的等高棱锥，其体积之比等于其面积之比；然后是［XII.7］：底面是三角形的棱柱，使用上面的命题XII.5，可分割成三个体积相等的棱锥．其推论是：任何棱锥（的体积）等于与它同底等高的棱柱（的体积）的三分之一．另外，去掉两个位置相似的相似棱锥之后，所剩两个棱柱可以改装成一个完整的平行六面体，现在可看出：这个平行六面体的体积是所去掉的小棱锥（体积）的六倍；而且，根据［XI.33］相似的平行六面体（体积）之比是对应边的三次比．随即知对于棱锥也同样为真［XII.8］，这个推论也可推广到底面是相似多边形的棱锥的情形．命题［XII.9］是：底面是三角形、体积一定的棱锥中，底面积与高成反比，证明方法与证明平行六面体的方法相同，还用到XI.34；而且其逆也类似．接下来证明［XII.10］．在一个圆柱的底圆中先内接一正方形．通过逐次平分各边所对的弧逐次使（由接正多边形的）边数倍增，得出若干分别以正方形和正多边形为底的棱柱与圆柱等高，则底面为正方形的棱柱体积大于圆柱体积的二分之一，下一个棱柱则比它多出所剩余的一半，以下依此类推．又由于每个棱柱的体积都是同底等高棱锥体积的三倍，所以在XII.2中所用的"穷竭法"同样可证明：任一圆锥的体积是同底等高圆柱体积的三分之一，恰恰相同的方法用于

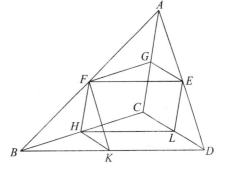

证明［Ⅻ. 11］：等高的圆锥和圆柱（体积）之比等于它们的底面积之比. 还证出［Ⅻ. 12］：相似二圆锥和圆柱（体积）之比是它们底圆直径的三次比（这个命题当然建立在与棱锥有关的类似命题Ⅻ. 8 的基础上）. 下面三个命题的证明则与 X. 1 无关. 如此，在《几何原本》卷Ⅴ的定义 5 中关于等倍量的判定标准是用来证明［Ⅻ. 13］的：若一圆柱被平行于底的平面所截，则所截出二圆柱体积之比等于它们二轴（长）之比；［Ⅻ. 14］是一容易的推论：底面相等的圆锥和圆柱体积之比等于其高之比；［Ⅻ. 15］是：体积相等的圆锥和圆柱中，底面积与高成反比，反之，有此性质的圆锥和圆柱的体积也相等；最后证明二球体积之比是它们直径的三次比［Ⅻ. 14］. 这里采用新的步骤，其中包括两个预备命题：第一个预备命题是［Ⅻ. 16］：利用通常的引理 X. 1, 证明：若给定两个（几乎相等的）同心圆，则可作出外圆的一个内接等边多边形，其各边不与内圆相交或相切；第二个预备命题是［Ⅻ. 17］：用上一命题的结果证明：给定两个同心球面，则可作出外球面的某个内接多面体，其各面不与内球面在任何点处相交或相切，而且在这个证明上加上一个推论：若在另一球面中内接另一个相似多面体，则两个多面体体积之比是各自所在球面的直径的三次比. ［Ⅻ. 18］便是利用最后这个性质来证明二球体积之比是它们直径的三次比.

§3 圆锥截线

在我编辑的阿波罗尼奥斯的《圆锥曲线论》一书中关于阿基米德用过的所有圆锥曲线方面的命题有完整的记载，大致可归为三大类：①由他明确地认为是早期几何学家所证明的命题；②没有给出任何出处的命题；③看来是代表了阿基米德本人对圆锥曲线理论所作新的发展的命题. 所有这些命题都会在本书中各个适当位置出现. 现在要叙述的命题只是第一类中的，还有少数是第二类中有把握确定是以前已知的命题.

阿基米德谈到：下列命题已在"圆锥曲线初步中证明过". 也就是在欧几里得和阿里斯泰库斯（Aristaeus）的早期论文①中出现过.

1. 在抛物线中
（a）若 PV 是弓形的直径，QVq 是弦，且平行于 P 处的切线. 则 $QV = Vq$；
（b）若 Q 处的切线与 VP 的延长线交于 T，则有

$$PV = PT;$$

（c）若二弦 QVq、$Q'V'q'$ 分别平行于 P 处的切线，与直径 PV 分别交于 V, V', 则

$$PV : PV' = QV^2 : Q'V'^2.$$

2. 若从同一点引二直线与任一圆锥截线相切，又若二弦各与相应切线平行而彼此相交，则交点在每条弦上截出的二截段之下的矩形之比等于所平行的切线线段上正方形之比.

3. 下面这个命题在《圆锥曲线论》中已被证明：在一个抛物线中 pa 是纵标的参量，QQ' 是任一不垂直于被直径 PV 所平分于 V 的弦，p 是对 PV 的纵标参量. 如果 QD

① 欧几里得的《圆锥曲线》四卷，阿里斯泰库斯（Aristaeus）的《立体轨迹》五卷. 现已遗失. 此外还应想到门奈赫莫斯（Menaechmus）留下的研究结果.

是对 PV 所引的垂线，则有

$$QV^2 : QD^2 = p : pa$$

［见《论劈锥曲面体与旋转椭圆体》命题 3］.

抛物线的性质：$PN^2 = pa \cdot AN$ 及 $QV^2 = p \cdot PV$. 在阿基米德时代之前已众所周知，事实上圆锥曲线的发现者门奈赫莫斯（Menaechmus）在他的"倍立方"中已用到前一个性质.

人们似乎都一致认为：在欧几里得的《圆锥曲线》中已证明下面关于椭圆及双曲线（一支）的性质.

1. 对椭圆来说，

$$PN^2 : AN \cdot A'N = PN^2 : AN' \cdot A'N' = CB^2 : CA^2$$

并且

$$QV^2 : PV \cdot P'V' = Q'V'^2 : PV \cdot P'V' = CD^2 : CP'$$

［事实上每个命题都可由上述关于相交弦的截线所夹的矩形的命题推导出来.］

2. 对钝角圆锥截线（双曲线的一支）来说，

$$PN^2 : AN \cdot A'N = P'N'^2 : AN' \cdot AN'$$

并且

$$QV^2 : PV \cdot P'V = Q'V'^2 : PV \cdot P'V'.$$

在这一情形里，由于缺乏将双曲线的两支看作一个曲线，在阿波罗尼奥斯那里最早发现这种看法的观点，原阻碍着欧几里得和阿基米德都未能得出平行半直径上的正方形与上式中的相应量之比互相相等.

3. 在双曲线（一支）中，若 P 是曲线上任意一点，PK、PL 各自与一渐近线平行而与另一渐近线相交，则

$$PK \cdot PL = 常数.$$

门奈赫莫斯知道在等轴双曲线的特殊情形下的这一性质.

也许阿基米德的前辈们也知道抛物线有次法线的性质（$NG = \frac{1}{2}pa$），在《论浮体》

Ⅱ.4 等中就是这样默认的.

在双曲线（一支）中，$AT < AN$（这里 N 是从 P 所引纵标的足，T 是 P 处的切线与横截轴的交点）为已知的，我们也许可猜测调和（点列）的性质.

$$TP : TP' = PV : P'V;$$

或者至少是它的特殊情形：

$$TA : TA' = AN : A'N.$$

在阿基米德时代之前就知道了.

最后，关于圆锥截线是从圆锥和圆柱发展起来的这个起源，欧几里得在他的《观测天文学》（Phaenomena）中已谈到："若一圆锥（或圆柱）被一不与底面平行的平面所截，所得截线是一类似于盾牌（θυρεòς）的椭圆". 虽然欧几里得头脑中最多不过是一直圆锥，这段陈述可与《论劈锥曲面体与旋转椭圆体》中的命题 7，命题 8，命题 9 互相对照.

§4 二次曲面

《论劈锥曲面体与旋转椭圆体》的命题 11 不加证明地陈述了旋转二次曲面的某个平面截线的性质,除了显然的事实:(1)垂直于旋转轴的截线都是圆;(2)过旋转轴的截线与生成圆锥截线相同以外,阿基米德还断言:

1. 在旋转抛物面中,任何平行于轴的截线是与其生成抛物线全等的抛物线.

2. 在旋转双曲面中,任何平行于轴的截线是与其生成双曲线(一支)相似的双曲线(一支).

3. 在旋转双曲面中,通过包络锥顶点的截线是与其生成双曲线(一支)不相似的双曲线(一支).

4. 在任何旋转椭圆面中,平行于轴的截面是与其生成椭圆相似的椭圆.

阿基米德还补充说,"所有这些命题的证明都是'明摆着的'($\varphi\alpha\nu\varepsilon\rho\alpha\iota$)."事实上可如下证明:

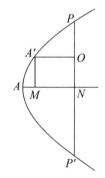

1. 用平行于轴的平面截旋转抛物面的截线.

设纸面通过轴 AN,与所给截面在直线 $A'O$ 处交成直角. 设 POP' 是从它与曲面截出的截线向 AN 所引的任一双倍纵线,它与 $A'O$ 及 AN 分别交于 O 及 N,作 $A'M$ 垂直于 AN.

在所给与轴平行的截面内从 O 对 $A'O$ 作垂线,并设 y 是曲面在这垂线上截出的线段之长.

那么,由于 y 的端点是在直径为 PP' 的圆形截线上,

$$y^2 = PO \cdot OP'.$$

若 $A'O = x$,p 是生成直角圆锥截线(抛物线)的主参量. 这时我们有

$$y^2 = PN^2 - ON^2$$
$$= PN^2 - A'M^2$$
$$= p(AN - AM)$$
$$= px.$$

所以这截线是一个与生成抛物线全等的抛物线.

2. 旋转双曲面被平行于轴的平面所截出的截线.

与前面一样. 取过轴的截平面与给定的截平面在 $A'O$ 处交成直角,使纸平面内的双曲线(一支)PAP' 表示过轴的截线,并设 C 是它的中心(或包络锥的顶点). 引 CC' 垂直于 CA,引 $C'A'$ 与它交于 C',其余作图与前面一样.

假设

$$CA = a, \quad C'A' = a', \quad C'O = x,$$

并设 y 与前面有相同的意义,那么

$$y^2 = PO \cdot OP' = PN^2 - A'M^2.$$

又根据原有双曲线(一支)的性质.

$PN^2 : (CN^2 - CA^2) = A'M^2 : (CM^2 - CA^2)$（这是常量）.

于是　$A'M^2 : (CM^2 - CA^2) = PN^2 : (CN^2 - CA^2)$

$= (PN^2 - A'M^2) : (CN^2 - CM^2)$

$= y^2 : (x^2 - a'^2)$

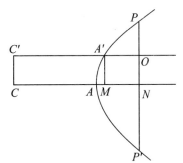

所以，这截线是与原有的双曲线（一支）相似的双曲线（一支）.

3. 旋转双曲面被过中心（或包络锥顶点）的平面所截出的截线.

我认为，无可怀疑，阿基米德用来证明他关于这一截线的命题的方法，仍然是他曾用来证明同一论文中命题 3 及命题 12 ~ 14 的关于圆锥截线的一般性质. 他在命题 3 证明的一开始把它作为在《圆锥曲线基础》一书中所证的已知定理讲述过："相交弦中所截截线之下的矩形之比等于所平行的切线线段上平方之比."

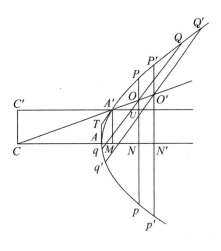

设纸所在的平面是经过轴的截面，它与通过中心的给定平面交成直角，$CA'O$ 是交线，C 为中心而 A' 是 $CA'O$ 与曲面的交点，$CAMN$ 是旋转双曲面的轴，而 POp、$P'Op'$ 是在过轴的截平面内对它（轴 $CAMN$）所引的两条双倍纵线，它们与 CAO 分别交于 O、O'；与前类似地，设 $A'M$ 是从 A' 所引的纵线，在 A 及 A' 处作这过轴截线的切线相交于 T，而且设 QOq、$Q'Oq$ 为同一截线的两条双倍纵线，它们分别通过 O、O'，而与 A' 处的切线（$A'T$）平行.

与前面一样，设 y、y' 分别是（旋转）曲面在通过 $CA'O$ 的给定截线的平面内从 O 及 O' 对 OC 所引垂线上截出两对线段的长度，而且记出

$$CO = x, \quad CO' = x', \quad CA = a, \quad CA' = a'.$$

那么，由相交弦的性质，我们有：由于 $QO = Oq$，

$$PO \cdot Op : QO^2 = TA^2 : TA'^2$$

$$= P'O' \cdot O'p' : Q'O'^2,$$

也有

$$y^2 = PO \cdot Op, \quad y'^2 = P'O' \cdot O'p',$$

而且，由双曲线（一支）的性质，

$$QO^2 : (x^2 - a'^2) = Q'O'^2 : (x'^2 - a'^2).$$

随即取首末比，得出

$$y^2 : (x^2 - a'^2) = y'^2 : (x'^2 : a'^2), \qquad (\alpha)$$

所以知截线是一钝角圆锥截线（双曲线的一支）.

为了证明这一双曲线（一支）不与生成另一双曲线（一支）相似，我们对 CA 引垂线 CC' 及 $C'A'$ 平行于 CA，与 CC' 交于 C'，与 Pp 交于 U.

如果这时双曲线（一支）（α）与原有另一双曲线（一支）相似，则由上一命题，它必定与通过 $C'A'U$ 的，与纸平面交成直角的平面所形成的双曲面的截线相似.

现在，

$$CO^2 - CA'^2 = (C'U^2 - C'A'^2) + (CC' + OU)^2 - CC'^2$$
$$> C'U^2 - C'A'^2;$$

而
$$PO \cdot Op < PU \cdot Up,$$

所以

$$PO \cdot Op : (CO^2 - CA'^2) < PU \cdot Up : (C'U^2 - C'A'^2).$$

结果就推出：这两个双曲线（一支）并不相似.[1]

4. 旋转椭圆曲面被平行于轴的平面所截出的截线.

这是一个与生成椭圆相似的椭圆，当然可用与前面旋转双曲面的定理（2）中相同的方法来证明.

现在能够考虑一下阿基米德的评语"所有这些命题的证明都是'明摆着的'"是什么意思了. 首先，"明摆着"并不意味着"已知晓的"（即被早期几何学家证明过的）；阿基米德的习惯是：每当他使用某些应归于与他最靠近的前辈的重要命题时总要在陈述事实方面做到准确无误，他提到欧多克斯（Eudoxus），[欧几里得的]《几何原

---

[1] 我认为阿基米德更有可能采用了这一证法，而不是塞乌滕（Zeuthen）建议的那种方法（P. 421），后一方法仅采用了双曲线方程. 证明如下：若 y 含义如上，且 p 的坐标表示 CA，CC' 作为 z，x 轴，而 O 的坐标表示相同坐标轴，为 z，x'，我们有，关于 P 点，

$$x^2 = k(z^2 - a^2)，其中 k 是常数.$$

又，既然角 $A'CA$ 已给定，$x' = az$，其中 α 是常数，因此

$$y^2 = x^2 - x'^2 = (k - \alpha^2) z^2 - ka^2$$

现在 z 与 CO 成比例，事实上为 $\dfrac{CO}{\sqrt{1+\alpha^2}}$，故方程变为

$$y^2 = \frac{k - \alpha^2}{1 + \alpha^2} \cdot CO^2 - ka^2, \tag{1}$$

这明显的是表示一个双曲线（一支），因为 $\alpha^2 < k$.

现在，虽然希腊人很可能给出了等价于上述证法的一个几何形式的证法，我认为这与阿基米德关于方程与二次曲线的态度是很不协调的，阿基米德总是将它们表示成下述比例的形式.

$$\frac{y^2}{x^2 - a^2} = \frac{y'^2}{x'^2 - a^2}，[在椭圆情形，=\frac{b^2}{a^2}]，$$

而从不将其像阿波罗尼奥斯那样表示为关于面积的方程，即

$$y^2 = px \neq \frac{p}{d}x^2,$$

此外，两不同常数的出现，以及将它们分别几何地表示为面积与曲线间的比例这种必然性也导致证明变得非常冗长而复杂. 事实上，在双曲线（一支）的情形，阿基米德从未将比例 $y^2 / (x^2 - a^2)$ 表示为形如 b^2/a^2 的常值面积比例的形式. 最后，当人们发现了形式（1）的关于通过 $CA'O$ 的给定部分的方程时，假定希腊人事实上已发现了其几何等价形式，我认为，关于方程

$$CA'^2 = \frac{k(1 + \alpha^2)}{k - \alpha^2} \cdot a^2,$$

在最终承认这一方程表示的双曲线以及该平面的截面是同一事实之前，仍需要验证它.

本》及《圆锥曲线基础》的例子可以作为见证：这个评语是对截面分别平行于曲面之轴的各种情形作出的，因此考虑这个评语时，一个自然的解释就是：阿基米德的意思仅仅是，这些命题能够简单地从三种圆锥截线的基本性质推导出来，这些基本性质现在是用它们的方程表达的，而且考虑到垂直于轴的平面所形成的截线是圆而已．但是我认为，这个关于证明特点是"明摆着的"的特定解释，对第三个定理就不是那么恰当了．该命题的陈述是，"旋转双曲面的任何一个经过包络锥的顶点，但不经过轴的平面截线是一双曲线（一支）"．

　　这一命题可以与关于旋转椭圆曲面的类似命题相比："旋转椭圆曲面的任何一个经过中心，但不经过轴的平面截线是一个椭圆."前一命题的证明与后一命题的证明相比，就通常的意义来讲，再称之为"明摆着的"实在是说不过去的．后一定理并未与命题 11 中作为"明摆着的"其他命题一起给出，其证明包含在更一般的命题 14 的证明之中．命题 14 是：旋转椭圆曲面的任何不垂直于轴的平面截线是一椭圆，而且互相平行的截线都相似．考虑到这些命题本质上相似，我更不可能认为，事实会像塞乌滕（Zeuthen）所猜想的，阿基米德希望人们理解，只有那个关于钝角圆锥截线（双曲线的一支）的命题而不是其他，就该直接相当于用二次曲线的笛卡儿方程从几何上去证明，而不是用前面关于直角圆锥截线（抛物线）的情形［命题 3］中用过的、后来在劈锥曲面及椭球面中关于球体、椭球体截线的情形里普遍使用的所谓相交弦的截线之下的矩形性质．我认为，因为对于古希腊人，单说用圆锥截线方程就显得更加困难，不大可能被称为"明摆着的"．

　　看来需要寻求另外的解释．我认为应是这样的：上面编号为 1、2 和 4 的关于劈锥曲面和旋转椭圆曲面的平行于轴的截线的定理，都在后来与切面有关的命题 15～17 中用到，然而在用关于双曲曲面被经过中心但不经过轴的平面所截出的截线的定理（3）被用到时，并不与切平面相联系，而只是为了在形式上证明：从双曲曲面上任一点画出与双曲曲面的任一横截直径平行的直线必落在曲面的凸侧之外和凹侧之内而已．因此在命题 11 中收入四个定理，从它放在紧随其后的三个命题（12～14）都涉及三种曲面的锐角圆锥截线这样一个特殊位置来看，不太可能是出于后面要用它们而这么做的．整个论文的主要目的是确定计算三种立体被平面截下的截段的体积，因此首先要确定能够围成底面的所有的截线是椭圆还是圆，因此在命题 12～14 中，阿基米德致力于找出椭圆截面．在做到这一点以前，他为了弄清根据给出命题 11 中的这些定理，以便使关于椭圆的命题阐述得极其准确．事实上，命题 11 所包含的与其说是确切地阐述它自身内容的定理，不如说是对三个随后的命题划定范围的直接解释；在转入椭圆截面之前，阿基米德认为有必要解释：垂直于每一曲面之轴的截面不是椭圆而是圆；还有，两个劈锥曲面之一的截面既不是椭圆也不是圆，而分别是抛物线与双曲线（一支）．这就好像他曾说过的："我的目标是找出三种立体被圆形或椭圆形截面切割下来的截段[①]的体积，我还需要考虑各式各样的锐角圆锥截线；[②] 但我首先应解释：垂直于轴的截面不是椭圆也不是圆．而劈锥曲面被用某种方式画出的平面所截的截线既不是椭圆也不是圆，而分别是抛物线和双曲线（一支），由于在下一命题中用不上后两种截线，所以我不必费力在书中给出证明，其中一些可用圆锥曲线的普通性质轻易地推导出来，另外几个可用将

---

① 例如球缺、球台、平截头体、圆台、圆锥段，等等．

② 例如长椭圆形、扁平形的截线，等等．

要给出的一些命题中所用的方法来证明，因而我把它们留给读者当作练习去做一做."

我认为这就完全解释了对于所有这些定理的设想，除去关于旋转椭圆面中平行于轴的截面以外，我认为之所以把它[1]与其他定理一起给出是为了对称美，并且因为它可以用与旋转双曲面情形方法对应的同样证法来证明. 而如果将它推迟到一般关于旋转椭圆面的椭圆面的命题 14 才提及，那就还需一个命题为它自己做准备. 因为在命题 14 中处理的截面的轴与旋转椭圆面的轴有一个交角而并不与它平行.

与此同时，阿基米德省略掉关于劈锥曲面和旋转椭圆面中平行于轴的截面定理的证明，因为它是"明摆着的"，这一事实足以引起这样的推测：当时同一时代的几何学家们都熟悉三维空间的观念，并且知道如何在实际上运用它. 对此不必大惊小怪. 看：我们发现阿基塔斯（Archytas）在他求二等比中项的作图题的解法中用到某个圆锥曲面与一直圆柱面上画出的一条双倍曲率曲线的交点[2]便可想见. 但是当我们想寻找早期几何中关于三维空间几何的其他研究事例时，我们发现除了极少模糊的暗示指向欧几里得的两本名叫《曲面 – 轨迹》（Surface-Loci）（希腊原文：$\pi\acute{o}\pi o\iota$ $\pi\rho o\varsigma$ $\acute{\epsilon}\pi\iota\varphi\alpha\nu\epsilon\acute{\iota}\alpha$）[3]的书组成的一篇现已遗失的著作以外，实际上什么也没有. 这一论文是帕普斯（Pappus）在归纳整理形成名为 $\tau\acute{o}\pi o\varsigma$ $\alpha\nu\alpha\gamma\nu\acute{o}\mu\epsilon\nu o\varsigma$ [4]的阿里斯泰库斯（Aristaeus）欧几里得及阿波罗尼奥斯其他著作之中提到的. 由于论及平面上的问题的其他著作只处理过直线、圆及圆锥截线，不用说，欧几里得的《曲线 – 轨迹》很可能至少包含像圆锥、圆柱及球体这样的轨迹，除此以外的一切都是建基于 Pappus 给出的与此著作有关的两个引理之上的猜测.

与欧几里得的《曲面 – 轨迹》有关的第一个引理.[5]

这个引理的原文和附图并不令人满意，但已由唐内里（Tanevy）对附图作了改变，而原文改动很小，对它们作了解释如下.[6]

"若 AB 为一直线而 CD 平行于位置已给定的一条直线，又若 $AD \cdot DB : DC^2$ 这个比为[给定]，则点 C 位于一圆锥截线上. 若现在 AB 的位置也不再给定并且 A，B 不再给定，但位于位置已给定的二直线 AE、EB 上[7]. 则点 C 面上翘起到［包含 AE、EB 的平面上方

---

〔1〕指上面说的关于旋转椭圆面的某种成截项的定理.

〔2〕参见《欧托西乌斯论阿基米德》（Vol Ⅲ，P. 98 – 102），或 perga 的阿波罗尼奥斯，P. xxii – xxiii.

〔3〕由这一术语我们可得出以下结论：希腊人说的"曲面形状的轨迹"与"曲线形状的轨迹"是不同的. 参看普罗克拉斯的关于轨迹的定义："具有同一性质的曲线或曲面的位置"（$\gamma\rho\alpha\mu\mu\tilde{\eta}\varsigma$ $\acute{\eta}$ $\epsilon\pi\iota\varphi$ $\alpha\nu\epsilon\acute{\iota}\alpha\varsigma$ $\theta\acute{\epsilon}\sigma\iota\varsigma$ $\pi o\iota o\tilde{\upsilon}\sigma\alpha$ $\acute{\epsilon}\nu$ $\kappa\alpha\grave{\iota}$ $\tau\alpha\grave{\upsilon}\tau\grave{o}\nu$ $\sigma\acute{\upsilon}\mu\pi\tau\omega\mu\alpha$），P. 394. 帕普斯（P. 660 – 662）通过引用阿波罗尼奥斯的平面轨迹，给出了轨迹分类. 这一分类是依它们的阶来定的. 据此，他认为轨迹为① $\epsilon\varphi\epsilon\kappa\tau\iota\kappa o\iota$，即固定的，例如，依这一定义，点的轨迹是点，曲线的轨迹是曲线，等等；② $\delta\iota\epsilon\xi o\delta\iota\kappa o\iota$ 或向前运动，依这一定义，曲线是点的轨迹，曲面是曲线的轨迹，曲面的轨迹是体；③ $\alpha\nu\alpha\sigma\tau\rho o\varphi\iota\kappa o\iota$，向后转向，据此可以推测出，依这一定义，经来回运动，曲面是点的轨迹，体是曲线的轨迹. 因此曲面—轨迹可能明显的是点或曲线在空间运动的轨迹.

〔4〕帕普斯（Pappus），P. 634，636.

〔5〕帕普斯（Pappus），P. 1004.

〔6〕数学科学通报，第二辑，Ⅵ，P. 149.

〔7〕希腊原文为 $\gamma\acute{\epsilon}\nu\eta\tau\alpha\iota$ $\delta\grave{\epsilon}$ $\pi\rho\grave{o}\varsigma$ $\theta\acute{\epsilon}\sigma\epsilon\iota$ $\epsilon\upsilon\theta\epsilon\tilde{\iota}\alpha$ $\tau\alpha\tilde{\iota}\varsigma$ AE，EB，上述翻译仅需将 $\epsilon\upsilon\theta\epsilon\tilde{\iota}\alpha$ 换成 $\epsilon\upsilon\theta\epsilon\iota\alpha\iota\varsigma$. 故在画文中的图形时将 ADB，AEB 表示成了两平行线，而 CD 垂直于 ADB 且交 AEB 于 E.

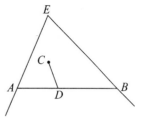

了] 位于位置给定的一个曲面上，这是已被证明了的."

按照这个解释它断定：若动直线 AB 的两端分别保持在固定直线 AE、EB 上移动，同时 DC 的方向固定，而 $AD \cdot DB : DC^2$ 是常数，则点 C 将位于某一曲面上. 直到目前一直在考虑第一个句子，AB 保持恒长；但当 AB 的位置不再给定时，其长度是否也发生变化[1]，对此没有明确. 如果 AB 在它能述到的所有位置上都保持恒长，那么作为点 C 的轨迹的曲面将是很复杂的，我们无法猜测欧几里得研究它有什么用处. 因此这也许是帕普斯有意把阐述写得模糊一些，以便使它概括多种欧几里得曾分别研究过的曲面 - 轨迹. 尽管它们同属一种类型，但每一种情形都包含稍有不同的一组条件，限制了这个定理的一般性.

正如塞乌滕 (Zeuthen) 曾指出的[2]，人们至少可以推测，欧几里得曾考虑过这一类型中的两种情况：①AB 保持恒长. 而且二点 A，B 分别在其上移动的两固定直线互相平行，是相交于一点；②两固定直线相交于一点，同时 AB 总是平行于它自身地移动，因而其长度也相应地变化着.

（1）在第一种情况下，AB 是常量且两固定直线互相平行，我们将得到由圆锥截线作整体移动[3]形成的曲面. 这个曲面应当是圆柱面，在移动的圆锥截线是椭圆这种情形，古代都称为"柱". 由于"柱"的本质就是它可以界于两个平行的图形截面之间，所以如果移动的圆锥截线是椭圆，就不难找出这个柱形的两个图形截面. 这可以通过首先取与轴成直角的截面来做到，然后可以按阿基米德在《论劈锥曲面体与旋转椭圆体》命题 9 的办法证明：第一，这个截面是椭圆或圆，第二，在前一种情形，由于一个与这个椭圆截面成斜角，并且通过或平行于其主轴的平面截出来的是圆. 没有什么事情会阻止欧几里得去研究类似由一移动的双曲线（一支）或抛物线生成的曲面；但由于不可能有圆形截面以致这种曲面或许被认为并不重要而没有考虑.

（2）第二种情形，AE、BE 相交于一点，而且 AB 一直平行于它本身，所生成的曲面当然是一个圆锥面. 其中一些特例可能由 Euclid 很容易地讨论过，但他极少可能涉及这一般的情形. 即 DC 可取到无论什么方向，以致动点形成的曲面，在希腊人所理解"圆锥"这个名词的意义之下，确实是圆锥面，或者［换句话说］找得到圆形截面. 要能证得这一点，就必须要确定主平面或是去解三次的式，但我们不可能设想欧几里得做到了这些，并且，如果欧几里得已找到最一般情形中的圆形截面，那么阿基米德只需简单地引用一下就可以了. 何必在对称平面已给定的特例中重复做同样的事情. 这些议论适用于点 C 的轨迹是椭圆的情形；也缺少根据去设想欧几里得能够证明，在圆锥截线是双曲线时存在圆形截面，因为没有证据说明，欧几里得甚至还知道，切割斜圆锥也可以得到双曲线（一支）和抛物线.

与《曲面 - 轨迹》有关的第二个引理.

---

〔1〕原文为"若 AB 失去了它的位置(στερηθῆ τῆς θέσεως)，而点 A，B 失去了它们的给定［特征]". (στερηθῆ τοῦ δοθέντος εἶναι).

〔2〕塞乌滕 (Zeuthen)，Die, lehre Von den kegelschnitten，P.425 及后续页.

〔3〕正如帕普斯 (Pappus) 指出的 διεξοδικὸς γραμμῆς，这将给出由运动曲线产生的一个曲面.

在其中, 帕普斯 (Pappus) 叙述并给出下面这个命题的完整证明: 一点到定点的距离与此点到某一固定直线的距离成定比时, 此点的轨迹是一圆锥截线, 当定比小于、等于或大于 1 时, 这条圆锥截线分别是椭圆、抛物线和双曲线 (一支).[1] 欧几里得在这篇论文中所指的两个猜想可能就是这一定理的应用.

(1) 考虑某个面与一直线以任意角度相交, 另一平面垂直于此直线且与第一个平面相交于另一直线, 我们称之为 z, 若这时所给定的直线与垂直于它的那个平面在 S 处相交, 则在该平面内可画出一圆锥截线以 S 为焦点, 以 z 为准线; 而且从圆锥截线上任意一点到 z 的垂线与同一点到原有平面的垂线之比成常数. 此圆锥截线上的所有点都有这样的性质. 它们到 S 的距离分别与它们到所给平面的距离都成已知比, 类似地, 取一些平面在 S 以外任意多个其他的点处与给定直线交成直角. 我们将见到: 一个点, 它到所给直线的距离与它到所给平面的距离形成某个已知的比时, 其轨迹是一锥面 (Conon), 这锥面的顶点即所给直线与所给平面的交点, 而 (它的) 对称平面必通过所给的直线, 且与 (所给的) 平面交成直角. 如果那个已知比是这样的: 所导致的圆锥截线是一椭圆. 在那种情形里, 曲面的圆形截线, 至少可以用阿基米德 (《论劈锥曲面体与旋转椭圆体》命题 8) 所用的方法在更为一般的情形 (从锥面顶点到所给定的椭圆所在的平面的垂线不一定通过焦点) 中找出来.

(2) 根据帕普斯 (Pappus) 所给命题的方法, 另一个自然的猜测应是: 欧几里得发现一个点的轨迹, 该点到一给定点的距离与它到一个固定平面的距离成已知的比. 这将给出一个与阿基米德所讨论的劈锥曲面和旋转椭圆曲面 [椭圆绕其短轴旋转而生成的球面须除外] 完全相同的曲面. 这样我们就和查斯纳斯 (Chasles) 的观点一致, 他推测欧几里得的《曲面 – 轨迹》(Surface-Loci) 是处理二次旋转曲面及其截线的.[2] 近代著者一般认为这一理论是不可能的. 例如海伯格 (Heiberg) 说, 毫无疑问, 劈锥曲面与旋转椭圆曲面的发现要归功于阿基米德, 否则他不必在他给多西修斯 (Dositheus) 的信中给出它们的精确定义, 因此它们不可能是欧几里得论文的主题[3]. 我要坦白地说, 我认为海伯格 (Heiberg) 反对查斯纳斯 (Chasles) 猜测的可能性的论点远不是定论, 没有任何分量. 即使欧几里得的确用帕普斯 (Pappus) 阐述并证明的定理发现了某点到定点的距离与该点到给定平面的距离成定比时该点的轨迹. 也不会迫使我们认为一定给出过轨迹的名称. 或者除了证明该截面通过从所给点引出的垂线, 在所给平面上的截线是圆, 还进一步研究过它们. 当然这些事实都很容易由它们自身被联想到. 要看到虽然阿基米德的目标是求出每种曲面体的截段的体积, 但也不必惊讶他更喜欢给出它们的定义, 因为这样会比把它们当作轨迹来描绘更直接地指明它们的形状. 在区别这样画出的圆锥截线和作为轨迹的圆锥截线方面, 我们还有一个类似的例子: 在欧几里得的《圆锥曲线》和阿里斯泰库斯 (Aristaeus) 的《立体轨迹》中不同标题下讲述过, 也由于阿波罗尼奥斯虽在他的《圆锥曲线论》中一些定理的序言

---

[1] 参看帕普斯 (Pappus), P. 1006 – 1014, 以及惠尔慈 (Hultsch) 的附录, P. 1270 – 1273; 或 Perga 阿波罗尼奥斯, P. xxxvi – xxxviii.

[2] Apercu historigue, P. 273, 274.

[3] Litterargeschichtliche Studien Uber Euklid, P. 79.

中谈到《立体轨迹》的综合法十分有用，并进一步提到"关于三线或四线的轨迹"，但没有哪个命题说这样的点和这样的轨迹是圆锥截线. 还有一个更特殊的理由把劈锥曲面体和旋转椭圆体定义成圆锥截线绕轴旋转所成的曲面. 就是这定义可以使阿基米德能够把它称为"扁平的"（ἐπιπλατὐ σφαιροειδές）旋转椭圆体（即椭圆绕其短轴旋转所生成的旋转椭圆体）包括进来，它并不是设想中认为欧几里得所发现了的轨迹之一. 比起所设想的欧几里得对曲面的论述来，阿基米德的新定义还有意外的效果：使得截面通过旋转轴和垂直于轴的截面的本性甚至更加明显. 而这或许就是阿基米德略去讲述以前已知的两种截线的原因. 把一些按曲面新定义不证自明的命题的证明归功于欧几里得似乎没有意义，阿基米德给出更多的定义也可用同一原则来解释：例如他所定义的轴，对于他所定义的曲面有特殊的参照作用，因为它表示旋转轴，而圆锥截线的轴对阿基米德来说，只不过是一条直径，旋转双曲面的包络锥是双曲线（一支）的两条渐近线绕轴旋转所生成的，将二渐近线的交点看作中心，对于阿基米德关于曲面的讨论是有用的，却不需要把它引入欧几里得关于把曲面看作轨迹的描绘之中. 与此类似，每个曲面的截段都有它们的轴和顶点. 并且，我觉得对于由阿基米德给出的所有定义，总的来说都可以用类似的方式解释，不怀偏见地对待，就是说欧几里得发现了三种曲面的设想.

因而我想，我们仍然可以认为，欧几里得的《曲面 – 轨迹》所涉及的，大概不只是锥、柱和（可能还有）球面，也包括三种别的二阶的旋转曲面（一定范围内的内容），即抛物面、双曲面和长椭圆面. 然而，遗憾的是，我们只能限于陈述各种可能性，并且几乎不可能有结果，除非结果就是发现新的文献.

§5　成连比的两个比例中项

阿基米德在两个命题（《论球和圆柱》 II.1，5）中采用了两个比例中项的作图. 他多半满意于使用阿基塔斯（Archytas）、梅内克缪斯（Menaechmas）[1] 和欧多克斯（Eudoxus）给出的作图方法. 然而，值得注意的是，阿基米德并未引入两个比例中项，在这里引入只是为了方便一些，但并不是必需的. 在《论球和圆柱》 I.34 中就是这样，他将比 $(\frac{\beta}{\gamma})^{\frac{1}{3}}$（这里 $\beta > \gamma$）换成两线段之比，而为了他的目的，所求的比不能大于 $(\frac{\beta}{\gamma})^{\frac{1}{3}}$，但可以更小，于是他在 β、γ 之间取了两个等差中项 δ、ε[2]，然后，作为已知结果，他有了 $\frac{\beta^3}{\delta^3} < \frac{\beta}{\gamma}$.

（魏东　张毓新　译　叶彦润　校）

---

〔1〕阿基塔斯（Archytas）和梅内克缪斯（Menaechmus）的作图方法是由欧托西乌斯（Eutocius）给出的（阿基米德，vol. III. P.92 – 102，或见阿波罗尼奥斯，P. xix – xxiii）.

〔2〕这个命题是由欧托西乌斯（Eutocius）证明的，见《论球和圆柱》 I.34 的注释.

--------- 第 ❹ 章 ---------

阿基米德著作中的算术

《圆的度量》与《沙粒的计算》这两篇论著的内容几乎都是算术. 由于在展示和应用庞大数字的表达系统方面, 没有比《沙粒的计算》描述得更好的著作, 因此这里就不多讲它了. 在《圆的度量》这本书里, 阿基米德通过使用普通的希腊符号来表达数字的方法, 涵盖了大量的数字处理. 但他只给出了多种算术运算、乘法及求平方根等结果, 并没有给出任何运算过程. 本书将给出大量的趣味问题. 为了方便读者, 我先简单介绍希腊的数制与其他数学家通常使用的各种运算方法, 这些方法包含在一般术语 λογιστική(计算的艺术)之中. 这样, 我就为解释以下问题而铺平了道路:①阿基米德如何计算出大数的平方根;②他求出 $\sqrt{3}$ 的两个近似值, 但只有结果, 至于是如何求得的, 却没留下任何线索.[1]

§1 希腊数制

众所周知, 希腊人用字母表中的字母和附加的另外三个符号来表达从 1 到 999 的所有数字, 如下所示. 这里, 表示字母重读是在其上加一个短横, 例如 $\bar{\alpha}$.

$\alpha', \beta', \gamma', \delta', \varepsilon', \varsigma', \zeta', \eta', \theta'$ 分别表示 $1, 2, 3, 4, 5, 6, 7, 8, 9$.

$\iota', \kappa', \lambda', \mu', \nu', \xi', o', \pi', \varsigma'$ 分别表示 $10, 20, 30, 40, 50, 60, 70, 80, 90$.

$\rho', \sigma', \tau', \upsilon', \varphi', \chi', \psi', \omega', \lambda'$ 分别表示 $100, 200, 300, 400, 500, 600, 700, 800, 900$.

中间的数字用简单的排序表示(见此例附录), 最大数字排在左边, 次大的紧随其右, 以此类推. 例如, 153 就可表示为 ρνγ′或ρνγ. 因为没有表示零的符号, 所以 780 就表示为 ψπ′, 并简单地用 τς′表示 306.

作为更高一级的单位"千"(χιλιάδες), $1000, 2000, \cdots$, 直到 9000(读作 χίλιοι, δισχίλιοι, κ. τ. λ.), 用表示前九个自然数的相同字母表示, 只是在字母的左下角有一个短撇. 这样, ͵δ′就是 4000. 用与前面相同的排序法则, 1823 可以用 ͵αωκγ′或 ͵αωκγ, 1007 用 ͵αζ′表

〔1〕 在写这一章中, 我特别感谢收入保利-威斯瓦(Pauly-Wissowa)的《Real-Encyclopädie, Ⅱ, 1》中的惠尔慈(Hultsch)的文章"算术与阿基米德"以及同类的古典文章:①收在 Nachrichlen von der kgl. Gesellschaft der Wissenschaften zu Göttingen (1893) P. 367 sqq. 中的《Die Näherungswerthe irrationaler Quadratwurzeln bei Archimedes》, ②收在 Zeitschrift für Math. U. Physik (Hist. litt. Abtheilung) XXXIX (1894), P. 121 sqq. 和 161 sqq. 中的《Zur Kreismessung des Archimedes》. 在本章最前部分, 我也引用了奈西尔曼(Nesselmann)的著作《Die Algebra der Griechen》和康托尔(Cantor)与高(Gow)的历史.

示,如此等等①.

在 9999 之后,"万"($\mu\nu\rho\iota\acute{\alpha}\varsigma$)这个单位就来了.10000 和更大的数字是这样表示的:用普通数字与独立的新单位"万"($\mu\nu\rho\iota\acute{\alpha}\delta\varepsilon\varsigma$)一起表示(虽然也能发现单词 $\mu\acute{\nu}\rho\iota\omicron\iota,\delta\iota\sigma\mu$ $\acute{\nu}\rho\iota\omicron\iota,\tau\rho\iota\sigma\mu\acute{\nu}\rho\iota\omicron\iota,\kappa.\tau.\lambda.$ 以及类似的 $\chi\acute{\iota}\lambda\iota\omicron\iota,\delta\iota\sigma\chi\acute{\iota}\lambda\iota\omicron\iota$ 等).单词 $\mu\nu\rho\iota\acute{\alpha}\varsigma$ 有多种缩写形式,但最普通的缩写形式是 M 或 Mν;表示数字万或 10000 的位数时,一般把数字写在缩写 M 或 Mν 之上,但有时也写在它之前或之后.因而 349450 写成 $\overset{\lambda\delta}{M}\theta\nu\nu'$ [1].

分数($\lambda\varepsilon\pi\tau\alpha$)有很多表示法.表示分母最常用的方法是用带两个重读号的普通数字来表示.当分子为单位 1 时,问题就很简单,用一个符号表示即可,例如 $\tau\rho\acute{\iota}\tau\omicron\nu$,即 $\frac{1}{3}$,就不必表示分子而用 γ'' 表示即可.类似地,有 $\varsigma''=\frac{1}{6},\iota\varepsilon''=\frac{1}{15}$,等等.当分子不是单位 1 而是某一数字时,如四十几,五十几,等等,分子就用普通数字来表示,因而 $\theta'\iota\alpha''=\frac{9}{11},\iota'\omicron\alpha''=\frac{10}{71}$.在海伦(Heron)的《几何学》中,分数后面的分母要双写,这样,$\frac{2}{5}$($\delta\acute{\nu}\omicron$ $\pi\acute{\varepsilon}\mu\pi\tau\alpha$)就写成 $\beta'\varepsilon''\varepsilon''$,$\frac{23}{33}$($\lambda\varepsilon\pi\tau\grave{\alpha}$ $\tau\rho\iota\alpha\kappa\omicron\sigma\tau\acute{\omicron}\tau\rho\iota\tau\alpha$ $\kappa\gamma'$ 或 $\varepsilon\acute{\iota}\kappa\omicron\sigma\iota\tau\rho\acute{\iota}\alpha$ $\tau\rho\iota\alpha\kappa\omicron\sigma\tau\acute{\omicron}\tau\rho\iota\tau\alpha$)就写成 $\kappa\gamma'\lambda\gamma''\lambda\gamma''$.表示 $\frac{1}{2}$($\acute{\eta}\mu\iota\omicron\nu$)的符号,阿基米德、丢番图和欧托西乌斯(Eutocius)写成 L'',而海伦写成 C' 或类似大写 S 的一个符号.[2]

分子比单位 1 大时,人们喜欢把分数表示成这样:把分数拆成分子是单位 1 的几个分数之和,仍按普通加法排列.因此,$\frac{3}{4}$ 写作 L''$\delta''=\frac{1}{2}+\frac{1}{4}$;$\frac{15}{16}$ 就是 $\complement$ $\delta''\eta''\iota\varsigma'=\frac{1}{2}+\frac{1}{4}+\frac{1}{8}+\frac{1}{16}$,欧托西乌斯把 $\frac{33}{64}$ 写作 L''$\xi\delta''$ 或 $\frac{1}{2}+\frac{1}{64}$.有时,同一个分数有几种不同的拆分法,因此在海伦(惠尔慈版,P.119)的算法里,$\frac{163}{224}$ 有好几种表示法,如下所示:

(a)$\frac{1}{2}+\frac{1}{7}+\frac{1}{14}+\frac{1}{112}+\frac{1}{224}$,

---

① 以上数的表示,可看《世界数字通史》(上册).梁宗巨著,辽宁教育出版社(2001.4).P.66.

[1] 丢番图(Diophantus)表示"千"之后的"万"就用普通的单位数字符号,只在"千"前面点一个逗号将"千"与"万"分开.例如,306900 记作 $\tau\varsigma.\,\theta$,331776 记作 $\lambda\gamma.\,\alpha\psi\omicron\varsigma$.有时在字母上加两个逗点也可以表示"万",如 $\overset{\cdot\cdot}{\rho}=100$ 万(1000000),"亿"就用四个逗点来表示,如 $\overset{\cdot\cdot\cdot\cdot}{\iota}$ 表示 10 亿(1000000000).

[2] 丢番图表示分数的方法和现代的表示法正好相反,分母写在分子上面.因此,$\frac{\gamma}{\varepsilon}=\frac{5}{3}$,$\frac{\kappa\varepsilon}{\kappa\alpha}=\frac{21}{25}$,$\frac{\alpha\cdot\omega\iota\varsigma}{\,\rho\kappa\zeta\cdot\varphi\xi\eta}=\frac{1270568}{10816}$.有时他也把分母写在下面,并用 $\acute{\varepsilon}\nu\mu\omicron\rho\iota\psi$ 或 $\mu\omicron\rho\iota\omicron\nu$ 表示分母,如 $\overline{\tau\varsigma.\,\theta}\mu\omicron\rho.\,\overline{\lambda\gamma.\,\alpha\psi\omicron\varsigma}=\frac{3069000}{331776}$.

(b) $\dfrac{1}{2} + \dfrac{1}{8} + \dfrac{1}{16} + \dfrac{1}{32} + \dfrac{1}{112}$,

(c) $\dfrac{1}{2} + \dfrac{1}{6} + \dfrac{1}{21} + \dfrac{1}{112} + \dfrac{1}{224}$.

60 进位制的分数. 这种数制之所以要讲一讲,是因为流传下来的一些算术运算只用这种分数表达. 很有趣的是 60 进位制分数制与现代十进制分数制有许多相似之处. 当然也有不同,这种数制的进位制是 60 而非 10. 希腊人用 60 进制分数表进行天文计算,从托勒密(Ptolemy)的 σύνταξις 中可看出,此表发展已很完善. 一个圆周与其圆心为顶点的四个直角,被均分为 360 份(τμήματα 或 μοῖραι)或者我们应称其为"度",每一个 μοῖρα(度)分为 60 份,称(第一次分)六十分之一,(πρῶτα)ἑξηκοστά 或称为"分"(λεπτά),又可再分成 δεύτερα ἑξηκοστά(秒),如此再分. 同样地,圆周也先分为 360 份(τμήματα 度),每一"度"又可分为 60 份(分),如此再分. 这样,一般算术计算所用的一个方便的分数系统就形成了,可以用各种量值单位或书写符号来表达. 很多分数可以用 $\dfrac{1}{60}$ 来表示,还有许多分数可用 $\left(\dfrac{1}{60}\right)^2$、$\left(\dfrac{1}{60}\right)^3$ 表示,这样分下去可达到任意程度. 因此,听到托勒密说这样的话,人们就不会惊讶了,他说:"我们一般采用 60 进制记数方法,因为普通分数用着不太方便." 很明显,连续的 60 进制形成了一套框架,其中有固定的分隔空间,任何分数都可在各分隔空间中定位. 显而易见,60 进制分数,如加减法和现代的十进制分数一样好用. 60 个单位 1 组成更高一级的单位,用 10 代替 60 所进行的低一级单位的数字化成高一级单位的数字. 在表示圆周的单位时,用"度"(μοῖραι)或符号 μ̄ 与普通数字上加一短画一起表示即可. 用附加了一两个等重读符号的数字表示"分""秒"等. 如 μ̄β̄ = 2°, μοιρῶν μ̄ζμβ′μ″ = 47°42′40″. 不够 1 个单位的就用 O,表示成 οὐδεμία μοῖρα, οὐδὲν ἑξηκοστόν, 即 Ō α′β″O‴ = 0°1′2″0‴. 类似地,用单位 1 代表划分圆周的单词"度"(τμήματα)或其他同义词时,分数表示与前面一样. 因此有 τμημάτων ξ̄ζδ′ νε″ = 67(单位 1)4′55″.

§2 加减法

毫无疑问,加减法的记数中,要用实际对应我们数制的一种方法,保持 10 的不同次幂独立. 百位、千位等要写成相互独立的竖行. 下面的例子就是典型的加法求和形式:

$$
\begin{array}{ll}
,\!α\,υκ\,δ' = & 1424 \\
\quad ρ\ \ γ' & 103 \\
\overset{α}{M}\,,\!βσπα' & 12281 \\
\overset{γ}{M}\ \ λ' & 30030 \\
\hline
\overset{δ}{M}\,,\!γωλη' & 43838
\end{array}
$$

当然,无论是希腊人还是我们,计算时所需的脑力劳动是一样的.

类似地,减法如下所示:

$$\overset{θ}{M}\,,\!γχλϛ' = 93636$$

$$\frac{\overset{\beta}{\mathrm{M}}\,_{\gamma\upsilon}\;\theta'}{\overset{\zeta}{\mathrm{M}}\;\;\sigma\kappa\zeta'}\qquad \frac{23409}{70227}.$$

§3　乘法

在欧托西乌斯对《圆的度量》注释本中，给出了一些乘法的例子. 如上面的加减法一样，我们的步骤仍是清清楚楚的. 首先写上被乘数，然后在其下写上前面带一个 $\dot{\epsilon}\pi\iota$（即"乘上"）符号的乘数. 乘数中，先取 10 的最高次幂与被乘数各位数字相乘，同时保持从最高位到最低位上 10 的各连续次幂的倍数独立. 之后，再取乘数中 10 的次一级幂与被乘数的各位数字相乘，顺序与前面相同. 在进行分数乘法运算时，步骤完全相同. 从欧托西乌斯附加的两个例子中，我们能够理解乘法的全部过程：

（1）

$\psi\;\pi'$	780	
$\dot{\epsilon}\pi\iota\;\psi\;\pi'$	$\times 780$	
$\overset{\mu\theta}{\mathrm{MM}}\overset{\varepsilon}{\,_{\varsigma}}'$	490000	56000
$\overset{\varepsilon}{\mathrm{M}}\,_{\varsigma}\;_{\varsigma\upsilon}'$	56000	6400
$\dot{\mathrm{o}}\mu\mathrm{o}\hat{\upsilon}\overset{\xi}{\mathrm{M}}\,_{\eta}\upsilon'$	和	608400

（2）

$\,_{\gamma}\iota\lambda\mathrm{L}'\mathrm{L}''\delta''$	$3013\frac{1}{2}\frac{1}{4}$	$[-3013\frac{3}{4}]$			
$\dot{\epsilon}\pi\iota\,_{\gamma}\iota\lambda\mathrm{L}'\mathrm{L}''\delta''$	$\times 3013\frac{1}{2}\frac{1}{4}$				
$\overset{\mathfrak{a}\lambda}{\mathrm{MM}}\,_{\theta}\,_{\alpha\phi\psi}\;\dot{\nu}$	9000000	30000	9000	1500	750
$\overset{\lambda}{\mathrm{M}}\,_{\rho\lambda\varepsilon}'\beta'\mathrm{L}''$	30000	100	30	5	$2\frac{1}{2}$
$_{\theta}\lambda\theta'\alpha'\mathrm{L}'\mathrm{L}''\delta''$	9000	30	9	$1\frac{1}{2}$	$\frac{1}{2}+\frac{1}{4}$
$_{\alpha}\phi'\varepsilon'\alpha'\mathrm{L}'\delta''\eta''$	1500	5	$1\frac{1}{2}$	$\frac{1}{4}$	$\frac{1}{8}$
$\psi\;\dot{\nu}\beta\mathrm{L}'\mathrm{L}''\delta''\eta''\iota\varsigma''$	750	$2\frac{1}{2}$	$\frac{1}{2}+\frac{1}{4}$	$\frac{1}{8}$	$\frac{1}{16}$

$[\dot{\mathrm{o}}\mu\mathrm{o}\dot{\mathrm{o}}]\overset{\mathfrak{a}}{\mathrm{M}}\beta_x\pi\theta'\iota\varsigma''$　$[9041250+30137\frac{1}{2}+9041]\frac{1}{4}+1506+\frac{1}{2}+\frac{1}{4}+\frac{1}{8}+753+\frac{1}{4}+\frac{1}{8}+\frac{1}{16}=9082689\frac{1}{16}$

这里再提供海伦（81，82 页）给出的类似的分数乘法的例子，这是许多例子中仅有的一个，用简短的陈述就把希腊用法解释得明明白白. 海伦找到了 $4\frac{33}{64}$ 与 $7\frac{62}{64}$ 的乘积，其过程如下：

$$4\cdot 7 = 28,$$
$$4\cdot\frac{62}{64}=\frac{248}{64},$$
$$\frac{33}{64}\cdot 7=\frac{231}{64},$$
$$\frac{33}{64}\cdot\frac{62}{64}=\frac{2046}{64}\cdot\frac{1}{64}=\frac{31}{64}+\frac{62}{64}\cdot\frac{1}{64}.$$

其结果依据：

$$28 + \frac{510}{64} + \frac{62}{64} \cdot \frac{1}{64} = 28 + 7 + \frac{62}{64} + \frac{62}{64} \cdot \frac{1}{64}$$

$$= 35 + \frac{62}{64} + \frac{62}{64} \cdot \frac{1}{64}.$$

亚历山大里亚的泰奥恩（Theon）写过关于托勒密的 σύνταξις 注释本，其中一个例子是 37°4′55″（用 60 进制）与自身相乘，其解法与上例完全相同.

§4 除法

对于希腊人来说，一个数除以另一个数的除法运算是很简单的，这一点与我们相同. 我们叫做"长除法"的运算，他们叫作"Mutatis mutandis"，其方法和现在一样，也用乘法和减法辅助完成. 举个例子，假定上节给的第一个乘法例子的运算正好反过来，$\overset{\xi}{\mathrm{M}}_{,}\eta \upsilon'$（608400）要除以 $\psi\pi'$（780），在这一过程中仍要在心里记住，10 的不同次幂应和加减法中一样，保持独立. 第一个问题是：根据 700 后面还有 80，且 780 与 800 相差不大，那么 608400 能包含多少个 700？答案是 700 或 ψ'，用 700 和除数 $\psi\pi'$（780）相乘，得到 $\overset{\nu\delta}{\mathrm{M}}_{,}\varsigma'$（546000），从 $\overset{\xi}{\mathrm{M}}_{,}\eta \upsilon'$（6084000）中减去这个数，得到 $\overset{s}{\mathrm{M}}_{,}\beta\upsilon'$（62400）. 用这个数再除以 780 或一个接近 800 的数，那么肯定要试一下 80 或 π' 可不可以. 在这个例子中，结果正好是 $\psi\pi'$（780），没有余数，因为 π'（80）乘以 $\psi\pi'$（780）正好等于 $\overset{s}{\mathrm{M}}_{,}\beta\upsilon'$（62400）.

泰奥恩曾写过一个长除法的实例，被除数与除数都含有 60 进制的分数. 这个问题是 1515 20′15″除以 25 12′10″，他的求解过程如下：

除数	被除数	商
25 12′ 10″	1515 20′ 15″	| 第一项 60
25 · 60 = 1500		
余数	15 = 900′	
合	920′	
12′·60 =	720′	
余数	200′	
10″·60 =	10′	
余数	190′	| 第二项 7′
25 ·7′ =	175′	
	15′ = 900″	
合	915″	
12′ · 7	84″	
余数	831″	
10″ · 7′	1″10‴	| 第三项 33″
余数	829″50‴	

$$25 \cdot 33'' \qquad \underline{825''}$$
$$\text{余数} \qquad \quad 4''50''' = 290'''$$
$$12' \cdot 33'' \qquad \underline{396'''}$$
$$（太大了）\quad \overline{106'''}$$

因此，商就是比 60 7′33″ 小一些的数.

我们可以看出，泰奥恩这个运算和上面 $\overset{\xi}{\mathrm{M}}\,\eta\upsilon'$（6084000）除以 $\psi\pi'$（780）的例子不同之处在于，商的每一项泰奥恩都做了三次减法，而另一例中，只用一次减法就算出余数了. 结果，尽管泰奥恩的步骤很清楚，但太长了，这就不容易看出用哪个数来试商较为合适，因此，在做这些无用的运算中浪费了许多时间.

§5　开平方

我们现在看一看开平方运算是如何进行的.

首先，和除法的情形一样，给定整数的平方根应分开写，即分成每个包含若干单位 1 和 10 的不同次幂的分隔空间. 因此会有许多的单位 1 和十位、百位等.

心里还要记着 1～99 之间的数的平方根应在 1～9 之间，100～9900 之间的数的平方根应在 10～90 之间，如此等等. 那么平方根的第一项肯定是十位、百位、千位等数位上的数字，求法与"长除法"中求商的第一项方法如出一辙. 若要求数 A 的平方根，且 a 代表平方根的第一项（或单位），要求第二项（或单位）x，就必须用恒等式 $(a+x)^2 = a^2 + 2ax + x^2$. 要求 x，则 $2ax + x^2$ 就应比 $A - a^2$ 的差小. 这样，通过试验，满足条件的 x 的最大可能值就很容易找出.

假如其值是 b，那么量 $2ab + b^2$ 就应从 $A - a^2$ 的差中减掉，并从这次差中求出平方根的第三项（或单位）. 依此类推. 泰奥恩在 $\sigma\acute{\upsilon}\nu\tau\alpha\xi\iota\varsigma$ 的注释本中举了一个简单的例子，采用的实际步骤如上所述，十分清晰. 其问题是求 144 的平方根.

在欧几里得 Ⅱ.4 中是这样求的：在此平方根可能的最高单位（即 10 的幂）是 10，从 144 中减去 10^2，差是 44，它不仅包含两倍的 10 和平方根的第二项，也一定包含第二项的平方. 因为 2×10 得 20，44 除以 20 就可求出第二项是 2，这就得出正好满足要求的数字，因为

$$2 \cdot 20 + 2^2$$
$$= 44.$$

泰奥恩解释托勒密的方法时，演示了同样的过程. 这是求 60 进制小数的开平方运算，问题是找出 4500 $\mu o\acute{\iota}\rho\alpha\iota$ 或度的近似平方根.

为了弄清楚整个方法的欧几里得理论，这里要用到一个几何图形. 奈西尔曼提供了一个泰奥恩文章的翻版，但是，从一条边到另一条边来观察图形时，下面的纯算术

表示也许对其含义看得更为清楚.

托勒密首先找出 $\sqrt{4500}$ 的整数部分是 67，因为 $67^2 = 4489$，所以还剩 11. 现在平方根的剩余部分若用 60 进制分数表示，我们可以设

$$\sqrt{4500}$$

$$= \sqrt{67^2 + 11}$$

$$= 67 + \frac{x}{60} + \frac{y}{60^2},$$

这里 x, y 都是要求的，因此 x 必须满足比 11 稍小的 $\frac{2 \cdot 67x}{60}$，或 x 必须稍小于 $\frac{11 \cdot 60}{2 \cdot 67}$，即 $\frac{330}{67}$，而后者同时要比 4 大. 经试验后，得出满足条件的数是 4，即 $\left(47 + \frac{4}{60}\right)^2$ 必小于 4500，因此，从余下的部分中可以求出 y.

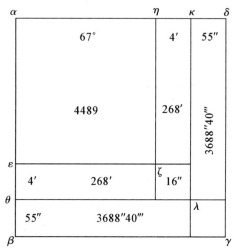

现在，$11 - \frac{2 \cdot 67 \cdot 4}{60} - \left(\frac{4}{60}\right)^2$ 就是余下的部分，它就等于

$$\frac{11 \cdot 60^2 - 2 \cdot 67 \cdot 4 \cdot 60 - 16}{60^2} = \frac{7424}{60^2}.$$

因此，我们必须设 $2 \cdot \left(67 + \frac{4}{60}\right) \cdot \frac{y}{60^2}$ 近似等于 $\frac{7424}{60^2}$，或者 $8048y$ 与 $7424 \cdot 60$ 近似相等.

于是 y 近似等于 55，然后我们再从余数 $\frac{7424}{60^2}$ 中减去 $2 \cdot \left(67 + \frac{4}{60}\right) \cdot \frac{55}{60^2} + \left(\frac{55}{60^2}\right)^2$ 或 $\frac{442640}{60^3} + \frac{3025}{60^4}$. 从 $\frac{7424}{60^2}$ 中减去 $\frac{442640}{60^3}$ 得 $\frac{2800}{60^3}$，或 $\frac{46}{60^2} + \frac{40}{60^3}$. 不过，泰奥恩没再进一步做下去，把剩余的 $\frac{3025}{60^4}$ 减掉，他只注意到 $\frac{55}{60^2}$ 的平方近似等于 $\frac{46}{60^2} + \frac{40}{60^3}$. 实际上，假如我

们从 $\dfrac{2800}{60^3}$ 中减去 $\dfrac{3025}{60^4}$，就可得到正确的余数，它是 $\dfrac{164975}{60^4}$.

为表明用 60 进制分数开平方方法的有效，这里只需提到托勒密给出 $\dfrac{103}{60}+\dfrac{55}{60^2}+\dfrac{23}{60^3}$

作为 $\sqrt{3}$ 的近似值，这和普通十进制记数法中的 1.7320569 相同，精确到第六位.

现在轮到这个问题了，即在《圆的度量》一书中阿基米德求出 $\sqrt{3}$ 的两个近似值. 他是怎样得到的呢？为了处理好这个题目，我根据惠尔慈采用历史上的解释方法，优先选择主要的priori理论，不同时代的大批作者都曾设计过它.

§6　对不尽根与不可公度的早期研究

从普罗克拉斯（Proclus）对欧几里得Ⅰ.（65 页）的注释本中的一篇文章中我们得知，是毕达哥拉斯发现了无理数定理（ἡ τῶν ἀλόγων πραγματεία）.

更进一步，柏拉图说（Theaetetus 147 D）："关于平方根，西奥多罗斯（Theodorus of Cyrene）写过一篇著作，他给我们证明了，对于 3 或 5 平方英尺，在长度上与一平方英尺的边长是不可公度的. 如此继续一个接一个数去选择，每一个数都有其他不可公度的方根，直至 17 平方英尺，出于某种原因，他没有再做下去." 如康托尔所说，为什么 $\sqrt{2}$ 没有被当作不可公度的数被提到的原因，一定是此前人们已确知如此. 因而，我们或许可以推断，因为它是 2 的平方根，而毕达哥拉斯几何作图证明了 2 是代表（单位正方形）对角线的正方形. 共边长与单位长度不可公度.

康托尔和惠尔慈在著名的论文《柏拉图》（Rep. Ⅷ. 546 B，C）关于"几何的"和"婚礼的"数字一节中说道，发现了一条毕达哥拉斯对 $\sqrt{2}$ 值的研究方法的线索. 因此，当柏拉图对 ῥητή 和 ἄρρητος διάμετρος τῆς πεμπάδος 进行比较时，他谈到正方形的对角线，正方形的边应包含长度的五个单位长度；ἄρρητος διάμετρος，或无理对角线，然后是 $\sqrt{50}$ 本身，最接近此数的有理数是 $\sqrt{50-1}$，即 ῥητή διάμετρος. 这里我们采取解释的方法，即毕达哥拉斯一定先给出最容易被理解的 $\sqrt{2}$ 的近似值. 他一定没有取 2，而是采用一个不很正确的分数，使之与 2 相等. 不论何种情况，分数的分母都是一个平方数，而分子也尽可能是一个平方数. 这样，他选择了 $\dfrac{50}{25}$，因此第一个 $\sqrt{2}$ 的近似值就是 $\dfrac{7}{5}$，当然很明显 $\sqrt{2}>\dfrac{7}{5}$. 再说，毕达哥拉斯不可能注意到欧几里得Ⅱ.4 中证过的命题 $(a+b)^2=a^2+2ab+b^2$ 的真实性，其中 a、b 是任意两条直线. 因为该命题只依据欧几里得卷Ⅰ.47 中的命题，而欧几里得Ⅰ.47 中的命题早于毕达哥拉斯的命题Ⅰ.47，并作为后者的基础，因此，毕达哥拉斯必定是知道的. 只有一点不同，即几何证明所给的公式是 $(a-b)^2=a^2-2ab+b^2$，同样，该公式毕达哥拉斯也一定知道. 因而自然会发现第一个近似于 $\sqrt{50}$ 的值是 $\sqrt{50-1}$. 用带"正"号的公式会给出一个更接近的近似值，即 $7 + \dfrac{1}{14}$，它仅比 $\sqrt{50}$ 大出 $\left(\dfrac{1}{14}\right)^2$ 这么一点儿．因此，我们有理由说是毕达哥拉斯发现如下表达式．

$$7\frac{1}{14} > \sqrt{50} > 7.$$

接下来的结果 $\sqrt{2} > \dfrac{1}{5}\sqrt{50-1}$ 在萨摩斯岛的阿里斯塔修斯（Aristarchus）的著作《论太阳和月亮的大小和距离》一书的第 7 命题中用到过．[1]

根据所提及的西奥多罗斯对 $\sqrt{3}$, $\sqrt{5}$, $\sqrt{6}$, $\cdots$, $\sqrt{17}$ 值的研究，可以肯定，他用几何表示的 $\sqrt{3}$ 与后来出现在阿基米德书中的 $\sqrt{3}$，用的是同样的方法．阿基米德把 $\sqrt{3}$ 表示成等边三角形从一顶点到对边的垂线．这样就很容易和柏拉图提到的"一平方英尺"的边相比较了．3 平方英尺的边被证明是不可公度的事实也表明，西奥多罗斯去证明特定的"英尺"，而不是简单地证明长度单位是有其特殊原因的．其解释或许是，西奥多罗斯继续分割他的三角形之边所用方法与希腊人的一样，将他们的"英尺"分为一半，

---

[1] 证明该命题的一部分是对阿基米德《圆的度量》第三命题的第一部分的一种预见．相应地附上惠尔慈照搬过来的大部分：

$ABEK$ 是一个正方形，KB 是它的一条对角线，$\angle HBE = \dfrac{1}{2}\angle KBE$，$\angle FBE = 3°$，$AC$ 垂直于 BF，因此 $\triangle ACB$ 与 $\triangle BEF$ 相似．

阿里斯塔修斯试着证明　　　　　　　　$AB : BC > 18 : 1$.

若 R 表示一个直角，$\angle KBE$、$\angle HBE$ 和 $\angle FBE$ 分别为 $\dfrac{30}{60}R$，$\dfrac{15}{60}R$ 和 $\dfrac{2}{60}R$.

那么 $HE : FE > \angle HBE : \angle FBE$.

（阿里斯塔修斯和阿基米德都假设这是一个已知定理）

因此　　$HE : FE > 15 : 2$　　　　　　　　　　　　　　　　　　（α）

现在，根据作图 $BK^2 = 2BE^2$，

并且（Eucl. Ⅵ. 3）

$$BK : BE = KH : HE,$$

因此有　　　　$KH = \sqrt{2}HE;$

又因为

$$\sqrt{2} > \sqrt{\frac{50-1}{25}},$$

$$KH : HE > 7 : 5,$$

所以

$$KE : EH > 12 : 5 \qquad (\beta)$$

从（α）和（β）可得

$$KE : FE > 18 : 1,$$

因此，由于 $BF > BE$（或 KE），

$$BF : FE > 18 : 1,$$

所以，根据相似三角形

$$AB : BC > 18 : 1.$$

$\dfrac{1}{4}$，$\dfrac{1}{8}$，$\dfrac{1}{16}$. 假设是这样，正如毕达哥拉斯用$\dfrac{50}{25}$代替 2 解出$\sqrt{2}$的近似值，西奥多罗斯也从恒等式 $3 = \dfrac{48}{16}$开始. 之后，显然有

$$\sqrt{3} < \sqrt{\dfrac{48+1}{16}}，即\dfrac{7}{4}.$$

再进一步观察$\sqrt{48}$，西奥多罗斯将其替换成$\sqrt{49-1}$的形式，如同毕达哥拉斯将$\sqrt{50}$换成$\sqrt{49+1}$的形式一样. 那么就有结果

$$\sqrt{48}\,(\,=\sqrt{49-1}\,) < 7 - \dfrac{1}{14}.$$

我们知道，对于不可公度平方根的研究，至阿基米德之前就再无更深的研究了.

§7　阿基米德的$\sqrt{3}$近似值

看到由毕达哥拉斯（Pythagoras）最早发现的很不精确的$\sqrt{2}$的近似值仍被萨摩斯群岛的阿里斯塔修斯（Aristavchus）满意地使用着，我们就会对与阿里斯塔修斯（Aristavchus）同时代且年轻的阿基米德大吃一惊了. 在《圆的度量》中，阿基米德未作任何解释，便给出

$$\dfrac{1351}{780} > \sqrt{3} > \dfrac{265}{153}.$$

为了把话题逐步引到阿基米德取得这些近似值可能的步骤上，惠尔慈采取与希腊几何学家同样的分析方法来解决该问题. 其方法是，假设问题已解决，且有相应的必要结论. 为了对两个分数$\dfrac{265}{153}$与$\dfrac{1351}{780}$进行比较，我们先将两个分母都分解成最小因数，由此得到

$$780 = 2 \cdot 2 \cdot 3 \cdot 5 \cdot 13,$$
$$153 = 3 \cdot 3 \cdot 17.$$

我们又发现 $2 \cdot 2 \cdot 13 = 52$，而 $3 \cdot 17 = 51$，这样一来，我们也许可以显示出这几个数字之间的关系：

$$780 = 3 \cdot 5 \cdot 52,$$
$$153 = 3 \cdot 51.$$

为了比较起来方便，我们将$\dfrac{265}{153}$的分子和分母同乘以 5，那么最初的两个分数就成了

$$\dfrac{1351}{15 \cdot 52} 和 \dfrac{1325}{15 \cdot 51},$$

因此，我们把阿基米德的假设代进去：

$$\dfrac{1351}{52} > 15\sqrt{3} > \dfrac{1325}{51},$$

就可看出它等价于

$$26 - \frac{1}{52} > 15\sqrt{3} > 26 - \frac{1}{51}.$$

现在 $26 - \frac{1}{52} = \sqrt{26^2 - 1 + (\frac{1}{52})^2}$, 右端近似表达成 $\sqrt{26^2 - 1}$.

那么我们就有

$$26 - \frac{1}{52} > \sqrt{26^2 - 1}.$$

将 $26 - \frac{1}{52}$ 与 $15\sqrt{3}$ 作比较, 想得到 $\sqrt{3}$ 本身的近似值, 我们就用 15 除, 得

$$\frac{1}{15}(26 - \frac{1}{52}) > \frac{1}{15}\sqrt{26^2 - 1}.$$

但是

$$\frac{1}{15}\sqrt{26^2 - 1} = \sqrt{\frac{676 - 1}{225}} = \sqrt{\frac{675}{225}} = \sqrt{3},$$

因而

$$\frac{1}{15}(26 - \frac{1}{52}) > \sqrt{3}.$$

$\sqrt{3}$ 的下限可由 $\sqrt{3} > \frac{1}{15}(26 - \frac{1}{51})$ 给出. 一眼即可看出, 它就是简单地用 $(52 - 1)$ 代替 52 得到的.

现在, 作为事实, 下述命题为真: 设 $a^2 \pm b$ 是一个整数而非平方数, 且 a^2 是最接近它的平方数 (这里 a^2 或大或小于前者), 则

$$a \pm \frac{b}{2a} > \sqrt{a^2 \pm b} > a \pm \frac{b}{2a \pm 1}.$$

仿照希腊的方式, 惠尔慈用一系列阐述过的命题, 证明了这一对不等式. 可以毫无疑问地说, 阿基米德实际上也发现并证明了同样的结论, 或许形式有所不同. 以下事实进一步确定了这个假设的可能性.

(1) 海伦给出的某些近似值说明, 他知道并且经常用公式 $\sqrt{a^2 \pm b} \frown a \pm \frac{b}{2a}$ (这里的符号 $\frown$ 表示 "近似等于")。因此他给出

$$\sqrt{50} \frown 7 + \frac{1}{14}, \quad \sqrt{63} \frown 8 - \frac{1}{16}, \quad \sqrt{75} \frown 8 + \frac{11}{16}.$$

(2) 阿拉伯人阿尔卡西 (Alkarkhi, 11 世纪) 吸收了希腊原始资料 (康托尔, 719 页以下) 之后, 使用了公式

$$\sqrt{a^2 + b} \frown a + \frac{b}{2a + 1}.$$

因而, 几乎不可能是偶然地有公式

$$a \pm \frac{b}{2a} > \sqrt{a^2 \pm b} > a \pm \frac{b}{2a \pm 1}.$$

上式给我们提供了想要的东西, 从而得到了阿基米德 $\sqrt{3}$ 的两个近似值及其相互的

直接联系.[1]

现在我们就可以进行如下的综合了. 从几何代表的 $\sqrt{3}$（作为等边三角形从一顶点引出的到对边的垂线），我们得到 $\sqrt{2^2-1}=\sqrt{3}$，作为第一近似值：$2-\dfrac{1}{4}>\sqrt{3}$. 应用公式立刻能把它化成 $\sqrt{3}>2-\dfrac{1}{4-1}$ 或 $2-\dfrac{1}{3}$.

然后，阿基米德把 $(2-\dfrac{1}{3})$ 即 $\dfrac{5}{3}$ 平方，得 $\dfrac{25}{9}$；把这个数与 $\dfrac{27}{9}$ 或 3 比较，即把 $\sqrt{3}$ 换成 $\sqrt{\dfrac{25+2}{9}}$，得到 $\dfrac{1}{3}(5+\dfrac{1}{5})>\sqrt{3}$，即 $\dfrac{26}{15}>\sqrt{3}$.

为了得到更精确的近似值，他用同样的方法继续做下去，将 $(\dfrac{26}{15})^2$ 或 $\dfrac{676}{225}$ 与 3 或 $\dfrac{675}{225}$ 作比较，便出现了 $\sqrt{3}=\sqrt{\dfrac{26^2-1}{225}}$，所以有 $\dfrac{1}{15}(26-\dfrac{1}{52})>\sqrt{3}$，即 $\dfrac{1351}{780}>\sqrt{3}$. 应用此公式可得 $\sqrt{3}>\dfrac{1}{15}(26-\dfrac{1}{52-1})$，即 $\sqrt{3}>\dfrac{1326-1}{15\cdot51}$ 或 $\dfrac{265}{153}$. 因此完整的结果就是

$$\dfrac{1351}{780}>\sqrt{3}>\dfrac{265}{153}.$$

这样，阿基米德就可能是从头一个近似值 $\dfrac{7}{4}$ 推到 $\dfrac{5}{3}$，从 $\dfrac{5}{3}$ 到 $\dfrac{26}{15}$，从 $\dfrac{26}{15}$ 直接到 $\dfrac{1351}{780}$，从最接近的近似值中，他又导出了不是最接近的近似值 $\dfrac{265}{153}$. 他不继续找比 $\dfrac{1351}{780}$ 更精确的近似值的原因可能是，这个分数的平方会给出一个特别大的数字，在以后的计算中用起来会不方便. 同样的理由可以解释，他为什么从 $\dfrac{5}{3}$ 开始而不从 $\dfrac{7}{4}$ 开始. 假如他用后者，那么同样的方法首先会得到 $\sqrt{3}=\sqrt{\dfrac{49-1}{16}}$，然后有 $\dfrac{7-\dfrac{1}{14}}{4}>\sqrt{3}$，或 $\dfrac{97}{56}>\sqrt{3}$；$\dfrac{97}{56}$ 平方后将给出 $\sqrt{3}=\dfrac{\sqrt{97^2-1}}{56}$，那么对应的近似值就是 $\dfrac{18817}{56\cdot194}$，这个数对他运算而言就过大了，用起来很不方便.

---

〔1〕大多数 priori 理论作为近似值的起源，其中存在的悬而未解的缺陷，作为一条规则，它们给出一系列的近似值，包含以上两个问题在内，但这两个并不是连续给出的，而是被阿基米德书中没有出现的近似值所分开. 由于要避开这一缺陷，因而惠尔慈的解释更为可取. 但公正地说，惠尔慈所用的那个公式已在胡恩拉斯（Hunrath）对难题的解决方法中出现过了（Die Berechnung irrationaler Quadratwurzeln vor der Herrschaft der Decimal brüche, Kiel, 1884, P. 21；cf. Ueber das Ausziehen der Quadratwurzel bei Griechen und Indern, Hadersleben, 1883）. 同样的公式还被重复地用于唐内里（Tannery）所给的结论之一中（Sur la mesure du cercle d'Archimède in Mèmoires de la sociète des sciences physiques et naturelles de Bordeaux, 2° serie, Ⅳ. (1882), P. 313–337).

§8 大数平方根的近似值

在《圆的度量》中，阿基米德给出了以下近似值：

(1) $3013\frac{3}{4} > \sqrt{9082321}$，

(5) $591\frac{1}{8} < \sqrt{349450}$，

(2) $1838\frac{9}{11} > \sqrt{3380929}$，

(6) $1172\frac{1}{8} < \sqrt{1373943\frac{33}{64}}$，

(3) $1009\frac{1}{6} > \sqrt{1018405}$，

(7) $2339\frac{1}{4} < \sqrt{5472132\frac{1}{16}}$.

(4) $2017\frac{1}{4} > \sqrt{4069284\frac{1}{36}}$，

毫无疑问，他取得这些数的平方根的整数部分所用的方法，是建立在欧几里得定理 $(a+b)^2 = a^2 + 2ab + b^2$ 的基础之上的（定理已在泰奥恩所提供的例子中演示过了，那里用 60 进制分数表示，并求出 $\sqrt{4500}$ 的近似值）. 此方法与以后用的方法没什么本质区别，不过，我们来看第一例：

(1) $\sqrt{9082321}$.

立即就能看出平方根的位数来. 只要将所给数字从尾数开始，分成一对一对的数. 希腊文中缺少符号 0，使得平方根的位数不易查清，因为用希腊文写作时，数字 $\overset{\acute{\eta}}{\text{M}}$,βτκα′仅包含 6 个符号而不是 7 个. 然而，即使用希腊记法也不难找出各个单位：个位、十位、百位，等等. 在平方根中，个位对应原数中的 κα′，十位对应 βτ，百位对应 $\overset{\acute{\eta}}{\text{M}}$，千位对应 $\overset{\acute{\eta}}{\text{M}}$. 因此很清楚，9082321 的平方根可由下面公式求出来：

$$1000x + 100y + 10z + w$$

这里 x、y、z、w 只能是 0、1、2、$\cdots$、9 中的某一个数. 假设 x 已解出，剩余部分是 $N - (1000x)^2$（这里 N 是所给数字），其中必包含 $2 \cdot 1000x \cdot 100y$ 和 $(100y)^2$，之后的剩余部分必定包含两个以上形式相似的数字.

在例（1）中很明显 $x = 3$，减掉 $(3000)^2$ 之后剩余 82321，该数必包含 $2 \cdot 3000 \cdot 100y$，但即使 y 取值为 1，得数也是 600000，还是比 82321 大，因此平方根的百位上没有数字. 接下来找 z，我们知道，82321 中必包含

$$2 \cdot 3000 \cdot 10z + (10z)^2，$$

用 60000 去除 82321 时，必可得出 z，因此 $z = 1$. 接着再找 w，我们知道，剩余部分是

$$(82321 - 2 \cdot 3000 \cdot 10 - 10^2)，\text{或 } 22221，$$

它必包含 $2 \cdot 3010w + w^2$，那么 22221 除以 $2 \cdot 3010$ 得 $w = 3$. 所以 3013 就是平方根的整数部分. 平方根的剩余部分就是 $22221 - (2 \cdot 3010 \cdot 3 + 3^2)$，或 4152.

命题所需条件如下：得出的平方根近似值必须不小于真实值，因此，加到 3013 上的分数部分要稍大一些才符合条件. 现在很容易看出，要加上的分数部分应比 $\frac{1}{2}$ 大，

因为 $2 \cdot 3013 \cdot \frac{1}{2} + \left(\frac{1}{2}\right)^2$ 比剩余部分 4152 小. 假设此数（更接近于 3014 而非 3013）

要求是 $3014 - \frac{p}{q}$，并且 $\frac{p}{q}$ 应该较小才符合条件.

$$现在(3014)^2 = (3013)^2 + 2 \cdot 3013 + 1 = (3013)^2 + 6027$$
$$= 9082321 - 4152 + 6027,$$

因此有
$$9082321 = (3014)^2 - 1875.$$

应用阿基米德公式 $\sqrt{a^2 \pm b} < a \pm \frac{b}{2a}$，我们可得到

$$3014 - \frac{1875}{2 \cdot 3014} > \sqrt{9082321}.$$

因此所需值 $\frac{p}{q}$ 就不能大于 $\frac{1875}{6028}$. 这也说明了阿基米德为什么用值等于 $\frac{1507}{6028}$ 的 $\frac{1}{4}$ 来

代换 $\frac{p}{q}$. 首先，他明显希望分子是 1 而分母是 2 的幂的分数，因为这种分数运算时方

便一些. 比如说，当这两个互等的分数相加时（分数 $\frac{9}{11}$ 与 $\frac{1}{6}$ 除外，它们待会儿要用例

外情况来解释）. 在此特殊情况下，必须记住随后要将 2911 加到 $3014 - \frac{p}{q}$ 上去，其和

除以 780，或 $2 \cdot 2 \cdot 3 \cdot 5 \cdot 13$. 如果某一因子能被除尽（这里最好是 13），那么就能简

化许多. 现在用 13 除 $2911 + 3014$，或 5925，得商为 455，余 10. 如此类推，$10 - \frac{p}{q}$ 也

被 13 除，其中 $\frac{p}{q}$ 近似于但不大于 $\frac{1875}{6028}$，那么很容易得出 $p = 1$，$q = 4$.

（2）$\sqrt{3380929}$.

用求平方根的通常做法得出此方根的整数部分为 1838，剩余部分是 2685，如同上

例一样，可看出精确的根值更接近 1839 而非 1838. 所以

$$\sqrt{3380929} = 1838^2 + 2685 = 1839^2 - 2 \cdot 1838 - 1 + 2685$$
$$= 1839^2 - 992.$$

阿基米德公式又给出

$$1839 - \frac{992}{2 \cdot 1839} > \sqrt{3380929}.$$

由于 $\frac{1}{4} = \frac{1839}{7356}$，阿基米德注意到 $\frac{1}{4}$ 是 $\frac{992}{3678}$ 或 $\frac{1984}{7356}$ 的近似值，并且 $\frac{1}{4}$ 也满足小数部

分必须比真实值小的必要条件. 因此很清楚，在把 $\frac{2}{11}$ 作为小数部分的近似值时，他已

看出只要排除其中一个因子. 剩下的工作就很简单了. 假如小数部分用 $\frac{p}{q}$ 表示，那么

$\left(1839 - \frac{p}{q}\right)$ 与 1823 之和（或 $3662 - \frac{p}{q}$）除以 240（比如 $6 \cdot 40$）. 3662 被 40 除，余

数为22，当 $\frac{p}{q}$ 小于但近似等于 $\frac{992}{3678}$ 时，$22 - \frac{p}{q}$ 很容易被40除尽，于是 q、p 就选出来了．可见 $p = 2$，$q = 11$ 满足条件．

（3）$\sqrt{1018405}$．

用一般方法可得出 $1018405 = 1009^2 + 324$，其近似值是

$$1009\frac{324}{2018} > \sqrt{1018405}.$$

这里代替 $\frac{324}{2018}$ 的小数须大于并近似等于它，而 $\frac{1}{6}$ 就满足这些条件．然后就无须做什么改动了．

（4）$\sqrt{4069284\frac{1}{36}}$．

用一般方法得出 $4069284\frac{1}{36} = 2017^2 + 995\frac{1}{36}$，接下来是 $2017 + \frac{36 \cdot 995 + 1}{36 \cdot 2 \cdot 2017} >$

$\sqrt{4069284\frac{1}{36}}$．很明显，$2017\frac{1}{4}$ 就是与不等式左端近似但稍大一点的值．

（5）$\sqrt{349450}$．

在此情况下，得出的下面两个根之近似值比真实值稍小而不是稍大．因此，阿基米德不得不用公式的第二部分

$$a \pm \frac{b}{2a} > \sqrt{a^2 \pm b} > a \pm \frac{b}{2a \pm 1}.$$

在 $\sqrt{349450}$ 的特殊情况下，根的整数部分为591，剩余169，这就给出结果

$$591 + \frac{169}{2 \cdot 591} > \sqrt{349450} > 591 + \frac{169}{2 \cdot 591 + 1}.$$

因为 $169 = 13^2$，且 $2 \cdot 591 + 1 = 7 \cdot 13^2$，无须进一步计算即得 $\sqrt{349450} > 591\frac{1}{7}$．

那么，为什么阿基米德没用这个近似值，而用了不那么接近的 $591\frac{1}{8}$ 呢？答案是：由后来的工作及证明的第一部分中其他近似值表明，只是为了计算方便，他更喜欢用形如 $\frac{1}{2^n}$ 的数作近似值的分数部分．但他也不是没看到，用这种形式，即 $\frac{1}{8}$ 代替 $\frac{1}{7}$ 后，会影响最终结果，并使其与所需的真实值不那么接近．事实上，如惠尔慈所示，采用 $591\frac{1}{7}$ 并以此数进行的计算对结果没什么影响．因此我们肯定会猜测，阿基米德不会采用虽然用起来方便但有明显错误的不大精确的近似值 $591\frac{1}{8}$，为使自己相信这一点，他选择的肯定是 $591\frac{1}{7}$，且所举例子也是以 $591\frac{1}{7}$ 为基础进行的．

（6）$\sqrt{1373943\frac{33}{64}}$．

在此例中，根的整数部分是 1172，剩余部分是 $359\frac{33}{64}$，如果用 R 代表根，则

$$R > 1172 + \frac{359\frac{33}{64}}{2 \cdot 1172 + 1}$$

$$> 1172 + \frac{359}{2 \cdot 1172 + 1}.$$

现在 $2 \cdot 1172 + 1 = 2345$，分数相应地变为 $\frac{359}{2345}$，因此 $\frac{1}{7}$（ $= \frac{359}{2513}$）满足必要条件，即它必须近似等于但不大于给定的分数. 在这里，阿基米德应该取 $1172\frac{1}{7}$ 作为近似值，但是出于和上例同样的原因，他再次取了更为方便的 $1172\frac{1}{8}$.

（7）$\sqrt{5472132\frac{1}{16}}$.

根的整数部分是 2339，剩余部分为 $1211\frac{1}{16}$，因此，假设 R 就是精确的根，则

$$R > 2339 + \frac{1211\frac{1}{16}}{2 \cdot 2339 + 1}$$

$$> 2339\frac{1}{4}.$$

这里先对阿基米德不等式的最终化简解释几句：

$$3 + \frac{667\frac{1}{2}}{4673\frac{1}{2}} > \pi > 3 + \frac{284\frac{1}{4}}{2017\frac{1}{4}},$$

更简化一点就是 $3\frac{1}{7} > \pi > 3\frac{10}{71}$.

实际上 $\frac{1}{7} = \frac{667\frac{1}{2}}{4672\frac{1}{2}}$，因此第一部分的分数只需做点小改动，把分母缩小 1，就得到简单的 $3\frac{1}{7}$.

作为 π 的放宽极限值，我们看到 $\frac{284\frac{1}{4}}{2017\frac{1}{4}} = \frac{1137}{8069}$. 惠尔慈独创性地建议：把后一个分数的分母加 1，便得到 $\frac{1137}{8070}$ 或 $\frac{379}{2690}$. 假如我们用 279 去除 2690，商就在 7 与 8 之间，于是有

$$\frac{1}{7} > \frac{379}{2690} > \frac{1}{8}.$$

这就是一个已知命题（证明见帕普斯Ⅶ. 689 页），即，如果 $\frac{a}{b} > \frac{c}{d}$，那么

$$\frac{a}{b} > \frac{a+c}{b+d}.$$

同理可证 $\frac{a+c}{b+d} > \frac{c}{d}$.

该结论用于上例，有

$$\frac{379}{2690} > \frac{379+1}{2690+8} > \frac{1}{8},$$

由此精确地给出 $\frac{10}{71} > \frac{1}{8}$，而且 $\frac{10}{71}$ 比 $\frac{1}{8}$ 更接近 $\frac{379}{2690}$.

注：关于 $\sqrt{3}$ 近似值的几种可替换性假说

为了把所有不同理论的描述和检验向前推进，为了解释阿基米德的 $\sqrt{3}$ 近似值，截至 1882 年，读者们都得查询 Dr Siegmund Günther 所著的详尽的研究论文，题目是《Die quadratischen Irrationalitäten der Alten und deren Entwickelung-smethoden》（Leipzig，1882）. 还是这位作者，在他的《Abriss der Geschichte der Mathematik und der Naturwissenschaften im Altertum》中给出了进一步的参考，并形成了《Handbuch der klassischen Altertums-wissenschaft》（München，1894）第五卷第一部分的附录.

古恩瑟（Günther）将不同假说归为三大类：

（1）有些人变相地使用连分数的方法，这里包括德·拉尼（De Lagny）、莫尔韦德（Mollweide）、哈乌伯（Hauber）、布森格威格（Buzengeiger）、塞乌滕（Zeuthen）、唐内里（第一种解法）、黑勒曼（Heilermann）的解法.

（2）有些人用一系列分数，如 $a + \dfrac{1}{q_1} + \dfrac{1}{q_1 q_2} + \dfrac{1}{q_1 q_2 q_3} + \cdots$ 的形式给出近似值；其中有拉迪克（Radicke）、培斯尔（V. Pessl）、罗迪特（Rodet，参见 Culvasutras）、唐内里（第二种解法）的解法.

（3）那些先将不可公度的不尽根限定在大小两根的界限内的人，他们把限定的值推得越来越靠近. 这一类包括奥波曼（Oppermann）、阿历谢杰夫（Alexejeff）、肖伯恩（Schönborn）、胡恩拉斯的解法，而古恩瑟把前两种方法用连分数方式联系了起来.

在此需要提及的是，古恩瑟采用的分类方法或多或少地源于那些有历史依据的原理，这些原理散见于除阿基米德之外的希腊数学家的遗著之中. 古恩瑟的方法在某种意义上代表了这些原理的应用和拓展. 这些半历史性的大多数解法都与泰奥恩（公元 130 年）在一部著作中所解释的"边"数字与"对角线"数字（πλευρικοί 和

διαμετρικοί ἀριθμοί）系统有关. 泰奥恩的这部著作试图给出大量的数学原理，它们是学习柏拉图著作所必需的.

"边" 数字与 "对角线" 数字的形成如下所示：我们从两个单位 1 开始. （a）是两个单位 1 的和，（b）是一个单位 1 的 2 倍与另一个单位 1 的 1 倍之和，因此

$$1 \cdot 1 + 1 = 2, \quad 2 \cdot 1 + 1 = 3.$$

第一个数就是 "边" 数字，第二个数就是 "对角线" 数字，或者（如我们所说）

$$a_2 = 2, \quad d_2 = 3.$$

用这种方法，这样的数字就可以建立起来；从 $a_1 = 1$，$d_1 = 1$ 开始，接下来的一对数字是 a_2、d_2，如此下去，用公式表示就是

$$a_{n+1} = a_n + d_n, \quad d_{n+1} = 2a_n + d_n,$$

所以我们有

$$a_3 = 1 \cdot 2 + 3 = 5, \quad d_3 = 2 \cdot 2 + 3 = 7,$$

$$a_4 = 1 \cdot 5 + 7 = 12, \quad d_4 = 2 \cdot 5 + 7 = 17,$$

等等.

泰奥恩说，根据这些数字，我们可以将此一般命题用方程表达为

$$d_n^2 = 2a_n^2 \pm 1.$$

证明（由于众所周知，故毫无疑问）很简单. 因为我们有

$$d_n^2 - 2a_n^2 = (2a_{n-1} + d_{n-1})^2 - 2(a_{n-1} + d_{n-1})^2$$

$$= 2a_{n-1}^2 - d_{n-1}^2$$

$$= -(d_{n-1}^2 - 2a_{n-1}^2)$$

$$= +(d_{n-2}^2 - 2a_{n-2}^2)，等等，$$

直到当 $d_1^2 - 2a_1^2 = -1$，这样命题就建立起来了.

康托尔曾指出，任何一个熟知这个命题的真实性的人都不会看不到，当数字渐次形成后，$\dfrac{d_n^2}{a_n^2}$ 之值会越来越接近 2，因此分数 $\dfrac{d_n}{a_n}$ 之值逐渐地越来越接近于 $\sqrt{2}$ 的近似值，换句话说，

$$\frac{1}{1}, \frac{3}{2}, \frac{7}{5}, \frac{17}{12}, \frac{41}{29}, \cdots$$

越来越近似于 $\sqrt{2}$. 可以看出，这些近似值中的第三个，即 $\dfrac{7}{5}$，就是柏拉图曾暗示过的毕达哥拉斯近似值（上述泰奥恩的数字表，就相当于不定方程 $2x^2 - y^2 = \pm 1$ 的所有正整数解），这在一部介绍柏拉图的研究工作的书中提到过；该书明显在启发我们，正如唐内里曾指出的，甚至早在柏拉图一生对前述方程系统研究之前，阿基米德可能已开始研究了. 这方面，普罗克拉斯对欧几里得Ⅰ.47 所作的注释是很有意思的. 注释中说，在等腰直角三角形中，"不可能找到与边对应的数字，因为除了某种意义上的近似 2 倍外，没有一个平方数是边的平方的 2 倍，例如 7^2 是 5^2 的 2 倍减 1". 人们还记得，

泰奥恩的处理目的是为了找到某些数的平方，它们分别仅与另一组数之平方的 2 倍相差 1，两组平方的边分别被称为"对角线"数字和"边"数字. 我们几乎不可否认地作出推断：当柏拉图说 $\stackrel{\rho}{\rho} \eta \tau \stackrel{.}{\eta} \delta \iota \acute{\alpha} \mu \varepsilon \tau \rho o \varsigma$（有理数对角线）及其相对的 $\stackrel{.}{\alpha} \rho \rho \eta \tau o \varsigma \delta \iota \acute{\alpha}$-$\mu \varepsilon \tau \rho o \varsigma$（无理数对角线）时（见《$\tau \hat{\eta} \varsigma \pi \varepsilon \mu \pi \acute{\alpha} \delta o \varsigma$》，柏拉图 lxxviii.），他的头脑中肯定已构造出这么一个系统了.

之后的一个假设是，根据寻找不定方程 $2x^2 - y^2 = \pm 1$ 在有理数范围内的所有解，从相继的解中可得到相继的 $\sqrt{2}$ 近似值的近似线，阿基米德给自己身上压了一项任务，即用类似的方法，找出不定方程

$$x^2 - 3y^2 = 1,$$
$$x^2 - 3y^2 = -2$$

在有理数范围内的所有解，再从中求出 $\sqrt{3}$ 的近似值. 古代的 $\sqrt{3}$ 近似值就是用这两个方程求出来的，接下来这样求的头一个人可能要数塞乌滕了. 唐内里在他的第一种解法中也是以此为基础，但实际上，早在 1723 年，德·拉尼就用过相同的方法. 相比较而言，唐内里的假说更好，而且比德·拉尼还早一步.

塞乌滕的解法

在欧几里得时代之前，解不定方程 $x^2 + y^2 = z^2$ 通过代换的方法

$$x = mn, \quad y = \frac{m^2 - n^2}{2}, \quad z = \frac{m^2 + n^2}{2},$$

这是众所周知的事实. 之后，塞乌滕断定，从欧几里得 II. 5 的恒等式

$$3(mn)^2 + \left(\frac{m^2 - 3n^2}{2}\right)^2 = \left(\frac{m^2 + 3n^2}{2}\right)^2$$

再进行推导就没什么困难了. 利用通分化简，很容易得到公式

$$3(2mn)^2 + (m^2 - 3n^2)^2 = (m^2 + 3n^2)^2.$$

假如一个解 $m^2 - 3n^2 = 1$ 为已知，则另一个解通过令

$$x = m^2 + 3n^2, \quad y = 2mn$$

代换后即可得到.

现在明显地，当 $m = 2$，$n = 1$ 时，方程 $m^2 - 3n^2 = 1$ 成立，因此方程 $x^2 - 3y^2 = 1$ 的另一组解就是 $x_1 = 2^2 + 3 \cdot 1 = 7$，$y_1 = 2 \cdot 2 \cdot 1 = 4$. 并且用同样的方法，我们可以得到许多解，如

$$x_2 = 7^2 + 3 \cdot 4^2 = 97, \quad y_2 = 2 \cdot 7 \cdot 4 = 56,$$
$$x_3 = 97^2 + 3 \cdot 56^2 = 18817, \quad y_3 = 2 \cdot 97 \cdot 56 = 10864,$$

等等.

接着，塞乌滕去解另一个方程

$$x^2 - 3y^2 = -2,$$

他用恒等式

$$(m + 3n)^2 - 3(m + n)^2 = -2(m^2 - 3n^2).$$

因此，假如我们已知方程 $m^2 - 3n^2 = 1$ 的一组解，就可以进行代换

$$x = m + 3n, \quad y = m + n.$$

假设与前例相同，$m = 2, n = 1$，我们就有 $x_1 = 5, \quad y_1 = 3$.

如果代入 $x_2 = x_1 + 3y_1 = 14$，$y_2 = x_1 + y_1 = 8$，可得

$$\frac{x_2}{y_2} = \frac{14}{8} = \frac{7}{4}$$

（并且 $m = 7$，$n = 4$ 可看作是 $m^2 - 3n^2 = 1$ 的一组解）. 再从 x_2，y_2 开始，我们有

$$x_3 = 38, \quad y_3 = 22$$

及

$$\frac{x_3}{y_3} = \frac{19}{11}$$

（$m = 19$，$n = 11$ 是方程 $m^2 - 3n^2 = -2$ 的一组解）；

$$x_4 = 104, \quad y_4 = 60,$$

由此有

$$\frac{x_4}{y_4} = \frac{26}{15}$$

（并且 $m = 26$，$n = 15$ 满足方程 $m^2 - 3n^2 = 1$）；

$$x_5 = 284, \quad y_5 = 164,$$

或

$$\frac{x_5}{y_5} = \frac{71}{41}.$$

类似的有 $\dfrac{x_6}{y_6} = \dfrac{97}{56}$，$\dfrac{x_7}{y_7} = \dfrac{265}{153}$，等等.

这种方法把两个方程

$$x^2 - 3y^2 = 1, \quad x^2 - 3y^2 = -2$$

都考虑到了，并给出 $\sqrt{3}$ 的全部连续的近似值.

唐内里的第一种解法

唐内里的自问：丢番图是如何着手解这两个不定方程的？他采用第一个方程的一般形式

$$x^2 - \alpha y^2 = 1$$

之后，假设方程的一组解（p，q）已知，设

$$p_1 = mx - p, \quad q_1 = x + q,$$

那么 $p_1^2 - \alpha q_1^2 = m^2 x^2 - 2mpx + p^2 - \alpha x^2 - 2\alpha q x - \alpha q^2 = 1$，所以，由 $p^2 - \alpha q^2 = 1$，又假设

$$x = 2 \cdot \frac{mp + \alpha q}{m^2 - \alpha},$$

因此

$$p_1 = \frac{(m^2 + \alpha)p + 2\alpha mq}{m^2 - \alpha}, \quad q_1 = \frac{2mp + (m^2 + \alpha)q}{m^2 - \alpha}$$

及

$$p_1^2 - \alpha q_1^2 = 1.$$

求得的 p_1，q_1 值是有理数，但不一定是整数，要想得到整数解，我们只有代入

$$p_1 = (u^2 + \alpha v^2)p + 2\alpha u v q, \quad q_1 = 2puv + (u^2 + \alpha v^2)q,$$

这里 (u, v) 是 $x^2 - \alpha y^2 = 1$ 的另一组整数解.

一般地，若 (p, q) 是方程

$$x^2 - \alpha y^2 = r$$

的一组已知解，假设 $p_1 = \alpha p + \beta q$, $q_1 = \gamma p + \delta q$，并且 "il suffit pour déterminer α, β, γ, δ de connaltre les trois groupes de solutions les plus simples et de résoudre deux couples dé quations du premier degré à deux inconnues."

因此.

（1）对于方程 $x^2 - 3y^2 = 1$，前三组解是 $(p = 1, q = 0)$，$(p = 2, q = 1)$，$(p = 7, q = 4)$，

因此有
$$\begin{cases} 2 = \alpha \\ 1 = \gamma \end{cases} \quad \text{和} \quad \begin{cases} 7 = 2\alpha + \beta \\ 4 = 2\gamma + \delta \end{cases},$$

于是得
$$\alpha = 2, \quad \beta = 3, \quad \gamma = 1, \quad \delta = 2,$$

接着第四组解就出来了：
$$p = 2 \cdot 7 + 3 \cdot 4 = 26,$$
$$q = 1 \cdot 7 + 2 \cdot 4 = 15.$$

（2）对于方程

$$x^2 - 3y^2 = -2,$$

前三组解是 $(1, 1)$，$(5, 3)$，$(19, 11)$，我们有
$$\left.\begin{aligned} 5 &= \alpha + \beta \\ 3 &= \gamma + \delta \end{aligned}\right\} \quad \text{和} \quad \left.\begin{aligned} 19 &= 5\alpha + 3\beta \\ 11 &= 5\gamma + 3\delta \end{aligned}\right\},$$

因此有 $\alpha = 2$, $\beta = 3$, $\gamma = 1$, $\delta = 2$，下一组解便得出
$$p = 2 \cdot 19 + 3 \cdot 11 = 71, \qquad q = 1 \cdot 19 + 2 \cdot 11 = 41,$$

等等.

因此，通过使用这两个不定方程及所示的解法，我们便可以找到所有连续的 $\sqrt{3}$ 的近似值.

从对方程的处理方法来看，唐内里的解法要优于塞乌滕的，因为前者可以应用于任何形如 $x^2 - \alpha y^2 = r$ 的方程的求解.

德·拉尼方法

该方法有争议. 若 $\sqrt{3}$ 能用一个假分数来表示，那么它应介于 1 与 2 之间，并且分子的平方应是分母平方的 3 倍. 因为这是不可能的，所以人们就得去寻找这样两个数：较大数的平方与较小数的平方尽可能地接近，尽管其差会稍大点或稍小点. 之后，拉尼引申出如下连续关系：

$$2^2 = 3 \cdot 1^2 + 1, \quad 5^2 = 3 \cdot 3^2 - 2, \quad 7^2 = 3 \cdot 4^2 + 1,$$
$$19^2 = 3 \cdot 11^2 - 2, \quad 36^2 = 3 \cdot 15^2 + 1, \quad 71^2 = 3 \cdot 41^2 - 2,$$
$$\cdots$$

从这些关系中导出一系列比 $\sqrt{3}$ 大的分数,即 $\frac{2}{1}$,$\frac{7}{4}$,$\frac{36}{15}$,等等;另一系列是比 $\sqrt{3}$ 小的分数,即 $\frac{5}{3}$,$\frac{19}{11}$,$\frac{71}{41}$,等等. 每一例中都可发现其构成规律是:若 $\frac{p}{q}$ 是一个系列分数中的一个,而 $\frac{p'}{q'}$ 是另一系列分数中的一个,则

$$\frac{p'}{q'} = \frac{2p + 3q}{p + 2q}.$$

由此便导出下列结果:

$$\frac{2}{1} > \frac{7}{4} > \frac{26}{15} > \frac{97}{56} > \frac{362}{209} > \frac{1351}{780} \cdots > \sqrt{3},$$

$$\frac{5}{3} < \frac{19}{11} < \frac{71}{41} < \frac{265}{153} < \frac{989}{571} < \frac{3691}{2131} \cdots < \sqrt{3}.$$

作为采用丢番图方法处理两个不定方程的结果,唐内里取得的每一系列中连续近似值的形成规律是精确的.

黑勒曼方法

该方法之所以被提及,是因为它也是依据泰奥恩给出的"边"数字与"对角线"数字的一般系统.

泰奥恩的结构规律是

$$S_n = S_{n-1} + D_{n-1}, \quad D_n = 2S_{n-1} + D_{n-1}.$$

黑勒曼仅把第二式中的 2 用任意数 α 代替,发展成以下数字表:

$$S_1 = S_0 + D_0, \quad D_1 = \alpha S_0 + D_0,$$
$$S_2 = S_1 + D_1, \quad D_2 = \alpha S_1 + D_1,$$
$$S_3 = S_2 + D_2, \quad D_3 = \alpha S_2 + D_2,$$
$$\cdots$$
$$S_n = S_{n-1} + D_{n-1}, \quad D_n = \alpha S_{n-1} + D_{n-1}.$$

随之有

$$\alpha S_n^2 = \alpha S_{n-1}^2 + 2\alpha S_{n-1} D_{n-1} + \alpha D_{n-1}^2,$$
$$D_n^2 = \alpha^2 S_{n-1}^2 + 2\alpha S_{n-1} D_{n-1} + D_{n-1}^2.$$

相减得

$$D_n^2 - \alpha S_n^2 = (1 - \alpha)(D_{n-1}^2 - \alpha S_{n-1}^2)$$
$$= (1 - \alpha)^2 (D_{n-2}^2 - \alpha S_{n-2}^2),\text{类似地},$$
$$= \cdots$$
$$= (1 - \alpha)^n (D_0^2 - \alpha S_0^2).$$

这相当于"Pellian"方程 $x^2 - \alpha y^2 = ($ 常数 $)$ 最一般的形式.

如果现在代入 $D_0 = S_0 = 1$,我们有

$$\frac{D_n^2}{S_n^2} = \alpha + \frac{(1 - \alpha)^{n+1}}{S_n^2},$$

从这个式子我们可以看出，随着 n 增加，等式右边的小数部分趋近于 0，$\dfrac{D_n}{S_n}$ 就是 $\sqrt{\alpha}$ 的近似值.

显然在此例中，当 $\alpha=3$，$D_0=2$，$S_0=1$ 时，我们有

$$\frac{D_0}{S_0}=\frac{2}{1},\quad \frac{D_1}{S_1}=\frac{5}{3},\quad \frac{D_2}{S_2}=\frac{14}{8}=\frac{7}{4},\quad \frac{D_3}{S_3}=\frac{19}{11},$$

$$\frac{D_4}{S_4}=\frac{52}{30}=\frac{26}{15},\quad \frac{D_5}{S_5}=\frac{71}{41},\quad \frac{D_6}{S_6}=\frac{194}{112}=\frac{97}{56},\quad \frac{D_7}{S_7}=\frac{265}{153},$$

等等.

但黑勒曼（Heilermann）表示的方法是用来找 $b\sqrt{a}$ 而非 $\sqrt{a}$，它会更有效，这里选择的 b 是使 b^2a（它替换 a）有些接近单位 1. 因此，假设 $a=\dfrac{27}{25}$，那么 $\sqrt{a}=\dfrac{3}{5}\sqrt{3}$，我们就有（代入 $D_0=S_0=1$）

$$S_1=2,\quad D_1=\frac{52}{25}\ \text{和}\ \sqrt{3}\backsim\frac{5}{3}\cdot\frac{26}{25}\ \text{或}\frac{26}{15},$$

$$S_2=\frac{102}{25},\quad D_2=\frac{54+52}{25}=\frac{106}{25}\ \text{和}\ \sqrt{3}\backsim\frac{5}{3}\cdot\frac{106}{102}\ \text{或}\frac{265}{153},$$

$$S_3=\frac{208}{25},\quad D_3=\frac{102\cdot27}{25\cdot25}+\frac{106}{25}=\frac{5404}{25\cdot25}\ \text{和}\ \sqrt{3}\backsim\frac{5404}{25\cdot208}\cdot\frac{5}{3}\ \text{或}\frac{1351}{780}.$$

这是在无任何外来值干扰的情况下，将阿基米德近似值紧挨着求出来的极少数成功的例子之一. 除了胡恩拉斯和惠尔慈应用公式

$$a\pm\frac{b}{2a}>\sqrt{a^2\pm b}>a\pm\frac{b}{2a\pm1}$$

能将这两个值如此直接地联系起来以外，只有上述一种方法了.

现在我们转入第二类解法的研究，这类解法发展了用一系列分数之和的形式表达近似值的方法. 我们先来看：

唐内里的第二种解法

通过求大数平方根的例子中的应用，这种方法也许才能表明. 作为这样的例子，一个是 $\sqrt{349450}$，阿基米德在前面给出过；另一个是 $\sqrt{571^2+23409}$，在求 $\sqrt{3}$ 的例子中出现过.

（1）我们用公式 $\sqrt{a^2+b}\backsim a+\dfrac{b}{2a}$

就可把 $\sqrt{571^2+23409}$ 表示成

$$571+\frac{23409}{1142},$$

它立刻给出根的整数部分. 我们现在设根是 $571+20+\dfrac{1}{m}$，平方后，且忽略 $\dfrac{1}{m^2}$，我们有

$$571^2 + 400 + 22840 + \frac{1142}{m} + \frac{40}{m} = 571^2 + 23409,$$

因此有
$$\frac{1182}{m} = 169 \text{ 及 } \frac{1}{m} = \frac{169}{1182} > \frac{1}{7},$$

于是
$$\sqrt{349450} > 591\frac{1}{7}.$$

（2）念及公式

$$\sqrt{a^2 + b} \backsim a + \frac{b}{2a + 1},$$

我们有

$$\sqrt{3} = \sqrt{1^2 + 2} \backsim 1 + \frac{2}{2 \cdot 1 + 1} \backsim 1 + \frac{2}{3} \text{ 或 } \frac{5}{3}.$$

之后，假设 $\sqrt{3} = (\frac{5}{3} + \frac{1}{m})$，平方且忽略 $\frac{1}{m^2}$，我们得到 $\frac{25}{9} + \frac{10}{3m} = 3$，

因此有 $m = 15$，我们就得到第二个近似值 $\frac{5}{3} + \frac{1}{15}$ 或 $\frac{26}{15}$.

我们现在有
$$26^2 - 3 \cdot 15^2 = 1,$$

然后，借助于唐内里的第一种方法，我们可接着找其他的近似值.

或者，我们也可使 $\left(1 + \frac{2}{3} + \frac{1}{15} + \frac{1}{n}\right)^2 = 3$，略去 $\frac{1}{n^2}$，我们得到

$$\frac{26^2}{15^2} + \frac{52}{15n} = 3,$$

因此有 $n = -15 \cdot 52 = -780$，及

$$\sqrt{3} \backsim \left(1 + \frac{2}{3} + \frac{1}{15} - \frac{1}{780} = \frac{1351}{780}\right).$$

可以发现，这种方法是将 $\frac{1351}{780}$ 和 $\frac{26}{15}$ 直接连起来，而跳过中间近似值 $\frac{265}{153}$. 为了得到 $\sqrt{3}$ 的近似值，唐内里无疑用了胡恩拉斯和惠尔慈公式中的一个特例.

很明显，罗迪特的方法被用来解释 Culvasutras[1] 的近似值

$$\sqrt{2} \backsim 1 + \frac{1}{3} + \frac{1}{3 \cdot 4} - \frac{1}{3 \cdot 4 \cdot 34}.$$

但是，给出近似值 $\frac{4}{3}$，则另两个连续近似值就可用一个公式表示，这个公式可用刚才所述的平方的方法描述[2]. 而罗迪特煞费苦心的工作在应用于解 $\sqrt{3}$ 时，只不过是作为更简单的方法给出同样的结果而已.

最后，作为第三类解法，这里应提到：

---

〔1〕见康托尔，《Vorlesungen über Gesch. d. Math》. 第 600 页以下.
〔2〕康托尔已在 1880 年的第一版中指出了此公式.

（1）奥波曼用公式

$$\frac{a+b}{2} > \sqrt{ab} > \frac{2ab}{a+b},$$

给出下列连续的分数

$$\frac{2}{1} > \sqrt{3} > \frac{3}{2},$$

$$\frac{7}{4} > \sqrt{3} > \frac{12}{7},$$

$$\frac{97}{56} > \sqrt{3} > \frac{168}{97},$$

但只有将后两个比合并 $\frac{97+168}{56+97} = \frac{265}{153}$,

才能导出一个阿基米德近似值.

（2）当肖伯恩证明[1] $a \pm \frac{b}{2a} > \sqrt{a^2 \pm b} > a \pm \frac{b}{2a \pm \sqrt{b}}$ 时，他比较接近胡恩拉斯和惠尔慈成功地运用过的公式.

（魏东　译　赵宗尧　校）

---

[1] Zeitschrift für Math. u. Physik（Hist. litt. Abtheilung）XXVII.（1883），第 169 页以下.

第 **5** 章

论称为 NEYΣEIΣ 的问题

νεῦσις 一词，拉丁文一般译作 inclinatio，很难准确地翻译，但它的意思可以从帕普斯（Pappus）对阿波罗尼奥斯（Apollonius）的取名为 νεύσεις（现已遗失）的两卷书的注释中推想出．帕普斯写道[1]，"如果某直线延长后到达某点，就称该直线指向于（νεύειν）该点．"在一般形式的问题的诸多特殊情况中，他给出了以下几种．

"给定两直线，要求在它们之间一条长度为定值且指向定点的线段．"

"如果给定（1）一个半圆和与其底成直角的一条直线，或（2）底在一直线上的两个半圆，要求在这两线之间放置一条长度为定值且指向半圆的一个隅角（γωνίαν）的线段．"

这样一条直线将穿过两条直线或曲线，通过定点，并且这两条直线或曲线在其上的截距等于定长．[2]

1. 下面这些实际上属于特殊的 νεύσεις 问题，是从阿基米德的著作中找到的．《论螺线》一书中的命题 5、命题 6、命题 7 的证明分别用到下面这个一般性定理的三种特殊情况：如果 A 是圆上任意一点，BC 是圆的任一直径，则过 A 可作一直线交圆于 P 而交 BC 的延长线于 R，使截距 PR 等于任意给定的长度．在各种特殊情况中，这个事实都只当作真命题做了陈述，而没有做任何解释或证明，并且

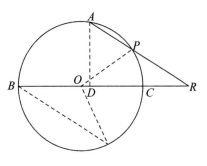

（1）命题 5 假定 A 处的切线平行于 BC；

（2）命题 6 是图中的点 A、P 互换的情形；

（3）命题 7 是 A、P 两点的相对位置如图所示的情形．

（4）命题 8 和命题 9 假定（同前面一样，没有证明，也没有对所蕴含的问题给出任何解法）若 AE、BC 是圆的两条弦，在 D 处交成直角使得 BD > DC，则过 A 可作另一

〔1〕帕普斯（瑞尔茨版）Ⅶ. P. 670.

〔2〕在塞乌滕（Zeuthen）著作的德译本《古代圆锥曲线理论》中，νεῦσις 被译为"Einschiebung"，或如我们所说的"插入"，没有提出所求直线要过一定点的要求，正如"inclinatio"（就希腊语的词本身）没表达在该线上的截距必须等于给定的长度这一要求．

直线 ARP 交 BC 于 R，交圆于 P 使得 $PR = DE$.

最后，应将《Liber Assumptorum》的命题 8（不管该书全部内容如何，此命题大概属于阿基米德）与上述命题 5、命题 6、命题 7 的假定加以比较. 这个命题是：如果在第一个图中所作的 APR 使 PR 等于半径 OP，则弧 AB 是弧 PC 的三倍. 换句话说，若取 AB 为顶点在圆心 O 的任意角所对的圆弧，则可找到一个弧等于弧 AB 的三分之一，即只要 APR 能够画得过 A 而在该圆与 BO 的延长线之间的截距 PR 等于该圆半径，给定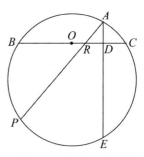的角就可以三等分. 因而一个角的三等分就归结为与《论螺线》命题 6、命题 7 中假定为可能的那些完全类似的 νεύσις.

容易证明，阿基米德所提及的 νεύσεις 问题仅用圆和直线一般不能求解. 在第一个图中，假设 x 表示未知长度 OR，其中 O 是 BC 的中点，k 是给定的 PR 的长度，再令 $OD = a$，$AD = b$，$BC = 2c$，则不论 BC 是圆的直径或（更一般地）是圆的任意弦，都有：

$$AR \cdot RP = BR \cdot RC,$$

因此，

$$k \cdot \sqrt{b^2 + (x-a)^2} = x^2 - c^2.$$

经有理化后，上述方程变为一个关于 x 的四次方程. 或者，若用 y 记 AR 的长度，为了确定 x 和 y，我们有方程组

$$\begin{cases} y^2 = (x-a)^2 + b^2, \\ ky = x^2 - c^2. \end{cases} \tag{α}$$

换句话说，在直角坐标系中，满足问题条件的 x 和 y 的值可被确定为某等轴双曲线和一抛物线的交点坐标.

有一个特殊情况，就是点 D 与 BC 的中点 O 重合，或者说点 A 是垂直平分 BC 的直径的一个端点，$a = 0$，则上述方程组简化为一个二次方程：

$$y^2 - ky = b^2 + c^2,$$

这个二次方程可用传统的面积贴合的几何方法来求解. 因为，若以 u 表示 $y - k$，则 $u = AP$，该方程变为

$$u(k + u) = b^2 + c^2.$$

于是我们只要"在长为 k 的线段上贴合一个长方形，使它多出一个正方形，并且面积等于给定的 $b^2 + c^2$".

命题 8 和命题 9 中涉及的其他 νεύσις 问题可一般化为下述形式求解，这时 PR 的给定长度 k 可以取某个最大值以内不一定等于 DE 的任意值，其方法与上面的相同. 对应于（α）的那个方程组在第二个图形中将变为

$$\begin{cases} y^2 = (a-x)^2 + b^2, \\ ky = c^2 - x^2. \end{cases} \tag{β}$$

在 AE 是垂直平分 BC 的直径这个特殊情形时，此问题再次可用通常的面积贴合方

法来求解. 注意到这个特殊情形在希波克拉底（Hippocrates）的《求积》中好像已假定过是有意义的, 辛普利休斯（Simplicins）[1] 引自欧德莫斯（Eudemus）的《几何学史》的引文中保存了它的残稿, 而希波克拉底的全盛时期大约在公元前 450 年.

我们发现, 帕普斯相应于他对几何问题的一般分类, 把 νευσεις 分成不同的类. 按照他的分类法, 希腊人分出了三类问题, 一些问题是平面的, 另一些是立体的, 其余的是线性的. 接下去他说[2]"可用一条直线和一个圆周求解的问题可称为平面（ἐπίπεδα）的, 因为这类问题用以求解的线的起源在一个平面内. 而那些靠找一条或多条圆锥曲线来求解的问题称之为立体（στερεά）的, 因为作图要用立体图形的表面, 即圆锥面. 余下的第三类问题就称为线性（γραμμικόυ）的, 因为除了上面提到的以外, 为了作图而假定的其他线（曲线）都是由很不规则的曲面和较为复杂的运动生成, 从而其根源都比较复杂而不太自然". 线性类曲线的特例, 帕普斯提到有螺线、割圆曲线、蚌线和蔓叶线. 他还补充道:"不管哪个几何学家用圆锥曲线或线性类曲线, 或者一般地用别的类曲线求平面问题的解, 看来都犯了严重的错误. 这种情况例如有: ①阿波罗尼奥斯的《圆锥曲线》第五卷处理与抛物线有关的问题[3], ②阿基米德在他的有关螺线的著作中认为关于圆的一个问题是具有立体特性的 νεῦσις, 但无须借助于任何立体知识就可能找到由后者（阿基米德）给出的定理（的证明）, 即, '在第一圈中达到的圆周长等于与始线成直角的直线上到与螺线的切线的交点的一段[4].'"

上一段所说的"立体 νεῦσις"是《论螺线》中命题 8 和命题 9 中被假定为可能的那个, 帕普斯在说明如何用圆锥曲线求解这个问题的另一处也提到过它[5]. 这个解法将在后面给出, 但是帕普斯反对阿基米德的论证, 认为它不正统, 如果我们研究一下阿基米德假定的究竟是什么, 这种反对就显得牵强. 他所假定的并不是实际的解法, 而只是有解的可能性, 而这个可能性完全不用圆锥曲线就能看出. 因为在这个特殊情况下, 作为可能有解的条件, 只需上面第二个图中的 DE 不是 APR 绕 A 从位置 ADE 向圆心方向转动时截距 PR 所可能取到的最大长度, 而这一点几乎是不证自明的. 事实上, 如果点 P 不是沿圆周运动, 而是沿过 E 平行于 BC 的直线运动, 且若 ARP 由位置 ADE 向圆心方向运动, PR 的长度将连续增加, 更不用说, P 在过 E 平行于 BC 的直线截圆所得的弧上时, PR 一定比 DE 长. 另一方面, 当 AP 向 B 继续运动时, 它一定在 P 到达 B（这时 PR 消失）之前的某个时候截取与 DE 等长的 PR. 因此, 由于阿基米德的

〔1〕辛普利休斯, Comment, in Aristot. Phys. P. 61 – 68（狄尔斯版）. 整段引文是由布莱茨耐德（Bretschnueider）的《欧几里得以前的几何和几何学家》表述的, P. 109 – 121, 至于所采用的作图法特别见狄尔斯版的 P. 64 和 P. xxiv; 参见布莱茨耐德, P. 114, 115, 和塞乌滕《古代圆锥曲线理论》P. 269, 270.

〔2〕帕普斯Ⅳ. P. 270 – 272.

〔3〕参见《波亚（Perya）的阿波罗尼奥斯》, P. cxxviii, cxxix.

〔4〕见本书《论螺线》之命题 18、19.

〔5〕帕普斯 Ⅵ. P. 298 以下.

论证仅在于 $\nu\varepsilon\tilde{\upsilon}\sigma\iota\varsigma$ 的解在理论上的可能性，而这个可能性由极为初等的方法就能推断出来，他没有必要为这个显而易见的目的去应用圆锥曲线，因而说他用了圆锥曲线去解一个平面问题是不公平的.

与此同时，我们有把握认为阿基米德已掌握了所涉及的 $\nu\varepsilon\tilde{\upsilon}\sigma\iota\varsigma$ 的解法，但没有证据表明他是用圆锥曲线还是用别的方法来解决这个问题的. 就像帕普斯做到了的，他应该已经能够用圆锥曲线来求解这一点是无可置疑的. 圆锥曲线的发明人梅内克缪斯（Menaechmus）有过一个先例，在确定两条不同线段间的两个比例中项时引用圆锥曲线很快解出一个"立体问题"，为此他用的是抛物线和等轴双曲线的相交. 《论球和圆柱》Ⅱ中命题 4 所依靠的三次方程的求解，在欧托西乌斯（Eutocius）给出的记载中也是利用一条抛物线和一条双曲线的相交实现的，并且他认为这是阿基米德本人的工作.[1]

无论什么问题用直线和圆不能求解，用圆锥曲线有可能求出解，这一点有重要的理论意义. 首先，这样一种求解的可能性使问题能够归入"立体问题"，因此帕普斯看重用圆锥曲线求解. 其次，这个方法还有其他的优越性，特别是从一个问题的解应伴有一个 $\delta\iota o\rho\iota\sigma\mu\acute{o}\varsigma$ 这个角度来看，$\delta\iota o\rho\iota\sigma\mu\acute{o}\varsigma$ 给出有真实解的可能性的判别准则，也常常包含（像阿波罗尼奥斯著作中一样频繁）判定解的数目以及有解的可能性的限度. 因此，在问题的解依赖于两条圆锥曲线的交点这种情况下，圆锥曲线理论为研究 $\delta\iota o\rho\iota\sigma\mu o\acute{\iota}$ 提供了一个有效手段.

2. 虽然用圆锥曲线求解"立体问题"有如此的优越性，但它不是阿基米德所知道的唯一方法. 另一种方法应当是希腊几何学家常用的机械作图的方法，并为帕普斯本人认为是代替在平面上不易画出的圆锥曲线的正统方法.[2] 这样，阿波罗尼奥斯求两个比例中项问题的求解中，按照欧托西乌斯，是让直尺绕一点转动，直到直尺与两条成直角的给定直线相交的交点到另外一定点等距离. 同样的作图法也被冠以海伦（Heron）的名字. 菲洛波努斯（Ioannes Philoponus）给出了阿波罗尼奥斯解法的另一种版本. 他假定，已给出有直径 OC 的某圆和过 O 点互成直角两条直线 OD、OE，过 C 可作一直线与圆再交于 F，交两直线分别于 D、E，使得线段 CD 与 FE 相等. 毫无疑问，这个问题是利用圆与过点 C 并以 OD、OE 为渐近线的等轴双曲线交点来求出解的，而这个推测与帕普斯关于阿波罗尼奥斯利用圆锥曲线解决了这个问题的说法是一致的.[3] 与欧托西乌斯给出的机械作图法同效的，例如有菲勒·伯扎特纽斯（Philo Byzantinus），他将直尺绕 C 转动直到 CD 与 EF 相等.[4]

现在很清楚可用类似方法实现 $\nu\varepsilon\tilde{\upsilon}\sigma\iota\varsigma$. 只需假定有一做了两个标记的直尺（或任

---

〔1〕 见《论球和圆柱》Ⅱ.4 的注.

〔2〕 帕普斯Ⅲ. P.54.

〔3〕 帕普斯Ⅲ. P.56.

〔4〕 详见《波亚的阿波罗尼奥斯》P. cxxv – cxxvii.

何有直边的物体），两标记的间距为给定的长度，该长度是问题所要求的过定点的直线被截取的两曲线间距离；如果使直尺移动时始终过固定点，同时尺上一标记点沿两条给定曲线之一移动，只需移动直尺直到使另一标记点落在另一曲线上．如此之类的操作引导尼克米兹（Nicomedes）发现了蚌线，（据帕普斯说）他把它引进了倍立方体问题，又利用它对角进行三等分．由尼克米兹曾很不尊重地把厄拉多塞（Eratosthenes）的机械解法说成是抄袭的说法，可以断定尼克米兹生活在厄拉多塞之后，公元前 200 年之后，另一方面在公元前 70 年之前他已经写出了著作，因为格米努斯（Geminus）那时已经知道这个曲线的名称，唐内里（Tannery）把他放在阿基米德与阿波罗尼奥斯之间．[1] 没有证据说明在尼克米兹之前用过机械方法求解 νεύσις，自阿基米德到蚌线的发现不可能相隔很长时间．事实上，尼克米兹的蚌线不仅可用于求解阿基米德著作中提到的所有 νεύσεις，而且也能用于求解问题中的两曲线有一条是直线的任何情形．帕普斯和欧托西乌斯都把发明了一种画蚌线的工具归功于尼克米兹．设 AB 是一直尺，尺上有一平行于边缘的槽，FE 是与 AB 成直角的另一直尺，其上有一固定木钉 C，这个木钉可在第三个直尺 PD 上平行于其边的槽内移动，第三个直尺也有一个固定木钉 D，它在一条带槽（C 在其内移动）的直线上，且可在 AB 的槽内移动．如果移动直尺 PD 使木钉 D 定出 AB 上的槽在 F 两侧的长度，直尺的一端 P 就画出被称为此曲线的曲线．尼克米兹把直线 AB 称为直尺（κανών），固定点 C 称为极点（πόλος），PD 的长度称为距离（διάστημα）．此曲线在极坐标系中的方程是 $r = a + b\sec\theta$，它的基本性质

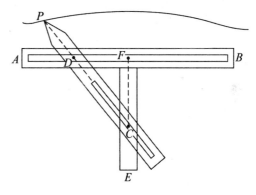

是，如果从 C 点向此曲线作任意向量半径，如 CP，则在向量半径上曲线与直线 AB 之间截取的长度恒为常数．因此，给定的两线中有一条是直线的任何 νεύσις 可用另一条线与极点在定点处的某条蚌线的交点求解，这个定点就是所求直线必须指向（νεύειν）于它的那个点．帕普斯告诉我们，实际中蚌线并不一定总要真正画出来，为了更加方便，只需"某人"将直尺绕定点转动试着使所截出的线段等于给定的长度这样来画．[2]

3．下面是帕普斯应用圆锥曲线求解《论螺线》中命题 8 和命题 9 涉及的 νεύσις 的途径．他从下面两个引理开始：

（1）如果从定点 A 作任意直线与定直线 BC 交于 R，作 RQ 垂直于 BC 且与 AR 的比为一定值，那么 Q 点轨迹是一双曲线．

作 AD 垂直于 BC，在 AD 的延长线上取 A′使得

〔1〕《科学数学快报》2 辑 Ⅶ. P. 284.

〔2〕帕普斯 Ⅳ. P. 246.

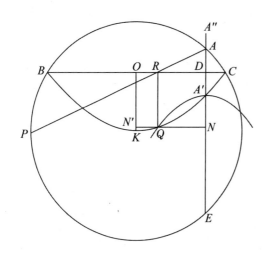

$$QR : RA = A'D : DA = (定值)$$

在 DA 上截取 DA'' 等于 DA'.

那么，如果 QN 垂直于 AN，则

$$(AR^2 - AD^2) : (QR^2 - A'D^2) = (常数)，$$

或 $QN^2 : A'N \cdot A''N = (常数)$.

（2）如果 BC 的长度给定，从 BC 上任意点 R 作 BC 的垂线 RQ 使得

$$BR \cdot RC = k \cdot RQ,$$

其中 k 是给定长度的线段，那么 Q 点的轨迹是**抛物线**.

令 O 是 BC 的中点，作 OK 垂直于 BC 使得长度满足

$$OC^2 = k \cdot KO.$$

作 OK 的垂线 QN'，

那么
$$QN'^2 = OR^2 = OC^2 - BR \cdot RC$$
$$= k（KO - RQ），（由假设）$$
$$= k \cdot KN'.$$

在阿基米德提到的特殊情况下（稍微一般化，给定的 PR 的长度 k 不一定等于 DE 的长），我们有：

（1）给定的比 $RQ : AR$ 为 1，即 $RQ = AR$，这时 A'' 与 A 重合，由第一个引理得
$$QN^2 = AN \cdot A'N.$$

于是 Q 点在等轴双曲线上.

（2）$BR \cdot RC = AR \cdot RP = k \cdot AR = k \cdot RQ$，由第二个引理知 Q 点在一抛物线上.

如果以 O 点为原点，OC 为 x 轴，OK 为 y 轴，令 $OD = a$，$AD = b$，$BC = 2c$，那么 Q 点确定的双曲线和抛物线方程分别是

$$(a - x)^2 = y^2 - b^2,$$
$$c^2 - x^2 = ky.$$

这与上面用纯代数方法得到的方程组（β）完全一致.

帕普斯对于完整解答上述广义问题必需的 διορισμός 什么也没说，διορισμός，即确定使问题有解的 k 的最大值. 当然，这个最大值对应于等轴双曲线与抛物线相切的情形. 塞乌滕证明了[1] k 的对应值可由另外的两双曲线或一双曲线与一抛物线的交点来确定. 毫无疑问，阿波罗尼奥斯以他关于圆锥曲线的知识，以及在给出对 διορισμοί 有用又必需的性质方面与他公开宣称的目的一致，有可能已经作出了这个特殊的 διορισμός，

---

〔1〕 塞乌滕《古代圆锥曲线理论》P. 273 - 275.

但是，没有证据表明阿基米德借助圆锥曲线研究过它，或实际上，像上面说的那样清楚，对于他的直接目的这根本就没有必要．

可以讲一下下面两个问题来结束本章：

（1）帕普斯给出的 $\nu\varepsilon\acute{\upsilon}\sigma\varepsilon\iota\varsigma$ 的一些重要应用．

（2）与平面问题同类的某些特例．即，仅用直线和圆可以求解，而且（按照帕普斯）希腊几何学家已证明了有如此特点的问题．

4．"立体" $\nu\varepsilon\acute{\upsilon}\sigma\varepsilon\iota\varsigma$ 的两个重要应用之一是尼克米兹（蚌线的发明者）发现的，他引入蚌线，是为了解决倍立方体[1]问题或（相当于）求给定的两不等线段之间的两个比例中项问题由它归纳成的 $\nu\varepsilon\acute{\upsilon}\sigma\iota\varsigma$．

设给定的两个不等线段 CL、LA 成直角．以 CL、LA 为边作平行四边形 $ABCL$，D 平分 AB，E 平分 BC，连接 LD 并延长使得它与 CB 的延长线交于 H．过 E 点作 EF 与 BC 成直角，在 EF 上取 F 使得 CF 等于 AD．连 HF，过 C 作 CG 平行于 HF．若延长 BC 到 K，直线 CG、CK 成一个角，从给定点 F 作直线 FGK，分别交 CG、CK 于 G、K，使得所截的 GK 等于 AD 或 FC．（这就是由前面说到的问题归结成的 $\nu\varepsilon\acute{\upsilon}\sigma\iota\varsigma$，它可利用以 F 为极点的蚌线求解．）

连接 KL 并延长它与 BA 的延长线交于 M．

那么 CK、AM 就是所求的在 CL，LA 之间的两个比例中项，即

$$CL：CK = CK：AM = AM：AL$$

根据欧几里得《几何原本》Ⅱ．6，我们有

$$BK \cdot KC + CE^2 = EK^2.$$

两边同加上 EF^2，得

$$BK \cdot KC + CF^2 = FK^2.$$

由平行截割定理

$$MA：AB = ML：LK = BC：CK；$$

又因为 $AB = 2AD$，$BC = \dfrac{1}{2}HC$，

$$MA：AD = HC：CK$$
$$= FG：GK，由平行截割定理，$$

并由合比定理

$$MD：AD = FK：GK.$$

但是 $GK = AD$，因此，$MD = FK$，且 $MD^2 = FK^2$，

又　　　　$MD^2 = BM \cdot AM + AD^2$，

---

〔1〕帕普斯 Ⅳ．242 以下．和Ⅲ．P．58 以下；欧托西乌斯论阿基米德，《论球和圆柱》Ⅱ．1．（卷Ⅲ．P．114 以下）

$$FK^2 = BK \cdot KC + CF^2，由以上各式，$$

及 $$MD^2 = FK^2，AD^2 = CF^2，$$

所以 $$BM：MA = BK \cdot KC.$$

从而 $CK：MA = BM：BK$

$\qquad = MA：AL$，由平行截割定理，

$\qquad = LC：CK.$

即 $$LC：CK = CK：MA = MA：AL.$$

5. 第二个重要问题可归结为"立体 νεῦσις"的是三等分任意角. 转化为 νεῦσις 的一个方法是上面已经提到过的由 Liber Assumptorum 的命题 8 转化. 帕普斯未提及过这种方法，而是讲了另一种转化方法. （Ⅳ. 272 页以下，等等），是这样说的，"早些时候的几何学家试图用'平面'的方法求解上面的本质上是'立体'的［三等分］角问题，这样不可能得到任何结果，他们因为还不习惯应用圆锥曲线而不知所措. 后来，几何学家利用圆锥曲线三等分角，用到下面的 νεῦσις".

这个 νεῦσις 是这样说的：给定一个矩形 ABCD，要求过 A 作直线 AQR 交 CD 于 Q，交 BC 的延长线于 R，使得截距 QR 等于给定的长度 k.

假设问题已经解决，则 QR 等于 k. 作 QR 的平行线 DP 交 CD 的平行线 RP 于 P. 那么在平行四边形 DR 中，DP = QR = k.

因此 P 在以 D 为圆心，k 为半径的圆上.

再由《几何原本》Ⅰ. 43 有关在平行四边形对角线两边的平行四边形的补形的结果，

$$BC \cdot CD = BR \cdot QD$$
$$= PR \cdot RB；$$

由于 BC、CD 是给定的，因此 P 点在过 D 点且以 BR，BA 为渐近线的等轴双曲线上.

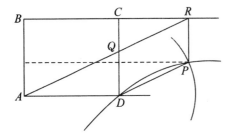

因此，为了由作图求解，我们只需画出该等轴双曲线和以 D 为圆心，k 为半径的圆，两曲线的交点即为 P，R 可由过 P 点作 DC 的平行线 PR 确定，这样就求出了 AQR.

［虽然帕普斯将 ABCD 作成矩形，但如果 ABCD 是任意平行四边形，该作图方法同样可用.］

假设 ABC 是任意一个锐角，现在要把它三等分. 过 A 作 AC 垂直于 BC，补成一个平行四边形 ADBC，并延长 DA.

假设问题已解出，令角 CBE 是角 ABC 的三分之一，设 BE 交 AC 于 E，交 DA 的延长线于 F，H 平分 EF，连接 AH.

由于角 ABE 是角 EBC 的 2 倍，由平行线的性质，角 EBC 与角 EFA 相等，

$$\angle ABE = 2\angle AFH = \angle AHB.$$

因此 $$AB = AH = HF,$$

及 $$EF = 2HF = 2AB.$$

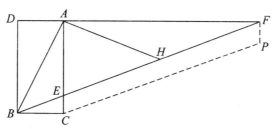

因而，为了三等分角 ABC，只需解决下面的 νεῦσις：给定一个矩形 $ADBC$，其对角线是 AB，过 B 作一直线 BEF 交 AC 于 E，交 DA 的延长线于 F，使得 EF 等于 AB 的二倍. 这个 νεῦσις 用上面刚才说明的方法可解.

可见倍立方体和三等分任意锐角的作法都依赖于同一个 νεῦσις，它的最一般形式可以这样叙述，给定两相交直线及这两条线外的任意一点，要求过该点作一直线使得它被这两条给定直线所截的线段长度等于给定的长度. 如果 AE、AC 是给定的两直线，B 是固定点，以 BC、CA 为边作平行四边形 AB-CD，设直线 BQR 交 CA 于 Q，交 AE 于 R，满足问题的条件，使得 QR 等于给定的长度. 如果以 CQ、QR 为边作平行四边形 $CQRP$，可将 P 点作为辅助点，确定它问题就解决了；

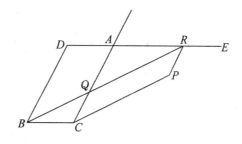

而我们已看到了 P 点可作为下面这两条曲线的交点之一而被找到，①以 C 为圆心、定长 k 为半径的圆；②过 C 点以 DE，DB 为渐近线的双曲线.

剩下的仅考虑该问题的若干特例，即不必使用圆锥曲线，而只需用直线和圆去求解的"平面"问题.

6. 从帕普斯那里我们了解到，阿波罗尼奥斯在他的两卷关于 νεῦσεις 的书里研究过可利用"平面"方法求解的上面那种类型的问题. 事实上，上面的 νεῦσις 当 B 点位于给定的两直线所成的角的平分线之上，或（换句话说）平行四边形 $ABCD$ 是菱形或正方形时就归结为"平面"问题. 相应地，我们发现帕普斯曾说明，由于这些问题在多方面有较大实际用处，他选出如下一种"平面"的问题来单独证明[1]：给定一个菱形并延长其一边，在外角的内部作一直线使它被角两边所截的长度为定数，并使它指向对角的顶点. 后来在他对于阿波罗尼奥斯工作著作的引理中，给出关于菱形问题的一个定理，还（在预备性引理之后）给出了与正方形有关的 νεῦσις 的解法.

于是就产生一个疑问，一般的"立体"问题原来要用圆锥曲线（或等效的机械）求解. 希腊几何学家怎么会发现这些或那些特例变成"平面"的？塞乌滕认为可能是他们对利用圆锥曲线的一般解法进行了一番研究得出的结果. 我不同意这个观点，理

---

〔1〕帕普斯 Ⅶ.P.670.

由如下：

（1）被证实我们应该有理由认为希腊人应用过圆锥曲线的性质，就像为了证明两个圆锥曲线的交点又在某圆或直线上，我们应该联合和变换两个二次笛卡儿方程，这种情况似乎是极少的。确实我们可以合理地推测阿波罗尼奥斯曾用过这类方法解出了倍立方体问题，在梅内克缪斯使用抛物线和等轴双曲线的地方，他用的是同一双曲线和过抛物线与双曲线交点的圆[1]；但是在他的《圆锥曲线》里有机会用到类似归结的仅有的一些命题中[2]，阿波罗尼奥斯却没有这么做，并因此受到帕普斯的指责。有个命题说的是把过定点所作抛物线的法线的垂足当成该抛物线与特定的等轴双曲线的交点来确定，帕普斯把这个方法作为用圆锥曲线解"平面"问题的例子加以反对[3]，原因是这些点可以由抛物线与特定的圆交点确定，而在这个方法中却用了双曲线。后一事实的证明应已表明，对阿波罗尼奥斯来说没有困难，而帕普斯却认为并非如此。如果他因此在这个情况下反对用双曲线，那么至少有一点可以得到论证，那就是，为了证明问题在此特殊情况下是"平面"的，他也应该同样反对阿波罗尼奥斯把双曲线带进来并应用其性质。

（2）利用圆锥曲线求解一般问题引出了辅助点 P 和直线 CP。我们自然希望发现它们在与菱形和正方形有关的 νεῦσις 特殊解法中的踪迹，但是它们在帕普斯给出的有关叙述和图形中没有出现。

塞乌滕认为涉及正方形的 νεῦσις 属于"平面"的是由于同样的研究表明，更一般的菱形情形也可以只用直线和圆求解，也就是通过系统地研究下面这种看法，即利用圆锥曲线一般解法得到的。对他来说这个推测比认为对正方形的平面作图的发现也许是偶然的，似乎更有可能，因为（他说）如果同样的问题只借助于初等几何的思想处理，那么它是"平面"的这个发现绝不是简单的事情。这里，我又不能同意塞乌滕的论点，对希腊人发现这个特殊的 νεῦσεις 是"平面"的途径我觉得有更简单的解释。首先，他们知道三等分直角是"平面"问题，因此可利用直线和圆三等分半直角。由此得出相应于正方形的 νεῦσις，即所要求被截取的线段的长度是正方形对角线长的二倍这个特殊情形。是"平面"问题这个事实自然引出这样的问题，如果 k 是任意的其他值，问题是否仍是"平面"的；而且一旦彻底地研究过这个问题，像希腊这样杰出的几何学家们几乎无法长期回避证明此问题是"平面"的，并求其解法。我认为，在考察了帕普斯给出的并重述于后的解法之后，这一点就很清楚了。其次，在证明了与正方形有关的 νεῦσις 是"平面"的之后，自然要问介于正方形和平行四边形之间的情形，即菱形或许也是"平面"问题吧？

与菱形和正方形有关的平面 νεῦσεις，即定点 B 位于两条定直线所成的某一角的平分线上的情形，关于它们的实际解决，塞乌滕说我们只在其中一种情形下，即 $ABCD$ 是

---

〔1〕《波亚的阿波罗尼奥斯》，P. cxxv，cxxvi.

〔2〕Ibid. P. cxxviii 和 P. 182，186（《圆锥曲线论》Ⅴ. 55，62）.

〔3〕帕普斯 Ⅳ. P. 270. 参见本书前面 P. 63.

正方形时，才有希腊人用圆和直尺解出了相应的 νεῦσις 的肯定说法，这似乎是误解，因为不仅帕普斯提到希腊人已经解决了作为平面 νεύσεις 的菱形情形，而且他后来给出的命题清楚地说明该问题是如何被实际解出的. 帕普斯把这个命题称为 "被包含在" （παράθεωρούμενον 意为 "同时研究的课题"）阿波罗尼奥斯的《νεύσεις》第一卷第八个问题中的，是以下面的形式叙述的[1]. 给定一个菱形 AD，延长其对角线 BC 至 E，如果 EF 是 BE、EC 的比例中项，并且以 E 为圆心、EF 为半径的圆交 CD 于 K，交 AC 的延长线于 H，那么 BKH 为一直线. 证明如下:

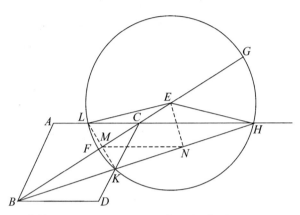

设圆交 AC 于 L，连接 HE，KE，LE. LK 交 BC 于 M.

根据菱形性质，角 LCM，角 KCM 是相等的，因而 CL，CK 与直径 FG 构成相等的角. 由此得 CL = CK.

又 EK = EL，CE 是三角形 ECK，ECL 的公共边，因此这两个三角形全等，且

$$\angle CKE = \angle CLE = \angle CHE.$$

由假设

$$EB : EF = EF : EC,$$

或　　　　　　　　　$$EB : EK = EK : EC \quad （因为 EF = EK），$$

但角 CEK 是三角形 BEK 和三角形 KEC 的公共角，因此，三角形 BEK 和三角形 KEC 是相似的，且由上面得

$$\angle CBK = \angle CKE$$
$$= \angle CHE,$$

而且　　　　　　　　　$$\angle HCE = \angle ACB = \angle BCK.$$

因而在三角形 CBK，CHE 中有两角分别对应相等.

所以　　　　　　　　　$$\angle CEH = \angle CKB.$$

由于 ∠CKE = ∠CHE，由上面的结果，K，C，E，H 四点共圆.

因此　　　　　　$$\angle CEH + \angle CKH = （两直角），$$

同时，由

$$\angle CEH = \angle CKB,$$

〔1〕 帕普斯 Ⅷ. P. 778.

得

$$\angle CKH + \angle CKB = （两直角），$$

所以 BKH 是一直线.

这个命题的形式说明，在第八问题所涉及的问题中，阿波罗尼奥斯曾经直接给出一个作图法，来画出分别交 CD 于 K，交 AC 的延长线于 H 的圆，帕普斯对 BKH 是直线的证明意在证明 HK 延向于 B，或者（换句话说）验证由阿波罗尼奥斯给出的作图法解决了要求画 BKH 使得 KH 等于给定的长度的特定的 νεῦσις.

导致这种作图法的分析必定有些像如下这样：

假设已作 BKH 使得 KH 等于给定的长度 k，N 平分 KH，作 NE 垂直于 KH 交 BC 的延长线于 E.

作 BC 的垂线 KM 并延长交 CA 于 L，于是，根据菱形的性质，三角形 KCM 与三角形 LCM 全等.

因此，$KM = ML$，同时，如果连接 MN，则 MN 与 LH 平行.

由于 M，N 处的角是直角，过 $EMKN$ 可作一圆.

因此

$$\angle CEK = \angle MNK （同一弓形对的角）$$
$$= \angle CHK （平行线的性质）$$

所以过 $CEHK$ 可作一圆，由此得

$$\angle BCD = \angle CEK + \angle CKE$$
$$= \angle CHK + \angle CHE$$
$$= \angle EHK = \angle EKH.$$

因此三角形 EKH 与三角形 DBC 相似.

最后，$\angle CKN = \angle CBK + \angle BCK$，
由此等式两端分别减去相等的角 EKN，角 BCK，得

$$\angle EKC = \angle EBK.$$

因此三角形 EBK 与三角形 EKC 相似，且

$$BE : EK = EK : EC,$$

或

$$BE \cdot EC = EK^2.$$

但根据相似的三角形，

$$EK : KH = DC : CB,$$

并且比值 $DC : CB$ 是给定的，KH 也是给定的（$= k$）.

因此 EK 是给定的，为了确定 E，用希腊人的话来说，我们只需"在 BC 上贴合一矩形使其多伸出一个正方块并且其面积等于给定的 EK^2".

因而，阿波罗尼奥斯给出的作图法可以这样叙述[1]：

如果 k 是给定的长度，取一线段 p 使得

$$p : k = AB : BC,$$

在 BC 上贴合某个多伸出一个面积等于 p^2 的正方块的矩形. 设 $BE \cdot EC$ 是这个矩形, 以 E 为圆心 p 为半径作圆交 AC 的延长线于 H, 交 CD 于 K.

正如帕普斯已经证明的, HK 等于 k, 并且延向于 B, 因而问题解出.

阿波罗尼奥斯求解涉及菱形有关的"平面" $\nu\epsilon\hat{\upsilon}\sigma\iota\varsigma$ 时使用的作图法就这样由帕普斯给出的定理得以恢复, 它使我们能够理解, 虽然这定理仍然是研究阿波罗尼奥斯的"第八问题", 但帕普斯的目的在于用一个引导性的引理即正方形这个特殊情况 (他称之为"赫拉克利德之后的问题") 增加一个解法. 看来很清楚, 阿波罗尼奥斯没有把正方形从菱形的情形中区分出来单独处理, 是因为由菱形得到的解同样适合于正方形. 这个推测是符合下面的事实, 即着手研究 $\nu\epsilon\hat{\upsilon}\sigma\epsilon\iota\varsigma$ 的主要问题时, 帕普斯仅提到菱形而未提及正方形. 但是, 应该认识到, 由赫拉克利德给出的涉及正方形有关的 $\nu\epsilon\hat{\upsilon}\sigma\iota\varsigma$ 解法, 与阿波罗尼奥斯的不是一回事, 而且它不能用于菱形的情况. 帕普斯加上它作为正方形的另一个值得注意的方法[2]. 对加在引理上的赫拉克利德问题这个标题作出的说明是毫无疑问的, 惠尔慈 (Hultsch) 在解释它时发现如此困难, 就把它放在括号内

---

〔1〕这个作图法是在没有其他帮助的情况下我通过仔细考察帕普斯的命题受到启发得到的, 不是新发现. 赫斯雷 (Samuel Horsley) 在他的整理本《Apollonii Pergaei Inclinationum libri duo》(牛津出版社, 1770) 中给出了同样的作图法. 但是他解释说, 由于手稿中的图形的错误使他误入岐途而未能由帕普斯的命题导出这个作图法, 直到 Hugo d'Omerique 对同一问题的解法重新使他回到正确的途径. 这个解法出现在名为《Analysis geometrica, sive nova et vera methodus resolvendi tam problemata geometrica quam arithmeticas quaestiones》, 1698 年在 Cadiz 出版的一本著作中. 实际上, D'Omerique 的作图法与阿波罗尼奥斯的相同, 好像是通过自己独立分析而逐渐形成的, 因为他没有参照过帕普斯, 就像在的其他情况下帕普斯引用过他所做的. (例如帕普斯把当时给出的正方形情形下的作图法归功于赫拉克利德 (Heraclides).) 这种作图法与上面他给出的那个有些不同, 圆只用来确定点 K, 其后才连接 BK 并延长交 AC 于 H, 至于同一问题的其他解法, 有两个可以提一下: ①包含在 Marino Ghetaldi 的遗作《De Resolutione et Compositione Mathematica Libri quinque》(罗马, 1630) 中的解, 它还包括其他问题的解全部是用 "methodo qua antiquit utebantur" 解决的, 它虽然是几何解, 但完全不同于上面给出的, 而是通过归结为与希波克拉底在他的《Quadrature of lunes》中假定的那个有同样特点的简单的平面 $\nu\epsilon\hat{\upsilon}\sigma\iota\varsigma$ 问题来完成的. ②惠更斯 (Christian Huygens) 给出了一个相当复杂的解法 (De circuli magnitudine inventa; accedunt problematum quorundam illustrium constructiones, Lugduni Batavorum, 1654), 可以说是在正方形情形下赫拉克利德解法的推广.

〔2〕这个观点得到来自如下事实的强有力支持. 在帕普斯对阿波罗尼奥斯的 $\nu\epsilon\hat{\upsilon}\sigma\epsilon\iota\varsigma$ 含义的总结中 (P.670), 有关菱形的 $\nu\epsilon\hat{\upsilon}\sigma\iota\varsigma$ 的"两种情形", 在他的两卷书中第一册所给出的那些特殊问题里面是最后提到的. 正如我们看到的, 一种情形 (前面给出的那个) 是阿波罗尼奥斯"第八问题"的主题, 同样很清楚另一情形是处理"第九问题"的. 这另一情形明显是过 B 的直线不穿过菱形在 C 处的外角, 而是穿过 C 角本身, 即与 CA、CD 二者的延长线都相交. 在前一情形, k 无论取什么值都有解, 而在后一情形, 如果给定长度 k 小于某一最小值就无解. 因此, 问题要求有一个 $\delta\iota o\rho\iota\sigma\mu\acute{o}\varsigma$ 来确定 k 的最小值. 同时我们发现, 在插入正方形的情形之后, 帕普斯给出了一个对"第九问题"的 $\delta\iota o\rho\iota\sigma\mu\acute{o}\varsigma$ 有用的引理. 这个引理证明了, 如果 $CH = CK$, B 是 HK 的中点, 那么 HK 是过 B 与 CH、CK 相交的最小线段. 帕普斯补充说对菱形这个 $\delta\iota o\rho\iota\sigma\mu\acute{o}\varsigma$ 因此明显了; 如果 HK 是过 B 垂直于 CB 且交 CA、CD 的延长线于 H、K 的直线, 那么为了使问题有解, 给定的长度 k 必须不小于 HK 的长度.

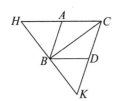

作为对定理目的和图形曾经误解的作者的解释. 这些话的意思是"对涉及代替菱形的正方形［问题］有用的引理"（"与菱形具有相同性质的"），也就是，对在正方形这种特殊情形中的 νεῦσις 的赫拉克利德解法有用的引理[1]. 这个引理如下：

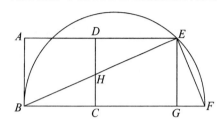

$ABCD$ 是一个正方形，假设作 BHE 使其交 CD 于 H，交 AD 的延长线于 E，作 BE 的垂线 EF 交 BC 的延长线于 F，证明

$$CF^2 = BC^2 + HE^2.$$

假设作 DC 的平行线 EG 交 CF 于 G，由于角 BEF 是一个直角，则角 HBC，角 FEG 是相等的.

因此三角形 BCH，三角形 EGF 是全等的，且 $EF = BH$.

已知 $$BF^2 = BE^2 + EF^2,$$

或 $$BC \cdot BF + BF \cdot FC = BH \cdot BE + BE \cdot EH + EF^2.$$

由于角 HCF，角 HEF 是直角，C，H，E，F 四点共圆，因此

$$BC \cdot BF = BH \cdot BE.$$

上面两个等式相减，我们有 $BF \cdot FC = BE \cdot EH + EF^2$

$$= BE \cdot EH + BH^2 = BH \cdot HE + EH^2 + BH^2$$

$$= EB \cdot BH + EH^2 = FB \cdot BC + EH^2.$$

去掉公共部分 $BC \cdot CF$，得 $CF^2 = BC^2 + EH^2$.

于是赫拉克利德的分析和作图法如下：

假设已作 BHE 使得 HE 等于给定的长度 k.

由于 $CF^2 = BC^2 + EH^2$，或 $BC^2 + k^2$，而 BC 和 k 都是给定的.

CF 是给定的，因此 BF 是给定的. 因而以 BF 为直径的半圆是定的，它与给定直线 ADE 的交点 E 是定的，所以 BE 是定的.

为了实现这个作图，首先要找一个正方形使其面积与给定的正方形及以 k 为边长的正方形的面积和相等. 于是延长 BC 至 F，使 CF 等于刚才找到的正方形的边长. 如果以 BF 为直径作半圆，它将过 D 的上方（因为 $CF > CD$，因此 $BC \cdot CF > CD^2$），因而与 AD 的延长线交于某点 E.

连接 BE 交 CD 于 H. 那么 $HE = k$，问题得解.

（万桂花　译　常心怡　校）

〔1〕惠尔慈把 λῆμμα χρήσιμον εἰς τὸ ἐπὶ τετραγώνων ποιούντων τὰ αὐτὰ τῷ ῥόμβω（P.780）翻译为 "Lemma utile ad problema de quadratis quorum summa rhombo aequalis est,"而在他的"附录"中有个注记（P.1260）解释了他假设的意思. 他所取的"正方形"是给定的正方形和截取给定长度的线段上的正方形，而菱形是他为其给出一个作图法的那个. 但帕普斯的图中没有画出它. 因此，他不得不把 τῷ ῥόμβω 译为"一个菱形"，这是他的解释的一个缺点，而"它们的面积是相等的"几乎不像是 ποιο ὺντων τὰ αὐτά 的一种可能的表达.

—————— 第 ⑥ 章 ——————

三次方程

毋庸置疑，希腊几何学家能应用几何方法成功地解决具有正根的各种形式的二次方程，当时由于负数的概念对他们来说还是未知的，所以他们不必考虑其他根的情况．二次方程被认为是联系着一些面积的简单等式，而由于他们所提出的将任意直线形面积变换成平行四边形或矩形，最终变成有相等面积的正方形的方法，使得它在几何上的表示便利了．它的解法因此依赖于毕达哥拉斯（Pythagoreaus）发现的面积贴合原理．从而，任何能够化成具有正根的二次方程的几何等价形式的平面问题立即可以解出．这类方程的一个特殊情形是纯二次方程，对希腊人来说，即寻找一个正方形使其面积等于给定直线形的面积．给定面积又可以转化为矩形的面积，因而这种方程的一般形式成为 $x^2 = ab$，所以只需求 a 与 b 的比例中项．当给定的面积是两个或多个正方形面积之和，或者是两个正方形面积之差时，另有一种基于欧几里得《几何原本》Ⅰ.47 中的毕达哥拉斯定理的可行方法（如有必要可连续任意多次地使用）．通过比较《几何原本》Ⅵ.13 和 Ⅱ.14 可以看出这两种方法的联系，前者是求 a 和 b 的比例中项，后者却没有用比例而由 Ⅰ.47 解决了同样问题，其实它是用公式

$$x^2 = ab = \left(\frac{a+b}{2}\right)^2 - \left(\frac{a-b}{2}\right)^2,$$

如果需要求解的方程是 p 为整数的 $x^2 = pa^2$，选择这两种方法之任一，都同等有效，因此正方形的"加倍"被看成靠求比例中项．$x^2 = 2a^2$，是这类方程中最简单的一个，如何去寻找这样一个正方形的边的几何作图法，使这个正方形的面积等于给定正方形面积的两倍是特别重要的，因为它是毕达哥拉斯发现的不可通约数或"无理数"（$\alpha\lambda\acute{o}\gamma\omega\nu$ $\pi\rho\alpha\gamma\mu\alpha\tau\epsilon\acute{\iota}\alpha$）理论的起源．有种种理由使人们相信成功的两倍正方形是由能否为两倍立方体找到一个几何作图法的问题联想来的，而米诺斯（Minos）为其子立碑和天使吩咐狄里安斯（Delians）的家人把正方体的祭坛加倍的故事，无疑意在将这个纯数学问题蒙上一些传奇色彩．于是在两倍正方形与两倍立方体之间可能有联系这一点提示，把两倍立方体问题归结为在两个不等的线段之间找两个比例中项的问题．归功于 Chios 的希波克拉底（Hippocrates）发现的这种归结同时也表明任意倍立方体的可能，如果 x，y 是 a，b 中的两个比例中项，即

$$a : x = x : y = y : b,$$

由此即得 $\qquad a : b = a^3 : x^3,$

因而与立方体 a^3 有比值 $b : a$ 的立方体 x^3 就求出了，同时任意分数 $\dfrac{p}{q}$ 可化成这样两个

线段之比, 其中之一（后项）等于给定的立方体边长 a. 因此求两个比例中项就给出了任意纯三次方程的解, 或者说得到了立方根, 就像求一个比例中项就等于开平方一样. 假设给定的三次方程为 $x^3 = bcd$, 我们只需要在 c 与 d 之间求出一个比例中项 a, 那么这个方程就变为 $x^3 = a^2 \cdot b = a^3 \cdot \dfrac{b}{a}$, 它正好是一个立方体乘以两线段比, 而求两个比例中项使我们能够实现它.

事实上, 我们并未发现希腊大几何学家们习惯于把问题归结为立方体的加倍 eonomine, 而是归结为求两个比例中项的等价问题; 三次方程 $x^3 = a^2 b$ 通常也不这样表示, 而是表示为比例式. 在《论球和圆柱》Ⅱ.1, 5 的两个命题里就是这样, 在那里阿基米德用了两个比例中项, 它要求 x 使

$$a^2 : x^2 = x : b;$$

他没有提及求一个体积与某平行六面体相等的立方体的边, 就像可能暗示过求一个与给定矩形相等的正方形那样. 至今我们也就没有找到用平行六面体和立方体互相变换来处理立体的加减的一般系统的任何证据, 来说明我们希望弄清楚的, 希腊人在具体运算中是否系统地研究过, 用类似于在处理二次方程时所用的面积贴合的方法, 去解一般形式的三次方程.

因此产生问题, 希腊几何学家是否这样一般地处理过三次方程

$$x^3 \pm ax^2 \pm Bx \pm \Gamma = 0,$$

在把它看作立体几何中的独立问题的假定之下, 他们是否把它当成立体图形之间的简单等式, 而 x 和 a 代表线性量, B 代表面积（矩形）, Γ 代表体积（平行六面体）? 有些问题可以借助用二次方程去解前述形式三次方程的方法求解, 那么对比这更高层次的问题上述这种简化还是常用且公认的处理这样问题的方法吗? 表明这种假定的仅有直接证据是在阿基米德的著作中找到的. 他把用平面割球成两球缺使其体积之比为给定比（《论球和圆柱》Ⅱ.4）这个问题归结为解如下形式

$$4a^2 : x^2 = (3a - x) : \frac{m}{m + n} a \tag{1}$$

的三次方程, 这里 a 表示球的半径, $m : n$ 是给定比（等于两直线段之比, $m > n$）, x 是较大球缺的高. 阿基米德将上述问题看成是下面更一般问题的特例: 把线段 (a) 分成两段 $(x, a-x)$, 使其中一段 $(a-x)$ 与另外一个给定的线段 (c) 之比等于给定面积（为方便起见, 假设是正方形的面积 b^2）与以另一段为边长的正方形面积 (x^2) 之比, 即

$$(a - x) : c = b^2 : x^2. \tag{2}$$

他进一步解释, 一般说来方程 (2) 需要一个 διορισμòς, 即需要研究方程 (2) 在哪种情况下有解, 等等, 但是上述特殊情况（带有在特定命题里得到的诸条件）不需要 διορισμòς, 即 (1) 总有真实解. 他补充说 "这两个问题的分析与综合将在末了给出" 时, 他许诺将分别给出等价于三次方程

$$x^2(a - x) = b^2 c \tag{3}$$

的方程 (2) 的全面研究和将它应用于特例 (1).

虽然解法已经给出，但在历史上这一解法失传了一段时间，有迹象表明在狄俄尼索多罗（Dionysodorus）和狄俄克利斯（Diocles）（按康托尔的说法，后者生活在不晚于公元前约 100 年）的时代之前就已失传，但欧托西乌斯（Eutocius）声称他发现像是含有阿基米德原始解法的古老遗作，并完整地给出这个解法．参考欧托西乌斯的注记（在与它有关的命题之后我紧接着就重述了它，参见《论球和圆柱》Ⅱ.4）可以看出，求解（真实性似乎不容怀疑）是用求抛物线与等轴双曲线的交点来实现的，其中的抛物线与等轴双曲线方程分别为

$$x^2 = \frac{b^2}{a^2} y,$$

$$(a - x)y = ac.$$

$\delta\iota o\rho\iota\sigma\mu o\grave{s}$ 取研究 $x^2(a-x)$ 可能的最大值的形式，并且已经证明真实解的最大值对应于 $x = \frac{2}{3}a$，这可由如下说明得到．如果 $b^2c = \frac{4}{27}a^2$，那么两曲线在 $x = \frac{2}{3}a$ 处相切．另一方面，如果 $b^2c < \frac{4}{27}a^2$，可以证明存在两个实解．很明显特例（1）的情形满足实解存在的条件，因为在（1）中对应于（2）中的 b^2c 的表达式是 $\frac{m}{m+n}4a^3$，则只需

$$\frac{m}{m+n}4a^3 \not> \frac{4}{27}(3a)^3, \text{或} 4a^3,$$

这是显然成立的．

因此阿基米德不仅利用两圆锥曲线的交点解出了三次方程（3）的解，而且全面地讨论了在 0 与 a 之间无根、有一个根或两个根的条件．需要进一步指出的是，这个 $\delta\iota o\rho\iota\sigma\mu o\grave{s}$ 类似于阿波罗尼奥斯（Apollonius）研究的从一定点作圆锥曲线的法线的数目问题[1]．最后，阿基米德的方法可看作梅内克缪斯（Menaechmus）解纯三次方程所用方法的推广．纯三次方程 $x^3 = a^2b$ 可写成如下形式：

$$a^3 : x^3 = a : b,$$

它又可写成阿基米德的形式：

$$a^2 : x^2 = x : b,$$

而门奈赫莫斯使用的圆锥曲线分别是

$$x^2 = ay, \quad xy = ab,$$

它们当然是由满足

$$a : x = x : y = y : b$$

的两个比例中项提示出来的．

以上阐述的不是我们可以设想阿基米德是先把问题化作一个三次方程然后再解出的唯一情形．在《论劈锥曲面体与旋转椭圆体》前言的最后他说，这个结果可以用来发现许多的定理和问题．作为后者的例证，他提到下面的问题，"若用平行于一已知平面的平面截某一给定的旋转椭圆体或劈锥曲面体，使得截段的体积等于一已知的圆锥、圆

----

〔1〕参见《波亚的阿波罗尼奥斯》P.168 及以下．

柱或球的体积". 虽然阿基米德没有给出解法, 但是从下列思考可使我们相信他的方法.

(1) "直角劈锥曲面体"（旋转抛物体）情形是"平面"问题, 故在此不予考虑.

(2) 对于旋转椭圆体情形, 整个椭圆体体积容易确定, 而利用它可确定平面截椭圆体所得两段的比, 然后作为与上述平面割球类似的情况, 由完全一样的途径就能解出问题, 这是由于《论劈锥曲面体与旋转椭圆体》命题 29~32 的结论对应于《论球和圆柱》Ⅱ.2 中的结论. 也许阿基米德在研究这种情况下是更直接来做的, 我们可以这样来介绍, 作一平面过旋转椭圆体的轴且垂直于给定的平面（因而垂直于所求段的底面）. 该平面将把给定截段的底椭圆在其一个轴上截割开来, 记此轴为 $2y$, 记此截段的轴长为 x（或为过该截段的底面中心的旋转椭圆体直径在该截段所截长度）, 那么底面面积将变为 y^2（由于旋转椭圆体平行于同一平面的所有截面是相似的）, 因此与所求截段有相同底面和顶点的锥体体积将变为 $y^2 \cdot x$. 所求截段的体积与该锥体体积之比是 $(3a - x) : (2a - x)$（《论劈锥曲面体与旋转椭圆体》, 命题 29~32）, 其中 $2a$ 是旋转椭圆体过所求截段顶点的直径长度. 因此

$$y^2 x \cdot \frac{(3a - x)}{(2a - x)} = C,$$

其中 C 是已知的体积. 又由于 x, y 是过旋转椭圆体的轴且垂直于截面的平面截旋转椭圆体所得截面椭圆上一点的坐标, 归于椭圆的直径及直径端点处的切线的比值

$$y^2 x : x(2a - x)$$

是给定的. 因此上述方程可变形为

$$x^2(3a - x) = b^2 c,$$

这再次与欧托西乌斯的残稿中所解出的方程相同. 在这种情况下, 尽管仅需截段体积应与之相等的那个常数必须比整个球体体积小, 形式上还是要有一个 $\delta\iota o\rho\iota\sigma\mu\grave{o}\varsigma$.

(3) 对于"钝角劈锥曲面体"（旋转双曲体）必须用刚才叙述的关于旋转椭圆体的直接方法, 记号同 (2). 由《论劈锥曲面体与旋转椭圆体》命题 25、26 可知, 对应的方程就是

$$y^2 x \cdot \frac{3a + x}{2a + x} = C,$$

由于比值 $y^2 : x(2a + x)$ 是常数, 则

$$x^2(3a + x) = b^2 c.$$

如果将这个方程写成与前面类似的比例形式, 则为

$$b^2 : x^2 = (3a + x) : c.$$

毫无疑问, 阿基米德解出了这个方程以及带负号的类似方程, 就是说他解出了下面两个方程:

$$x^3 \pm ax^2 \mp b^2 c = 0,$$

并得到了所有正根. 换句话说, 他完全解出了缺少 x 的一次项的三次方程（至此为止只考虑实根）, 不过确定同一个方程的正根和负根对他来说是两个分开的问题. 而所有的三次方程都很容易化为阿基米德解出过的三次方程的类型.

我们掌握了截球为两段使其体积之比等于给定的比这个问题由阿基米德化成的那

个三次方程的另一种解法. 这个解法是狄俄尼索多罗的, 写在欧托西乌斯的同一注给出.[1] 不过狄俄尼索多罗没有像上面引用过的遗作中那样把方程一般化, 而是专心研究特例

$$4a^2 : x^2 = (3a - x) : \frac{m}{m + n}a,$$

因此避免了必需的 διορισμος. 他用的曲线是抛物线

$$\frac{m}{m + n}a(3a - x) = y^2$$

和等轴双曲线

$$\frac{m}{m + n}2a^2 = xy.$$

当我们再来研究阿波罗尼奥斯时, 发现在他的《圆锥曲线论》[2] 卷 Ⅳ 的前言中, 他强调研究圆锥曲线彼此相交或与圆相交可能的交点个数的用处, 因为"无论如何它提出了一个观察某些问题 (例如可能有几个解, 或解的数目很大, 以及可能无解) 的更现成的手段", 并在第 Ⅴ 卷说明了他的这个研究方法的技巧. 这里他确定了从任意定点向圆锥曲线能作的法线的条数, 两条法线重合的条件, 或 (换句话说) 定点在圆锥曲线的渐开线上的条件等. 为了达到这些目的, 他用特定的等轴双曲线与问题中的圆锥曲线的交点, 我们发现其中有些情况 (V.51, 58, 62) 可以归结为三次方程, 即其中的圆锥曲线是抛物线且其轴是平行于双曲线的一条渐近线的情况. 然而阿波罗尼奥斯并没有引入三次方程, 而是专注于问题的直接的几何解法, 并不把它化为其他的形式. 这一方法毕竟要自然一些, 因为求解必须在包含问题中的圆锥曲线的实际图形里画出等轴双曲线, 这样一来, 例如在导致三次方程的问题的情形, 阿波罗尼奥斯可以说是把两步合为一步, 因而引入这样一个三次方程成了纯粹多余的. 与阿基米德的情况不同, 他的原始图形中并没有圆锥曲线; 阿基米德使自己倾注于解比问题中实际包含的更一般的三次方程的事实, 使他必须分别处理一定数量的新图形. 在其他命题中, 阿波罗尼奥斯还同时处理了没有归结为三次方程, 但如果写成代数形式就成了双二次方程 (希腊人还没有这种表示的概念) 的问题, 因此在更简单情形下没有理由引进辅助问题.

正如已经指出的, 三次方程作为系统的独立的研究课题, 在阿基米德去世后被人们遗忘了大约一个世纪. 因而蔓叶线的发现者狄俄克利斯把按给定比把球分成两个球缺这个问题说成已被阿基米德化为"在他的《论球和圆柱》中没有解出来的另一问题", 于是他继续直接求解原来的问题, 并且完全不涉及三次方程, 这种情况并不表明狄俄克利斯缺少几何天才, 相反的, 他对原来问题的解法是把圆锥曲线灵活地运用在较复杂的问题上的一个卓越例子, 而且这个解法按一条独立的路线进行, 其中它依靠求一个椭圆和一条等轴双曲线的交点, 而我们却习惯于用抛物线和等轴双曲线相交去

---

[1] 《论球和圆柱》Ⅱ.4 (附注).
[2] 《波亚的阿波罗尼奥斯》P. lxxiii.

求有关三次方程的解. 我已将狄俄克利斯的解法按它的真正位置, 作为欧托西乌斯关于阿基米德的命题的注记的一部分重写, 但是我想, 为了与本章的内容一致, 在这里用解析几何的通常记号写出它来会更方便. 阿基米德曾经证明 (《论球和圆柱》 II.2), 如果 k 是半径为 a 的球被一平面切下来的球缺的高, h 是与该球缺有相同底面且体积相同的锥的高, 则

$$(3a - k) : (2a - k) = h : k.$$

同时如果 h' 是与余下的球缺有类似关系的锥的高, 则

$$(a + k) : k = h' : (2a - k).$$

由上面两个方程得

$$(h - k) : k = a : (2a - k),$$

和

$$(h' - 2a + k) : (2a - k) = a : k.$$

把上面的几个方程稍加一般化, 用另一长度 b 代替每个比例式中的第三项的 a, 再增加两个球缺 (从而两个锥) 被分成彼此之比是 $m : n$ 这个条件, 狄俄克利斯专注于求解下面三个方程:

$$\begin{cases} (h - k) : k = b : (2a - h) \\ (h' - 2a + k) : (2a - k) = b : k \\ h : h' = m : n \end{cases} \tag{A}$$

假设 $m > n$, 于是 $k > a$. 那么这个问题就成为: 把长度为 $2a$ 的线段分成 k 与 $(2a - k)$ 两段, 且 k 是其中较长的一段, 它同时满足上述三个方程.

作一直角坐标系, 原点在给定线段的中点, 该线段所在直线为 x 轴, 其正半轴沿含所需分点的那一半, 过原点垂直于 x 轴的直线为 y 轴. 那么狄俄克利斯画出的圆锥曲线是

(1) 椭圆可由下面的方程表示:

$$(y + a - x)^2 = \frac{n}{m} \{ (a + b)^2 - x^2 \},$$

(2) 等轴双曲线是

$$(x + a)(y + b) = 2ab.$$

横坐标在 0 与 a 之间的那个交点所给出的 x 值即为所求的解. 从代数上处理这些方程, 用第二个方程消去 y, 则

$$y = \frac{a - x}{a + x} b,$$

代入第一个方程得

$$(a - x)^2 \left(1 + \frac{b}{a + x}\right)^2 = \frac{n}{m} \{ (a + b)^2 - x^2 \},$$

即

$$(a + x)^2 (a + b - x) = \frac{m}{n} (a - x)^2 (a + b + x). \tag{B}$$

换句话说, 狄俄克利斯的方法相当于解一个含有 x 的所有三个幂次和一个常数项的完全三次方程, 虽然完全没有提到这样一个三次方程.

为了验证结果的正确性, 只需回忆 x 是给定线段的中点到分点的距离,

$$k = a + x, 2a - k = a - x.$$

因此从（A）的前两个方程可分别得

$$h = a + x + \frac{a + x}{a - x}b,$$

$$h' = a - x + \frac{a - x}{a + x}b,$$

利用第三个方程得

$$(a + x)^2(a + b - x) = \frac{m}{n}(a - x)^2(a + b + x).$$

它与上面用消去法得到的（B）一样.

　　直到希腊人研究三次方程的证据叙述完全之前，我有意识地推迟提及塞乌滕的一个有意义的假设,[1] 如果能承认这个假设是对的，那么它可以解释帕普斯关于问题与轨迹传统分类中包含的一些困难. 我已引述过一段，在其中帕普斯把问题分为平面（$\epsilon\pi\acute{\iota}\pi\epsilon\delta\alpha$）、立体（$\sigma\tau\epsilon\rho\epsilon\acute{\alpha}$）和线性（$\gamma\rho\alpha\mu\mu\iota\kappa\acute{\alpha}$）的[2]. 与之对应的是三类（或阶）轨迹[3]，第一类是平面轨迹（$\tau\acute{o}\pi o\iota\ \epsilon\pi\acute{\iota}\pi\epsilon\delta o\iota$），仅有直线和圆；第二类是立体轨迹（$\tau\acute{o}\pi o\iota\ \sigma\tau\epsilon\rho\epsilon o\acute{\iota}$），是圆锥曲线[4]；第三类是线性轨迹（$\tau\acute{o}\pi o\iota\ \gamma\rho\alpha\mu\mu\iota\kappa o\acute{\iota}$）. 同时它隐含帕普斯原来分别称这些问题为平面的、立体的或线性的是有其特殊原因的，那就是他们的解法所需的几何轨迹有与之相应的命名. 但是问题与轨迹两者的这种分类在逻辑上存在着某些缺陷.

　　（1）帕普斯认为部分几何学家用圆锥曲线（即"立体轨迹"）或"线性"曲线去解平面问题，更一般地"利用无关的方法"（$\epsilon\xi\ \acute{\alpha}\nu o\iota\kappa\epsilon\acute{\iota}o\upsilon\ \gamma\acute{\epsilon}\nu o\upsilon\varsigma$）求解某问题，是一个严重的错误. 如果严格遵循这个规则，那么用"线性"曲线求解"立体"问题当然同样要受到反对. 还有，虽然帕普斯把蚌线和蔓叶线当作"线性"曲线，而他并不反对把它们用于求解两个比例中项这个"立体"问题.

　　（2）对三种圆锥曲线使用"立体轨迹"的术语完全在于这些曲线的定义就是立体图形的截口，这个"立体图形"就是圆锥. 并且毫无疑问，"平面轨迹"是与"立体轨迹"相比较而这样称呼的. 这符合帕普斯所说的"平面"问题完全可以这样称呼，因为用以求解它们的线"其起源在平面内". 如果仅考虑"平面"轨迹和"立体"轨迹的关系，这样的分类还是可以的，但是如果加进来第三类或"线性"类，立刻就会出现逻辑上的缺陷. 因为，一方面帕普斯展示了如何用三维作图法（"利用曲面轨迹"，$\delta\iota\grave{\alpha}\ \tau\tilde{\omega}\nu\ \pi\rho\grave{o}\varsigma\ \epsilon\pi\iota\phi\alpha\nu\epsilon\acute{\iota}\alpha\iota\varsigma\ \tau\acute{o}\pi\omega\nu$）可以产生"割圆曲线"（一种"线性"曲线）；另一方面其他的"线性"轨迹如蚌线和蔓叶线其起源在平面内. 如果因此说帕普斯对用于问题和轨迹的术语"平面"和"立体"起源的解释从字面上看还是正确的，那么看

────────────

〔1〕《圆锥曲线理论》P. 226 及以下.

〔2〕本书 P. 64.

〔3〕帕普斯Ⅶ. P. 652，662.

〔4〕确实是普罗克拉斯（Proclus）（P. 394. Friedlein 版）把"立体线"较广泛地定义成"与柱面螺旋线和圆锥曲线一样，一个立体图形的某个截口"，但是提到柱面螺旋线似乎是由于某些混乱.

来就需要假定，直到术语"平面"和"立体轨迹"已经被公认和使用如此长久，以致人们都已经忘了它们的起源的那个时期，第三个名称"线性"问题和轨迹还没有出现.

为了解决这些困难，塞乌滕提出术语"平面"和"立体"是先应用于问题，后来才被用于目的在于解出这些问题的几何轨迹. 按这样的解释，当某些问题可用直线和圆求解时就称为"平面"的，用这个术语是考虑到了这些问题是这样依赖于一个次数不超过二的方程的事实，而不是直线或圆的任何特殊性质. 求解一个二次方程在几何上取面积贴合的形式，于是"平面"成了用于这类问题的很自然的术语，而很快希腊人发现自己面临一类新的问题，相比之下，就用"立体"这个术语. 当使某些问题归结为面积贴合的做法被试用到依赖于求解三次方程的那些问题时，就会发生这种情况. 因而塞乌滕推测希腊人曾探索过给这个方程一个类似于转化为"平面"的问题所具有的那种形状，也就是在对应于三次方程

$$x^3 + ax^2 + Bx + \Gamma = 0$$

的立体之间建立一个简单的等式，从而按所指出的做法是化成三次方程还是二次方程的几何等价形式而使用"立体"或"平面"术语.

塞乌滕进一步解释"线性问题"一词是在描述那种既不允许转化为长度、面积和体积的一个简单关系，而等价于高于三次的代数方程，要不就是完全不能归结成一个方程或只能用复合比表示的情形之后创造的. "线性"一词或许已经用过了，因此，在这种情形下，对新一类曲线的需求直接且在方程的外形上没有任何中间过渡. 或者，可能直到"平面"和"立体"问题的名称起源被遗忘之前，"线性"一词根本没有被使用过.

关于这些推测，还有必要解释帕普斯怎样给"立体问题"一词更广泛的意思. 依照他的意思，"立体问题"同样包括那些求解用的是与解三次方程的等价形式同样的圆锥曲线方法，但却不是归结为三次方程而是双二次方程的问题. 这可以由下面的设想来解释，到阿波罗尼奥斯时代，用圆锥曲线的解法和发现它可能有更多的应用得到应有的注意，三次方程就被这些看法所掩盖，能不能用圆锥曲线求解被看作决定问题类别的基准，于是"立体问题"这个名字在帕普斯给予它的意义下经过自然的误解而用起来了. 一个类似的设想，依塞乌滕看不是这样才奇怪，认为阿波罗尼奥斯不用"立体问题"这个说法，虽然在《圆锥曲线论》第四卷的前言中也许能找到它. 阿波罗尼奥斯可能避免使用这个词是因为按照塞乌滕的观点，它因此被赋予较多限制的意思，因而不是对于阿波罗尼奥斯研究的所有问题都可以用的.

必须承认塞乌滕的猜测在一些方面是引人注目的，但是我不觉得支持这个假设的正面证据足够有力，使其可以超过帕普斯权威著作中的另一种说法. 为了弄清楚这一点，我们记起圆锥曲线的发现者梅内克缪斯，他是公元前约 365 年著名的学者欧多克斯（Eudoxus）的学生，因而我们可以大致认为圆锥曲线的发现约在公元前 350 年前后. 老阿里斯泰库斯（Aristaeus）写过一本关于立体轨迹（στερεοὶ τόποι）的书，康托尔断定此书的时间约在公元前 320 年，这样按照塞乌滕的猜测，由于求解利用了圆锥曲线使其解被称为"立体轨迹"的"立体问题"一定是在公元前 320 年之前就已经被研

究过，而且被普遍称为立体问题，也可以说这个新发现的曲线确定用于这类问题一定是在它们的发现与阿里斯泰库斯出书的年代之间．因而重要的是，要研究导致三次方程的什么特殊问题在公元前 320 年以前似乎已经成为思考过的课题．我们当然没有根据认为阿基米德（《论球和圆柱》Ⅱ.4）用过的三次方程是这些问题中的一个，对于那些不再发现球及球缺体积的几何学家来说不可能研究把球按给定的比分成两个球缺的问题，而我们知道阿基米德是发现它的第一人．有倍立方体或纯三次方程求解的问题，而它是可以追溯到很久以前的问题．也可以肯定角的三等分也是希腊几何学家长久考虑过的问题．帕普斯说"古时的几何学家们"考虑过这个问题并试图利用平面方法（διὰ τῶν ἐπιπέδων）求解，但是失败了，尽管它当然是一个立体问题（πρό-βλημα τῇ φύσει στερεὸν ὑπάρχον）；我们知道约在公元前 420 年，Elis 的希比亚斯（Hippias）发明了能用于角的三等分和圆求方的一种超越曲线[1]．这个曲线就被称为割圆曲线[2]，由于是梅内克缪斯的兄弟德欧斯特斯（Deinostratus）首先把它用于圆求方的[3]，我们可以毫无疑问地肯定最初它是用于角的三等分的目的．因为希腊几何学家在圆锥曲线发明之前曾尽最大努力去求解这个问题，他们可以很容易地把它归结为一个三次方程的几何等价问题．他们可能是利用前一章第 101 页给出的 νεῦσις 的图形添加几条辅助线实现这个归结．当然证明相当于用下面两个方程

$$\begin{cases} xy = ab \\ (x-a)^2 + (y-b)^2 = 4(a^2+b^2) \end{cases} \qquad (\alpha)$$

消去 x，其中 $x = DF$，$y = FP = EC$，$a = DA$，$b = DB$.

由第二个方程得

$$(x+a)(x-3a) = (y+b)(3b-y) .$$

再由第一个方程得

$$(x+a) : (y+b) = a : y,$$

和

$$(x-3a)y = a(b-3y);$$

因而我们有

$$a^2(b-3y) = y^2(3b-y) \qquad (\beta)$$

或者

$$y^3 - 3by^2 - 3a^2y + a^2b = 0.$$

如果角的三等分已经这样被转化为这个三次方程的几何等价问题，那么希腊人自然就称它为一个立体问题．在这个方面它与倍立方体问题或纯三次方程的几何等价问题在特征上是相似的，因而自然要看能否用面积的转换使混合二次方程转化为纯二次方程那样的方法把混合三次方程用体积的转换转化为纯三次方程的形式．很快就发现

---

[1] 普罗克拉斯（Friedlein 版），P. 272.

[2] 这个曲线的特征可描述如下．假设有两个成直角的轴 Oy 及 Ox，一个定长（a）的线段 OP 从沿 Oy 轴的位置均匀地旋转到沿 Ox 轴的位置，这时一直线总保持平行于 Ox 轴并且其初始位置过 P 也均匀地移动并与旋转半径 OP 同时到达 Ox 轴．这条直线和 OP 的交点描出的就是割圆曲线，可由如下的方程表示：

$$y/a = 2\theta/\pi$$

[3] 帕普斯Ⅳ，P. 250 - 252.

转化成纯三次是不可能的，故测体积这种研究方法因毫无结果而被放弃了.

倍立方体和角的三等分这两个问题，一种情形导出纯三次方程，而在另一种情形导出混合三次方程，古希腊人仅是从这两个问题的研究中被引导到三次方程，我们可以肯定直到圆锥曲线发现的时候它们一直是古希腊人从事的问题. 梅内克缪斯发现了圆锥曲线，他证明了圆锥曲线可成功地用于寻找两个比例中项并因而用于解出纯三次方程. 接下来的问题是，到阿里斯泰库斯的《立体轨迹》年代之前，已经被证明可以做出来的三等分角问题，同样是用圆锥曲线，究竟是不化成三次方程而直接用前述的 νεῦσις，还是通过辅助三次方程（β）这种方式解决的. 现在：① 当圆锥曲线仍是一个新事物时，三次方程的求解多少有些困难. 方程（β）的解法要包括画出下面方程

$$xy = a^2,$$
$$bx = 3a^2 + 3by - y^2$$

表示的圆锥曲线，它们的作图无疑要比阿基米德用过的与他的三次方程有关系的那个困难得多，阿基米德只需作出圆锥曲线

$$x^2 = \frac{b^2}{a}y,$$
$$(a - x)y = ac;$$

因此我们几乎不能想象通过辅助三次方程这种方式，角的三等分问题在公元前 320 年之前已用圆锥曲线得到解决. ② 一个角三等分. 在作曲线（α）即等轴双曲线和圆以实现相应的 νεῦσις 的意义下的，可以利用圆锥曲线完成这在阿里斯泰库斯时代之前已经能容易地做到，但是如果给圆锥曲线冠以"立体轨迹"的名称，是考虑到可用它们而完全不顾及三次方程这种方式来直接求解这个问题，或简单地因为这个问题以前已经由于归结为三次方程的方法被证明是"立体"的，那么看来就没有任何理由说明，而为什么已经用于同一目的的割圆曲线当时没有被当作"立体轨迹"，在这种情况下，阿里斯泰库斯在他的著作中几乎不单独对圆锥曲线用后一个术语. ③ 余下唯一可供选择的与塞乌滕关于"立体轨迹"名称起源的观点一致的，似乎是假设圆锥曲线之所以这样称谓是因为它们给出了求解一个"立体问题"（即二倍立体问题，而不是相当于一个混合三次方程这种有更一般特征的问题）的一种方法，在这种情况，为一般性名称"立体轨迹"的这种辩解只在下述假设下才能被接受，即希腊人曾经在某时期仍然希望有可能把一般的三次方程转化为纯三次的形式的同时采用了它. 然而我以为这个名称的传统解释比这个更自然一些. 圆锥曲线是由于它的描述不同于平面图形的普通作图法，必须求助立体图形而引起广泛兴趣的最早的平面曲线[1]，因此，圆锥曲线的"立体轨迹"这个名称的应用就只因为它们立体的起源成了最初描述这类新曲线的自然方式，并且这个名称可能被沿用下来，甚至到人们不再关心它的立体根源时也是如此，就像每一种圆锥曲线仍然分别地被称为"直角、钝角和锐角的"圆锥截线一样.

―――――――――――

　　[1] 确实是阿基塔斯（Archytas）的两个比例中项问题的解法用了画在圆柱上的一个双曲率曲线，但是严格地说，这个曲线不可能是那种为了它自身而被研究或当成一个轨迹研究的曲线，因此这个孤立的曲线的立体起源应当不致引起反对把名称"立体轨迹"用于圆锥曲线.

正如我已说过的那样，所提到的两个问题在"立体轨迹"发现之前也许已经自然地被称为"立体问题"了，我不认为有充分的证据表明"立体问题"这一名称在当时或稍后是，在它蕴含一般三次方程的几何等价形式是由于其自身的原因被独立于其应用而研究的意义下，代表能够化归为一个三次方程的问题的技术性术语，而希腊几何学从来就被只要问题一旦被化归为三次方程就把当作它已解决的公认主张所占领. 如果是这样的，并且如果这样一个三次方程的技术术语是"立体问题"，我感到很难理解阿基米德为什么在得到他的三次方程时能够不暗示那种事情. 相反，他的言语中倒是暗示他把它作为 res integra 处理. 其次，如果一般的三次方程在任何一段时间被作为一个利用圆锥曲线交点求解的有独立意义的问题，那么在阿波罗尼奥斯的《圆锥曲线》第Ⅳ卷前言中提到曾与科农（Conon）争论过关于后者讨论的两个圆锥曲线交点的最多个数研究的尼克泰勒（Nicoteles）几乎不会不知道这个事实. 阿波罗尼奥斯说到尼克泰勒坚持认为科农关于 διορισμοί 的发现是没有用处的，但如果三次方程当时已形成了公认的一类问题，对于这类问题来说，研究圆锥曲线的交点必定是非常重要的. 即使为了辩论的目的，尼克泰勒会作出这样的结论似乎也是不可信的.

因此我认为，除非到了下面这种地步，已有的证据不足以证明我们接受塞乌滕的结论是正确的.

1. 帕普斯对古人所用的术语"平面问题"（ἐπίπεδον πρόβλημα）意思的解释几乎是不对的. 帕普斯说，即"可利用直线和圆求解的问题可以恰当地称为平面问题（λέγοιτ᾽ ἀν εικότως ἐπίπεδα），因为用于求解这样问题的线其起源在一平面内". 其中"可以恰如其分地称为"这几个字提示我们，以平面问题而言，帕普斯不是给出了古时的定义，而是给出了他自己关于它们为什么会被称为"平面"的见解. 正如塞乌滕说的，那术语的真正意义无疑是这些问题容许用面积变换，面积间简单等式的处理和特别是面积贴合等通常的平面方法求解，而不是直线和圆起源在一个平面内（对某些其他曲线亦如此）. 换句话说，如果用代数式表示，平面问题就是次数不高于二的方程所描述的问题.

2. 当处理进一步的问题时，而这些问题可以证明是所涉及的超出了平面方法范围之时，将会发现一些这样的问题，特别是倍立方体和角的三等分，它们可以转换成体积之间而非面积之间的简单等式，很可能是类似于平面图形和立体图形之间性质存在本质区别的类比（欧几里得为了区分"平面"和"立体"的数目用的也是这样的类比）. 希腊人把"立体问题"一词用于那些他们能转换为体积之间的一个方程的问题，以区别于可简化为面积之间的一个简单方程的"平面问题".

3. 他们成功地求解的这种意义下的第一个"立体问题"是立方体的加倍，相当于代数上一个纯三次方程的解，这个可以利用作立体图形即圆锥的平面截线实现. 而有立体起源的这样的曲线解决了一个特殊的立体问题，它不能不似乎是一个适理的结果. 因此，作为如此与立体问题联系起来的最简单的曲线——圆锥曲线，是由于它的应用或是（更可能）由于它的来源被恰当地称为"立体轨迹".

4. 更多的研究表明，用测积法并不能把一般的三次方程转化为较简单的纯三次方程的形式，不是①对导出的三次方程，就是②对导出它的原始问题，直接试用圆锥曲线的方法是必需的．在实践中，例如像在角的三等分的情形，用那种方法求解三次方程往往要比求解原始问题更困难．因此把它转化为三次方程是不必要的复杂化而被人们忽略，并且作为独立问题提出的三次方程在几何上的等价问题从就像"立体问题"未获得过一个恒定的立脚点．

5. 由此可见解法是否用了圆锥曲线逐渐被作为判别问题属于某一类型的标准，由于圆锥曲线保留了它们的老名字"立体轨迹"，与此相应的名字"立体轨迹"逐渐被用于帕普斯解释的更广泛的意义上，据此它包括的问题不但有转化为三次方程的问题，而且有依赖于一个双二次方程的问题．

6. 于是类似于其他的名称就创造了"线性问题"和"线性轨迹"，这两个术语分别用于描述不能用直线、圆或圆锥曲线求解的问题和用于求解这种问题的曲线，如同帕普斯解释的那样．

（万桂花　常心怡　译）

第 7 章

阿基米德对积分的预示

尽管欧几里得《几何原本》XII.2 所例证的穷竭法真正已使希腊几何学家面对无穷大和无穷小，但人们通常认为他们从未使用这样的概念．据说安提丰（Autiphon）是一个经常与苏格拉底（Socrates）争论的辩论家，他确实陈述过[1]，如果将任意一个正多边形（比如一个正方形）内接于一个圆，那么通过在四个弓形内作等腰三角形，就内接了一个正八边形，然后在余下的八个弓形内再这么作，依此类推，"直到用这种方法将整个圆面积穷竭，这样将得到一个内接多边形，它的边由于非常小，将与圆周重合"．但是与此相对立，辛普利休斯（Simplicius）认为，虽然面积可以无止境地分割，内接多边形绝不可能与圆周重合，假如说是会重合，那就等于抛弃量永远可分这条基本几何原理．他还引用欧德莫斯（Eudemus）大意相同的论述．[2] 事实上，接受安提丰思想的时代并没有到来，也许是无穷概念所引起的争论的结果，希腊几何学家们在应用无穷大与无穷小这样的表达面前退缩了，代之以比任何指定的量大或小的概念．因而正如汉克尔（Hankel）所言[3]，他们从来不说圆是一个有无穷多个无穷小边的多边形，他们一直静立在深不可测的无穷概念面前，从不冒险跨越雷池一步而得到清晰的概念．他们从不论及一个无限接近的逼近或扩展到无穷多项的级数和的极限值．然而他们实际上必须触及这样的概念，例如在"两圆之比如同它们的直径平方比"这个命题中（Eucl. XII.2），他们一定是首先通过如下的思想推断出命题的正确性，即圆可被视为一个有数目无限增加的对应小边的内接正多边形的极限．然而他们并没有满足于这样的结论而停步不前，他们力求一个无可非议的证明，而从本质上来说，这只能是间接的证明．因此在用穷竭法证明中，我们经常发现除非承认本命题的结论，而其他任何假设都蕴含不可能性这种证法．此外，在每一个应用穷竭法的具体情况都用双重归谬法重复这种严格的检验，并没尝试建立可在任何特殊情况下简单引用的一般性命题来代替证明中的这一部分．

上述希腊穷竭法的一般特点同样体现在阿基米德著作里的方法的扩展中．为了说明这一点，在涉及他求真正的积分的例子之前，提一下他关于抛物线弓形的面积是同底同顶点的三角形面积的三分之四这一性质的几何证明是很合适的．在这里，阿基米德通过在余下的每个弓形中连续作与弓形同底同顶点的三角形来穷竭抛物线．若 A 是

---

〔1〕 Bretschneider, P. 101.

〔2〕 Bretschneider, P. 102.

〔3〕 汉克尔，古代与中世纪数学史，P. 123.

内接于原先的弓形的三角形的面积，这个过程给出了一系列面积

$$A, \frac{1}{4}A, \left(\frac{1}{4}\right)^2 A, \cdots$$

而弓形面积正是这个无穷级数的和

$$A\left[1 + \frac{1}{4} + \left(\frac{1}{4}\right)^2 + \left(\frac{1}{4}\right)^3 + \cdots + \right].$$

但是阿基米德没有用这种方式表达. 他首先证明了如果 A_1，A_2，$\cdots$，A_n 是这样一个级数的任意多项，它使得 $A_1 = 4A_2$，$A_2 = 4A_3$，$\cdots$，那么

$$A_1 + A_2 + A_3 + \cdots + A_n + \frac{1}{3}A_n = \frac{4}{3}A_1,$$

或

$$A\left[1 + \frac{1}{4} + \left(\frac{1}{4}\right)^2 + \cdots + \left(\frac{1}{4}\right)^{n-1} + \frac{1}{3}\left(\frac{1}{4}\right)^{n-1}\right] = \frac{4}{3}A.$$

得到这个结果后，按现今的方法我们应假定 n 无限增加，并立即推出 $\left(\frac{1}{4}\right)^{n-1}$ 变得无穷小，而左端和的极限是抛物线弓形的面积，因此它一定等于 $\frac{4}{3}A$. 阿基米德没有公开表示他用这种方法推出了这个结果，他只是声明弓形的面积等于 $\frac{4}{3}A$，然后通过证明这个面积既不能大于也不能小于 $\frac{4}{3}A$ 这种传统的方式验证了这一结果.

现在我来谈这一章的直接主题，阿基米德对于穷竭法的扩展. 阿基米德的所有这些工作的一个重要特色是，他同时取了与他正在研究其面积或体积的曲线或曲面的内接图形和外切图形，然后，可以说他是将这两个图形缩并成一个图形，使它们彼此重合并与被度量的曲线图形重合，但是必须再次理解，他并没有这样来描述他的方法，也从未说过已知曲线或曲面是外切或内接图形的极限形式. 下面我将按本书正文中出现的顺序举出一些实例.

1. 球和球缺的表面

第一步是证明（《论球和圆柱》Ⅰ. 21，22），如果在一个圆或弓形中有一个内接多边形，其边 AB，BC，CD，$\cdots$ 都相等，如各自的图中所示，那么

（a）对于圆 $(BB' + CC' + \cdots) : AA' = A'B : BA$，

（b）对于弓形

$$(BB' + CC' + \cdots + KK' + LM) : AM = A'B : BA.$$

接着证明了，如果多边形绕直径 AA' 旋转，多边形的各等边旋转一整周所形成的曲面是 [Ⅰ. 24，35]

（a）等于半径为 $\sqrt{AB\ (BB' + CC' + \cdots + YY')}$ 的圆，

或（b）等于半径为 $\sqrt{AB\ (BB' + CC' + \cdots + LM)}$ 的圆.

因此，通过上述命题可以看出，各等边所形成的曲面等于

（a）半径为 $\sqrt{AA' \cdot A'B}$ 的圆，以及

（b）半径为 $\sqrt{AM \cdot A'B}$ 的圆，

所以它们分别小于 [Ⅰ.25，37]

（a）半径为 AA' 的圆，

（b）半径为 AL 的圆.

接着阿基米德着手作多边形外切于圆或弓形（假设在这种情形中小于半圆），使其边平行于前面提到的内接多边形的边（参看 P.141，149 的图）. 他以相似的步骤证明了 [Ⅰ.30，40]，如果多边形像前面那样绕直径旋转，各等边旋转一整周所形成的曲面分别大于上述各圆.

在分别证明了内接和外切图形的这些结果之后，最后，阿基米德断定并且证明了 [Ⅰ.33，42，43]，球及球缺的表面分别等于第一个和第二个圆.

为了看到相继步骤的效果，我们用三角学表示这几个结果. 在 P.138，146 的图中，如果我们分别假设 $4n$ 是圆的内接多边形的边数，$2n$ 是内接于弓形的多边形的等边的数目，并在后一种情形中以 α 表示角 AOL，上面给出的命题分别等价于公式[1]

$$\sin\frac{\pi}{2n} + \sin\frac{2\pi}{2n} + \cdots + \sin(2n-1)\frac{\pi}{2n} = \cot\frac{\pi}{4n},$$

及

$$\frac{2\left[\sin\dfrac{\alpha}{n} + \sin\dfrac{2\alpha}{n} + \cdots + \sin(n-1)\dfrac{\alpha}{n}\right] + \sin\alpha}{1-\cos\alpha} = \cot\frac{\alpha}{2n}.$$

由此这两个命题实际上给出了级数

$$\sin\theta + \sin2\theta + \cdots + \sin(n-1)\theta$$

的一种求和法，当 $n\theta$ 等于任何小于 π 的角 α，或特殊情况下 n 是偶数且 $\theta = \dfrac{\pi}{n}$ 时，这两个公式都普遍适用.

同样，与通过旋转内接多边形的各等边而形成的曲面相等的圆的面积分别为（如果 a 是球的大圆半径）

$$4\pi a^2 \sin\frac{\pi}{4n}\left[\sin\frac{\pi}{2n} + \sin\frac{2\pi}{2n} + \cdots + \sin(2n-1)\frac{\pi}{2n}\right],$$

或

$$4\pi a^2 \cos\frac{\pi}{4n},$$

及

$$\pi a^2 \cdot 2\sin\frac{\alpha}{2n}\left\{2\left[\sin\frac{\alpha}{n} + \sin\frac{2\alpha}{n} + \cdots + \sin(n-1)\frac{\alpha}{n}\right] + \sin\alpha\right\},$$

或

$$\pi a^2 \cdot 2\cos\frac{\alpha}{2n}(1-\cos\alpha).$$

将上面给出的圆面积分别用 $\cos^2\pi/4n$ 和 $\cos^2\alpha/2n$ 除，就得到与外切多边形的等边形成的曲面相等的圆的面积.

这样阿基米德得到的结果与当 n 无限增加，因而 $\cos\pi/4n$ 与 $\cos\pi/2n$ 都为 1 时，取上述三角表达式的极限值得到的结果相同.

但是第一个圆面积表达式（当 n 无限增大）恰是我们用积分

---

〔1〕 这些公式取自 Foria，*Il periodo aureo della geometria greca*，P.108.

$$4\pi a^2 \cdot \frac{1}{2}\int_0^\pi \sin\theta \mathrm{d}\theta, \text{或} 4\pi a^2,$$

以及

$$\pi a^2 \int_0^\alpha 2\sin\theta \mathrm{d}\theta, \text{或} 2\pi a^2(1-\cos\alpha)$$

所表示的.

因此阿基米德的程序在每种情况下都等价于一个名副其实的积分.

2. 球的体积及球心角体的体积

因为这种方法直接依赖于前面的例子,所以在此不必一一介绍细节. 其研究过程与研究球或球缺表面的过程一致,同样用到内接和外切图形. 当然球心角体要与某个立体图形相比较,这个立体图形是由内接或外切于球缺的图形以及与此图形同底且顶点在球心的圆锥组成. 接着证明了:①内接或外切于球的图形,其体积等于一个圆锥的体积,此圆锥的底等于内接或外切图形的表面,高等于从球心向旋转多面体的任一等面所作的垂线,②内接或外切于球心角体的图形,其体积等于一个圆锥的体积,此圆锥的底等于内接或外切于包含在球心角体中的球缺的图形的表面,高是从球心到多边形的一等面所作的垂线.

因此可以说,当将内接和外切图形压缩成一个图形时,在这种情况下取极限的过程实际上与曲面的情形相同,最终的体积仅仅是前面提及的曲面在每种情况下乘以 $\frac{1}{3}a$.

3. 椭圆的面积

在这里这个例子同样不很紧密切题,因为它没有表现出阿基米德对于穷竭法扩展的任何特色. 事实上这个方法,mutatis mutandis 与欧几里得《几何原本》XII.2 中应用的方法相同. 阿基米德在这里没有同时用内接和外切图形,只不过通过将椭圆和辅助圆的内接多边形的边数增加到任何希望达到的程度来简单地穷竭这两种图形(《论劈锥曲面体与旋转椭圆体》命题4).

4. 旋转抛物弓形体的体积

阿基米德首先陈述了一个引理,它是在另一篇文章的一个命题中(《论螺线》,命题11)附带证明的一个结果,即如果 h,$2h$,$3h$,$\cdots$,是一个算术级数的 n 项,那么有

$$\begin{cases} h+2h+3h+\cdots+nh > \dfrac{1}{2}n^2h \\ h+2h+3h+\cdots+(n-1)h < \dfrac{1}{2}n^2h \end{cases} \tag{α}$$

接着他作由小柱体组成的抛物弓形体的内接和外切图形(如《论劈锥曲面体与旋转椭圆体》命题21,22 的图所示),这些小柱体的轴位于弓形体的轴上并将其任意等分. 若 c 是弓形体的轴 AD 的长度,而外切图形中包含 n 个柱体且它们的轴长都为 h,这样 $c=nh$. 根据引理,阿基米德证明了

$$(1) \quad \frac{\text{柱体 } CE}{\text{内接图形}} = \frac{n^2h}{h+2h+3h+\cdots+(n-1)\ h} > 2,$$

以及

$$(2) \quad \frac{\text{柱体 } CE}{\text{外切图形}} = \frac{n^2h}{h+2h+3h+\cdots+nh} < 2.$$

　　同时阿基米德证明了 [命题 19,20],将 n 充分增大,内接和外切图形之差可以小于任意给定的体积. 因此这就用通常的严格方法断定并证明了

$$柱体\ CE = 2\ (弓形体),$$

所以

$$弓形体\ ABC = \frac{3}{2}\ (圆锥\ ABC).$$

　　因此这个证明等价于这样的论断,若 h 无限减小,n 无限增大,而 nh 保持等于 c,那么

$$h[h + 2h + 3h + \cdots + (n-1)h]\ 的极限\ = \frac{1}{2}c^2,$$

用我们现在的记号就是

$$\int_0^c x\mathrm{d}x = \frac{1}{2}c^2.$$

　　于是当我们用

$$k\int_0^c y^2 \mathrm{d}x$$

的形式表示抛物弓形体的体积时,这个方法与我们现在的方法实质上相同. 上式中 k 是一个常数,在阿基米德的结果中没有出现,原因是他没有给出抛物弓形体的确切体积,而仅仅给出它与外切圆柱的比.

5. 旋转双曲弓形体的体积

　　这个例子的第一步是证明 [《论劈锥曲面体与旋转椭圆体》命题 2],如果有一个包含 n 项的级数

$$ah + h^2, a \cdot 2h + (2h)^2, a \cdot 3h + (3h)^2, \cdots, a \cdot nh + (nh)^2,$$

且若

$$(ah + h^2) + [a \cdot 2h + (2h)^2] + \cdots + [a \cdot nh + (nh)^2] = S_n,$$

那么

$$\begin{cases} n[a \cdot nh + (nh)^2]/S_n < (a+nh)/\left(\dfrac{a}{2} + \dfrac{nh}{3}\right) \\ n[a \cdot nh + (nh)^2]/S_{n-1} > (a+nh)/\left(\dfrac{a}{2} + \dfrac{nh}{3}\right) \end{cases} \quad (\beta)$$

　　接着 [命题 25,26],阿基米德像前面那样作由柱体组成的内接和外切图形 (P.205 图),并证明了,如果 AD 被分成长为 h 的 n 等份,使得 $nh = AD$,若 $AA' = a$,那么有

$$\frac{柱体\ EB'}{内接图形} = \frac{n[a \cdot nh + (nh)^2]}{S_{n-1}} > (a+nh)/\left(\frac{a}{2} + \frac{nh}{3}\right),$$

及

$$\frac{柱体\ EB'}{外切图形} = \frac{n[a \cdot nh + (nh)^2]}{S_n} < (a+nh)/\left(\frac{a}{2} + \frac{nh}{3}\right).$$

　　用与前面相同的方法得到的结论是

$$\frac{柱体\ EB'}{弓形\ ABB'} = (a+nh)/\left(\frac{a}{2} + \frac{nh}{3}\right).$$

这等同于如下的说法,如果 $nh = b$,h 无限减小而 n 无限增大,则

$$n(ab + b^2)/S_n\ 的极限\ = (a+b)/\left(\frac{a}{2} + \frac{b}{3}\right),$$

或

$$\frac{b}{n}S_n\ 的极限 = b^2\left(\frac{a}{2} + \frac{nh}{3}\right).$$

现在　　　　　$S_n = a (h + 2h + \cdots + nh) + [h^2 + (2h)^2 + \cdots + (nh)^2]$，

所以　　　　　$hS_n = ah (h + 2h + \cdots + nh) + h [h^2 + (2h)^2 + \cdots + (nh)^2]$．

我们应将最后一个表达式的极限写作

$$\int_0^b (ax + x^2) \, \mathrm{d}x,$$

它等于

$$b^2 \left(\frac{a}{2} + \frac{b}{3} \right).$$

而阿基米德已经给出了这个积分的等价式．

6. 球缺的体积

阿基米德在这里没有给出积分

$$\int_0^b (ax - x^2) \, \mathrm{d}x$$

的等价式，可能是因为用他的方法要求给出与上面建立的结果（β）相应的另一引理．

假设在球缺小于半球的情况下（P. 208 图），$AA' = a$，$CD = \frac{1}{2} C$，$AD = b$，n 等分 AD，使每部分长为 h.

那么命题 29，30 中所提到的磬折形就是矩形 $cb + b^2$ 与相继的矩形

$$ch + h^2, c \cdot 2h + (2h)^2, \cdots, c \cdot (n-1)h + [(n-1)h]^2$$

的差，在这种情况下我们得出结论（若 S_n 是与后面的那些矩形相应的级数的 n 项之和）．

$$\frac{柱体 \ EB'}{内接图形} = \frac{n (cb + b^2)}{n (cb + b^2) - S_n} > (c + b) \Big/ \left(\frac{c}{2} + \frac{2b}{3} \right),$$

及　$\dfrac{柱体 \ EB'}{外切图形} = \dfrac{n (cb + b^2)}{n (cb + b^2) - S_{n-1}} < (c + b) \Big/ \left(\dfrac{c}{2} + \dfrac{2b}{3} \right),$

极限形式是　$\dfrac{柱体 \ EB'}{弓形体 \ ABB'} = (c + b) \Big/ \left(\dfrac{c}{2} + \dfrac{2b}{3} \right).$

相应地我们得到由表达式

$$\frac{n(cb + b^2) - S_n}{n(cd + b^2)}, \text{或} 1 - \frac{S_n}{n(cb + b^2)}$$

取的极限，而且用 c 代替 a 后，表示成的积分与上述双曲弓形体的情形相同．

阿基米德将半球的体积作为一种单独的情形讨论［命题 27，28］．它不同于刚才给出的式子之处在于 c 等于零，而 $b = \frac{1}{2}a$，所以必须求

$$\frac{h^2 + (2h)^2 + (3h)^2 + \cdots + (nh)^2}{n(nh)^2}$$

的极限，而这已通过利用 P. 186 ~ 187［关于螺线，命题 10］中给出的引理的推论完成，那里证明了

$$h + (2h)^2 + \cdots + (nh)^2 > \frac{1}{3}n(nh)^2,$$

以及　　　　　$h + (2h)^2 + \cdots + [(n-1)h]^2 < \dfrac{1}{3}n(nh)^2.$

极限当然对应于积分

$$\int_0^b x^2 \mathrm{d}x = \frac{1}{3}b^3.$$

7. 螺线的面积

（1）阿基米德通过刚才引述的命题的方法求得以螺线的第一个整圈及初始线为边界的面积，即

$$h^2 + (2h)^2 + \cdots + (nh)^2 > \frac{1}{3}n(nh)^2,$$

$$h^2 + (2h)^2 + \cdots + [(n-1)h]^2 < \frac{1}{3}n(nh)^2.$$

他证明了［命题21，22，23］由相似的扇形组成的图形能够外接螺线的任意弧，使得外接图形的面积超出螺线面积的部分小于任意给定的面积，也可以内接同类的图形，使得螺线的面积超出内接图形面积的部分小于任意给定的面积. 最后他作出了这种外接和内接图形［命题24］. 例如，如果外接图形中有 n 个相似扇形，半径将是形成算术级数的 n 条线，如 h，$2h$，$3h$，$\cdots$，nh，且 nh 等于 a，a 是螺线第一圈的末端在起始线上的截距. 由于相似扇形彼此之比如同它们半径的平方之比，而且半径为 nh 或 a 的扇形的 n 倍等于具有相同半径的圆，那么上述第一个公式证明了

$$外接图形 > \frac{1}{3}\pi a^2,$$

应用第二个公式，对于内接图形实施类似的过程得到结果

$$内接图形 < \frac{1}{3}\pi a^2.$$

用通常方式得到的结论是

$$螺线的面积 = \frac{1}{3}\pi a^2.$$

证明相当于取

$$\frac{\pi}{n}\left\{h^2 + (2h)^2 + \cdots + [(n-1)h]^2\right\}$$

或

$$\frac{\pi h}{a}\left\{h^2 + (2h)^2 + \cdots + [(n-1)h]^2\right\}$$

的极限，我们可以将后一个极限表示成

$$\frac{\pi}{a}\int_0^a x^2 \mathrm{d}x = \frac{1}{3}\pi a^2.$$

［显然这个证明方法同样给出了以螺线及长度为 b（b 不大于 a）的任意向径为边界的面积，因为我们只要以 $\pi b/a$ 代替 π，并且记住在这种情况下 $nh = b$，就会得到面积

$$\frac{\pi}{a}\int_0^b x^2 \mathrm{d}x，或 \frac{1}{3}\pi b^3/a.］$$

（2）为了得到以螺线任意圈上的弧（不大于一整圈）及指向其端点的向径为边界的面积，设向径的长为 b 和 c，这里 $c > b$，阿基米德用这样的命题，若有一个算术级数包含项

$$b, b+h, b+2h, \cdots, b+(n-1)h,$$

且若 $\quad S_n = b^2 + (b+h)^2 + (b+2h)^2 + \cdots + [b+(n-1)h]^2,$

则 $\quad \dfrac{(n-1)[b+(n-1)h]^2}{S_n - b^2} < \dfrac{[b+(n-1)h]^2}{[b+(n-1)h]b + \dfrac{1}{3}[(n-1)h]^2},$

且 $\quad \dfrac{(n-1)[b+(n-1)h]^2}{S_{n-1}} > \dfrac{[b+(n-1)h]^2}{[b+(n-1)h]b + \dfrac{1}{3}[(n-1)h]^2}$

[《论螺线》，命题 11 及注].

然后阿基米德在命题 26 中像以前那样作由相似扇形组成的外接和内接图形. 每个外接和内接图形中有 $n-1$ 个扇形，因此包括 b 和 c 共有 n 条半径，这样我们可以将它们作为上面给出的算术级数的项，其中 $[b+(n-1)h] = c$. 因而由上面的不等式证明了

$$\dfrac{\text{扇形 } OB'C}{\text{外接图形}} < \dfrac{[b+(n-1)h]^2}{[b+(n-1)h]b + \dfrac{1}{3}[(n-1)h]^2} < \dfrac{\text{扇形 } OB'C}{\text{内接图形}},$$

用通常的方法可以得出结论

$$\dfrac{\text{扇形 } OB'C}{\text{螺线 } OBC} = \dfrac{[b+(n-1)h]^2}{[b+(n-1)h]b + \dfrac{1}{3}[(n-1)h]^2} = \dfrac{c^2}{cb + \dfrac{1}{3}(c-b)^2}.$$

回忆 $n-1 = (c-b)/h$，我们看到这个结果与证明当 n 无限地变大，h 无限地变小，而 $b+(n-1)h = c$ 时，

$$h\{b^2 + (b+h)^2 + \cdots + [b+(n-2)h]^2\} \text{ 的极限}$$

$$= (c-b)\left[cb + \dfrac{1}{3}(c-b)^2\right] = \dfrac{1}{3}(c^3 - b^3)$$

是相同的，用我们现在的记号就是

$$\int_b^c x^2 \mathrm{d}x = \dfrac{1}{3}(c^3 - b^3).$$

（3）阿基米德用完全相同的方法单独作出下面这种特殊情况 [命题 25]，即面积是由自起始线开始的螺线的任一整圈形式的. 这相当于以 $(n-1)a$ 代替 b，以 na 代替 c，a 是指向螺线第一圈末端的向径.

我们可以看到阿基米德没有用与

$$\int_0^c x^2 \mathrm{d}x - \int_b^c x^2 \mathrm{d}x = \int_0^b x^2 \mathrm{d}x$$

相应的结果.

8. 抛物线弓形的面积

在阿基米德给出的求抛物线弓形面积问题的两种解法中，力学解法给出了一个真正积分的等价式. 在《求抛物线弓形的面积》的命题 14，命题 15 中，他证明了在内接和外切于弓形的两个图形中，每个都包含许多梯形，这些梯形的平行边是抛物线的直径，内接图形小于、而外切图形大于某个三角形（P. 273 图中的 EqQ）的三分之一. 然后在命题 16 中我们用惯常的程序，相当于当梯形的数目变为无穷而其宽无限变小时取极限，就证明了

$$\text{弓形面积} = \frac{1}{3}\triangle EqQ.$$

这个结果相当于用对应于以 Qq 作 x 轴，以过 Q 的直径作 y 轴的抛物线方程，即

$$py = x(2a - x),$$

如 P. 269 所示，这个方程可以从命题 4 得到，求

$$\int_0^{2a} y\mathrm{d}x \ ,$$

其中 y 的值通过上述方程用 x 表示出来，当然有

$$\frac{1}{p}\int_0^{2a}(2ax - x^2)\,\mathrm{d}x = \frac{4a^3}{3p}.$$

这个方法与积分的等价也可以这样看．命题 16 证明了（见 P. 275 图），如果 qE 被 n 等分且此命题的图已作出，Qq 被 O_1，O_2，…分成同样数目的相等部分，那么显然外切图形的面积是三角形

$$QqF, QR_1F_1, QR_2F_2, \cdots$$

的面积之和，也就是三角形

$$QqF, QO_1R_1, QO_2D_1, \cdots$$

的面积和．

现在假设三角形 QqF 的面积用 Δ 表示，可以推出

$$\text{外接图形} = \Delta\left[1 + \frac{(n-1)^2}{n^2} + \frac{(n-2)^2}{n^2} + \cdots + \frac{1}{n^2}\right]$$

$$= \frac{1}{n^2\Delta^2} \cdot \Delta[\Delta^2 + 2^2\Delta^2 + \cdots + n^2\Delta^2].$$

类似地我们得到

$$\text{内接图形} = \frac{1}{n^2\Delta^2} \cdot \Delta[\Delta^2 + 2^2\Delta^2 + \cdots + (n-1)^2\Delta^2].$$

如果 A 表示三角形 EqQ 的面积，则 $A = n\Delta$，取极限，我们得到

$$\text{弓形面积} = \frac{1}{A^2}\int_0^A \Delta^2\mathrm{d}\Delta = \frac{1}{3}A.$$

如果以这种方式看待这个结论，这个积分与阿基米德求螺线面积的相应结论异曲同工．

（高嵘　译　常心怡　校）

———— 第 **8** 章 ————

阿基米德的专用名词

一般说来，阿基米德的语言属于希腊几何语言，它必然与欧几里得及阿波罗尼奥斯的语言有许多共同之处，因而本章不可避免地会重复许多在我编辑的阿波罗尼奥斯的《圆锥曲线论》[1]的相应章节中已给出的一般应用术语的说明. 但我认为最好还是使这一章尽可能完整，虽然会有少量的重复. 但由以下两点会带来一些益处：①所有以说明形式引用的特殊用语都出自阿基米德的原文而不是阿波罗尼奥斯的著作；②与阿波罗尼奥斯的著作只限于研究圆锥曲线这一个专题相比，增加了大量与阿基米德研究的许多科目相应的截然不同的素材.

目前情况下产生的一个困难因素在于，原作品的语言在不同的书中都或多或少地转换成了普通的希腊方言，而阿基米德是用多利斯（Doric）[2]方言写作的，因此在将要引用的引文中不能保证方言的一致性. 但是我认为最好是，当说明单个词时用普通的形式，而当通过引用短语或句子来说明这些词是怎么用的时，无论在特殊情况下用多利斯还是阿提卡（Attic）[3]方言，都如海伯格（Heiberg）的正文中那样给出它. 为防止漫不经心的读者将倒数第二音节有重音的词 $\varepsilon\upsilon\theta\varepsilon\iota\alpha\iota$，$\delta\iota\alpha\mu\acute{\varepsilon}\tau\rho o\iota$，$\pi\varepsilon\sigma\varepsilon\hat{\iota}\tau\alpha\iota$，$\pi\varepsilon\sigma o\acute{\upsilon}\nu\tau\alpha\iota$，$\acute{\varepsilon}\sigma\sigma\varepsilon\hat{\iota}\tau\alpha\iota$，$\delta\upsilon\nu\acute{\alpha}\nu\tau\alpha\iota$，$\acute{\alpha}\pi\tau\varepsilon\tau\alpha\iota$，$\kappa\alpha\lambda\varepsilon\hat{\iota}\sigma\theta\alpha\iota$，$\kappa\varepsilon\hat{\iota}\sigma\theta\alpha\iota$ 以及类似的词臆想成印刷错误，我增加了来自海伯格的原文，带有陌生的多利斯重音符号的多利斯方言引文.

我依然遵循在某个总标题下将各种专用名词分组的方法，这样可以易于追寻到与今天的普通数学术语的各种表达相应的希腊名词，而无论是哪里存在这种等价的希腊术语.

点和线

一个点是 $\sigma\eta\mu\varepsilon\hat{\iota}o\nu$，点 B 为 $\tau\grave{o}$ B $\sigma\eta\mu\varepsilon\hat{\iota}o\nu$ 或简记为 $\tau\grave{o}$ B；在（一条直线或曲线）上的一点为 $\sigma\eta\mu\varepsilon\hat{\iota}o\nu$ $\acute{\varepsilon}\pi\iota$（用所有格）或$\acute{\varepsilon}\nu$；在（平面）上方的一点 $\sigma\eta\mu\varepsilon\hat{\iota}o\nu$ $\mu\varepsilon\tau\acute{\varepsilon}$-$\omega\rho o\grave{\nu}$；任取的两点 $\delta\acute{\upsilon}o$ $\sigma\eta\mu\varepsilon\acute{\iota}\omega\nu$ $\lambda\alpha\mu\beta\alpha\nu o\mu\acute{\varepsilon}\nu\omega\nu$ $\acute{o}\pi o\iota\omega\nu o\hat{\upsilon}\nu$.

在一点（如一个角的点）$\pi\rho\acute{o}\varsigma$（用与格），其顶点在球心 $\kappa o\rho\upsilon\phi\grave{\eta}\nu$ $\acute{\varepsilon}\chi\omega\nu$ $\pi\rho\grave{o}\varsigma$ $\tau\hat{\omega}$

———————————

〔1〕《波加的阿波罗尼奥斯》，P. clvii – clxx.

〔2〕Doric 方言，古希腊多利斯地区方言.

〔3〕Attic 方言，指古雅典人使用的希腊语，阿提卡是雅典城邦的首府.

κέντρωτῆς σφαίρας；线在一点相交，相切或被分割等用 κατά（宾格），如 ΑΕ 在 Ζ 点被平分是 ἁ ΑΕ δίχα τεμνέται κατὰ τὸ Ζ；一点落在或被置于某处用 ἐπί 或 κατά（宾格），因此 Ζ 点落在 Γ 上，τὸ μὲν Ζ ἐπὶ τὸ Γ πεσεῖται，以至 Ε 在 Δ 上，ὥστε τὸ μὲν Ε κατὰ τὸ Δ κεῖσθαι.

特殊点如端点 πέρας，顶点 κορυφή，中心 κέντρον，分点 διαίρεσις，交点 σύμπτωσις，截点 τομή，等分点 διχοτομία，中点 τὸ μέσον；分点 Η，Ι，Κ，τὰ τῶν διαιρεσίων σαμεῖα τὰ Η，Ι，Κ；令 Β 为其中点 μέσον δὲ αὐτᾶς ἔστω τὸ Β；（圆）被分割的截点 ἁ τομά，καθ᾽ ἃν τέμνει.

线是 γραμμή，曲线是 καμπύλη γραμμή，直线是 εὐθεῖα，加或不加① γραμμή. 直线 ΘΙΚΛ，ἁ ΘΙΚΛ εὐθεῖα；但有时候用到更古老的表示，将某些字母置于其上（ἐπί 加代词的所有格或与格）的直线，因此设其为直线 Μ 是 ἔστω ἐφ᾽ ᾇ τὸ Μ，其他直线 Κ，Λ，ἄλλαι γραμμαί，ἐφ᾽ ἃν τὰ Κ，Λ. 两点之间的线 αἱ μεταξὺ τῶν σημείων εὐθεῖαι，端点相同的线中直线最短 τῶν τὰ αὐτὰ πέρατα ἐχουσῶν γραμμῶν ἐλαχίστην εἶναι τὴν εὐθεῖαν，彼此相截的直线 εὐθεῖαι τεμνούσαι ἀλλάλας.

对于与线相联系的点我们表示如下：点 Γ，Θ，Μ 在一条直线上 ἐπ᾽ εὐθείας ἐστὶ τὰ Γ，Θ，Μ σαμεῖα，包含中间量诸中心的直线的平分点 ἁ διχοτομία τᾶς εὐθείας τᾶς ἐχούσας τὰ κέντρα τῶν μέσων μεγεθέων. 对于一点以……的比例分割直线，有一个非常独特的短语 ἐπὶ τᾶς εὐθείας διαιρεθείσας ὥστε...；类似地有 ἐπὶ τᾶς ΧΕ τμαθείσας οὕτως，ὥστε. 某个点在直线……上，并分此直线成……ἐσσεῖται ἐπὶ τᾶς εὐθείας... διαιρέον οὕτως τὰν εἰρημέναν εὐθεῖαν，ὥστε...

线的中点通常用一个统一的形容词表示出来，如在线段的中点 ἐπὶ μέσου τοῦ τμάματος，连接从 Γ 到 ΕΒ 中点（的线）ἀπὸ τοῦ Γ ἐπὶ μέσαν τὰν ΕΒ ἀχθεῖσα，连接底边的中点 ἐπὶ μέσαν τὰν βάσιν ἀγομένα.

延长线是与之相重的直线 ἡ ἐπ᾽ εὐθείας αὐτῇ. 与轴相重 ἐπὶ τᾶς αὐτᾶς εὐθείας τ ῷ ἄξονι. 一直线落在另一线上用 κατά（所有格），如 πίπτουσι κατ᾽ αὐτῆς；ἐπί（宾格）也用于一直线位于另一线上，因而若 ΕΗ 位于 ΒΔ 上，τεθείσας τᾶς ΕΗ ἐπὶ τὰν ΒΔ.

对于通过一些点的线，我们发现有下述表示：将通过点 Ν，ἥξει διὰ τοῦ Ν；将通过中心 διὰ τοῦ κέντρου πορεύσεται，将斜穿过 Θ πεσεῖται διὰ τοῦ Θ，延向于 Β νεύουσα ἐπὶ τὸ Β，通过同一点 ἐπὶ τὸ αὐτὸ σαμεῖον ἔρχονται；平行四边形的两对角线落于（即交于）Θ，κατὰ δὲ τὸ Θ αἱ διάμετροι τοῦ παραλληλογράμμου πίπτοντι；ΕΖ 通过平分 ΑΒ，ΓΔ 的点 ἐπὶ δὲ τὰν διχοτομίαν τᾶν ΑΒ，ΓΔ ἁ ΕΖ. 动词 εἰμί 也用于通过，例如 ἐσσεῖται δὴ αὐτὰ διὰ τοῦ Θ.

对于与其他线相联系的线，有垂直于 κάθετος ἐπί（加宾格），平行于 παράλληλος（加与格）或 παρά（加宾格）；设 ΚΛ 过 Κ 平行于 ΓΔ，ἀπὸ τοῦ Κ παρὰ τὰν

---

① 此处原文为 with or without，意为带有或没有，加或不加（某种附加条件）。

$\Gamma\Delta$ ἐστω ἀ $K\Lambda$.

彼此相交的线 συμπίπτουσαι ἀλλήλαις；ZH，MN 延长后彼此相交且与 $A\Gamma$ 相交的点 τὸ σημεῖον，καθ᾽ ὃ συμβάλλουσιν ἐκβαλλόμεναι αἱ ZH，MN ἀλλήλαις τε καὶ τῇ $A\Gamma$；使得与切线相交ὥστε ἐμπεσεῖν τᾷ ἐπιψαυούσᾳ，作平行于 $A\Gamma$ 的直线与截锥相交ἀχθῶν εὐθεῖαι παρὰ τὰν $A\Gamma$ ἔστε ποτὶ τὰν τοῦ κώνου τομάν，作直线与其圆周相交 ποτὶ τὰν περιφέρειαν αὐτοῦ ποτιβαλεῖν εὐθεῖαν，作直线交ἀ ποτιπεσοῦσα，从点 A 作 AE，$A\Delta$ 与螺线相交并延长与该圆周相交 ποτιπιπτόντων ἀπὸ τοῦ A σαμείου ποτὶ τὰν ἕλικα αἱ AE，$A\Delta$ καὶ ἐκπιπτόντων ποτὶ τὰν τοῦ κύκλου περιφέρειαν；直到它与 ΘA 交于 O ἔστε κα συμπέσῃ τᾷ ΘA κατὰ τὸ（圆的）O.

（直线）将落在 P 外（即远离 P），ἐκτὸς τοῦ P πεσεῖται；将落在图形的截面内 ἐντὸς πεσοῦνται τᾶς τοῦ σχήματος τομᾶς.

（两平行线）AZ，BH 之间的（垂直）距离 τὸ διάστημα τᾶν AZ，BH. 其他表示距离的方式如下：与中间的量等距的量 τὰ ἴσον ἀπέχοντα ἀπὸ τοῦ μέσου μεγέθεα，彼此间的距离相等ἴσα ἀπ᾽ ἀλλάλων διέστακεν；ΛH 上（长度）等于 N 的线段 τὰ ἐν τᾷ ΛH τμάματα ἰσομεγέθεα τᾷ N；长出一段ἑνὶ τμάματι μείζων.

εὐθεῖα 这个词本身也常用于表示距离，参看《论螺线》中 πρώτα εὐθεῖα 等词，以及ἀ εὐθεῖα ἀ μεταξὺ τοῦ κέντρου τοῦ ἁλίου καὶ τοῦ κέντρου τᾶς γᾶς 太阳中心与地心之间的距离.

表示连接的词是ἐπιζευγνύω 或ἐπιζεύγνυμι；连接诸切点的直线ἀ τὰς ἀφὰς ἐπιζευγνύουσα εὐθεῖα，当 $B\Delta$ 被连接ἀ $B\Delta$ ἐπιζευχθεῖσα；设 EZ 连接 $A\Delta$，$B\Gamma$ 的平分点ἀ δὲ EZ ἐπιζευγνυέτω τὰς διχοτομίας τᾶν $A\Delta$，$B\Gamma$. 有一种情况下，这个词似乎简单地用作画出的意思，εἰ κα εὐθεῖα ἐπιζευχθῇ γραμμὰ ἐν ἐπιπέδῳ.

角

角是 γωνία，三种角为直角ὀρθή，锐角ὀξεῖα，钝角ἀμβλεῖα；成直角的等为ὀρθογώνιος，ὀξυγώνιος，ἀμβλυγώνιος；等角ἰσογώνιος，偶数个角ἀρτιόγωνος 或ἀρτιογώνιος.

与……成直角ὀρθὸς πρός（接宾格）或 πρὸς ὀρθάς（后接与格）；例如若一直线与该平面成直角 γραμμᾶς ἀνεστακούσας ὀρθᾶς ποτὶ τὸ ἐπίπεδον，两平面彼此成直角ὀρθὰ ποτ᾽ ἀλλαλὰ ἐντι τὰ ἐπίπεδα，与 $AB\Gamma$ 成直角 πρὸς ὀρθὰς ὢν τῷ $AB\Gamma$；$K\Gamma$，$\Xi\Lambda$，彼此成直角 ποτ᾽ ὀρθὰς ἐντι ἀλλάλαις αἱ $K\Gamma$，$\Xi\Lambda$，相交成直角 τέμνειν πρὸς ὀρθάς. 也用到与……构成直角这种表达，例如ὀρθὰς ποιοῦσα γωνίας ποτὶ τὰν AB.

直线 AH，$A\Gamma$ 所构成的角的完整表达为ἀ γωνία ἀ περιεχομένα ὑπὸ τᾶν AH，$A\Gamma$. 但有许多种更简短的表示，γωνία 本身就常被理解为这种意思，如角 Δ, E, A, B，αἱ Δ, E, A, B γωνίαι；Θ 处的角ἀ ποτὶ τῷ Θ；由 $A\Delta$，AZ 所构成的角ἀ γωνία ἀ ὑπὸ τᾶν $A\Delta$，ΔZ；角 $\Delta H\Gamma$，ἡ ὑπὸ τῶν $\Delta H\Gamma$ γωνία，ἡ ὑπὸ $\Delta H\Gamma$（带有或不带 γωνία).

作角 K 等于角 Θ，γωνίαν ποιοῦσα τὰν K ἴσαν τᾷ Θ；适应于太阳且其顶点在眼睛处的角，γωνία，εἰς ἂν ὁ ἅλιος ἐναρμόζει τὰν κορυφὰν ἔχουσαν ποτὶ τᾷ ὄψει；对着直角的边（斜边）τὰν ὑπὸ τὰν ὀρθὰν γωνίαν ὑποτείνουσαν，它们对着同一个角

ἐντὶ ὑπὸ τὰν αὐτὰν γωνίαν.

若一直线通过多边形的一个角点恰将其对称地分割，多边形的对角 αἱ ἀπεναντίον γωνίαι τοῦ πολυγώνου，就是在平分线两侧相对应的角.

平面和平面图形

平面为 ἐπίπεδον；过 $B\Delta$ 的平面，τὸ ἐπίπεδον τὸ κατὰ τὴν $B\Delta$，或 τὸ διὰ τῆς $B\Delta$，底面 ἐπίπεδον τῆς βάσεως，柱的平面（即底）ἐπίπεδον τοῦ κυλίνδρου；割平面 ἐπίπεδον τέμνον，切平面 ἐπίπεδον ἐπιψαῦον；平面之间的交线是它们的公共截线 κοινὴ τομή.

在圆所在的同一平面内 ἐν τῷ αὐτῷ ἐπιπέδῳ τῷ κύκλῳ.

设在 ΠZ 上竖一个平面与 AB，$\Gamma\Delta$ 所在的平面成直角，ἀπὸ τᾶς ΠZ ἐπίπεδον ἀνεστακέτω ὀρθὸν ποτὶ τὸ ἐπίπεδον τό，ἐν ᾧ ἐντι αἱ AB，$\Gamma\Delta$.

平直的面 ἡ ἐπίπεδος（ἐπιφάνεια），平面块 ἐπίπεδον τμῆμα，平面图形 σχῆμα ἐπίπεδον.

直线图形 εὐθύγραμμον（σχῆμα），边 πλευρά，周长 ἡ περίμετρος，相似 ὅμοιος，位似于 ὁμοίως κείμενος.

与……重合起来（当一个图形贴合到另一个图形上），ἐφαρμόζειν 带有与格或 ἐπί（加宾格）；一部分与另一部分重合 ἐφαρμόζει τὸ ἕτερον μέρος ἐπὶ τὸ ἕτερον；过 NZ 的平面与过 $A\Gamma$ 的平面重合 τὸ ἐπίπεδον τὸ κατὰ τὰν NZ ἐφαρμόζει τῷ ἐπιπέδῳ τῷ κατὰ τὰν $A\Gamma$. 也用被动语态；若相等且相似的平面图形彼此重合 τῶν ἴσων καὶ ὁμοίων σχημάτων ἐπιπέδων ἐφαρμοζομένων ἐπ' ἄλλαλα.

三角形

一个三角形为 τρίγωνον，以（其三条边）为边界的三角形 τὰ περιεχόμενα τρίγωνα ὑπὸ τῶν... 一个直角三角形 τρίγωνον ὀρθογώνιον，直角的一边 μία τῶν περὶ τὴν ὀρθήν. 过（圆锥的）轴的三角形 τὸ διὰ τοῦ ἄξονος τρίγωνον.

四边形

四边形不同于四角形 τετράγωνον，是有四个边的图形(τετράπλευρον)，这意味着一块面积. 在有的地方，梯形 τραπέζιον 被更为精确地描述成有两条平行边的梯形 τραπέζιον τὰς δύο πλευρὰς ἔχον παραλλάλους ἀλλάλαις.

平行四边形 παραλληλόγραμμον；在作底的一直线上的平行四边形用 ἐπί（加所有格），例如其上的诸平行四边形等高 ἐστιν ἰσούψη τὰ παραλληλόγραμμα τὰ ἐπ' αὐτῶν. 平行四边形的对角线是 διάμετρος，平行四边形的两条对边 αἱ κατ' ἐναντίον τοῦ παραλληλογράμμου πλευραί.

长方形

通常用作长方形的词是 χωρίον（空间或面积），没有任何进一步的描述. 如在角的情形中一样，直线组成的长方形通常比用短语 τὰ περιεχόμενα χωρία ὑπό 表达得简短；χωρίον 可以省略，或者 χωρίον 和 περιεχόμενον 都略去，这样长方形 $A\Gamma$，ΓE 可以是下面任何一种形式，τὸ ὑπὸ τῶν $A\Gamma$，ΓE，τὸ ὑπὸ $A\Gamma$，ΓE，τὸ ὑπὸ $A\Gamma E$，ΘK，

AH 下的长方形是 τὸ ὑπὸ τῆς $ΘK$ καὶ τῆς AH. 长方形 $Θ$, I, K, $Λ$, χωρία ἐν οἷς τὰ(或 ἐφ ὧν ἕκαστον τῶν) $Θ$, I, K, $Λ$.

将长方形贴合到一直线上（在专业意义下）是 παραβάλλειν，παραπίπτω 通常用来代替被动语态；分词 παρακείμενος 也作贴合到的意思用. 任何时候贴合到一直线都用 παρά（宾格）表示. 例如，可以贴合到一已知直线上的多个面积（即可以转化成面积相同的长方形）χωρία, ἃ δυνάμεθα παρὰ τὰν δοθεῖσαν εὐθεῖαν παραβαλεῖν；设贴合到它们每一个上一个长方形 παραπεπτωκέτω παρ ἑκάσταν αὐτᾶν χωρίον；如果贴合到它们每一个上的长方形都超出一个正方形，超出部分的边彼此多出相等的量（即形成一个算术级数）εἴ κα παρ ἑκάσταν αὐτᾶν παραπέσῃ τι χωρίον ὑπερβάλλον εἴδει τετραγώνῳ, ἔωντι δὲ αἱ πλευραὶ τῶν ὑπερβλημάτων τῷ ἴσῳ ἀλλάλαν ὑπερέχουσαι.

被贴合的长方形是 παράβλημα.

正方形

正方形是 τετράγωνον，一直线上的正方形是一个（直立）于其上（ἀπό）的正方形. $ΓΞ$ 上的正方形 τὸ ἀπὸ τᾶς $ΓΞ$ τετράγωνον，简缩成 τὸ ἀπὸ τᾶς $ΓΞ$, 或仅为 τὸ ἀπὸ $ΓΞ$. 按次序紧接其后的正方形（当有一列正方形时）是 τὸ παρ αὐτῷ τετράγωνον 或 τὸ ἐχόμενον τετράγωνον.

关于正方形，δύναμις 这个词以及动词 δύναμαι 的不同组成部分起到最重要的作用. δύναμις 表示平方（直译为幂）；如在丢番图的著作中，它始终作为专有名词表示代数方程中未知量的平方，即 x^2. 在几何语言中，应用最广的是与格的单数形式 δυνάμει. 如说一条直线潜在地等于（δυνάμει ἴσα）某个长方形，意思是这条直线上的正方形等于这个长方形. 类似地，对于 BA 上的正方形小于 AK 上的正方形的两倍有 ἡ BA ἐλάσσων ἐστὶν ἢ διπλασίων δυνάμει τῆς AK. 动词 δύνασθαι（带有或不带 ἴσον）有是 δυνάμει ἴσα 的含义，当单独用 δύνασθαι 时，后接宾格，如（一直线上的）正方形等于由……构成的长方形是（εὐθεῖα）ἴσον δύναται τῷ περιεχομένῳ ὑπό...；设半径上的正方形等于长方形 $BΔ$, $ΔZ$ ἡ ἐκ τοῦ κέντρου δυνάσθω τὸ ὑπὸ τῶν $BΔZ$, $ZΓ$ 上的正方形大于另一半径上的正方形的（差）ᾧ μεῖζον δύναται ἁ $ZΓ$ τᾶς ἡμισείας τᾶς ἑτέρας διαμέτρου.

磐折形是 γνώμων，它的宽（πλάτος）是每一末端的宽；宽等于 BI 的磐折形，γνώμων πλάτος ἔχων ἴσον τᾷ BI,（一个磐折形）其宽比刚取走的磐折形的宽长一段 οὗ πλάτος ἑνὶ τμάματι μεῖζον τοῦ πλάτεος τοῦ πρὸ αὐτοῦ ἀφαιρουμένου γνώμονος.

多边形

多边形是 πολύγωνον，等边多边形是 ἰσόπλευρον，边或角的数目是偶数的多边形是 ἀρτιόπλευρον 或 ἀρτιόγωνον；除 $BΔ$, $ΔA$ 外所有的边都相等的多边形 ἴσας ἔχον τὰς πλευρὰς χωρὶς τῶν $BΔA$，除底外各边相等且边数为偶数的多边形 τὰς πλευρὰς ἔχον χωρὶς τῆς βάσεως ἴσας καὶ ἀρτίους；边数被 4 整除的等边多边形 πολύγωνον ἰσόπλευρον，οὗ αἱ πλευραὶὑπὸ τετράδος μετροῦνται，设其边数被 4 整除τὸ πλῆθος τῶν πλευρῶν μετρείσθω ὑπὸ τετράδος. A chiliagon χιλιάγωνον．

与多边形的两边相对的直线（即连接间隔一个而彼此相邻的角的直线）αἱ ὑπὸ δύο πλευρὰςτοῦ πολυγώνου ὑποτείνουσαι，与小于边数一半的那些边相对的直线ἡ ὑποτείνουσα τὰς μιᾷ ἐλάσσονας τῶν ἡμίσεων．

圆

圆是 κύκλος，圆 Ψ 是ὁ Ψ κύκλος 或ὁ κύκλος ἐν ᾧ τὸ Ψ，设已知圆是如下作出的ἔστω ὁ δοθεὶς κύκλος ὁ ὑποκείμενος．

圆心是 κέντρον，圆周是 περιφέρεια，前一个词无疑使人想到某物被陷住，而后者提示，某物（例如一个拉紧的细绳）绕固定点为圆心旋转，它的另一端描绘出一个圆．因此，τεριφέρεια 除用作整个圆周外也用作圆弧，如弧 BΛ 是ἡ BΛ περιφέρεια，圆周（的一部分）被同一（直线）所截ἡ τοῦ κύκλου περιφέρεια ἡ ὑπὸ τῆς αὐτῆς ἀποτεμνομένη．尽管圆的周长（ἡ περίμετρος）在《论球和圆柱》和《圆的度量》等论文中有时也称为圆周，但是阿基米德本人似乎并没有在这个意义下用过，然而在《沙粒的计算》中他提到地球的周长（περίμετρος τᾶς γᾶς）．

半径简单地就为ἡ ἐκ τοῦ κέντρου，这个不带冠词的表达就像一个词似的被用作宾词，如半径为 ΘΕ 的圆是ὁ κύκλος οἷ ἐκ τοῦ κέντρου ἁ ΘΕ；BΕ 是圆的半径ἡ δὲ BΕ ἐκ τοῦ κέντρου ἐστὶ τοῦ κύκλου．

直径是 διάμετρος，直径 AΕ 上的圆ὁ περὶ διάμετρον τὴν ΔΕ κύκλος．

对于作圆的一条弦，没有特别的术语，但我们发现有下面这样的短语：ἐὰν εἰς τὸν κύκλον εὐθεῖα γραμμὴ ἐμπέση．如果将一直线置于圆中，那么弦就是如此放置的这条直线ἡ ἐμπεσοῦσα，或者通常只是ἡ ἐν τῷ κύκλῳ（εὐθεῖα）．对于 1/656 圆周所对的弦有如下有趣的短语，ἁ ὑποτείνουσα ἐν τμᾶμα διαιρεθείσας τᾶς τοῦ ABΓ κύκλου περιφερείας ἐς χνς．

圆的弓形为 τμῆμα κύκλου．有时候，为了区别于球缺，称其为平面弓形τμῆμα ἐπίπεδον．半圆是ἡμικύκλιον；AB 所截的小于半圆的弓形，τμῆμα ἔλασσον ἡμικυκλίου ὃ ἀποτέμνει ἡ AB．AΕ，ΕB（作为底）上的弓形为τὰ ἐπὶ τῶν AΕ，ΕB τμήματα，但直径 ZH 上的半圆为τὸ ἡμικύκλιον τὸ περὶ διάμετρον τὰν ZH 或简单地为τὸ ἡμικύκλιον τὸ περὶ τὰν ZH．半圆的角ἁ τοῦ ἡμικυκλίου（γωνία），这种表示用于直径与弧（或切线）在其一端点处所构成的（直）角．

圆扇形是 τομεύς，或者，当有必要与阿基米德所称的"扇形体"相区别时，称为平面圆扇形τομεὺς κύκλου．包含直角（在圆心）的扇形是ὁ τομεὺς ὁ τὰν ὀρθὰν γωνίαν περιέχων．围成扇形的每条半径都称为它的一条边，πλευρά；每个扇形都等于（与它）有一条公共边的扇形ἕκαστος τῶν τομέων ἴσος τῷ κοινὰν ἔχοντι πλευρὰν τομεῖ；有时候扇形被看作是由一条边界半径为边描绘出的，这样相似扇形已由所有（这些直线）描绘出ἀναγεγράφαται ἀπὸ πασᾶν ὅμοιοι τομέες．

内接于或外切于一个圆的多边形用ἐγγράφειν εἰς 或ἐν 以及περιγράφειν περὶ

（接宾格），我们还发现，περιγεγραμμένος 和简单的与格一起使用，如 τὸ περιγεγραμμ-ένον σχῆμα τῷ τομεῖ 是指外接于扇形的图形. 当一个多边形以弓形的底为一边，其他边对着组成圆周的各段弧，就称此多边形内接于弓形，如使在 ΑΓ 上的一个多边形内接于弓形 ΑΒΓ，ἐπὶ τῆς ΑΓ πολύγωνον ἐγγεγράφθω εἰς τὸ ΑΒΓ τμῆμα. 当扇形的两条半径是多边形的两条边且其他边彼此都相等，就称此正多边形内接于一个扇形. 类似地，若一个多边形的等边由扇形弧的切线组成，这些切线分别平行于内接多边形的等边且其余的两边是延长到与相邻的切线相交的边界半径，就称这个多边形外切于扇形. 也用到圆外接于一个多边形 περιλαμβάνειν；πολύγωνον κύκλος περιγεγραμμέ-νος περιλαμβανέτω περὶ τὸ αὐτὸ κίντρον γινόμενος，就像我们可以说作环绕多边形且与其同心的外接圆. 类似地有包含多边形的圆 ΑΒΓΔ，ὁ ΑΒΓΔ κύκλος ἔχων τὸ πολύγωνον.

当一个多边形内接于圆时，此多边形的边与所对的弧之间留下的弓形是 περιλειπό-μενα τμήματα；当一个多边形外切于圆时，这两个图形间的空间是 τὰ περιλειπόμενα τῆς περιγραφῆς τμήματα，τὰ περιλειπόμενα σχήματα，τὰ περιλείμματα 或 τὰ ἀπολείμματα.

球及其他

关于球（σφαῖρα），用到大量根据更古老的且与圆有关的相似名词类推出来的名词. 如球心是 κέντρον，半径是 ἡ ἐκ τοῦ κέντρου，直径是 ἡ διάμετρος. 当一个球被一个平面所截时，形成两个球缺，τμήματα σφαίρας 或 τμήματα σφαιρικά；半球是 ἡμισφαίριον；Γ 处的球缺 τὸ κατὰ τὸ Γ τμῆμα τῆς σφαίρας；边界 ΑΒΓ 上的球缺 τὸ ἀπὸ ΑΒΓ τμῆμα；包含圆周 ΒΑΔ 的球缺，τὸ κατὰ τὴν ΒΑΔ περιφέρειαν τμῆμα. 球或球缺的曲表面是 ἐπιφάνεια；如由相同的曲面围成的球缺中半球最大为 τῶν τῇ ἴσῃ ἐπιφανείᾳ περιεχομένων σφαιρικῶν τμημάτων μεῖζόν ἐστι τὸ ἡμισφαίριον. 底（βάσις），顶点（κορυφή）及高（ὕψος）等名词也用于球缺或球.

另一个借用于圆几何学的名词是用形容词 στερεός（立体的）所修饰的词——扇形（τομεύς）. 阿基米德将扇形体（τομεὺς στερεός）定义成由顶点在球心的圆锥与圆锥内球的部分表面围成的图形. 包含在扇形体[①]内的球缺是 τὸ τμῆμα τῆς σφαίρας τὸ ἐν τῷ τομεῖ 或 τὸ κατὰ τὸν τομέα.

球的大圆是 ὁ μέγιστος κύκλος τῶν ἐν τῇ σφαίρᾳ，通常只用 ὁ μέγιστος κύκλος.

设一个球被一不过球心的平面所截 τετμήσθω σφαῖρα μὴ διὰ τοῦ κέντρου ἐπιπέδῳ；一个球被过球心的平面截于圆 ΕΖΗΘ σφαῖρα ἐπιπέδῳ τετμημένη διὰ τοῦ κέντρου κατὰ τὸν ΕΖΗΘ κύκλον.

棱柱和棱锥

棱柱是 πρῖσμα，棱锥是 πυραμίς. 像通常那样，ἀναγράφειν ἀπό 用于描述以直线图形为底的棱柱或棱锥，如以直线图形（为底）作棱柱 ἀναγεγράφθω ἀπὸ τοῦ

---

① 现称球扇形或球心角体（spherical sector）.

εὐθυγράμμου πρῖσμα，在外切于圆 A 的多边形上作一棱锥ἀπὸ τοῦ περὶ τὸν A κύκλον περιγεγραμμένου πολυγόνου πυραμὶς ἀνεστάτω ἀναγεγραμμένη．以等边图形 ABΓ 为底的棱锥 πυραμὶς ἰσόπλευρον ἔχουσα βάσιν τὸ ABΓ．

与通常一样，表面是ἐπιφάνεια，而当不包含特殊的面或底时，要用一些修饰性短语．例如由平行四边形组成的（即不包括底）棱柱的表面ἡ ἐπιφάνεια τοῦ πρίσματος ἡ ἐκ τῶν παραλληλογράμμων συγκειμένη；不包括底或三角形 AEΓ 的（棱锥的）表面 ἡ ἐπιφάνεια χωρὶς τῆς βάσεως或 τοῦ AEΓ τριγώνου．

围成棱锥的三角形 τὰ περιέχοντα τρίγωνα τὴν πυραμίδα（以区别于可能是多边形的底）．

圆锥和菱形体

欧几里得《几何原本》只引入了直圆锥，它被简单地称为圆锥而没有修饰性形容词．在那里圆锥被定义成直角三角形绕一条直角边旋转所形成的曲面．阿基米德没有定义圆锥，但一般地将直圆锥描述成等腰圆锥（κῶνος ἰσοσκελής），尽管他曾经称之为直的（ὀρθός）．J·H·E 米勒（Müller）肯定地指出"等腰"这个名词用于圆锥是由等腰三角形类推过来的，但我怀疑是否这种圆锥被想成（如他假设的）可由等腰三角形绕顶点到底的垂线旋转而形成．将它与阿基米德用"边"（πλευρά）这个词来称呼的圆锥的母线联系起来似乎更自然一些，因此直圆锥被直接看作所有的侧边相等的圆锥．后一种设想也与阿波罗尼奥斯表示斜圆锥的名词不等边的锥（κῶνος σκαληνός）更吻合，当然这种圆锥不能通过旋转一个斜的三角形而形成．对阿基米德而言，斜圆锥仅仅是圆锥而已，他没有定义它．但是当他论及作求一个已知顶点且通过一已知"锐角圆锥截线"（椭圆）上的每一点的圆锥时，他视求出这个圆锥等同于求出环形的截线，因此我们可以断定他实际上用与阿波罗尼奥斯相同的方法定义了圆锥，即过固定点的一直线沿与这点不在同一平面的任意圆周运动所形成的曲面．

像通常一样，圆锥的顶点是 κορυφή，底是 βάσις，轴是ἄξων，高是ὕψος；高相同的圆锥 εἰσὶν οἱ κῶνοι ὑπὸ τὸ αὐτὸ ὕψος．母线称为边（πλευρά），若一个圆锥被与它的所有母线相交的平面所截εἰ κἀκῶνος ἐπιπέδῳ τμαθῇ συμπίπτοντι πάσαις ταῖς τοῦ κώνου πλευραῖς．

底以外的圆锥表面ἡ ἐπιφάνεια τοῦ κώνου χωρὶς τῆς βάσεως，（两母线）AΔ，AB 之间的锥面是 κωνικὴ ἐπιφάνεια ἡ μεταξὺ τῶν AΔB．

对于我们所称的锥台或平行于底的两平面间所截的部分没有特别的名称，这种台体的表面就是两平行平面间的圆锥的表面ἡ ἐπιφάνεια τοῦ κώνου μεταξὺ τῶν παραλλήλων ἐπιπέδων．

圆锥的截段（ἀπότμαμα κώνου）是一个颇古怪的名词，用于平面截圆锥所得的朝向顶点的部分，截线是椭圆而不是圆，这里的圆锥可以是直圆锥也可以是斜圆锥．参照圆锥的截段，轴（ἄξων）定义成从圆锥顶点到底面椭圆的中心所作的直线．

像通常那样，ἀναγράφειν ἀπὸ用于描绘以圆为底的锥．类似地，一个很普通的短语ἀπὸ τοῦ κύκλου κῶνος ἔστω指设圆上有一个（以该圆为底的）锥体．

菱形体（ῥόμβος στερεός）是有公共底的两个锥体组成的图形，它们的顶点位于底的两侧，轴在一条直线上．菱形体由等腰圆锥组成ῥόμβος ἐξ ἰσοσκελῶν κώνων συγκείμενος，这两个圆锥被说成是围成菱形体的圆锥 οἱ κῶνοι οἱ περιέχοντες τὸν ῥόμβον．

圆柱

直圆柱是 κύλινδρος ὀρθός．下列用于圆柱的名词与用于圆锥的一样：底 βάσις，一个底或另一个底 ἑτέρα βάσις，圆 AB 是圆柱的一个底，ΓΔ 与其相对 οὗ βάσις μὲν ὁ AB κύκλος, ἀπεναντίον δὲ ὁ ΓΔ；轴 ἄξων，高 ὕψος，母线 πλευρά．（两条母线）AΓ，BΔ 所截得的柱面 ἡ ἀποτεμνομένη κυλινδρικὴ ἐπιφάνεια ὑπὸ τῶν AΓ, BΔ；与圆周 ABΓ 相邻接的柱面，ἡ ἐπιφάνεια τοῦ κυλίνδρου ἡ κατὰ τὴν ABΓ περιφέρειαν 表示通过弧的端点的两条母线之间的柱面．

平截头圆柱体 τόμος κυλίνδρου 是两个平行的椭圆形截面之间截得的部分圆柱，这两个截面不是圆形的，它的轴（ἄξων）是两个截面中心的连线，与圆柱的轴在同一直线上．

圆锥曲线

一般性术语是 κωνικὰ στοιχεῖα，指圆锥曲线的元素，τὰ κωνικά 指圆锥曲线（论）．任意圆锥曲线 κώνου τομὴ ὁποιαοῦν．弦简单地作 εὐθεῖαι ἐν τᾷ τοῦ κώνου τομᾷ ἀγμέναι．阿基米德关于圆锥曲线从未用过轴（ἄξων）这个词，对于他来说轴都是直径(διάμετροι)，而用于一条完整的圆锥曲线时，διάμετρος 专在直径这个意思下使用．切线是 ἐπιψαύουσα 或 ἐφαπτομένη（带所有格）．

单独的圆锥曲线依然沿用旧名表示，抛物线是直角圆锥的截线 ὀρθογωνίου κώνου τομή，双曲线是钝角圆锥截线 ἀμβλυγωνίου κώνου τομή，椭圆是锐角圆锥截线 ὀξυγωνίου κώνου τομή．[①]

抛物线

只有整条抛物线的轴才称为直径，其余的直径简单地说成直径的平行线．因此直径的平行线或直径本身是 παρὰ τὰν διάμετρον ἢ αὐτὰ διάμετρος；ΔZ 平行于直径 ἁ ΔZ παρὰ τὰν διάμετρόν ἐστι．曾经还用到主（直径）或初始（直径）ἀρχικά（即 διάμετρος）这个词．

抛物线弓形是 τμῆμα，它被更为完整地描述成直线与直角圆锥截线所围成的弓形 τμᾶμα τὸ περιεχόμενον ὑπό τε εὐθείας καὶ ὀρθογωνίου κώνου τομᾶς．διάμετρος 这个词再次以我们所谓的轴的意思用于抛物线弓形，阿基米德将任意弓形的直径定义成平分弓形底的所有平行线（弦）的线 τὰν δίχα τέμνουσαν τὰς εὐθείας πάσας τὰς παρὰ τὰν βάσιν αὐτοῦ ἀγομένας．

抛物线上包含在两条平行弦之间的部分称为平截形 τόμος（ἀπὸ ὀρθογωνίου κώνου τομᾶς ἀφαιρούμενος），这两条弦分别是它的上底和下底（ἐλάσσων 和 μείζων

---

① 阿波罗尼奥斯把它们分别称为"齐曲线""超曲线"和"亏曲线"．

βάσις），这两条弦中点的连线是平截形的直径（διάμετρος）.

我们所谓的抛物线的正焦弦在阿基米德的著述中是等于从顶点直到轴所作线的两倍的直线 ά διπλασία τᾶς μέχρι τοῦ ἄξονος. 在这个表述中，轴（ἄξων）是指直角圆锥的轴，曲线原来就是利用垂直于母线的一个截面由此圆锥得来的[1]. 或者，阿基米德又像阿波罗尼奥斯那样用相当于我们所谓参数①的一个短语（παρ᾽ ἅν δύνανται αἱ ἀπὸ τᾶς τομᾶς），意思是一条直线，一个宽等于（抛物线上）一点的横坐标并且面积等于（此点的）纵坐标平方的长方形必须能以此直线为底贴合到其上. 整个短语说的是它们的平方等于贴合到等于 N（或参数）的线上的长方形，此长方形的宽是它们（纵标）在 ΔZ（直径）上靠端点 Δ 一端所截的线，δύνανται τὰ παρὰ τὰν ἴσαν τᾷ N παραπίπτοντα πλάτος ἔχοντα,ἃς αὐταὶ ἀπολαμβάνοντι ἀπὸ τᾶς ΔZ ποτὶ τὸ Δ πέρας.

纵标是从截线②到（弓形的）直径所作的平行于（弓形的）底的线 αἱ ἀπὸ τᾶς τομᾶς ἐπὶ τὰν ΔZ ἀγόμεναι παρὰ τὰν AE，或简化为αἱ ἀπὸ τᾶς τομᾶς. 像阿波罗尼奥斯著述中那样，也曾用规范的短语作成纵标的样子 τεταγμένως κατηγμένη 来形容纵坐标.

双曲线

我们所谓的渐近线（在阿波罗尼奥斯的论述中为 αἱ ἀσύμπτωτοι）在阿基米德的著述中是最接近钝角圆锥截线的线 αἱ ἔγγιστα τᾶς τοῦ ἀμβλυγωνίου κώνου τομᾶς.

中心按其本意不是这样描述的，但它是（离曲线）最近的线的交点 τὸ σαμεῖον，καθ᾽ ὅ αἱ ἔγγιστα συμπίπτοντι.

这是钝角圆锥截线的一个性质 τοῦτο γάρ ἐστιν ἐν ταῖς τοῦ ἀμβλυγωνίου κώνου τομαῖς σύμπτωμα.

椭圆

长轴和短轴是大直径和小直径 μείζων 和ἐλάσσων διάμετρος. 设大直径为 AΓ，διάμετρος δὲ （αὐτᾶς） ά μὲν μείζων ἔστω ἐφ᾽ ἇς τὰ A，Γ. 由直径（轴）所构成的长方形 τὸ περιεχόμενον ὑπὸ τᾶν διαμέτρων. 一个轴称为另一个轴的共轭轴（συζυγής）：因此设直线 N 等于 AB 的共轭直径的一半,ά δὲ N εὐθεῖα ἴσα ἔστω τᾷ ἡμισείᾳ τᾶς ἑτέρας διαμέτρου,ά ἐστι συζυγὴς τᾷ AB.

在这里中心是 κέντρον.

劈锥曲面体和旋转椭圆体

阿基米德描述他的旋转体的生成的语言与欧几里得用来定义球的语言极为相似. 如欧几里得说：半圆的直径保持固定，当旋转半圆并回到它开始运动的位置时，所包围的图形是一个球 σφαῖρά ἐστιν, ὅταν ἡμικυκλίου μενούσης τῆς διαμέτρου περιενεχθ-

───────────────

〔1〕参看《波加的阿波罗尼奥斯》，P. xxiv, xxv.

① 此处的"参数"，现在的全名应为"焦参数".

② 此处的"截线"，指的是文中说到的圆锥曲线.

ἐν τὸ ἡμικύκλιον εἰς τὸ αὐτὸ πάλιν ἀποκατασταθῇ, ὅθεν ἤρξατο φέρεσθαι, τὸ περιληφθὲν σχῆμα; 他进一步阐述了球的轴是半圆绕其旋转的固定直线ἄξων δὲ τῆς σφαίρας ἐστὶν ἡ μένουσα εὐθεῖα, περὶ ἥν τὸἡμικύκλιον στρέφεται. 与这相对照，例如阿基米德给直角劈锥曲面（回转抛物面）的定义是：如果直角圆锥截线的直径（轴）保持固定，旋转圆锥截线并回到起始位置，直角圆锥截线所形成的图形称为直角劈锯曲面，它的轴被定义为保持固定的直径，εἴ κα ὀρθογωνίου κώνου τομὰ μενούσας τᾶς διαμέτρου περιενεχθεῖσα ἀποκατασταθῇ πάλιν, ὅθεν ὥρμασεν, τὸ περιλαφθὲν σχῆμα ὑπὸ τᾶς τοῦ ὀρθογωνίου κώνου τομᾶς ὀρθογώνιον κωνοειδὲς καλεῖσθαι, καὶ ἄξονα μὲν αὐτοῦ τὰν μεμευακοῦσανδιάμετρον καλεῖσθαι. 我们可以看到，除了 ὥρμασεν 代替了 ἤρξατο φέρεσθαι 之外，这里所用的几个短语实际上与欧几里得的用语相同，后一个短语甚至出现在阿基米德对于螺线的生成的描述中.

劈锥曲面体 κωνοειδὲς (σχῆμα) 和旋转椭圆体 σφαιροειδὲς (σχῆμα) 这两个词仅为κῶνος 和σφαῖρα 的修改，意指这两个图形形似 (εἶδος) 或类似于圆锥和球. 由此看来，这些名词也许比抛物面、双曲面和椭球更恰当，后者只能说在不同意义下与相应的圆锥曲线类似. 然而当 κωνοειδὲς 被形容词直角的ὀρθογώνιον 修饰来表示旋转抛物面，被ἀμβλυγώνιον钝角的修饰表示旋转双曲体时，这种表达就有些缺乏逻辑性了，因为这些立体与直角圆锥和钝角圆锥并不类似. 事实上，由于生成旋转面的双曲线的渐近线所夹的角可能是锐角，在这种情况下旋转双曲体更类似于一个锐角圆锥. 名词直角的和钝角的只是从各自的圆锥曲线的名称转化成劈锥曲面体，并没有过多考虑它们的含义.

没有必要分别给出每种劈锥曲面体和旋转椭圆体的定义，所有情况下都与上面给出的抛物面的术语相同. 但是也许会注意到，阿基米德没有提及双曲线的共轭轴或双曲线绕共轭轴旋转所得到的图形. 双曲线的共轭轴最先出现在阿波罗尼奥斯的著述中，他显然是第一个将双曲线的两支视为一条曲线的人. 因而在阿基米德的著述中只有一种钝角劈锥曲面体，但是通过绕生成锐角圆锥截线（椭圆）的长直径（轴）或短直径旋转却有两种旋转椭圆体，在前一种情形中椭圆体为长椭圆形的（παραμᾶκες σφαιροειδές），在后一种情形中为平坦形的（ἐπιπλατὺ σφαιροειδές）.

然而在钝角劈锥曲面体（旋转双曲体）的描述中可以观察到一个特殊性质，即认为双曲线的渐近线与曲线同时绕轴旋转，阿基米德阐明它们将包含一个等腰圆锥（κῶνον ἰσοσκελέα περιλαψοῦνται），随即他将此等腰圆锥定义成包围劈锥曲面体（περιέχων τὸ κωνοεδές)的圆锥. 同时，在回转椭圆体中用直径（διάμετρος）这个词指过球心与轴成直角的直线（ἁ διὰ τοῦ κέντρου ποτ᾽ὀρθὰς ἀγομένα τῷ ἄξονι）. 椭圆体的中心是轴的中点 τὸ μέσον τοῦ ἄξονος.

下列名词用于所有的劈锥曲面体和旋转椭圆体. 顶点(κορυφή)是轴与曲面相交的点 τὸ σαμεῖον, καθ᾽ ὃ ἅπτέται ὁ ἄξων τᾶς ἐπιφανείας, 当然旋转椭圆体有两个顶点. 截形(τμᾶμα)是被平面所截的部分，截形的底（βάσις）被定义成劈锥曲面体（或旋转椭圆体）的截线在截面内所围成的平面（图形） τὸ ἐπίπεδον τὸ περιλαφθὲν ὑπὸ τᾶς τοῦ κωνοειδέος（或 σφαιροειδέος）τομᾶς ἐν τῷ ἀποτέμνοντι ἐπιπέδῳ．截形的顶点是平行于截形底的切面与曲面的交点，τὸ σαμεῖον, καθ' ὃ ἅπτέται τὸ ἐπίπεδον τὸ ἐπιψαῦον（τοῦ κωνοειδέος）．截形的轴（ἄξων）对于三种曲面而言定义各不相同：（a）在抛物面中，它是在截形内从过截形的顶点平行于劈锥曲面体轴的线上截得的直线 ἁ ἐναπολαφθεῖσα εὐθεῖα ἐν τῷ τμάματι ἀπὸ τᾶς ἀχθείσας διὰ τᾶς κορυφᾶς τοῦ τμάματος παρὰ τὸν ἄξονα τοῦ κωνοειδέος；（b）在双曲面中，它是在截形内从过截形的顶点和包围劈锥曲面体的圆锥顶点的线上所截得的直线 ἀπὸ τᾶς ἀχθείσας διὰ τᾶς κορυφᾶς τοῦ τμάματος καὶ τᾶς κορυφᾶς τοῦ κώνου τοῦ περιέχοντος τὸ κωνοειδές；（c）在旋转椭圆体中，类似地，它是从连接两个球缺顶点的直线上截得的部分，这两个球缺是由椭圆体被截形的底分割而成的，ἀπὸ τᾶς εὐθείας τᾶς τὰς κορυφὰς αὐτῶν（τῶν τμαμάτων）ἐπιζευγνυούσας．

对于旋转双曲体，阿基米德没有用过中心这个词，但他称中心为包围圆锥的顶点．双曲面或截形的轴也只是它在曲面内的部分．双曲体或截形的顶点与包围圆锥的顶点之间的距离是轴的邻线 ἁ ποτεοῦσα τῷ ἄξονι．

下面是一些混杂的表示．两平面的交线在劈锥曲面体内截得的部分 ἁ ἐναπολαφθεῖσα ἐν τῷ κωνοειδεῖ τᾶς γενομένας τομᾶς τῶν ἐπιπέδων，（平面）过旋转椭圆体的轴与它相截 τετμακὸς ἐσσεῖται τὸ σφαιροειδὲς διὰ τοῦ ἄξονος，故其所形成的截线是圆锥曲线 ὥστε τὰν τομὰν ποιήσει κώνου τομάν，任意截得两个截形 ἀποτετμάσθω δύο τμά-ματα ὡς ἔτυχεν 或由任意作的平面 ἐπιπέδοις ὁπωσοῦν ἀγμένοις．

半旋转椭圆体为 τὸ ἀμίσεον τοῦ σφαιροειδέος，（旋转椭圆体）截形顶点连线的一半，即我们所谓的半直径，ἁ ἡμισέα αὐτᾶς τᾶς ἐπιζευγνυούσας τὰς κορυφὰς τῶν τμαμάτων．

螺线

在劈锥曲面体和旋转椭圆体中，我们已给出了通过曲线绕轴的运动形成旋转图形的例子．用同样的运动可以作出内接或外切于球的立体图形，就是使圆与内接或外切多边形绕过多边形的一个角点且对称分割多边形和圆的直径旋转．用阿基米德的语言表示这种情形为，多边形的角点沿圆周运动，αἱ γωνίαι κατὰ κύκλων περιφερειῶν ἐνεχθήσονται（或 οἰσθήσονται）且其边在某圆锥上或圆锥面上运动 κατά τινων κώνων ἐνεχθήσονται 或 κατ' ἐπιφανείας κώνου，有时候外切多边形的角点或其边上的切点被说成描绘出圆 γράφουσι κύκλους．这样形成的立体图形是 τὸ γενηθὲν στερεὸν σχῆμα，使得球通过它的旋转形成一个图形 περιενεχθεῖσα ἡ σφαῖρα ποιείτω σχῆμά τι．

然而为了作出螺线图形，我们要引入一个新的元素，那就是时间，存在两种联系在一起的不同的均匀运动，若平面上一直线绕其保持固定的一端点匀速旋转并回到初始位置，在直线旋转的同时，一点从固定端点开始沿此直线匀速运动，那么此点在平面上描画出一条螺线 εἴ κα εὐθεῖα... ἐν ἐπιπέδῳ... μένοντος τοῦ ἑτέρου πέρατος αὐτᾶς ἰσοταχέως περιενεχθεῖσα ἀποκατασταθῇ πάλιν, ὅθεν ὥρμασεν, ἅμα δὲ τᾷ γραμμᾷ περιαγομένᾳ φερῆται τι σαμεῖον ἰσοταχέως αὐτὸ ἑαυτῷ κατὰ τᾶς εὐθείας ἀρξάμενον ἀπὸ τοῦ μένοντος πέρατος, τὸ σαμεῖον ἕλικα γράψει ἐν τῷ ἐπιπέδῳ.

第一圈，第二圈或任意圈（所画出）的螺线为ἁ ἕλιξ ἁ ἐν τᾷ πρώτᾳ, δευτέρᾳ或ὁποιαο ῦν τεριφορᾷ γεγραμμένα，任几圈不同于任何特殊一圈的螺线是另外的螺线αἱ ἄλλαι ἕλικες.

在任意时间内点沿直线走过的距离为ἁ εὐθεῖα ἁ διανυσθεῖσα，点移过这段距离的时间οἱ χρόνοι, ἐν οἷς τὸ σαμεῖον τὰς γραμμὰς ἐπορεύθη；在旋转直线从 AB 到达 AΓ 这段的时间内ἐν ᾧ χρόνῳ ἁ περιαγομένα γραμμὰ ἀπὸ τᾶς AB ἐπὶ τὰν AΓ ἀφικνεῖται.

螺线的始点是ἀρχὰ τᾶς ἕλικος，始线是ἀρχὰ τᾶς περιφορᾶς. 在第一个整圈中，点沿直线移过的距离为εὐθεῖα πρώτα（第一距离），第二个整圈中走过的距离为第二距离εὐθεῖα δευτέρα. 以此类推，距离以旋转的圈数命名ὁμωνύμως ταῖς περιφοραῖς. 第一面积，χωρίον πρῶτον，是第一圈旋转形成的螺线与"第一距离"围成的面积τὸ χωρίον τὸ περιλαφθὲν ὑπό τε τᾶς ἕλικος τᾶς ἐν τᾷ πρώτᾳ περιφορᾷ γραφείσας καὶ τᾶς εὐθείας, ἁ ἐστιν πρώτα；第二面积是第二圈的螺线与"第二距离"围成的面积，以此类推. 螺线在任意一圈所增加的面积为τὸ χωρίον τὸ ποτιλαφθὲν ὑπὸ τᾶς ἕλικος ἐν τινι περιφορᾷ.

第一圆，κύκλος πρῶτος，是以始点为圆心，"第一距离"为半径作出的圆；第二圆是以始点为圆心，"第一距离"的两倍为半径的圆，以此类推.

圆周的所有圈数加在一起比旋转的圈数少一 μεθ' ὅλας τᾶς τοῦ κύκλου περιφερείας τοσαυτάκις λαμβανομένας, ὅσος ἐστιν ὁ ἑνὶ ἐλάσσων ἀριθμὸς τᾶν περιφορᾶν，圆以相应的旋转圈数命名ὁ κύκλος ὁ κατὰ τὸν αὐτὸν ἀριθμὸν λεγόμενος ταῖς περιφοραῖς.

以任意向径为准，旋转方向所在的一侧是前面 τὰ προαγουμενα，另一侧面是后面τὰ ἑπόμενα.

切线及其他

虽然阿基米德的著述中有时将ἅπτομαι 这个词用在切于一条曲线的直线，但它的一般意义不是相切而仅仅是相交，例如劈锥曲面体或旋转椭圆体的轴与曲面交（ἅπτεται）于顶点.（在阿基米德的著作以外，这个词也常用于表示轨迹上的点，如在帕普斯著作的 664 页，点将位于给定位置的一条直线上ἅψεται τὸ σημεῖον θέσει δεδομένης εὐθείας.）

与一条曲线或一个曲面相切通常为ἐφάπτεσθαι 或 ἐπιψαύειν（带所有格）. 切线是ἐφαπτομένη或 ἐπιψαύουσα（即 εὐθεῖα），切平面ἐπιψαῦον ἐπίπεδον. 作圆 ABΓ 的切线τοῦ ABΓ κύκλου ἐφαπτόμεναι ἤχθωσαν；若作直线与圆相切ἐὰν ἀχθῶσίν τινες ἐπιψαύουσαι τῶν κύκλων. 在阿基米德的著述中有时会发现相切而非相割这样的完整用语，若平面切（任意）劈锥曲面图形而不与之相割εἴ κα τῶν κωνοειδέων σχημάτων ἐπίπεδον ἐφαπτήται μὴ τέμνον τὸ κωνοειδές. 偶尔用到简单词 ψαύειν（作为分词），一些切平面τὰ ἐπίπεδα τὰ ψαύοντα.

切于一点用 κατά（接宾格）表示，边在该处……与圆相切（或相交）的点σημεῖα,

καθ΄ ἅ ἅπτουται τοῦ κύκλου αἱ πλευραί.... 设它们与圆切于内接多边形的边截下的圆周的中点ἐπιψαυέτωσαν τοῦ κύκλου κατὰ μέσα τῶν περιφειῶν τῶν ἀποτεμνομένων ὑπὸ τοῦἐγγεγραμμένου πολυγώνου πλευρῶν.

下面的句子很好地展示了ἐπιψαύειν 与ἅπτομαι 之间的区别, 但我们要证明与旋转椭圆相切的平面只与它的表面交于一点ὅτι δὲ τὰ ἐπιψαύοντα ἐπίπεδα τοῦ σφαιροειδέος καθ΄ ἕν μόνον ἅπτόνται σαμεῖον τᾶς ἐπιφανείας αὐτοῦ δειξοῦμες.

接触点ἡ ἀφή.

从 (一点) 作出的切线ἀγμέναι ἀπό. 我们还发现了这种简略的表达ἀπὸ τοῦ Ξ ἐφαπτέσθω ἡ ΟΞΤ,令 ΟΞΠ 为从 Ξ 作出的切线, 特殊情况下, Ξ 在圆上.

作图

画一条线可以用各种各样的词来表示 (含义各不相同), 这有力地说明了在表达作图方面希腊语言之丰富. 首先我们有ἄγω 和复合词 διάγω (用于通过一个图形作一条线, 后接 εἰς 或ἐν, 将一平面扩展到一个图形之外, 或在一平面内作一条线), κατάγω (用于从圆锥曲线上一点向下作纵标), προσάγω (用于作一条线与另一条线相交). προσβάλλω 也用以替代 προσάγω, 这两个动词的被动式可用 προσπίπτω 代替. 延长是ἐκβάλλω, 这个词也用于过一点或过一直线作一个平面, 可用ἐκπίπτω 代替被动态. 此外, πρόσκειμαι 是被延长的替代词 (字面意思是被增加).

在大量的作图例子中, 下部分用简洁的完成时的祈使语气的被动语态表达 (通过它们可将诸如 γίγνομαι 的形式归类成γεγονέτω,εἰμί归类成ἔστω, 以及 κεῖμαι 归类成 κείσθω), 偶尔也用到不定过去时祈使语气的被动语态. 我们可以通过下面的实例理解所用的各种形式的巨大变化. 令 ΒΓ 被作成 (或被假设) 等于Δ, κείσθω τῷ Δ ἴσον τὸ ΒΓ; 令它被画出ἤχθω, 设在它内部画出一条直线 (圆的弦) διήχθω τις εἰς αὐτὸν εὐθεῖα, 设 ΚΜ 被作成等于……ἴση κατήχθω ἡ ΚΜ, 使它被连接ἐπεζεύχθω, 设 ΚΛ 被作成与……相交 προσβεβλήσθω ἡ ΚΛ, 设它们被延长ἐκβεβλήσθωσαν, 假设它们被求得εὑρήσθωσαν, 设作出一个圆ἐκκείσθω κύκλος 设它被选取, εἰλήφθω, 使 Κ, Η 被取出ἔστωσαν εἰλημμέναι αἱ Κ, Η, 设圆 ψ 被选取λελάφθω κύκλος ἐν ᾧ τὸ Ψ, 设它被截τετμήσθω, 使它被分割 διαιρήσθω (διηρήσθω);设一个圆锥被一平行于底的平面所截并延长截线 ΕΖ, τμηθήτω ὁ ἕτερος κῶνος ἐπιπέδῳ παραλλήλῳ τῇ βάσει καὶ ποιείτω τομήν τήν ΕΖ, 设 ΤΖ 被截得ἀπολελάφθω ἁ ΤΖ; 设留下 (这样一个角), 令其为 ΝΗΓ, λελείφθω καὶ ἔστω ἡ ὑπὸ ΝΗΤ, 设图形已作 γεγενήσθω σχῆμα, 设扇形已作ἐστω γεγενημένος ὁ τομεύς, 设一些圆锥被描述成在圆上 (为底) ἀνα γεγράφθωσαν ἀπὸ τῶν κύκλων κῶνοι, ἀπὸ τοῦ κύκλου κῶνος ἔστω, 设它被内接或外切ἐγγεγράφθω 或(ἐγγεγραμμένου ἔστω), περιγεγράφθω; 设 (与 ΑΒ 的面积相等的) 面积被贴合到 ΛΗ, παραβεβλήσθω παρὰ τὰν ΛΗ τὸ χωρίον τοῦ ΑΒ; 设在 ΘΚ 上画了一个弓形 ἐπὶ τῆς ΘΚ κύκλου τμῆμα ἐφεστάσθω, 设圆已完整ἀναπεπληρώσθω ὁ κύκλος, 设 ΝΞ (一个平行四边形) 被完成συμπεπληρώσθω τὸ ΝΞ, 设它已作成 πεποιήσθω, 设余下的作图与前面的相同τὰ ἄλλα κατεσκευάσθω τὸν αὐτὸν τρόπον τοῖς πρότερον. 假设它被作出 γεγονέτω.

另一种方法是用 $\nu o \acute{\epsilon} \omega$（设它被构想）的被动祈使语气. 设想直线被画出 $\nu o \epsilon \acute{\iota}$-$\sigma \theta \omega \sigma \alpha \nu$ $\epsilon \dot{\nu} \theta \epsilon \hat{\iota} \alpha \iota$ $\dot{\eta} \gamma \mu \acute{\epsilon} \nu \alpha \iota$，设想球被截 $\nu o \epsilon \acute{\iota} \sigma \theta \omega$ $\dot{\eta}$ $\sigma \phi \alpha \hat{\iota} \rho \alpha$ $\tau \epsilon \tau \mu \eta \mu \acute{\epsilon} \nu \eta$，设一个图形被设想由内接于球的内接多边形（生成）$\dot{\alpha} \pi \grave{o}$ $\tau o \hat{v}$ $\pi o \lambda \upsilon \gamma \acute{\omega} \nu o \upsilon$ $\tau o \hat{v}$ $\dot{\epsilon} \gamma \gamma \rho \alpha \phi o \mu \acute{\epsilon} \nu o \upsilon$ $\nu o \epsilon \acute{\iota}$-$\sigma \theta \omega$ $\tau \iota$ $\epsilon \dot{\iota} s$ $\tau \grave{\eta} \nu$ $\sigma \phi \alpha \hat{\iota} \rho \alpha \nu$ $\dot{\epsilon} \gamma \gamma \rho \alpha \phi \grave{\epsilon} \nu$ $\sigma \chi \hat{\eta} \mu \alpha$. 有时省略画的分词，如 $\dot{\alpha} \pi^{\prime} \alpha \dot{\upsilon} \tau o \hat{\upsilon}$ $\nu o \epsilon \acute{\iota} \sigma \theta \omega$ $\dot{\epsilon} \pi \iota \phi \acute{\alpha} \nu \epsilon \iota \alpha$ 设一个曲面被设想由它（生成）.

主动语态很少用到，但我们发现①$\dot{\epsilon} \grave{\alpha} \nu$ 加假设语气，如果我们截 $\dot{\epsilon} \grave{\alpha} \nu$ $\tau \acute{\epsilon} \mu \omega \mu \epsilon \nu$，如果我们作 $\dot{\epsilon} \grave{\alpha} \nu$ $\dot{\alpha} \gamma \acute{\alpha} \gamma \omega \mu \epsilon \nu$，如果你延长 $\dot{\epsilon} \grave{\alpha} \nu$ $\dot{\epsilon} \kappa \beta \acute{\alpha} \lambda \eta s$；②分词，它可能内接……并且（最终）剩下 $\delta \upsilon \nu \alpha \tau \acute{o} \nu$ $\dot{\epsilon} \sigma \tau \iota \nu$ $\dot{\epsilon} \gamma \gamma \rho \acute{\alpha} \phi o \nu \tau \alpha$... $\lambda \epsilon \acute{\iota} \pi \epsilon \iota \nu$，如果我们不断作多边形的外接圆，平分余下的圆周并作切线，我们（最终）将留下 $\dot{\alpha} \epsilon \grave{\iota}$ $\delta \grave{\eta}$ $\pi \epsilon \rho \iota \gamma \rho \acute{\alpha} \phi o \nu \tau \epsilon s$ $\pi o \lambda \acute{\upsilon} \gamma \omega \nu \alpha$ $\delta \acute{\iota} \chi \alpha$ $\tau \epsilon \mu \nu o \mu \acute{\epsilon} \nu \omega \nu$ $\tau \hat{\omega} \nu$ $\pi \epsilon \rho \iota \lambda \epsilon \iota \pi o \mu \acute{\epsilon} \nu \omega \nu$ $\pi \epsilon \rho \iota \phi \epsilon \rho \epsilon \iota \hat{\omega} \nu$ $\kappa \alpha \grave{\iota}$ $\dot{\alpha} \gamma o \mu \acute{\epsilon} \nu \omega \nu$ $\dot{\epsilon} \phi \alpha \pi \tau o \mu \acute{\epsilon} \nu \omega \nu$ $\lambda \epsilon \acute{\iota} \psi o \mu \epsilon \iota$，如果我们取圆面积……可能内接 $\lambda \alpha \beta \acute{o} \nu \tau \alpha$（或 $\lambda \alpha \mu \beta \acute{\alpha} \nu o \nu \tau \alpha$）$\tau \grave{o}$ $\chi \omega \rho \acute{\iota} o \nu$... $\delta \upsilon \nu \alpha \tau \acute{o} \nu$ $\dot{\epsilon} \sigma \tau \iota \nu$... $\dot{\epsilon} \gamma \gamma \rho \acute{\alpha} \psi \alpha \iota$；③单数第一人称，我取两条直线 $\lambda \alpha \mu \beta \acute{\alpha} \nu \omega$ $\delta \acute{\upsilon} o$ $\epsilon \dot{\upsilon} \theta \epsilon \theta \epsilon \acute{\iota} \alpha s$，我取过一条直线 $\dot{\epsilon} \lambda \alpha \beta \acute{o} \nu$ $\tau \iota \nu \alpha$ $\epsilon \dot{\upsilon} \theta \epsilon \hat{\iota} \alpha \nu$；我从 Θ 作 ΘM 平行于 AZ $\dot{\alpha} \gamma \omega$ $\dot{\alpha} \pi \grave{o}$ $\tau o \hat{v}$ Θ $\tau \grave{\alpha} \nu$ ΘM $\pi \alpha \rho \acute{\alpha} \lambda \lambda \eta \lambda o \nu$ $\tau \hat{\alpha}$ AZ，作垂线 ΓK 之后，我截取 AK 等于 ΓK $\dot{\alpha} \gamma \alpha \gamma \grave{\omega} \nu$ $\kappa \acute{\alpha} \theta \epsilon \tau o \nu$ $\tau \grave{\alpha} \nu$ ΓK $\tau \hat{\alpha}$ ΓK $\acute{\iota} \sigma \alpha \nu$ $\dot{\alpha} \pi \acute{\epsilon} \lambda \alpha \beta o \nu$ $\tau \grave{\alpha} \nu$ AK，我作一个内接立体图形……并作另一个被圆外接的图形 $\dot{\epsilon} \nu \acute{\epsilon} \gamma \rho \alpha \psi \alpha$ $\sigma \chi \hat{\eta} \mu \alpha$ $\sigma \tau \epsilon \rho \epsilon \acute{o} \nu$... $\kappa \alpha \grave{\iota}$ $\ddot{\alpha} \lambda \lambda o$ $\pi \epsilon \rho \iota \acute{\epsilon} \gamma \rho \alpha \psi \alpha$.

过去分词的所有格被独立使用，$\epsilon \dot{\upsilon} \rho \epsilon \theta \acute{\epsilon} \nu \tau o s$ $\delta \acute{\eta}$ 它被假设得到，$\dot{\epsilon} \gamma \gamma \rho \alpha \phi \acute{\epsilon} \nu \tau o s$ $\delta \acute{\eta}$（图形）被圆内接.

作一个与某一图形相似（并等于另一个图形）的图形 $\dot{o} \mu o \iota \hat{\omega} \sigma \alpha \iota$，根据经验发现 $\dot{o} \rho \gamma \alpha \nu \iota \kappa \hat{\omega} s$ $\lambda \alpha \beta \epsilon \hat{\iota} \nu$，截成不相等的部分 $\epsilon \dot{\iota} s$ $\ddot{\alpha} \nu \iota \sigma \alpha$ $\tau \acute{\epsilon} \mu \nu \epsilon \iota \nu$.

运算（加法，减法等）

1. 量的加法与和

加是 $\pi \rho o \sigma \tau \acute{\iota} \theta \eta \mu \iota$，经常用到它的被动语态 $\pi \rho \acute{o} \sigma \kappa \epsilon \iota \mu \alpha \iota$，如一条被加的线段 $\dot{\epsilon} \nu \grave{o} s$ $\tau \mu \acute{\alpha} \mu \alpha \tau o s$ $\pi o \tau \iota \tau \epsilon \theta \acute{\epsilon} \nu \tau o s$，所加的（直线）$\dot{\alpha}$ $\pi o \tau \iota \kappa \acute{\epsilon} \iota \mu \epsilon \nu \alpha$，设公共的 HA，$Z \Gamma$ 被加 $\kappa o \iota \nu \alpha \grave{\iota} \pi \rho o \sigma \kappa \epsilon$ $\acute{\iota} \sigma \theta \omega \sigma \alpha \nu$ $\alpha \grave{\iota} HA$，$Z \Gamma$. 这些词一般后接 $\pi \rho \acute{o} s$（接被加到事物的宾格），但有时候用与格，对它用过加法运算 $\hat{\omega}$ $\pi o \tau \epsilon \tau \acute{\epsilon} \theta \eta$.

对于被加到一起有 $\sigma \upsilon \nu \tau \acute{\iota} \theta \epsilon \sigma \theta \alpha \iota$，如被加到它自身 $\sigma \upsilon \nu \tau \iota \theta \acute{\epsilon} \mu \epsilon \nu o \nu$ $\alpha \dot{\upsilon} \tau \acute{o} \epsilon \alpha \upsilon \tau \hat{\omega}$，加到一起 $\dot{\epsilon} s$ $\tau \acute{o} \alpha \dot{\upsilon} \tau \acute{o}$ $\sigma \upsilon \nu \tau \epsilon \theta \acute{\epsilon} \nu \tau \alpha$，（连续地）自身相加 $\dot{\epsilon} \pi \iota \sigma \upsilon \nu \tau \iota \theta \acute{\epsilon} \mu \epsilon \nu o \nu$ $\dot{\epsilon} \alpha \upsilon \tau \hat{\omega}$.

对两个量的和通过下列不同的方式用 $\sigma \upsilon \nu \alpha \mu \phi \acute{o} \tau \epsilon \rho o s$ 表示；BA，$A \Lambda$ 的和 $\sigma \upsilon \nu \alpha \mu \phi$ $\acute{o} \tau \epsilon \rho o s$ $\dot{\eta}$ $BA \Lambda$，$\Delta \Gamma$，ΓB 的和，$\sigma \upsilon \nu \alpha \mu \phi \acute{o} \tau \epsilon \rho o s$ $\dot{\eta}$ $\Delta \Gamma$，ΓB，面积与圆的和 $\tau \grave{o}$ $\sigma \upsilon \nu \alpha \mu \phi \acute{o}$ $\tau \epsilon \rho o \nu \grave{o}$ $\tau \epsilon \kappa \acute{\upsilon} \kappa \lambda o s$ $\kappa \alpha \grave{\iota}$ $\tau \grave{o}$ $\chi \omega \rho \acute{\iota} o \nu$. 同样，对于一般的和，我们有这样的表达：如等于两条半径的线 $\dot{\eta}$ $\acute{\iota} \sigma \eta$ $\dot{\alpha} \mu \phi o \tau \acute{\epsilon} \rho \alpha \iota s$ $\tau \alpha \hat{\iota} s$ $\dot{\epsilon} \kappa$ $\tau o \hat{v}$ $\kappa \acute{\epsilon} \nu \tau \rho o \upsilon$，这条线等于所有连线（的和）$\dot{\eta}$ $\acute{\iota} \sigma \eta$ $\pi \acute{\alpha} \sigma \alpha \iota s$ $\tau \alpha \hat{\iota} s$ $\dot{\epsilon} \pi \iota \zeta \epsilon \upsilon \gamma \nu \upsilon o \acute{\upsilon} \sigma \alpha \iota s$. 同样，所有的圆 $o \iota$ $\pi \alpha \nu \tau \epsilon s$ $\kappa \upsilon \kappa \lambda o \iota$ 指所有圆的和，$\sigma \acute{\upsilon} \gamma \kappa \epsilon \iota \tau \alpha \iota$ $\dot{\epsilon} \kappa$ 用于等于（另外两个量的）和.

为表示加，用到了 $\mu \epsilon \tau \acute{\alpha}$（所有格）和 $\sigma \acute{\upsilon} \nu$，连同底一起 $\mu \epsilon \tau \grave{\alpha}$ $\tau \hat{\omega} \nu$ $\beta \acute{\alpha} \sigma \epsilon \omega \nu$，连同弓形底的一半 $\sigma \grave{\upsilon} \nu$ $\tau \hat{\eta}$ $\dot{\eta} \mu \iota \sigma \acute{\epsilon} \alpha$ $\tau \hat{\eta} s$ $\tau o \hat{v}$ $\tau \mu \acute{\eta} \mu \alpha \tau o s$ $\beta \acute{\alpha} \sigma \epsilon \omega s$，$\tau \epsilon$ 与 $\kappa \alpha \acute{\iota}$ 也表示同样的意思，$\pi \rho o \sigma \lambda \alpha \mu \beta \acute{\alpha} \nu \omega$ 的分词给出另一种描述将某量加到其上的方式，如（所有）边上的正方形

等于最大正方形连同最长边上的正方形……$\tau\acute{\alpha}\ \tau\epsilon\tau\rho\acute{\alpha}\gamma\omega\nu\alpha\ \tau\acute{\alpha}\ \grave{\alpha}\pi\acute{o}\ \tau\tilde{\alpha}\nu\ \acute{\iota}\sigma\alpha\nu\ \tau\tilde{\alpha}\ \mu\epsilon\gamma\acute{\iota}\sigma\tau\tilde{\alpha}$

$\pi\sigma\tau\iota\lambda\alpha\mu\beta\acute{\alpha}\nu\sigma\nu\tau\alpha\ \tau\acute{o}\ \tau\epsilon\ \grave{\alpha}\pi\acute{o}\ \tau\tilde{\alpha}\varsigma\ \mu\epsilon\gamma\ \acute{\iota}\sigma\tau\alpha\varsigma\ \tau\epsilon\tau\rho\acute{\alpha}\gamma\omega\nu\sigma\nu....$

2. 减法与差

减去是 $\grave{\alpha}\varphi\alpha\iota\rho\epsilon\tilde{\iota}\nu\ \grave{\alpha}\pi\acute{o}$. 如果设想（菱形）被去掉 $\grave{\epsilon}\grave{\alpha}\nu\ \nu\sigma\eta\theta\tilde{\eta}\ \grave{\alpha}\varphi\eta\rho\eta\mu\acute{\epsilon}\nu\sigma\varsigma$，设弓形被减掉 $\grave{\alpha}\varphi\alpha\iota\rho\epsilon\theta\acute{\epsilon}\nu\tau\omega\nu\ \tau\grave{\alpha}\ \tau\mu\acute{\eta}\mu\alpha\tau\alpha$ 等式两端的共同项用 $\kappa\sigma\iota\nu\acute{\alpha}$；这正方形对于两端是共同都有的 $\kappa\sigma\iota\nu\grave{\alpha}\ \grave{\epsilon}\nu\tau\grave{\iota}\ \grave{\epsilon}\kappa\alpha\tau\acute{\epsilon}\rho\omega\nu\ \tau\grave{\alpha}\ \tau\epsilon\tau\rho\acute{\alpha}\gamma\omega\nu\alpha$. 设公共的面积被减去 $\kappa\sigma\iota\nu\sigma\tilde{\nu}\ \grave{\alpha}\varphi\eta\rho\acute{\eta}\sigma\theta\omega$

$\tau\acute{o}\ \chi\omega\rho\acute{\iota}\sigma\nu$，以此类推. 余下部分用形容词 $\lambda\sigma\iota\pi\acute{o}\varsigma$ 表示，例如余下的锥面 $\lambda\sigma\iota\pi\grave{\eta}\ \acute{\eta}\ \kappa\omega\epsilon\iota\kappa\grave{\eta}$
$\grave{\epsilon}\pi\iota\varphi\acute{\alpha}\nu\epsilon\iota\alpha$.

差或超出量是 $\acute{\upsilon}\pi\epsilon\rho\sigma\chi\acute{\eta}$，或更完整一些，（一个量）超出（另一个量）的超出量
$\acute{\upsilon}\pi\epsilon\rho\sigma\chi\acute{\eta},\tilde{\eta}\ \acute{\upsilon}\pi\epsilon\rho\acute{\epsilon}\chi\epsilon\iota...$ 或 $\acute{\upsilon}\pi\epsilon\rho\sigma\chi\acute{\alpha},\ \tilde{\alpha}\ \mu\epsilon\acute{\iota}\zeta\omega\nu\ \grave{\epsilon}\sigma\tau\acute{\iota}....$ 超出量也单独用动词 $\acute{\upsilon}\pi\epsilon\rho\acute{\epsilon}\chi\epsilon\iota\nu$

表示. 设上述三角形超出三角形 $A\Delta\Gamma$ 的差是 Θ，$\tilde{\tilde{\omega}}\ \delta\acute{\eta}\ \acute{\upsilon}\pi\epsilon\rho\acute{\epsilon}\chi\epsilon\iota\ \tau\grave{\alpha}\ \epsilon\grave{\iota}\rho\eta\mu\acute{\epsilon}\nu\alpha\ \tau\rho\acute{\iota}\gamma\omega\nu\alpha$

$\tau\sigma\tilde{\upsilon}\ A\Delta\Gamma\ \tau\rho\iota\gamma\acute{\omega}\nu\sigma\upsilon\ \grave{\epsilon}\sigma\tau\omega\ \tau\acute{o}\ \Theta$，以小于圆锥 ψ 对半球的超出量而被超出 $\acute{\upsilon}\pi\epsilon\rho\acute{\epsilon}\chi\epsilon\iota\nu\ \grave{\epsilon}\lambda\acute{\alpha}$-

$\sigma\sigma\sigma\nu\iota\ \acute{\eta}\ \tilde{\tilde{\omega}}$（或 $\grave{\alpha}\lambda\acute{\iota}\kappa\omega$）$\acute{\upsilon}\pi\epsilon\rho\acute{\epsilon}\chi\epsilon\iota\ \acute{o}\psi\ \kappa\acute{\omega}\nu\sigma\varsigma\ \tau\sigma\tilde{\upsilon}\ \acute{\eta}\mu\acute{\iota}\sigma\epsilon\sigma\varsigma\ \tau\sigma\tilde{\upsilon}\ \sigma\varphi\alpha\iota\rho\sigma\epsilon\iota\delta\acute{\epsilon}\sigma\varsigma$（其中 $\tilde{\tilde{\omega}}\ \acute{\upsilon}\pi\epsilon\rho$-

$\acute{\epsilon}\chi\epsilon\iota$ 也可以省略）. 超出量也可以是 $\tilde{\tilde{\omega}}\ \mu\epsilon\acute{\iota}\zeta\omega\nu\ \grave{\epsilon}\sigma\tau\acute{\iota}$. $\acute{\upsilon}\pi\epsilon\rho\acute{\epsilon}\chi\epsilon\iota$ 的反义词是 $\lambda\epsilon\acute{\iota}\pi\epsilon\tau\alpha\iota$（接

所有格）.

与等于某个超出量的两倍 $\acute{\iota}\nu\alpha\ \delta\upsilon\sigma\acute{\iota}\nu\ \acute{\upsilon}\pi\epsilon\rho\sigma\chi\alpha\tilde{\iota}\varsigma$ 相比，等于一个超出量 $\acute{\iota}\sigma\alpha\ \mu\iota\tilde{\alpha}$
$\acute{\upsilon}\pi\epsilon\rho\sigma\chi\tilde{\alpha}$ 大小相同.

下面的句子实际上相当于陈述了一个代数方程，ZH，$\Xi\Delta$ 之下的长方形超出 ZE，$E\Delta$ 下的长方形的部分是 $\Xi\Delta$，EH 所构成的长方形与 ZE，ΞE 下的长方形（之和），$\acute{\upsilon}\pi\epsilon\rho\acute{\epsilon}\chi\epsilon\iota\ \tau\acute{o}\ \acute{\upsilon}\pi\acute{o}\ \tau\tilde{\alpha}\nu ZH$，$\Xi\Delta\tau\sigma\tilde{\upsilon}\ \acute{\upsilon}\pi\acute{o}\ \tau\tilde{\alpha}\nu\ ZE$，$E\Delta\tau\ \tilde{\omega}\ \tau\epsilon\ \acute{\upsilon}\pi\acute{o}\ \tau\tilde{\alpha}\nu\ \Xi\Delta$，$EH\pi\epsilon\rho\iota\epsilon\chi\sigma\mu\ \acute{\epsilon}\nu\omega$

$\kappa\alpha\acute{\iota}\ \tau\tilde{\omega}\ \acute{\upsilon}\pi\acute{o}\ \tau\tilde{\alpha}\nu\ ZE$，$\Xi E$. 类似地，$PH$ 的两倍连同 $\Pi\Sigma$ 是（等于）ΣP，$P\Pi$ 之和，$\delta\acute{\upsilon}o$
$\mu\acute{\epsilon}\nu\ \alpha\grave{\iota}\ PH\ \mu\epsilon\tau\grave{\alpha}\ \tau\tilde{\alpha}\varsigma\ \Pi\Sigma\ \sigma\upsilon\nu\alpha\mu\varphi\acute{o}\tau\epsilon\rho\acute{o}\varsigma\ \grave{\epsilon}\sigma\tau\iota\nu\ \grave{\alpha}\ \Sigma P\Pi$.

3. 乘法

乘是 $\pi\sigma\lambda\lambda\alpha\pi\lambda\alpha\sigma\iota\acute{\alpha}\zeta\omega$. （数）彼此相乘 $\pi\sigma\lambda\lambda\alpha\pi\lambda\alpha\sigma\iota\acute{\alpha}\zeta\epsilon\lambda\nu\ \grave{\alpha}\lambda\lambda\acute{\alpha}\lambda\sigma\upsilon\varsigma$，用一个数去乘用与格表示，设 Δ 被 Θ 乘 $\pi\epsilon\pi\sigma\lambda\lambda\alpha\pi\lambda\alpha\sigma\iota\acute{\alpha}\sigma\theta\omega\ \acute{o}\ \Delta\ \tau\ \tilde{\omega}\ \Theta$.

有时乘上是 $\grave{\epsilon}\pi\acute{\iota}$（宾格），如长方形 $H\Theta$，ΘA 乘上 ΘA（即一个立体图形）是 $\tau\acute{o}\ \acute{\upsilon}\pi\acute{o}$
$\tau\tilde{\omega}\nu\ H\Theta$，$\Theta A\ \grave{\epsilon}\pi\acute{\iota}\ \tau\acute{\eta}\nu\ \Theta A$.

4. 除法

除是 $\delta\iota\alpha\iota\rho\epsilon\tilde{\iota}\nu$. 设它被点 K，Θ 分成三个相等的部分，$\delta\iota\eta\rho\acute{\eta}\sigma\theta\omega\ \epsilon\grave{\iota}\varsigma\ \tau\rho\acute{\iota}\alpha\ \acute{\iota}\sigma\alpha\ \kappa\alpha\tau\grave{\alpha}$
$\tau\grave{\alpha}\ K$，$\Theta\ \sigma\alpha\rho\epsilon\tilde{\iota}\alpha$，是可分的 $\pi\epsilon\tau\rho\epsilon\tilde{\iota}\sigma\theta\alpha\iota\ \acute{\upsilon}\pi\acute{o}$.

比例

比是 $\lambda\acute{o}\gamma\sigma\varsigma$，成比例的用短语成比例 $\grave{\alpha}\nu\acute{\alpha}\lambda\sigma\gamma\sigma\nu$ 表示，比例是 $\grave{\alpha}\nu\alpha\lambda\sigma\gamma\acute{\iota}\alpha$. 我们在阿基米德的著作中发现了动词 $\lambda\acute{\epsilon}\gamma\omega$ 的一些应用，似乎清晰地阐明了欧几里得著作中关于两个量之间的关系或比的定义. （《论劈锥曲面体与旋转椭圆体》命题 1）有一段说，如果相似排列的两组量，两两有相同的比，无论第一组的量相对于另一些量的比是 $\epsilon\check{\iota}\ \kappa\alpha$
$\kappa\alpha\tau\grave{\alpha}\ \delta\acute{\upsilon}o\ \tau\grave{o}\nu\ \alpha\grave{\upsilon}\tau\grave{o}\nu\ \lambda\acute{o}\gamma\sigma\nu\ \grave{\epsilon}\chi\omega\nu\tau\iota\ \tau\grave{\alpha}\ \acute{o}\mu\sigma\acute{\iota}\omega\varsigma\ \tau\epsilon\tau\alpha\gamma\mu\acute{\epsilon}\nu\alpha$，$\lambda\epsilon\gamma\acute{\eta}\tau\alpha\iota\ \delta\acute{\epsilon}\ \tau\grave{\alpha}\ \pi\rho\tilde{\omega}\tau\alpha\ \mu\epsilon\gamma\acute{\epsilon}\theta\epsilon\alpha$

ποτί τινα ἄλλα μεγέθεα... ἐν λόγοις ὁποιοισοῦν 如果 A，B…与 N，Ξ…相比但 Z 不
与任何量相比（即没有与之相对应的项）εἴ κα... τὰ μὲυ A，B... λεγώνται ποτί τὰ
N，Ξ... τὸ δέ Z μηδὲ ποθέυ λέγηται.

……间的比例中项是 μέοη ἀνάλογον τῶν...，是……间的比例中项 μέσον λόγον
ἔχει τῆς... καί τῆς...，两个比例中项 δύο ἠέσαι ἀνάλογον 带有或不带 κατὰ τὸ συνεχές
（在连比例中）.

如果三条直线成比例 ἐὰν τρεῖς εὐθεῖαι ἀνάλογον ὤσι，第四个成比例的 τετάρτα ἀανά-
λογον，如果四条直线在连比中成比例 εἰ κα τέσσαρες γραμμαί ἀνάλογον ἔωντι ἐν
τᾷ συνεχεῖ ἀαλο γᾷ，在按所说的比例分割（直线）的分点处 κατὰ τὰν ἀνάλογον
τομ-ὰν τᾷ εἰρημένα.

一条直线与另一直线的比是，如 ὁ τῆς PΛ πρὸς ΛΧ λόγος 或 ὁ(λγοις)，ὃν ἔχει ἡ
PΛ πρὸς τὴν ΛΧ；底的比 ὁ τῶν βασίων λόγος；具有 5 比 2 的比值 λόγον ἔχει，ὃν πέντε
πρός δύο.

对与……有相同的比我们发现了下述结构，有底与底之间相同的比值 τὸν αὐτὸν
ἔχοντι λόγον ποτ᾽ ἀλλάλους ταῖς βάσεσιν，如同半径上的正方形（之间的比）ὃν αἱ ἐκ
τῶν κέντρων δυνάμει ΤΔ 与 PZ 之（线性）比等于 ΤΔ 上的正方形与 H 上的正方形之比，
ὃν ἔχει λόγον ἡ；ΤΔπρὸς τὴν H δυνάμει，τοῦτον ἔχει τὸν λόγον ἡΤΔπρὸς PZ μήκει. 被
分割成相同的比 εἰς τὸν αὐτὸν λόγον τέτμηται，或简化为 ὁμοίως；以相继的奇数作比值
分割直径，与弓形顶点相邻的部分的合对应 τὰν διάμετρον τεμοῦντι εἰς τούς τῶν ἑξῆς
περισσῶν ἀριθμῶν λόγομς，ἑνός λεγομένου ποτί τᾷ κορυφᾷ το ῦ τμάματος.

具有较……小（或大）的比是 ἔχειν λόγον ἐλάσσονα（或 μείζονα）用第二个比的
所有格或 ἡ 引导的短语；有一个较大量对小量的比小的比值 ἔχειν λόγον ἐλάσσονα ἢ τό
μεῖζον μέγεθος πρὸς τὸ ἔλασσον.

对于二重比、三重比等，我们有如下的表示：有相同的三重比 τριπλασίονα λόγον-
ἔχει τοῦ αὐτοῦ λόγου，有 EΛ 比 AK 的二重比 διπλασίονα λόγον ἔχει ἤπερ ἡ EΛ πρὸς
AK，是底内各直径的三重比 ἐν τριπλασίονι λόγῳ εἰσί τῶν ἐν ταῖς βάσεσι διαμέτρων，
三与二之比 ἡμιόλιος λόγος. 这些表示与简单的乘 2，乘 4 意义下的两倍比，四倍比等
不同，例如若按顺序排列了任意个面积，每一个面积是下一个的四倍 εἴ κα χωρία τεθέ
ωντι ἑξῆς ὁποσαοῦν ἐν τῷ τετραπλασίονι λόγῳ.

比例的通常表示是 A 比 B 如同 Γ 比 Δ，ὡς ἡ A πρὸς τὴν B，οὔτως ἡ Γ πρὸς τὴν Δ.
作 ΔΕ 使得 ΔΕ 比 ΓΕ 如同 ΘΑ 与 ΑΕ 之和比 ΑΕ，πεποιήσθω，ὡς συναμφότερος ἡ ΘΑ，
ΑΕ πρὸς τὴν ΑΕ，οὔτως ἡ ΔΕ πρὸς ΓΕ 前项是 τὰ ἡγούμενα，后项是 τὰ ἑπόμενα.

成反比例用 ἀντιπέπονθα 的部分；底与高成反比例 ἀντιπεπόνθασιν αἱ βάσεις ταῖς
ὕψεσιν，以同样的比成反比例 ἀντιπεπονθέμεν κατὰ τὸν αυτον λόγον.

复比是 λόγος συνημμένος（或 ουγκείμευος）ἔκ τε τοῦ... καί；τοῦ...；PΛ 与 ΛΧ
的比等于……的复比 ὁ τῆς PΛ πρὸς ΛΧ λόγος συνῆπται ἐκ...，复比的另外两种表示是 ὁ
τοῦ ἀπὸ ΑΘ πρὸς το ἀπὸ ΒΘ καὶ ὁ（或 προσλαβὼν τὸν）τῆς ΑΘ πρὸς，ΘΒ，ΑΘ 上的正

方形比 $B\Theta$ 上的正方形乘以 $A\Theta$ 比 ΘB.

变换诸如 $a:b=c:d$ 这样的比例有如下专有名词:

1. $\dot\epsilon\nu\alpha\lambda\lambda\dot\alpha\xi$ 交错地（通常称为交比或互换比），意思是将比例变换成 $a:c=b:d$.

2. $\dot\alpha\nu\dot\alpha\pi\alpha\lambda\iota\nu$ 倒转地（常称为反比），$b:a=d:c$.

3. $\sigma\dot\upsilon\nu\theta\epsilon\sigma\tau\varsigma\ \lambda\dot o\gamma o\upsilon$ 是复合比，通过它将 $a:b$ 变成 $(a+b):b$. 复合比对应的希腊名词是 $\sigma\upsilon\nu\theta\dot\epsilon\nu\tau\iota$，字面意思显然是"对于已合成量的比"，即"如果我们合成"这些比. 因此 $\sigma\upsilon\nu\theta\dot\epsilon\nu\tau\iota$ 表示推论 $(a+b):b=(c+d):d$. 阿基米德也用 $\kappa\alpha\tau\dot\alpha\ \sigma\dot\upsilon\nu\theta\epsilon\sigma\tau\nu$ 表示相同的意义.

4. $\delta\iota\alpha\dot\iota\rho\epsilon\sigma\iota\varsigma\ \lambda\dot o\gamma o\upsilon$ 表示分比，意思是通过分离或相减使 $a:b$ 变成 $(a-b):b$. 类似地，$\delta\iota\epsilon\lambda\dot o\nu\tau\iota$（或 $\kappa\alpha\tau\dot\alpha\ \delta\iota\alpha\dot\iota\rho\epsilon\sigma\iota\nu$）表示推论 $(a-b):b=(c-d):d$. 因此分比这个翻译使人有点误解.

5. $\dot\alpha\nu\alpha\sigma\tau\rho o\phi\dot\eta\ \lambda\dot o\gamma o\upsilon$ 换位比和 $\dot\alpha\nu\alpha\sigma\tau\rho\dot\epsilon\psi\alpha\nu\tau\iota$ 分别对应比 $a:(a-b)$ 及推论 $a:(a-b)=c:(c-d)$.

6. $\delta\iota'\ \dot\iota\sigma o\upsilon$ 等于（即等距比）适用于例如由比例

$$a:b:c:d:\cdots = A:B:C:D:\cdots$$

推论出

$$a:d=A:D.$$

当这种分出的比出现在对应项处于交叉位置的比例中时，它被描述成 $\delta\iota\ \dot\iota\sigma o\upsilon\ \dot\epsilon\nu\ \tau\dot\eta$ $\tau\epsilon\tau\alpha\rho\alpha\gamma\mu\dot\epsilon\nu\dot\eta\ \dot\alpha\nu\alpha\lambda o\gamma\dot\iota\alpha$，几个比中的等距或 $\dot\alpha\nu o\mu o\dot\iota\omega\varsigma\ \tau\dot\omega\nu\ \lambda\dot o\gamma\omega\nu\ \tau\epsilon\tau\alpha\gamma\mu\dot\epsilon\nu\omega\nu$ 不同放置的比；这种情况例如，当我们有两个比例

$$a:b=A:B,$$
$$b:c=B:C,$$

我们推出

$$a:c=A:C.$$

算术名词

任意量的整倍数一般描述成……的两倍，三倍等，$\dot o\ \delta\iota\pi\lambda\dot\alpha\sigma\iota o\varsigma,\ \dot o\ \tau\rho\iota\pi\lambda\dot\alpha\sigma\iota o\varsigma$ κ. τ. λ. 跟在特定量之后；如四倍球的大圆（的曲面）$\dot\eta\ \tau\epsilon\tau\rho\alpha\pi\lambda\alpha\sigma\dot\iota\alpha\ \tau o\dot\upsilon\ \mu\epsilon\gamma\dot\iota\sigma\tau o\upsilon\ \kappa\dot\upsilon\kappa\lambda o\upsilon$ $\tau\dot\omega\nu\ \dot\epsilon\nu\ \tau\dot\eta\ \sigma\phi\alpha\dot\iota\rho\ \alpha$; AB, BE 之和的五倍连同 ΓB, $B\Delta$ 之和的十倍，$\dot\alpha\ \pi\epsilon\nu\tau\alpha\pi\lambda\alpha\sigma\dot\iota\alpha$ $\sigma\upsilon\nu\alpha\mu\phi o\tau\dot\epsilon\rho o\upsilon\ \tau\dot\alpha\varsigma\ AB$, $BE\ \mu\epsilon\tau\dot\alpha\ \tau\dot\alpha\sigma\ \delta\epsilon\kappa\alpha\pi\lambda\alpha\sigma\dot\iota\alpha\varsigma\ \sigma\upsilon\nu\alpha\mu\phi o\tau\dot\epsilon\rho o\upsilon\ \tau\dot\alpha\varsigma\ \Gamma B$, $B\Delta$. 与……相同的倍数 $\tau o\sigma\alpha\upsilon\tau\alpha\pi\lambda\alpha\sigma\dot\iota\omega\nu\ldots\ \dot o\sigma\alpha\pi\lambda\alpha\sigma\dot\iota\omega\nu\ \dot\epsilon\sigma\tau\dot\iota$，或 $\dot\iota\sigma\dot\alpha\kappa\iota\varsigma\ \pi o\lambda\lambda\alpha\pi\lambda\alpha\sigma\dot\iota\omega\nu\ldots$ $\kappa\alpha\dot\iota$. 表示倍数的一般词语是 $\pi o\lambda\lambda\alpha\pi\lambda\dot\alpha\sigma\iota o\varsigma$ 或 $\pi o\lambda\lambda\alpha\pi\lambda\alpha\sigma\dot\iota\omega\nu$，可适用于任何表示相乘次数的表达；如以同一个数乘以 $\pi o\lambda\lambda\alpha\pi\lambda\dot\alpha\sigma\iota o\varsigma\ \tau\dot\omega\ \alpha\dot\upsilon\tau\dot\omega\ \dot\alpha\rho\iota\theta\mu\dot\omega$，与相继的一些数目相应的倍数 $\pi o\lambda\lambda\alpha\pi\lambda\dot\alpha\sigma\iota\alpha\ \kappa\alpha\tau\dot\alpha\ \tau o\dot\upsilon\varsigma\ \dot\epsilon\xi\dot\eta\varsigma\ \dot\alpha\rho\iota\theta\mu o\dot\upsilon\varsigma$.

另一种方法是用副词形式的两倍 $\delta\dot\iota\varsigma$，三倍 $\tau\rho\dot\iota\varsigma$ 等，其后或者跟主格，如两倍的 $E\Delta\ \delta\dot\iota\varsigma\ \dot\eta\ E\Delta$，或者与一个分词一起构成，例如取两倍 $\delta\dot\iota\varsigma\ \lambda\alpha\mu\beta\alpha\nu\dot o\mu\epsilon\nu o\varsigma$ 或 $\delta\dot\iota\varsigma\ \epsilon\dot\iota\rho\eta\mu\dot\epsilon\nu o\varsigma$；连同整个圆周的两倍 $\mu\epsilon\theta'\dot o\lambda\alpha\varsigma\ \tau\dot\alpha\varsigma\ \tau o\dot\upsilon\ \kappa\dot\upsilon\kappa\lambda o\upsilon\ \pi\epsilon\rho\iota\phi\epsilon\rho\epsilon\dot\iota\alpha\varsigma\ \delta\dot\iota\varsigma\ \lambda\alpha\mu\beta\alpha\nu o\mu\dot\epsilon\nu\alpha\varsigma$. 类似地，如同表示成旋转的次数减一的（该圆周的）倍数 $\tau o\sigma\alpha\upsilon\tau\ \dot\alpha\kappa\iota\varsigma\ \lambda\alpha\mu\beta\alpha\nu o\mu\dot\epsilon$-$\nu\alpha\varsigma$, $\dot o\sigma o\varsigma\ \dot\epsilon\sigma\tau\dot\iota\nu\ \dot o\ \dot\epsilon\nu\dot\iota\ \dot\epsilon\lambda\dot\alpha\sigma\sigma\omega\nu\ \dot\alpha\rho\iota\theta\mu\dot o\varsigma\ \tau\dot\alpha\nu\ \pi\epsilon\rho\iota\phi o\rho\dot\alpha\nu$. 下面是一个有趣的短语，在 $A\Delta$ 中含有直线 $\Gamma\Delta$ 的多少倍数（字面意思是加到一起），就令 ΛH 中含 ZH 的同一倍数，$\dot o\sigma\dot\alpha$

κις συγκεῖται ά ΓΔ γραμμά ἐν τᾷ ΑΔ, τοσαυτάκις συγκείσθω ὁ χρόνος ὁΖΗ ἐν τᾷ χρόνῳ τῷ ΛΗ.

约数用序数后接 μέρος 表示；七分之一是 ἑβδομον μέρος，等等，但二分之一是 ἥμισυς. 当分母是一个大数时，要用到一个繁琐的短语；如小于一个直角的 $\frac{1}{164}$ ἐλάττων ἡ διαιρεθείσας τᾶς ὀρθᾶς εἰς ρξδ τούτων ἑν μέρος.

当分数的分子不是单位一时，用序数表示，且其分母用表示某个约数的复合名词表示，例如三分之二 δύο τριταμόρια，五分之三 τρία πεμπταμόρια.

有两个假分数有特别的名词，即 $1\frac{1}{2}$ 是 ἡμιόλιος，$1\frac{1}{3}$ 是 ἐπίτριτος. 当一个数的一部分是整数，一部分是分数时，先说整数，并用 καί ἔτι 或 καί（此外还有）随后引入分数. 用来表达圆周小于圆直径的 $3\frac{1}{7}$ 但大于它的 $3\frac{10}{17}$ 的用语值得特别注意；①παντός κύκλου ἡ περίμετρος τῆς διαμέτρου τριπλασίων ἐστί, καί ἔτι ὑπερέχει ἐλάσσονι μέν ἡ ἐβδόμῳ μέρει τῆς διαμέτρου, μείζονι δέ ἡ δέκα ἐβδομηκοστομόνοις, ②τριπλασίων ἐστί καί ἐλάσσονι μέν ἡ ἐβδόμῳ μέρει, μείζονι δέ ἡ ἱ οα″ μείζων. 对于第一部分，我们还有短语 ἐλάσσον ἡ τριπλασίων καί ἐβδόμῳ μέρει μείζων.

度量 μετρεῖν，公度 κοινόν μέτρον，可公度的，不可公度的 σύμμετρος，ἀσύμμετρος.

力学名词

力学 τά μηχανικά，重量 βάρος；重心 κέντρον τοῦ βάρεος 带物体或量的另一个所有格；复数形式或者是 τά κέντρα αὐτῶν τοῦ βάρεος，或者是 τά κέντρα τῶν βαρέων. κέντρον 也单独作用.

杠杆 ζυγός 或 ζύγιον，水平线 ὁ ὁρίζων，在一条竖直线上用垂直地 κατά κάθετον 表示，如悬垂体的悬挂点及重心在一条竖直线上 κατά κάθετον εστι τό τε σαμεῖον τοῦ κρεμαστοῦ καί τό κέντρον τοῦ βάρεος τοῦ κρεμαμαμένου. 对于悬垂体用到从或在 ἐκ 或 κατά（加宾格）. 设三角形从点 B，Γ 下垂，κρεμάσθω τό τρίγωνον ἐκ τῶνΒ，Γ σαμείων；如果悬垂三角形 ΒΔΓ 在 B，Γ 点设为自由的，又在 E 点悬垂，那么三角形保持其位置 ἀ κα τοῦ ΒΔΓ τριγώνου ά μέν κατά τά Β，Γ κρεμαστς λνθῇ，κατά δέ τό Ε κρεμασθῇ，μένει τό τρίγωνον，ὡς νῦν ἔχει.

斜向 ῥέπειν ἐπί（宾格）；保持平衡，ἰσορροπεῖν，固定 Δ，它们将保持平衡，κατεχομένου τοῦ Δ ἰσορροπήσει，它们将在 Δ 保持平衡（即关于 Δ 平衡）；κατά τό Δ ἰσορροπησοῦντι；AB 太重不能平衡 Γ μεῖζόν ἐστι τό ΑΒ ἡ ὥστε ἰσορροπεῖν τῷ Γ. 处于平衡的形容词是 ἰσορρεπης；设它与三角形 ΓΔΗ 保持平衡，ἰσορρεπές ἔστω τῷ ΓΔΗ τρλγώνῳ. 在某个距离（从一个系统的一支点或重心算起）平衡是 ἀπ ό τινων μακέων ἰσορροπεῖν.

定理，问题及其他

定理 θεώρημα（从 θεωρεῖν 到研究）；问题 πρόβλημα，可以将它与下面的表示比较，关于图形所提出的（问题）τὰ προβεβλημένα περὶ τῶν σχημάτων，提出这些有待于考察研究 προβαλλέται τάδε θεωρῆσαι；同样 προκειμαι 取代了被动语态，想要（或要求）找到的 ὅπερ προέκειτο εὑρεῖν.

另一个相似的词是 ἐπίταγμα，指示或要求；如这些定理和指示需要证明 τὰ θεωρήματα καὶ τὰ ἐπιτάγματα τὰ χρείαν ἔχοντα εἰς τὰς ἀποδειξίας αὐτῶν，为了满足要求 ὅπως γένηται τὸ ἐπιταχθέν（或 ἐπίταγμα）. 满足要求是 ποιεῖν τὸ ἐπίταγμα（例如，或者对于图形中的线，或者对于解决问题的人）.

任何命题中在陈述（ἔκθεσις）之后，都有要求证明什么或做什么的简短说明. 在前一种情形中（关于定理），阿基米德用了下述三种表达之一，δεικτέον 要求证明，λέγω 或 φαμὶ δή 我断定或假定；在第二种情形中（关于问题）δεῖ δή 要求（如此这般去做）.

在一个问题中分析 ἀνάλυσις 和综合 σύνθεσις 有区别，后者通常由问题的综合如下 συντεθήσεται τὸ πρόβλημα οὕτως. 这些词引入. 动词 ἀναλύειν 的各组成部分相似地应用；如这些问题中每个分析和综合将在最后给出 ἑκάτερα δὲ ταῦτα ἐπὶ τέλει ἀναλυθήσεταί τε καὶ συντεθήσεται.

与问题相关的一个值得注意的词是 διορισμός（确定），意思是确定问题可能有解的范围. 如果解总是可能的，问题不包含 διορισμός，οὐκ ἔχει διορισμόν；否则就包含它，ἔχει διορισμόν.

已知与假设

对于给定，用到动词 δίδωμι 的一些基本要素，一般是分词 δοθείς，但有时用到 δεδομένος，偶尔还用到 διδόμενος. 设给定一个圆 δεδόσθω κύκλος，给定两个不等的量 δύο μεγεθῶν ἀνίσων δοθέντων，两条线 ΓΔ，EZ 都给定 ἐστιν δοθεῖσα ἑκατέρα τῶν ΓΔ，EZ，与给定的比值相同 λόγος ὁ αὐτὸς τῷ δοθέντι. 类似的表达是指定的比 ὁ ταχθεὶς λόγος，给定的面积 τὸ προτεθέν（或 προκείμενον）χωρίον.

在给出位置就是 θέσει（即 δεδομένη）.

对于假设，用动词 ὑποτίθεμαι 及（对于被动语态）ὑπόκειμαι 的各基本要素；以相同的假定，τῶν αὐτῶν ὑποκειμένων，设上述假设被作出 ὑποκείσθω τὰ εἰρημένα，我们作出这些假设 ὑποτιθέμεθα τάδε.

反证法中涉及原始假设之处以及通常引用前面的步骤之处，用到动词的过去时，但它并非（如此）οὐκ ἦν δέ，因为它小于 ἦν γὰρ ἐλάσσων，它们被证明相等 ἀπεδείχθησαν ἴσοι，因为已证明这是可能的 δεδείκται γὰρ τοῦτο δυνατὸν ἐόν. 当如此引用假设时，其后是 ὑπόκειμαι 的过去时的各种结构：①形容词或分词，AZ，BH 被假设相等 ἴσαι ὑπέκειντο αἱ AZ，BH，按假设它是一条切线 ὑπέκειτο ἐπιψαύουσα；②不定式，因为由假设它不截 ὑπέκειτο γὰρ μὴ τέμνειν，由假设轴与平行平面不成直角 ὑπέκειτο ὁ ἄξων μὴ εἶμεν ὀρθὸς ποτὶ τὰ παράλλαλα ἐπίπεδα；③假设已作出平面通过中心τὸ ἐπίπεδον ὑπόκειται διὰ τοῦ κέντρου ἄχθαι.

假设它被求得 εὑρεθέντος 绝对如此．假设它被作出 γεγονέτω.

我们再提一下反面陈述后面的习语 εἰ δὲ μή 的使用，它不会与曲面交于另一点，否则……οὐ γὰρ ἄψεται κατ᾽ ἄλλο σαμεῖον τᾶς ἐπιφανείας. εἰ δὲ μή…

推理，适用于不同情况

与因此意义相同的词是 ἄρα, οὖν 和 τοίνυν 一般用作稍微弱一些的语气表明论证的开始，如 ἐπεὶ οὖν 可以翻译成由于，于是．由于是 ἐπεί，因为 διότι.

显然阿基米德的著作中不用更多的 πολλῷ μᾶλλον，他只用 πολλῷ；于是外切图形与内接图形之比较之 K 与 H 比小得多 πολλῷ ἄρα τὸ περιγραφὲν πρὸς τὸ ἐγγραφὲν ἐλάσσονα λόγον ἔχει τοῦ, ὃν ἔχει ἡ K πρὸς H.

διά 带上宾格是表示原因的通常方式，因为圆锥是等腰的 διὰ τὸ ἰσοσκελῆ εἶναι τὸν κῶνον，由于同样的原因 διὰ ταὐτά.

διά 带上所有格表示证明命题的方法，通过作图的方法 διὰ τῆς κατασκευῆς，用同样的办法 διὰ τῶν αὐτῶν，用同样的方法 διὰ τοῦ αὐτοῦ τρόπου.

每当如此情况，曲面是较大的 ὅταν τοῦτο ᾖ, μείζων γίνεται ἡ ἐπιφάνεια…，如果确实如此情况，角 $BA\Theta$ 等于……εἰ δὲ τοῦτο, ἴσα ἐστὶν ἁ ὑπὸ $BA\Theta$ γωνία…，它与证明……是一回事 ὁ ταὐτόν ἐστι τῷ δεῖξαι, ὅτι…

类似地，对于扇形 ὁμοίως δὲ καὶ ἐπὶ τοῦ τομέως，证明与（过去的证明）相同 ἁ αὐτὰ ἀπόδειξις ἅπερ καὶ ὅτι,……的证明是相同的 ἁ αὐτὰ ἀπόδειξις ἐντι καὶ διότι…，公认同样的论证适用于所有内接于弓形的直线图形（见 247 页）ἐπὶ πάντων εὐθυγρά-μμων τῶν ἐγγραφομένων ἐς τὰ τμάματα γνωρίμως ὁ αὐτὸς λογός；对于圆进行了证明之后，可以将同样的论证转换到扇形的情形 ἔσται ἐπὶ κύκλου δεῖξαντα μεταγαγεῖν τὸν ὅμοιον λόγον καὶ ἐπὶ τοῦ τομέως；余下的相同，但它是在旋转椭圆体中截取的直径中较小的（而不是较大的）τὰ μὲν ἄλλα τὰ αὐτὰ ἐσσεῖται, τᾶν δὲ διαμέτρων ἁ ἐλάσσεν ἐσσεῖται ἁ ἐναπολαφθεῖσα ἐν τῷ σφαιροειδεῖ；无论……还是……都没有什么不同 διοίσει δὲ οὐδέν, εἴτε… εἴτε…

结论

因此命题是显然的，或被证明了 δῆλον οὖν ἐστι（或 δέδεικται）τὸ προτεθέν；类似地有 φανερὸν οὖν ἐστιν, ὃ ἔδει δεῖξαι, 或 ἔδει δὲ τοῦτο δεῖξει. 这是不合理的，或不可能的 ὅπερ ἄτοπον, 或 ἀδύνατον.

下面是包含了两个反义词的不易理解的用法：οὐκ ἄρα οὔκ ἐστι κέντρον τοῦ βάρεος τοῦ ΔEZ τριγώνου τὸ N σαμεῖον. ἔστιν ἄρα，因此点 N 不可能不是三角形 ΔEZ 的重心．所以定然如此．

因此形成了一个菱形 ἔσται δὴ γεγονὼς ῥόμβος，求得两条不相等的直线满足要求 εὑρημέναι εἰσὶν ἄρα δύο εὐθεῖαι ἄνισοι ποιοῦσαι τὸ ἐπίταγμα.

方向，凹性，凸性

在相同的方向上 ἐπὶ τὰ αὐτά，在另一方向上 ἐπὶ τὰ ἕτερα，凹向同一方向 ἐπὶ τὰ αὐτὰ κοίλη．与……朝同一方向 ἐπὶ τὰ αὐτά 接与格式 ἐφ᾽ ἅ，如与圆锥的顶点在同一方向上 ἐπὶ τὰ αὐτὰ τᾷ τοῦ κώνου κορυφᾷ，在与它凸的一侧相同的方向上作 ἐπὶ τὰ αὐτὰ ἀγόμεναι, ἐφ᾽ ἅ ἐστι τὰ κυρτὰ αὐτοῦ．对于在同侧 ἐπὶ τὰ αὐτά 后接所有格，它们落在这条线的同侧 ἐπὶ τὰ αὐτὰ πίπτουσι τῆς γραμμῆς．

在每一侧 ἐφ᾽ ἑκάτερα（接所有格），在底平面的每一侧 ἐφ᾽ ἑκάτερα τοῦ ἐπιπέδου τῆς βάσεως．

一些混杂的表达

性质 σύμπτωμα．照此继续进行，ἀεὶ τοῦτο ποιοῦντες，ἀεὶ τούτου γενομένου 或 τούτου ἑξῆς γινομένου．在元素中 ἐν τῇ στοιχειώσει．

我们的名词与希腊名词的一个特别的不同之处是，我们说任意圆、任意直线，等等，而希腊人说每个圆、每条直线，等等．如任何棱锥都是与棱锥同底等高的棱柱的三分之一 πᾶσα πυραμὶς τρίτον μέρος ἐστὶ τοῦ πρίσματος τοῦ τὰν αὐτὰν βάσιν ἔχοντος τᾷ πυραμίδι καὶ ὕψος ἴσον．我将任意弓形的直径定义为 διάμετρον καλέω παντὸς τμάματος．超出可互相比较的（量）中的任意指定（量）ὑπέρεχιν παντὸς τοῦ προτεθέντος τῶν πρὸς ἄλληλα λεγομένων．

最后说明一下另一个显著的差别．希腊人不像我们那样说一个给定的面积、一个给定的比，等等，而是说这个给定的面积，这个给定的比，以及诸如此类．如可能剩余某个小于一个给定面积的弓形……δυνατόν ἐστιν... λείπειν τινα τμήματα, ἅπερ ἔσται ἐλάσσονα τοῦ προκειμένου χωρίου，用一个平面分一个给定的球使得两个球缺之比为指定的比 τὰν δοθεῖσαν σφαῖραν ἐπιπέδῳ τεμεῖν, ὥστε τὰ τμάματα αὐτᾶς ποτ᾽ ἄλλαλα τὸν ταχθέντα λόγον ἔχειν．

算术数列中的各量被说成超出一个相等的（数量）；如果算术数列中有任意个量 εἴκα ἔωντι μεγέθεα ὁποσαοῦν τῷ ἴσῳ ἀλλάλων ὑπερέχοντα．公差是超出量 ὑπεροχά，将集合起来的这些项说成超出相等量的（差）各量 τὰ τῷ ἴσῳ ὑπερέχοντα．最小项是 τὸ ἐλάχιστον，最大项 τὸ μέγιστον．各项的和用 πάντα τὰ τῷ ἴσῳ ὑπερέχοντα 表达．

几何数列的各项就是成（连续的）比例 ἀνάλογον，于是级数是 ἡ ἀναλογία，比例以及级数的项是 τὶς τῶν ἐν τᾷ αὐτᾷ ἀναλογίᾳ．从单位一开始几何级数中的数目是 ἀριθμοὶ ἀνάλογον ἀπὸ μονάδος．设取级数的项 Λ，它距离 Θ 的项数与 Δ 距离单位的项数相同 λελάφθω ἐκ τᾶς ἀναλογίας ὁ Λ ἀπέχων ἀπὸ τοῦ Θ τοσούτους, ὅσους ὁ Δ ἀπὸ μονάδος ἀπέχει．

（高嵘　译　常心怡　校）

117

阿基米德著作

论球和圆柱 I

"阿基米德向多西修斯（Dositheus）致意.

前些时候，我把到那时为止所得到的结果及其证明递到你那里，说明由一直线和直角圆锥的截线［一个抛物线］所围成的弓形是与弓形同底等高的三角形的4/3. 从那时起，我又发现并证明（ἀνελέγκτων）了一些以前未被发现的定理. 它们是：首先，任一球面是它的最大圆的四倍（τοῦ μεγίστου κύκλου）；其次，球缺的表面等于一个圆，该圆的半径（ἡ ἐκ τοῦ κέντρου）等于从球缺顶点（κορυφή）到球缺底圆圆周所连的线段；进一步，底等于球的大圆、其高等于球的直径的圆柱是球的3/2，圆柱的面［包括底面］是球面的3/2. 尽管这些性质是上述图形所固有的（αὐτῇ τῇ φύσει προυπῆρχεν περὶ τὰ εἰρημένα σχήματα），但却不为我的从事几何研究的前辈们所知. 一发现这些性质确为这些图形所具有，我就毫不犹豫地把它们连同我以前的结果以及欧多克斯（Eudoxus）的关于立体的定理放在一起. 欧多克斯的定理不可辩驳的被确定，即同底等高的棱锥是棱柱的1/3，同底等高的圆锥是圆柱的1/3. 这些性质也是这些图形所固有的，但事实上欧多克斯以前的许多出色的几何学家既没有提到也不知道这些性质. 不过，我现在就可以把这些性质提供给那些能够审查我发现的人. 这些性质本应在科农（Conon）在世的时候发表，我想他能够掌握并能给予足够的重视. 我认为让那些关注数学的人了解这些性质是很好的. 因此，我把证明寄给你，以供数学家们研究. 再见."

我首先列出在证明我的命题时所用的定义[1]和假设（或公理）.

定义

1. 平面上有一类有端点的曲线（καμπύλαι γραμμαὶ πεπερασμέναι）[2]，其上的点或者全部落在端点连线的同一侧，或者没有点落在另一侧.

2. 我应用名词一个曲线凹向同一方向，如果任取其上两点，连接两点的直线段或全部落在曲线的同一侧，或一些点落在其相同一侧，其他点落在曲线上，但无点落在另一侧.

3. 同样，有一类有界线的曲面，自身并不在一个平面上，但其线界在一个平面上，其上的点或者全部落在线界所在平面同一侧，或都没有点落在另一侧.

4. 我应用名词一个曲面凹向同一方向，如果任意取其上两点，连接两点的直线段

---

〔1〕虽然用的词是ἀξιώματα，而"公理"却更像定义的性质，事实上，欧多克斯在笔记中称它们为ὅροι.

〔2〕阿基米德所称的曲线不仅包括有连续曲率的曲线，也包括由若干曲线或直线段组成的线.

或全部落在曲面的同一侧，或一些点落在其相同一侧，其他点落在曲面上，但无点落在其另一侧.

5. 我应用名词立体扇形，当一个圆锥截一个球，且圆锥的顶点位于球心，用被锥面和圆锥内的球面所围成的图形来表示它.

6. 我应用名词立体菱形，当同底的圆锥的顶点在底面的异侧，且它们的轴线在一直线上，用两圆锥组成的立体图形来表示它.

假设

1. 有同端点的一切线中直线段最短.[1]

2. 同一平面上有公共端点的线中，如果任何这样两条线是不相等的，它们都是凹向同一方向，并且其中一条要么整个包含在另一条内，要么一部分包含于其中，一部分重合，那么这时里面的那条线是两线中较短的.

3. 同样，有共同线界于一平面的曲面中，该平面面积最小.

4. 在有共同端线于一平面的曲面中，如果任何这样两个面是不相等的，它们都是凹向同一方向，并且，要么整个包含在另一曲面内，要么一部分包含于其中，一部分重合，那么这时里面的曲面是两曲面中面积较小的.

5. 进而有，在不等的线段，不等的面，不等的体中，较大的超过较小的那部分量，若自我累加，可以超过任何可以互相比较的给定量.[2]

预先指出一个明显的命题，即，圆的内接多边形的周长小于圆的周长，多边形的任一边小于其所切割的圆周部分.

命题 1

外切于圆的多边形的周长大于圆的周长.
设交于点 A 的相邻边分别切圆于 P、Q.

[1] 这个著名的阿基米德假设，如它呈现出的那样，很难说是直线的定义，虽然普罗克拉斯（Proclus，希腊哲学家、数学家、数学史家，410 – 485）说［P. lloed. Friedlein］"阿基米德定义（ώρίσατο）直线为具同端点的那些［线］中之最短者. 盖由于，如欧几里得（Euclid）的定义所说，ἐξ ἴσου κεῖται τοῖς ἐφ᾽ ἑαυτῆς σημείοις，因此它是具同端点中之最小者". 普罗克拉斯刚刚解释了［P. 109］欧几里得的定义，如将看到，它不同于我们教本中给出的普通形式；一直线不是"平直地位于其端点的那种"，而是"ἐξ ἴσου τοῖς ἐφ᾽ ἑαυτῆς σημείοις κεῖται." 普罗克拉斯写的是"他［欧几里得］凭借这个来指明［在所有线中］直线独具有一距离（κατέχειν διάστημα），它等于其上的点之间的距离. 因为，只要它的一个点从另一点移开，则以此两点为端点的直线的长（μέγεθος）就增大了；而这就是τὸ ἐξ ἴσου κεῖσθαι τοῖς ἐφ᾽ ἑαυτῆς σημείοις 的含意. 但如果你在一圆周或任一其他线上取两点，在它们之间沿此线切下的距离是大于分开它们的区间；而这是除去直线而外的每一条线的情形." 从这里就显出欧几里得定义应在一种意义上，理解为非常类似阿基米德假设中的定义，而我们大半可以译成"一直线是同其上的点均等伸张（ἐξ ἴσου κεῖται）者." 或者，为了更紧随普罗克洛斯的解释，"一直线就是和其上的点表现同等伸张者."

[2] 关于这个假设可参看导论第 3 章 § 2.

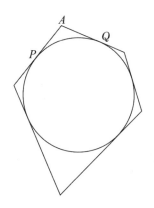

那么

$$PA + AQ > （弧 PQ）.$$

[假设 2]

类似地，对于多边形每一个角，不等式都成立；相加，便得到所求结果.

命题 2

给定两个不等的量，则可求得两不等的线段，使得大、小两线段之比小于大、小两量之比.

设 AB，D 表示两不等量，且 $AB > D$.

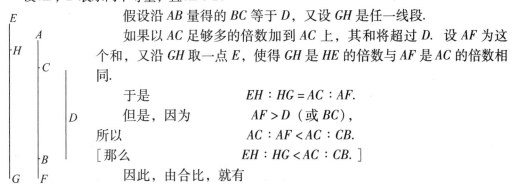

假设沿 AB 量得的 BC 等于 D，又设 GH 是任一线段.

如果以 AC 足够多的倍数加到 AC 上，其和将超过 D. 设 AF 为这个和，又沿 GH 取一点 E，使得 GH 是 HE 的倍数与 AF 是 AC 的倍数相同.

于是　　　　　　　　$EH : HG = AC : AF.$

但是，因为　　　　　 $AF > D$（或 BC），

所以　　　　　　　　$AC : AF < AC : CB.$

[那么　　　　　　　　$EH : HG < AC : CB.$]

因此，由合比，就有

$$EG : GH < AB : D.$$

因此 EG、GH 就是满足要求的两线段.

命题 3

给定两不等量和一圆，则可作出圆的外切和内接多边形，使得外切多边形的边长与内接多边形边长之比小于大、小两量之比.

设 A、B 表示给定的两不等量，且 $A > B$.

可求得两线段 F、KL，$F > KL$，使得

$$F : KL < A : B \qquad (1)$$

[命题 2]

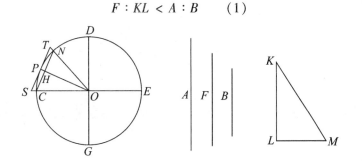

作 LM 垂直于 LK，且令其长线段 $KM = F$.

设 CE，DG 是已知圆内交成直角的两直径，然后平分角 DOC，将一半角再平分，如此继续作下去，我们将得到一个角（如 $\angle NOC$）小于二倍 $\angle LKM$.

连接 NC，它将是圆内接正多边形的一边. 设 OP 是平分 $\angle NOC$ 的圆的半径，因此它在 H 点垂直平分 NC，且设在点 P 的切线与 OC、ON 的延长线分别相交于 S、T.

因为 $$\angle CON < 2\angle LKM,$$
于是 $$\angle HOC < \angle LKM,$$
且在点 H、L 的角都是直角；
所以 $$MK : LK > OC : OH$$
$$> OP : OH.$$
因此 $$ST : CN < MK : LK①$$
$$< F : LK;$$
所以，由（1），更有
$$ST : CN < A : B.$$

这样，求得的两多边形满足要求.

命题 4

给定两不等量和一个扇形，则可作出扇形的外切多边形和内接多边形，使得外切多边形的边长与内接多边形的边长之比小于大、小两量之比.

［在这个命题中，求得的"内接多边形"是以限制扇形的两半径代替两边，而其余各边（由作图，它的边数为 2 的乘方）所对的各扇形是等弧的；形成的"外切多边形"是由平行于内接多边形的边的切线和以两半径为边所形成的.］

在此，同样可以如上一个命题那样的作图，代替两直径交成直角的是将扇形的角 COD 平分，然后将一半角再平分，如此继续下去. 证明完全类似于上述命题.

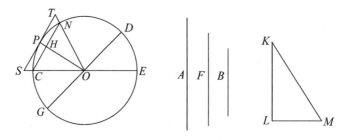

命题 5

给定一圆和两个不等量，则可作出圆的外切和内接多边形，使其两多边形面积之比小于大、小两量之比.

---

① 因为 $OP : OH = ST : CN$.

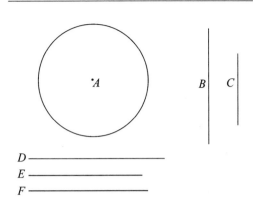

设 *A* 是给定的圆，*B*、*C* 是给定的量，且 *B* > *C*.

取两不等的线段 *D*、*E*，且 *D* > *E*，使得

$$D : E < B : C, \qquad [命题2]$$

设 *F* 是 *D*、*E* 的比例中项，于是 *D* 也大于 *F*.

作圆的外切、内接多边形（如同命题3），且使其两多边形边之比小于 *D* : *F*.

于是两多边形边的二次比小于 $D^2 : F^2$.

但是该对应边的二次比等于多边形面积之比，因为它们是相似的.[1]

所以圆外切多边形面积与内接多边形面积之比小于 $D^2 : F^2$（或 *D* : *E*），且更有，小于 *B* : *C*.

命题6

"同样，给定两个不等量和一个扇形，则可作出相似的扇形的外切、内接多边形，使得两多边形面积之比小于大、小两量之比.

很清楚，给定一圆或一扇形，以及一个确定的面积，则可作圆或扇形的内接等边多边形，并使其边数不断增加，则可得圆或扇形余下的面积小于给定的面积. 这是在［Eucl. XII. 2］中被证明了的.

但仍需证明：给定一圆或一扇形，以及一给定的面积，则可作一圆外切多边形，使得圆与外切多边形之间的图形的面积小于给定的面积."

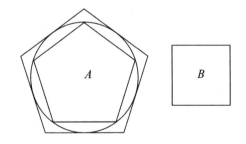

对于圆，证明如下［阿基米德说，证明同样适用于扇形］.

设 *A* 是给定的圆，*B* 是给定的面积.

现在，有两个不等量 *A* + *B* 和 *A*，如在［命题5］中那样，设圆的外切多边形（*C*）和内接多边形（*I*）〔如在命题5中〕，使得

$$C : I < (A + B) : A. \qquad (1)$$

这个外切多边形（*C*）将是所求作的.

因为圆（*A*）大于内接多边形（*I*）.

所以由（1），更有

$$C : A < (A + B) : A,$$

因此

$$C < A + B,$$

或

$$C - A < B.$$

① 见［Eucl. XII. 20］（即欧几里得《几何原本》卷XII第20命题.）

命题 7

如果底为正多边形的棱锥内接于一个等腰圆锥［即正圆锥］，则棱锥侧面等于一个三角形，该三角形以棱锥底面周长为底，以从顶点到底面一边的垂线为高.

因为棱锥底面的边都相等，由此可得，从顶点到所有边的垂线也都相等，该命题的证明是显然的.

命题 8

如果一个棱锥外切于一个等腰圆锥，则棱锥的侧面等于一个三角形，该三角形的底等于棱锥底面的周长，而高等于圆锥的母线.

棱锥的底是一个外切于圆锥底面的多边形，连接圆锥顶点到棱锥任一边的切点的直线垂直于该边. 这些垂线是圆锥的母线，它们是相等的，于是命题得证.

命题 9

在等腰圆锥底圆上任取一弦，且分别连接圆锥顶点与弦的端点，这样构成的三角形小于从顶点所作的两线段截得圆锥的部分侧面.

设 ABC 是圆锥的底圆，O 是圆锥的顶点.

在圆上作弦 AB，连接 OA、OB. 等分弧 ACB 于点 C，连接 AC，BC，$OC.$

那么

$$\triangle OAC + \triangle OBC > \triangle OAB.$$

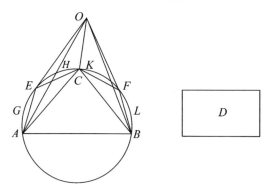

设前两个三角形之和与第三个三角形的差等于 $D.$

那么 D 小于或不小于两弓形 AEC、CFB 之和.

Ⅰ. 设 D 不小于两弓形 AEC、CFB 之和.

现在有两个面：

（1）由圆锥部分侧面 *OAEC* 与弓形 *AEC* 构成的；

（2）三角形 *OAC*.

因为两面有相同的端线（即三角形 *OAC* 的周边），那么前述的面大于被包含的后者的面. ［假设 3 或假设 4］

因此

$$面\ OAEC + 弓形\ AEC > \triangle OAC.$$

类似地

$$面\ OCFB + 弓形\ CFB > \triangle OBC.$$

又因为 *D* 不小于两弓形之和，两式相加，就有

$$面\ OAECFB + D > \triangle OAC + OBC$$
$$> \triangle OAB + D, 由假设.$$

该式两边减去 *D*，我们就得到了所需要的结果.

Ⅱ. 设 *D* 小于两弓形 *AEC*、*CFB* 之和.

如果现在我们平分两弧 *AC*、*CB*，然后将各半弧再平分，如此继续分下去，直到最后剩下的所有弓形之和小于 *D*. ［命题 6］

设这些弓形是 *AGE*，*EHC*，*CKF*，*FLB*，连接 *OE*，*OF*.

如前，有

$$面\ OAGE + 弓形\ AGE > \triangle OAE$$

和

$$面\ OEHC + 弓形\ EHC > \triangle OEC.$$

所以

$$面\ OAGHC + (弓形\ AGE，EHC) > \triangle OAE + \triangle OEC$$
$$> \triangle OAC.$$

类似地，对于由 *OC*，*OB* 和弧 *CFB* 所围成的圆锥的部分侧面亦有如上结果.

于是相加，就有

$$面\ OAGEHCKFLB + (弓形\ AGE，EHC，CKF，FLB) > \triangle OAC + \triangle OBC$$
$$> \triangle OAB + D, 由假设.$$

但是，这些弓形之和小于 *D*，于是便得出所需求的结果.

命题 10

在等腰圆锥底圆所在的平面上，若圆的两切线交于一点，且分别连接圆锥顶点与交点及切点，那么由所连线段与二切线所成两三角形之和大于圆锥被围的部分侧面.

设 *ABC* 是圆锥的底圆，*O* 是圆锥的顶点，*AD*，*BD* 是圆的两条切线，且相交于 *D*. 连接 *OA*，*OB* 和 *OD*.

过弧 *AB* 的中点 *C* 作圆的切线 *ECF*，于是它平行于 *AB*. 连接 *OE*，*OF*.

那么

$$ED + DF > EF.$$

将 $AE + FB$ 加到式子两边，就有

$$AD + DB > AE + EF + FB.$$

由于 OA，OC，OB 是圆锥的母线，因而都相等，且它们分别垂直于在 A、C 和 B 点的切线.

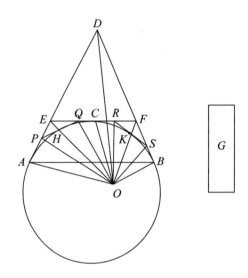

由此得出

$$\triangle OAD + \triangle ODB > \triangle OAE + \triangle OEF + \triangle OFB.$$

设

$$(\triangle OAD + \triangle ODB) - (\triangle OAE + \triangle OEF + \triangle OFB) = G.$$

设圆与切线围成的两面 $EAHC$，$FCKB$ 之和为 L，那么 G 小于或不小于 L.

Ⅰ. 设 G 不小于 L.

现在有两个面：

（1）以 O 为顶点，以 $AEFB$ 为底的棱锥，除去 OAB 面外的其余锥面；

（2）由圆锥部分侧面 $OABC$ 和弓形 ACB 构成.

这两个面有相同的线界，即三角形 OAB 的周边. 因为前者包含后者，于是前者较大. ［假设 4］

即取掉面 OAB 的棱锥的面大于面 $OACB$ 与弓形 ACB 之和. 我们有

$$\triangle OAE + \triangle OEF + \triangle OFB + L > \text{面 } OAHCKB.$$

又 G 不小于 L.

因此

$$\triangle OAE + \triangle OEF + \triangle OFB + G > \text{面 } OAHCKB,$$

又由假设

$$\triangle OAE + \triangle OEF + \triangle OFB + G = \triangle OAD + \triangle ODB.$$

所以

$$\triangle OAD + \triangle ODB > \text{面 } OAHCKB.$$

Ⅱ. 设 G 小于 L.

如果平分弧 AC，CB，且过每个中点作切线，然后将每一半弧再平分，且过每一分点再作切线，如此继续作下去，直到最后将得到一个多边形，使得多边形的边和弓形弧之间的面小于 G.

设弓形的弧与多边形 $APQRSB$ 之间的面是 M. 连接 OP，OQ，等等，如前，有

$$\triangle OAE + \triangle OEF + \triangle OFB > \triangle OAP + \triangle OPQ + \cdots + \triangle OSB.$$

也如前，

除面 OAB 外的棱锥 $OAPQRSB$ 的面

$$> \text{圆锥部分侧面} \; OABC + \text{弓形} \; OACB.$$

从上式两边取掉弓形 $OACB$，就有

$$\triangle OAP + \triangle OPQ + \cdots + M > \text{圆锥部分侧面} \; OABC.$$

由假设

$$\triangle OAE + \triangle OEF + \triangle OFB + G = \triangle OAD + \triangle ODB.$$

因此，更有

$$\triangle OAD + \triangle ODB > \text{圆锥部分侧面} \; OABC.$$

命题 11

如果用平行于直圆柱的轴的平面截圆柱，那么截得圆柱部分侧面大于截得圆柱内的平行四边形.

命题 12

过直圆柱两条母线端点引各自所在底圆的切线，如果切线相交，那么由每一母线和相应的切线分别构成的两矩形之和大于包含在两母线间的圆柱部分侧面.

[这两个命题的证明可分别依照命题 9，命题 10 的方法. 因而，再证它们就不必要了.]

"从已证明的性质，显然有：①如果一个棱柱内接于一个直圆柱，那么棱柱的侧面小于圆柱的侧面；②如果一个棱柱外切于一个直圆柱，那么棱柱的侧面大于圆柱的侧面."

命题 13

直圆柱的侧面等于以底圆直径和圆柱高的比例中项为半径的圆.

设圆柱的底是圆 A，作 CD 等于圆的直径，且 EF 等于圆柱的高.

设 H 是 CD、EF 的比例中项，B 是半径等于 H 的圆.

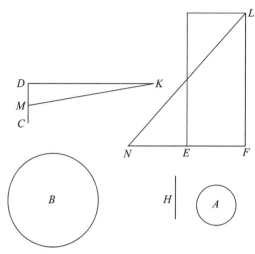

那么圆 B 将等于圆柱的侧面 S.

否则，B 必大于 S 或者 B 小于 S.

Ⅰ. 假设 $B < S$.

可以作圆 B 的外切多边形和内接多边形，使其两多边形之比小于 $S:B$.

假设上述图已作出，又在圆 A 上作相似于圆 B 外切多边形的外切多边形，然后在其上竖立一个与圆柱同高的棱柱，那么此棱柱外切于圆柱.

设垂直于 CD 的 KD 和垂直于 EF 的 FL 都等于圆 A 外切多边形的周长. 平分 CD 于 M，连接 MK.

于是 　　　　　　　　　　　△KDM = 圆 A 外切多边形.

也有 　　　　　　　　　　　矩形 EL = 棱柱的侧面.

延长 FE 到 N，使得 $FE = EN$，连接 NL.

又关于圆 A、B 的两外切相似多边形之比等于圆 A、B 半径的二次比.

这样，就有

$$\triangle KDM : B \text{ 的外切多边形} = MD^2 : H^2$$
$$= MD^2 : CD \cdot EF$$
$$= MD : NF$$
$$= \triangle KDM : \triangle LFN$$
$$[\text{因为 } DK = FL].$$

所以

$$B \text{ 的外切多边形} = \triangle LFN$$
$$= \text{矩形 } EF$$
$$= A \text{ 上圆柱的外切棱柱侧面}.$$

但是 　　B 外切多边形 : B 内接多边形 $< S : B$.

所以

$$A \text{ 上圆柱的外切棱柱侧面} : B \text{ 内接多边形} < S : B.$$

交换两内项，亦有

A 上圆柱的外切棱柱侧面：S < B 内接多边形：B.

这是不可能的，因为棱柱侧面大于 S，而 B 内接多边形小于 B.

所以 $\qquad\qquad\qquad\qquad B \not< S.$

Ⅱ. 假设 $B > S$.

设圆 B 的外切、内接正多边形，有

B 外切多边形：B 内接多边形 < B：S.

在圆 A 作相似于圆 B 内接多边形的内接多边形，然后在其上竖立一个与圆柱同高的棱柱.

如前，又设已作的 DK、FL 都等于圆 A 内接多边形的周长.

那么，就有

$\triangle KDM$ > A 内接多边形

［因为从圆心到多边形一边的垂线小于 A 的半径. ］

也有 $\triangle LFN =$ 矩形 $EL = $（棱柱的侧面）.

现在

A 内接多边形：B 内接多边形 $= MD^2 : H^2$

$= \triangle KDM : \triangle LFN$，如前.

且 $\qquad\qquad\qquad \triangle KDM$ > A 内接多边形.

所以

$\triangle LEN$ 或者棱柱的侧面 > B 内接多边形.

但是，这是不可能的，因为

B 外切多边形：B 内接多边形 < B：S，

< B 外切多边形：S，

于是 $\qquad B$ 内接多边形 > S

> 棱柱的侧面.

因此 B 即不大于又不小于 S，于是

$$B = S.$$

命题 14

等腰圆锥侧面等于一圆，该圆半径是圆锥母线与底面半径的比例中项.

设圆 A 是圆锥的底，作 C 等于该圆的半径，D 等于圆锥的母线，又设 E 是 C、D 的比例中项.

作以 E 为半径的圆 B，那么圆 B 将等于圆锥的侧面 S. 否则，B 必大于或小于 S.

Ⅰ. 假设 $B < S$.

作圆 B 的外切正多边形，并作与其相似的圆 B 的内接多边形，且使其前、后两多边形之比小于 $S：B$.

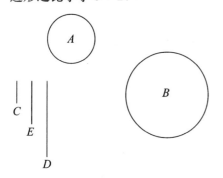

又作圆 A 的与其相似的外切多边形，并在它上建立一个与圆锥有同一顶点的棱锥. 于是

A 的外切多边形：B 的外切多边形

$= C^2：E^2$

$= C：D$

$= A$ 的外切多边形：棱锥的侧面.

所以

棱锥的侧面 $= B$ 的外切多边形.

由于

B 的外切多边形：B 的内接多边形 $< S：B$.

所以

棱锥的侧面：B 的内接多边形 $< S：B$.

这是不可能的，因为棱锥的侧面大于 S，而 B 的内接多边形小于 B.

因此 $B \not< S$.

Ⅱ. 假设 $B > S$.

取两正多边形分别外切、内接于圆 B，使其两多边形之比小于 $B：S$.

在圆 A 内作一个与圆 B 的内接多边形相似的内接多边形，且在 A 的内接多边形上竖立一个与圆锥有同一顶点的棱锥.

于是

A 的内接多边形：B 的内接多边形 $= C^2：E^2$

$= C：D$

$> A$ 的内接多边形：棱锥的侧面.

这是清楚的，因为 C 与 D 之比大于从 A 的圆心到多边形的垂线与从圆锥顶点到多边形每一边垂线之比[1].

所以 棱锥的侧面 $> B$ 的内接多边形.

但是

B 的外切多边形：B 的内接多边形 $< B：S$.

于是就有

B 的外切多边形：棱锥的侧面 $< B：S$.

这是不可能的.

因为 B 不大于也不小于 S，所以

$$B = S.$$

---

〔1〕当然，这是所述的几何等价关系，即当 α、β 都小于直角，若 $\alpha < \beta$，则 $\cos\alpha > \cos\beta$.

命题 15

等腰圆锥的侧面与它的底之比等于圆锥的母线与其底圆半径之比.

由命题14，圆锥侧面等于以圆锥母线与底圆半径的比例中项为半径的圆.

由此，因为两圆之比等于它们半径的二次比，于是命题得证.

命题 16

若以平行于等腰圆锥底的平面截圆锥，那么在两平行平面之间圆锥的部分侧面等于一个以（1）与（2）的比例中项为半径的圆，其中（1）为被两平行平面截得的圆锥部分母线，（2）为两平行平面内圆的半径之和.

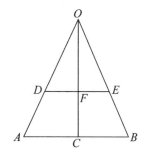

设 OAB 是一个通过圆锥轴的三角形，DE 是它与平行于底面的平面的交线，且 OFC 是圆锥的轴.

而且，圆锥 OAB 的侧面等于以 $\sqrt{OA \cdot AC}$ 为半径的圆.

[命题14]

类似地，圆锥 ODE 的侧面等于以 $\sqrt{OD \cdot DF}$ 为半径的圆.

且平截头体的侧面等于两圆之差.

现在

$$OA \cdot AC - OD \cdot DF = DA \cdot AC + OD \cdot AC - OD \cdot DF.$$

但是

$$OD \cdot AC = OA \cdot DF,$$

因为

$$OA : AC = OD : DF.$$

因此，

$$OA \cdot AC - OD \cdot DF = DA \cdot AC + DA \cdot DF$$
$$= DA \cdot (AC + DF).$$

因两圆之比等于它们半径的二次比，由此推出分别以 $\sqrt{OA \cdot AC}$、$\sqrt{OD \cdot DF}$ 为半径的两圆之差等于以 $\sqrt{DA \cdot (AC + DF)}$ 为半径的圆.

所以平截头体的侧面就等于以 $\sqrt{DA \cdot (AC + DF)}$ 为半径的圆.

引 理

1. 等高圆锥之比等于它们两底之比；又有等底圆锥之比等于它们两高之比.

2. 如果一个圆柱被平行于它的底的平面所截，那么两圆柱之比等于它们两轴之比.

3. 有同底的两圆锥之比等于其底上有等高的两圆柱之比.

4. 也有，等圆锥的底与高成反比例；又若两圆锥的底与高成反比例，则两圆锥相等.

5. 底的直径与轴有同比的两圆锥之比等于它们直径的三次比.

所有这些命题已在早期的几何中被证明了.[1]

命题 17

若有两个等腰圆锥，其第一个的侧面等于另一个的底，从第一个圆锥底的中心到其母线的垂线等于另一圆锥的高，则两圆锥相等.

设 OAB、DEF 分别是通过两圆锥轴的三角形，C、G 分别是两底的中心，GH 是从 G 到 FD 的垂线；且假设圆锥 OAB 的底等于圆锥 DEF 的侧面，又 $OC = GH$.

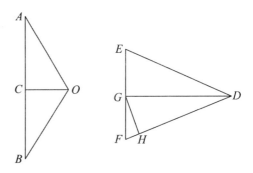

因为 OAB 的底等于 DEF 的侧面，于是

　　圆锥 OAB 的底：圆锥 DEF 的底

　= 圆锥 DEF 的侧面：圆锥 DEF 的底

　= $DF : FG$　　　　　　　　　　［命题 15］

　= $DG : GH$　　　由相似三角形性质，

　= $DG : OC$.

所以，两圆锥的底和高成反比例，则两圆锥相等.　　　　　　　　［引理 4］

命题 18

由两个等腰圆锥组成的立体扁菱形等于一个圆锥，该圆锥的底等于合成立体扁菱形的两圆锥之一的侧面，它的高等于从第二个圆锥的顶点到第一圆锥母线的垂线.

设扁菱形 $OABD$ 是由有共同底且顶点为 O 与 D 的两圆锥组成，共同底是以 AB 为直径的圆.

设 FHK 是另一圆锥，其底等于圆锥 OAB 的侧面，它的高 FG 等于从 D 到 OB 的垂线 DE.

〔1〕见 Eucl. XII. 11，12，13，14，15.

那么，圆锥 *FHK* 将等于扁菱形.

作第三个圆锥 *LMN*，使其底等于圆锥 *OAB* 的底（以 *MN* 为直径的圆），它的高 *LP* 等于 *OD*.

因为
$$LP = OD,$$
$$LP : CD = OD : CD.$$

但是
$$OD : CD = 扁菱形\ OADB : 圆锥\ DAB, \qquad [引理1]$$
又
$$LP : CD = 圆锥\ LMN : 圆锥\ DAB.$$

由此得出
$$扁菱形\ OADB = 圆锥\ LMN. \tag{1}$$

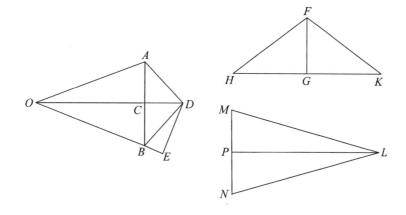

又因为 *AB* = *MN*，以及
$$OAB\ 的侧面\ =\ FHK\ 的底,$$
$$FHK\ 的底 : LMN\ 的底 = OAB\ 的侧面 : OAB\ 的底$$
$$= OB : BC \qquad [命题15]$$
$$= OD : DE \quad 因两三角形相似,$$
$$= LP : FG, \quad 由假设.$$

于是，在两圆锥 *FHK*、*LMN* 中，它们的底与高成反比例.

所以两圆锥 *FHK*、*LMN* 相等.

由（1），就有圆锥 *FHK* 等于给定的立体扁菱形.

命题 19

如果以平行于等腰圆锥底面的平面截圆锥，且在所得出的圆形截口上作一个以原圆锥底的中心为顶点的圆锥，如果从原圆锥中取掉如前所述的扁菱形，则所余部分等于一个圆锥，该圆锥的底等于原圆锥夹在平行平面间的部分侧面，它的高等于以原圆锥底的中心向母线所作的垂线.

设圆锥 OAB 被平行于底的平面截得以 DE 为直径的圆. 设 C 是圆锥底的中心,且以 C 为顶点以 DE 为直径的圆作底作一个圆锥,于是它与圆锥 ODE 组成为扁菱形 ODCE.

取一个圆锥 FGH,使其底等于平头截体 DABE 的侧面,它的高等于从 C 到 AO 的垂线 CK.

那么该圆锥将等于圆锥 OAB 与扁菱形 ODCE 的差.

（1）作一圆锥 LMN,使其底等于圆锥 OAB 的侧面,其高等于 CK;

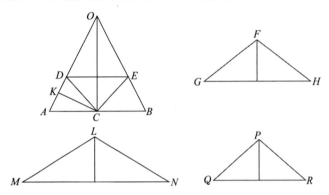

（2）作一圆锥 PQR,使其底等于圆锥 ODE 的侧面,其高等于 CK.

因为圆锥 OAB 的侧面等于圆锥 ODE 的侧面与平头截体 DABE 侧面之和,由假设,我们有

$$LMN \text{ 的底} = FGH \text{ 的底} + PQR \text{ 的底},$$

又因为三个圆锥的高都相等,所以

$$\text{圆锥 } LMN = \text{圆锥 } FGH + \text{圆锥 } PQR.$$

但是,圆锥 LMN 等于圆锥 OAB,   [命题 17]

圆锥 PQR 等于扁菱形 ODCE.   [命题 18]

所以

$$\text{圆锥 } OAB = \text{圆锥 } FGH + \text{扁菱形 } ODCE,$$

于是命题得到证明.

命题 20

若构成一个扁菱形的两个等边圆锥之一被平行于底的平面所截,且在所得到的圆形截口上作一个与第二个圆锥同顶点的圆锥,如果从原扁菱形中取掉所得到的扁菱形,则所余部分将等于一个圆锥,该圆锥的底等于第一个圆锥夹在两平行平面之间的部分侧面,其高等于从第二个[1]圆锥顶点到第一个圆锥母线的垂线.

---

〔1〕在海伯格的翻译"Prioris coni"中有一个错误,（认为）该垂线不是从被平面截得的圆锥的顶点作出的,而是从另一个顶点作出的。

设扁菱形是 *OACB*，又设圆锥 *OAB* 被平行于底的平面截得一个以 *DE* 为直径的圆，以该圆为底以 *C* 为顶点作一圆锥，该圆锥与 *ODE* 构成一个扁菱形 *ODCE*.

作一个圆锥 *FGH*，使其底等于平头截体 *DABE* 的侧面，其高等于从 *C* 到 *OA* 的垂线 *CK*.

那么，圆锥 *FGH* 将等于两扁菱形 *OACB* 与 *ODCE* 之差.

（1）作一个圆锥 *LMN*，使其底等于 *OAB* 的侧面，其高等于 *CK*；

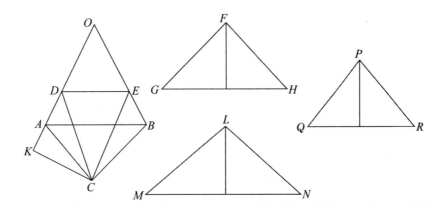

（2）作一个圆锥 *PQR*，使其底等于 *ODE* 的侧面，其高等于 *CK*.

因为 *OAB* 的侧面等于 *ODE* 的侧面与平头截体 *DABE* 的侧面之和. 由假设，我们有

$$LMN \text{ 的底} = PQR \text{ 的底} + FGH \text{ 的底},$$

又三个圆锥的高都相等，

所以 $$圆锥 LMN = 圆锥 PQR + 圆锥 FGH.$$

但是，圆锥 *LMN* 等于扁菱形 *OACB*，圆锥 *PQR* 等于扁菱形 *ODCE*. ［命题18］

因此，圆锥 *FGH* 等于两扁菱形 *OACB* 与 *ODCE* 之差.

命题 21

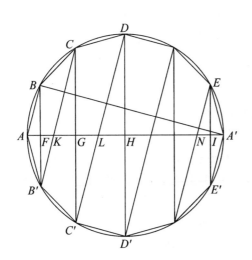

一个内接于圆的边为偶数的正多边形 *ABC⋯A′⋯C′B′A*，且使得 *AA′* 是一个直径，如果连接相隔的两角点 *BB′*，以及连接平行于 *BB′* 的逐对角点的直线 *CC′*，*DD′*，⋯，那么

$$(BB' + CC' + \cdots) : AA' = A'B : BA.$$

设 *BB′*，*CC′*，*DD′*，⋯交 *AA′* 于 *F*，*G*，*H*，⋯；又分别连接 *CB′*，*DC′*，⋯交 *AA′* 于 *K*，*L*，⋯.

显然，*CB′*，*DC′*，⋯互相平行且平行于 *AB*.

因此，由相似三角形，就有

$$BF : FA = B'F : FK$$
$$= CG : GK$$
$$= C'G : GL$$
$$\cdots$$
$$= E'I : IA';$$

且所有前项和后项分别求和，我们就有

$$(BB' + CC' + \cdots) : AA' = BF : FA$$
$$= A'B : BA.$$

命题 22

一个多边形内接于圆弧 LAL'，且使得除底边外其余边数为偶数且都相等，如图 $LK\cdots A\cdots K'L'$，A 是圆弧的中点，如果连接平行于 LL' 的逐对角点的直线 BB'，CC'，$\cdots$，那么

$$(BB' + CC' + \cdots + LM) : AM = A'B : BA,$$

其中 M 是 LL' 的中点，AA' 是过 M 的直径.

如同上一个命题，连接 CB'，DC'，$\cdots$，LK'，假设它们与 AM 相交于 P，Q，$\cdots$，R；BB'，CC'，$\cdots$，KK' 交 AM 于 F，G，$\cdots$，H，由相似三角形，我们有

$$BF : FA = B'F : FP$$
$$= CG : PG$$
$$= C'G : GQ$$
$$\cdots$$
$$= LM : RM,$$

且所有前项和后项分别求和，我们得到

$$(BB' + CC' + \cdots + LM) : AM = BF : FA$$
$$= A'B : BA.$$

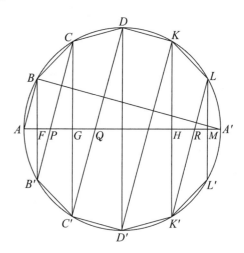

命题 23

球面大于由内接于大圆的正多边形绕其直径旋转所成的面.

取球的一个大圆 $ABC\cdots$，且在其上内接一个边数为 4 的倍数的正多边形. 设 AA'，MM' 是交成直角的直径，连接多边形相对的角点.

于是，若多边形和大圆绕直径 AA' 一起旋转，那么除 A，A' 外，多边形的角点将画出球面上的圆，并且与直径 AA' 交成直角. 其多边形的边将画出部分圆锥面，例如 BC

将画出部分圆锥的面, 该圆锥的底是以 CC' 为直径的圆, 它的顶点是 CB, $C'B'$ 与直径 AA' 的交点.

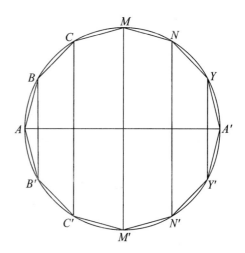

比较半球 MAM' 和由多边形旋转所得图形中含于半球 MAM' 的那一半, 我们看到半球的面和此内接图形的面有同一边界于一平面中 (即以 MM' 为直径的圆), 前一曲面完全包含后者, 且它们都凹向同一方向.

所以由 [假设 4], 半球面大于被包含图形的面; 此结果对另一半图形也是成立的.

因此, 球面大于其上多边形绕大圆的直径旋转所得的面, 这多边形内接于球的大圆.

命题 24

设其边数为 4 的倍数的正多边形 $AB\cdots A'\cdots B'A$ 内接于球的一个大圆, 若连接 BB', 以及连接其他平行于 BB' 的逐对角点的直线, 那么多边形绕直径 AA' 旋转所得内接于球的图形的面等于一个圆, 以该圆半径为边的正方形等于长方形

$$BA(BB' + CC' + \cdots).$$

图形的面是由不同的圆锥部分侧面所组成.

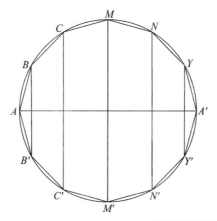

因圆锥 ABB' 的侧面等于一圆, 该圆的半径是 $\sqrt{BA \cdot \frac{1}{2}BB'}$.　　　　　　[命题 14]

平截头体 $BB'C'C$ 的侧面等于一圆, 该圆的半径是

$$\sqrt{BC \cdot \frac{1}{2}(BB' + CC')}, \quad 等等.\qquad [命题 16]$$

因为 $BA = BC = \cdots$, 由此推得整个面等于一个圆, 该圆半径等于

$$\sqrt{BA(BB' + CC' + \cdots + MM' + \cdots + YY')}.$$

命题 25

如在上述命题中那样，内接于一球的由部分圆锥面组成的图形的面小于球大圆的 4 倍.

设 $AB\cdots A'\cdots B'A$ 是内接于大圆的正多边形，其边数为 4 的倍数.

如前，连相对的角点 BB'，且 CC'，…，YY' 平行于 BB'.

设 R 是一圆，其圆的半径的平方等于
$$AB(BB' + CC' + \cdots + YY'),$$
于是内接于球的图形的面等于 R.   [命题 24]

因为

$$(BB' + CC' + \cdots + YY') : AA' = A'B : AB,$$ [命题 21]

因此 $AB(BB' + CC' + \cdots + YY') = AA' \cdot A'B.$

于是 $(R \text{ 的半径})^2 = AA' \cdot A'B$

$$< AA'^2.$$

所以内接的图形的面或圆 R 小于 4 倍的圆 $AMA'M'$.

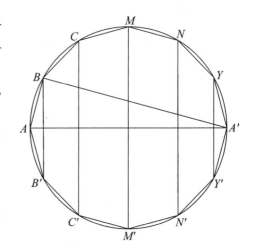

命题 26

如前所述的内接于球的图形的体积等于一个锥，该锥的底是一个圆，它等于内接于球的图形的面，该锥的高等于从球心到多边形的边所作的垂线.

假设，如前 $AB\cdots A'\cdots B'A$ 是内接于大圆的正多边形，连接 BB'，CC'，…

以 O 为顶点作圆锥，这些圆锥的底是垂直于 AA' 的平面上以 BB'，CC'，… 为直径的圆.

由于 $OBAB'$ 是一个立体扁菱形，它的体积等于一个圆锥，该圆锥的底等于圆锥 ABB' 的侧面，它的高等于从 O 到 AB 所作的垂线 [命题 8]，设垂线长是 p.

设 CB、$C'B'$ 相交于 T，那么三角形

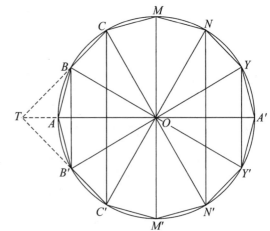

BOC 绕 AA' 旋转的部分立体图形等于扁菱形 $OCTC'$ 和 $OBTB'$ 之间的差，即等于其底等于平截头体 $BB'CC'$ 的侧面，其高是 p 的圆锥. [命题 20]

以这个方法进行下去，因为这些等高圆锥以一个又一个的 [这种平截头体的侧面] 为其底，将它们相加，我们就证明了旋转体的体积等于一个其高为 p 的圆锥，该圆锥的底等于圆锥 BAB'、平截头体 $BB'CC'$ 等面之和. 即旋转体的体积等于其高为 p 底等于立体表面的圆锥.

命题 27

如前所述的内接于球的图形小于 4 倍的圆锥，该圆锥的底等于球的大圆，其高等于球的半径.

由 [命题 26] 立体图形的体积等于一个圆锥 R，该圆锥的底等于立体图形的面、它的高是从 O 到多边形任一边作垂线的垂线长 p.

取一个其底等于大圆、其高为球的半径的圆锥 S.

因为内接的立体的面小于 4 倍的大圆 [命题 25]，于是圆锥 R 的底小于 4 倍圆锥 S 的底.

又 R 的高 p 小于 S 的高.

所以 R 的体积小于 4 倍 S 的体积. 于是命题得证.

命题 28

设一个边数为 4 的倍数的正多边形 $AB\cdots A'\cdots B'A$ 外切于已知球的一个大圆，又在多边形外围作另一圆，它与球的大圆有同一个中心. 设 AA' 平分多边形，且交球于 a, a'.

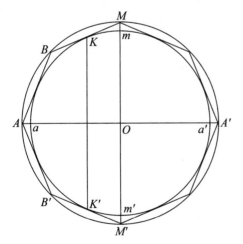

如果大圆和外切多边形绕 AA' 一起旋转，那么大圆画出一个球面，除 A, A' 外多边形的角点将绕大球面运动，多边形的边与里面球的大圆的切点将画出该球的圆，该圆的面垂直于 AA'，多边形的边将画出部分圆锥面. 那么：

外切于球的图形的面将大于球面.

设任一边 BM 切里圆于 K，K' 是圆与 $B'M'$ 的切点.

那么 KK' 绕 AA' 旋转画出的圆在一个平面上是两个面的边界：

（1）由圆弧 KaK' 旋转形成的面；

（2）由部分多边形 $KB\cdots A\cdots B'K'$ 旋转形成的面.

现在，第二个面完全包含第一个面，且它们两个凹向相同.

所以由［假设4］第二个面大于第一个面.

同样以 KK' 为直径的圆的另一侧上的部分面也是正确的.

因此，两部分相加，我们看到外切于已知球的图形的面大于球面.

命题 29

如上述命题所示的球的外切图形，其面积等于一圆，该圆半径上的正方形等于 $AB(BB' + CC' + \cdots)$.

由于球的外切图形内接于一个更大的球中，可应用命题 24 的证明.

命题 30

如前所示，关于一个球的外切图形的面大于球的大圆的 4 倍.

设有 $4n$ 边的正多边形 $AB \cdots A' \cdots B'A$ 绕 AA' 旋转画出切于其大圆为 $ama'm'$ 的球. 假设 aa'、AA' 在一直线上.

设圆 R 等于外切体的面.

现在

$$(BB' + CC' + \cdots) : AA' = A'B : BA$$
$$［如同命题 21］,$$

于是

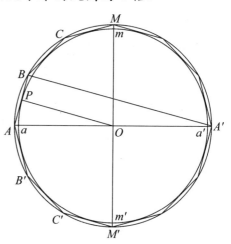

$$AB(BB' + CC' + \cdots) = AA' \cdot A'B.$$

因此　　R 的半径 $= \sqrt{AA' \cdot A'B}$　　［命题 29］
$$> A'B.$$

但是 $A'B = 2OP$，P 是 AB 与圆 $ama'm'$ 的切点.

所以　　　　　　　　R 的半径 > 圆 $ama'm'$ 的直径.

这里 R，当然还有外切体的面，大于已知球的大圆的 4 倍.

命题 31

如前所述的球的外切旋转体等于一个锥，该锥的底等于旋转体的面，其高等于球的半径.

如前所述的旋转体包含于一个大球中，又因为到旋转的多边形任一边的垂线长等于里面球的半径，于是该命题与命题 26 相同.

推论 对于较小的球的外切体大于 4 倍的一个锥，该锥的底是球的一个大圆，其高等于球的半径.

因为立体的面大于 4 倍里面球的大圆 [命题 30]，于是其底等于立体的面，其高等于球的半径的锥大于同高且以大圆为底的圆锥的 4 倍 [引理 1].

因此，由此命题，立体的体积大于 4 倍后面的圆锥.

命题 32

如果一个 $4n$ 边的正多边形内接于一球的一个大圆，如 $ab\cdots a'\cdots b'a$，且一相似的多边形 $AB\cdots A'\cdots B'A$ 外切于此大圆，如果这两个多边形随大圆分别绕直径 aa'，AA' 旋转，以使得它们依次描出内接于球和外切于球的立体图形，那么

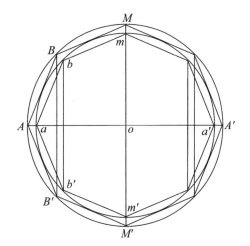

（1）外切和内接图形面的比是它们边的二次比；

（2）它们的图形（即它们的体积之比）是它们边的三次比.

（1）设 AA'、aa' 在同一直线上，且 $MmOm'M'$ 是直径并与它们交成直角.

连接 BB'、CC'、$\cdots$ 和 bb'、cc'、$\cdots$，且它们彼此平行且平行于 MM'.

假设 R、S 是圆且使得

$$R = 外切体的面，$$
$$S = 内接体的面.$$

而且 $\qquad (R\ 的半径)^2 = AB(BB' + CC' + \cdots)$，$\qquad$ [命题 29]

$\qquad\qquad\qquad (S\ 的半径)^2 = ab(bb' + cc' + \cdots)$. $\qquad$ [命题 24]

又因为两多边形相似，所以这两个等式中的矩形也是相似的，且有比为

$$AB^2 : ab^2.$$

因此

$$外切体的面 : 内接体的面 = AB^2 : ab^2；$$

（2）取一个其底为圆 R、其高等于 Oa 的圆锥 V 和其底为圆 S、其高等于从 O 到 ab 所作的垂线 p 的圆锥 W.

而且 V、W 分别等于外切和内接图形的体积. $\qquad$ [命题 31，26]

因为两多边形相似，于是

$$AB : ab = Oa : p$$

= 圆锥 V 的高：圆锥 W 的高，

又如上所证，两圆锥的底（即圆 R、S）的比是 AB^2 对 ab^2 的比.

所以 $$V : W = AB^3 : ab^3.$$

命题 33

任一球面等于它的大圆的 4 倍.

设圆 C 等于 4 倍的大圆.

如果 C 不等于球面，那么它必须小于或大于球面.

Ⅰ. 假设 C 小于球面.

于是可求两个线段 β、γ，其中 β 是较大的，且使得

$$\beta : \gamma < 球面 : C. \qquad [命题 2]$$

取线段 δ 为 β、γ 的比例中项.

假设外切和内接于大圆的边数为 $4n$ 的两相似多边形的边之比小于 $\beta : \delta$.

[命题 3]

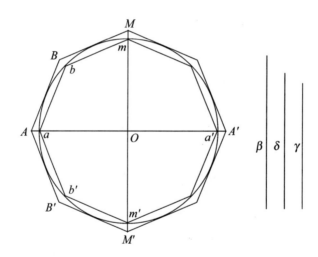

设两多边形和圆绕共同的直径一起旋转，于是画出如前面命题中的各旋转体.

因此

外切体的面：内接体的面 $=$（外切体的边）^{2}：（内接体的边）^{2}　　[命题 32]

$< \beta^2 : \delta^2$，或者 $\beta : \gamma$

$<$ 球面：C，由前结论.

但是这是不可能的，因为外切体的面大于球面 [命题 28]，而内接体的面小于 C [命题 25].

所以 C 不小于球面.

Ⅱ. 假设 C 大于球面.

取线段 β、γ，其中 β 是较大者，且使得

$$\beta : \gamma < C : 球面.$$

如前所述的大圆的外切、内接相似正多边形，使得它们的边之比小于 $\beta : \delta$［命题 3］，并以通常的方法形成的各旋转体.

在此情况下，

$$外切体的面 : 内接体的面 < C : 球面.$$

但是这是不可能的，因为外切体的面大于 C［命题 30］，而内接体的面小于球面［命题 23］.

这样 C 不大于球面.

因为 C 既不大于又不小于球面，所以 C 等于球面，即球面等于 4 倍的大圆.

命题 34

若圆锥的底等于球的大圆，它的高等于球的半径，则球的体积为该圆锥体积的 4 倍.

设有以 $ama'm'$ 为大圆的球.

现在，如果球体积不等于所述圆锥的 4 倍，那它大于或者小于该圆锥的 4 倍.

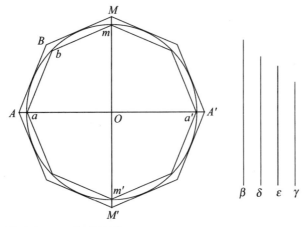

Ⅰ. 若可能，设球大于 4 倍的圆锥.

假设 V 是其底等于 4 倍球的大圆、其高等于球半径的圆锥的体积.

由假设球体积大于体积 V；且能求得两线段 β、γ（$\beta > \gamma$），使得

$$\beta : \gamma < 球的体积 : V.$$

在 β 和 γ 之间插入两个算术平均线段 δ、ε.

设边数为 $4n$ 的外切、内接于大圆的两相似正多边形之比小于 $\beta : \delta$.　　　　［命题 3］

设圆的直径与两多边形的直径在同一直线上，又设它们与圆绕 aa' 旋转画出两个立体的面. 那么这两个立体的体积之比是它们边的三次比.

［命题 32］

于是

　　　　外切立体的体积：内接立体的体积 $< \beta^3 : \delta^3$，由假设得出

　　$< \beta : \gamma$，更有（因为 $\beta : \gamma > \beta^3 : \delta^3$）[1]

　　$<$ 球的体积：V，由前假设.

但是这是不可能的，因为外切立体的体积大于球的体积，而内接立体的体积小于 V.

　　　　　　　　　　　　　　　　　　　　　　　　　　　　　　　　[命题 27]

因此，球体积不大于 V，或不大于前述说明中的 4 倍的圆锥.

Ⅱ. 如果可能，设球体积小于 V.

在这种情况下，我们取 β、γ（$\beta > \gamma$）使得

　　　　　　　　　　$\beta : \gamma < V :$ 球的体积.

其作图和证明如前，我们最后有

　　　　　外切立体的体积：内接立体的体积 $< V :$ 球的体积.

但是这是不可能的，因为外切立体的体积大于 V［命题 31 推论］，而内接立体的体积小于球的体积.

因此球体积不小于 V.

因为球体积既不小于又不大于 V，于是它等于 V，或等于命题中所述圆锥的 4 倍.

　　推论　从已证的命题中可以得出：以球的大圆为底、以球的直径为高

---

　　[1] 这个 $\beta : \gamma > \beta^3 : \delta^3$ 是阿基米德假定的. 欧托西乌斯（Eutocius）[①]在他的如下注释中证明了这个性质.

　　取 x 使得　　　　　　　　　　　$\beta : \delta = \delta : x.$

　　于是　　　　　　　　　　　　$(\beta - \delta) : \beta = (\delta - x) : \delta,$

又因为 $\beta > \delta$，所以 $\beta - \delta > \delta - x$.

　　但是，由假设 $\beta - \delta = \delta - \varepsilon.$

　　所以　　　　　　　　　　　　　$\delta - \varepsilon > \delta - x,$　　　　　　　　　　　　（1）

或　　　　　　　　　　　　　　　　$x > \varepsilon.$

　　又假设　　　　　　　　　　　　$\delta : x = x : y,$

如前所证，有　　　　　　　　　　$\delta - x > x - y,$　　　　　　　　　　　　（2）

由（1）、（2）得　　　　　　　　　$\delta - \varepsilon > x - y.$

　　又由假设　　　　　　　　　　　$\delta - \varepsilon = \varepsilon - \gamma,$

所以　　　　　　　　　　　　　　　$\varepsilon - \gamma > x - y.$

　　因为　　　　　　　　　　　　　$x > \varepsilon,$所以 $y > \gamma.$

　　现在，由假设 β、δ、x、y 成连比例，所以

　　　　　　　　　　　$\beta^3 : \delta^3 = \beta : y$

　　　　　　　　　　　　　　　　　$< \beta : \gamma.$

　　①欧托西乌斯为数学家，生于巴勒斯坦，是阿基米德著作《球和圆柱》《圆的度量》和《平面平衡》以及阿波罗尼奥斯（Apollonius）《圆锥曲线论》前四卷的注释者. 在他的注释里保留了最早的希腊几何学家对数学题的解法，这是珍贵的历史遗产. 还记载了在已知线段之间插入两个比例中项的解法，以及阿基米德用相交的圆锥曲线解三次方程的方法. 他对阿基米德的评注在 1269 年被译成拉丁文.

的圆柱体积是球体积的 $\frac{3}{2}$，它的侧面连同两底是球面的 $\frac{3}{2}$.

因为圆柱体积是与它同底同高圆锥体积的 3 倍［Eucl. XII. 10］，即是同底，其高等于球半径的圆锥体积的 6 倍.

但是球体积是后面圆锥体积的 4 倍［命题 34］，所以该圆柱体积是球体积的 $\frac{3}{2}$.

又因为一个直圆柱的侧面积等于以底圆直径和圆柱高的比例中项为半径的圆面积.

［命题 13］

在此情形，高等于球的直径，所以该圆的半径就是球的直径，或该圆等于球大圆的 4 倍.

因此，包含两底的直圆柱表面积是大圆面积的 6 倍.

且球面是大圆的 4 倍［命题 33］，因此

$$\text{包括两底的圆柱面积} = \frac{3}{2} \text{球面积}.$$

命题 35

在弓形 LAL'（A 是弧的中点）上内接一个多边形 $LK\cdots A\cdots K'L'$，LL' 是其一边，其他边数为 $2n$ 并各边都相等，如果多边形和弓形绕直径 AM 旋转，形成一个内接于球缺的立体图形，那么该内接体的面等于一个圆，该圆半径上的正方形等于矩形

$$AB(BB' + CC' + \cdots + KK' + \frac{LL'}{2}).$$

内接图形的面由一些圆锥的部分面构成.

我们逐次选取这些圆锥，首先圆锥 BAB' 的侧面等于一圆，该圆的半径是

$$AB \cdot \frac{1}{2}BB'. \qquad ［命题 14］$$

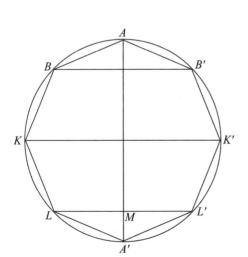

平截头体 $BCC'B'$ 的面等于一圆，该圆的半径是

$$\sqrt{AB \cdot \frac{BB' + CC'}{2}}, \qquad ［命题 16］$$

等等.

按照这个方法进行，然后相加，因为两圆之比如同半径的二次比，于是我们求得内接图形的面等于一圆，该圆的半径是

$$\sqrt{AB(BB' + CC' + \cdots + KK' + \frac{LL'}{2})}.$$

命题 36

如上所述的内接于球冠的图形的面小于球冠的面.

这是显然的, 因为球冠的圆形底是两个面共同的边界, 其中之球冠包含另一个立体, 而两者凹向同一个方向 [假设 4].

命题 37

由 $LK\cdots A\cdots K'L'$ 绕 AM 旋转所成的内接于球缺的立体图形的面小于半径等于 AL 的圆.

设直径 AM 交弓形 LAL' 为其一段的圆于 A'. 连接 $A'B$.

如在命题 35 中, 内接立体图形的面等于一圆, 该圆的半径上的正方形是

$$AB\,(BB'+CC'+\cdots+KK'+LM).$$

但是, 这个矩形 $= A'B\cdot AM$ [命题 22]

$$< A'A\cdot AM$$
$$< AL^2.$$

因此, 内接立体图形的面小于以 AL 为半径的圆.

命题 38

如前所作, 内接于小于半球的球缺的立体图形和以球缺的底为底、以球心为顶点的圆锥等于一个圆锥, 该圆锥的底等于内接图形的面, 其高等于从球心到多边形任一边的垂线.

设 O 是球心, p 是从 O 到 AB 的垂线长.

假设作以 O 为顶点, 分别以 BB'、CC'、$\cdots$ 为直径的圆作为底的一些圆锥.

那么扁菱形体等于一个圆锥, 该圆锥的底等于圆锥 BAB' 的面、其高等于 p.   [命题 18]

又若 CB、$C'B'$ 交于 T, 所作的三

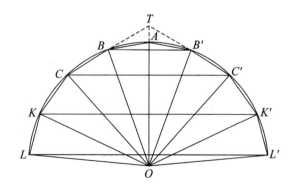

角形 OBC 绕 AO 旋转的体，即两扁菱形体 $OCTC'$ 与 $OBTB'$ 之差等于一个圆锥，该圆锥的底等于平头截体的面，其高等于 p. ［命题 20］

类似地，对于三角形 COD 绕 OA 旋转所得的体亦有上述结果，等等.

以上相加，于是内接球缺的立体图形与圆锥 OLL' 一起等于一个圆锥，该圆锥的底等于内接体的面，其高等于 p.

推论 一个圆锥，其底是半径等于 AL 的圆，其高等于球半径，此圆锥大于内接球缺的立体与圆锥 OLL' 之和.

由本命题，内接立体与圆锥 OLL' 一起等于一个圆锥，该圆锥的底等于内接立体的面，其高等于 p.

这后面的圆锥小于高等于 OA、底等于以 AL 为半径的圆的圆锥，因为高 P 小于 OA，而立体的面小于以 AL 为半径的圆. ［命题 37］

命题 39

设 lal' 是球的一个大圆的一段弧，且小于半圆. 设 O 是球心，连接 ol, ol'. 假设一个多边形外切于扇形 $olal'$，除两半径外，使得它的边数是 $2n$，且各边都相等，其各边是 LK, $\cdots$, BA, AB', $\cdots$, $K'L'$；又设 OA 是大圆的半径，且平分弧 lal'.

于是多边形的外接圆与已知大圆有相同的中心.

现在假定多边形和两圆绕 OA 旋转. 那么两圆将画出两个球，除 A 外角点在外球上将画出具有直径 BB'，$\cdots$的一些圆. 各边与里面弧的切点在

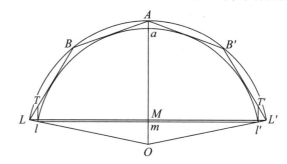

内球上将画出一些圆，各边将画出圆锥或部分圆锥的面，由旋转等边多边形而得到的外切内球缺的整个图形其底为以 LL' 为直径的圆.

这样

外切于球扇形的立体图形的面（除去底面）大于球缺的表面，此球缺的底为以 ll' 为直径的圆.

因为在 l, l' 点向里面的弧作切线 LT, $L'T'$. 这些和多边形的边由它们的旋转将画出一个立体，其面大于球缺的面 ［假设 4］.

但是 lT 旋转画出的面小于由 LT 旋转画出的面，因为角 TlL 是一个直角，所以 $LT > lT$.

因此由 $LK\cdots A\cdots K'L'$ 旋转得到的面大于球缺面.

推论 关于球扇形如此所画的图形的面等于一个圆，该圆半径上正方形等于矩形

$$AB\left(BB' + CC' + \cdots + KK' + \frac{1}{2}LL'\right).$$

关于该内接于外球的外切图形，应用命题 35 的证明.

命题 40

如前所示外切于球扇形的面大于半径等于 al 的圆.

设直径 AaO 交大圆和旋转多边形外切的圆于 A', a'. 连接 $A'B$, 设 AB 与里圆切于 N, 连接 ON.

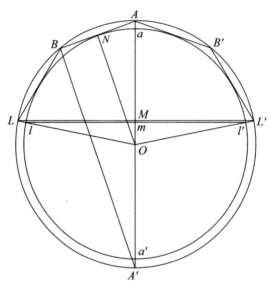

现在由命题 39 的推论, 外切于球扇形 $olal'$ 的立体图形的面等于一圆, 该圆半径上的正方形等于矩形

$$AB\left(BB' + CC' + \cdots + KK' + \frac{LL'}{2} \right).$$

但是这个矩形等于 $A'B \cdot AM$.　　　　　　　　　　　　　　　　　　　　　[命题 22]

其次, 因为 AL', al' 是平行的, 于是两三角形 AML', aml' 是相似的. 以及 $AL' > al'$; 所以 $AM > am$.

也有　　　　　　　　　　　　　　　 $A'B = 2ON = aa'$.

所以

$$A'B \cdot AM > aa' \cdot am$$
$$> al'^2.$$

因此外切于球扇形的立体图形的面大于一个半径等于 al' 或 al 的圆.

推论 1　外切于球扇形的图形的体和与以 O 为顶点、以 LL' 为直径的圆作为底的圆锥一起等于一个圆锥的体积, 该圆锥的底等于外切图形的面, 其高是 ON.

由于图形内接于与内球同心的外球, 因此应用命题 38 的证明.

推论 2　外切图形的体积与圆锥 OLL' 一起大于一个圆锥, 该圆锥的底是半径等于 al 的圆, 其高等于里球的半径 (Oa).

由于图形的体积与圆锥 OLL' 一起等于一个圆锥, 该圆锥的底等于图形的面, 其高等于 ON.

且图形的面大于半径等于 al 的圆 [命题 40], 而两高 Oa, ON 相等.

命题 41

设 lal' 是球的大圆的一段弧，它小于半圆.

假设一个多边形内接于扇形 $Olal'$，并使得各边 lk，$\cdots$，ba，ab'，$\cdots$，$k'l'$ 都相等且边数为 $2n$. 设一个相似多边形外切于扇形，使得它的各边平行于第一个多边形的对应边；作外面多边形的外接圆.

现在设两多边形和两圆绕 OaA 一起旋转，那么，

（1）上述作的外切旋转体和内接旋转体的面之比是 AB^2 比 ab^2；（2）两旋转体分别与有同底且以 O 为顶点的锥一起的体积之比是 AB^3 比 ab^3.

（1）因为上述两面分别等于两圆，且两圆半径上的正方形分别为矩形

$$AB\left(BB' + CC' + \cdots + KK' + \frac{LL'}{2}\right),$$

［命题 39 推论］

和 $ab\left(bb' + cc' + \cdots + kk' + \dfrac{ll'}{2}\right).$

［命题 35］

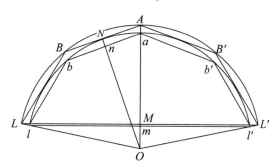

但是两矩形之比是 AB^2 对 ab^2 之比. 所以同样是两面之比.

（2）作 OnN 垂直于 ab 和 AB，设等于外切，内接旋转体的面的圆分别用 S 和 s 表示.

因为外切旋转体与圆锥 OLL' 一起的体积等于一个底是 S，高是 ON 的圆锥.

［命题 40 推论 1］

内切旋转体与圆锥 Oll' 一起的体积等于一个底是 S，高是 On 的圆锥. ［命题 38］

但是 $\qquad\qquad\qquad S : s = AB^2 : ab^2,$

和 $\qquad\qquad\qquad ON : On = AB : ab.$

所以外切体连同圆锥 OLL' 一起的体积与内接体连同圆锥 Oll' 一起体积之比如同 AB^3 与 ab^3 之比.

［引理 5］

命题 42

如果 lal' 是小于半球的球缺，Oa 垂直于球缺的底，那么球缺的表面等于半径为 al 的圆.

设 R 是半径等于 al 的圆. 然后设球缺的面为 S，如果它不等于 R，那么它大于或小于 R.

Ⅰ. 假设 $S > R$.

设 lal' 是一个大圆的一个弓形，它小于半圆. 连接 Ol，Ol'，又设边数为 $2n$ 的两相似等边多边形外切和内接于扇形，且使得

外切多边形 : 内接多边形 $< S : R.$ ［命题 6］

现在设两多边形与弓形绕 *Oat* 旋转，就形成了外切与内接于球缺的两旋转体.

那么

外切体的面：内接体的面

$$= AB^2 : ab^2$$

　　　　　　　　　　［命题41］

$$< S : R, \text{由假设.}$$

但是外切体的面大于 *S*.　　　　　　　　　　　　　　　　［命题39］

所以内切体的面大于 *R*，由命题37，这是不可能的.

Ⅱ. 假设 *S* < *R*.

在此情况下，我们作外切和内接多边形使得它们的比小于 *R*：*S*；我们得到如下结果：

外切体的面：内接体的面 < *R* : *S*.　　　　　　　　［命题41］

但是外切体的面大于 *R*.　　　　　　　　　　　　　　　　［命题40］

所以内接体的面大于 *S*，这是不可能的.　　　　　　　　　［命题36］

因为 *S* 既不大于又不小于 *R*，因此

$$S = R.$$

命题 43

即使球缺大于半球，它的表面仍等于一圆，此圆半径等于 *al*.

设 *lal'a'* 是球的一个大圆，*aa'* 是垂直于 *ll'* 的直径；又设 *la'l'* 是小于半圆的一个弓形.

那么，由命题42，球缺 *lal'* 的表面等于一圆，该圆的半径等于 *a'l* 的圆.

同样整个球面等于半径为 *aa'* 的圆.　　　　　　　［命题33］

但是 $aa'^2 - a'l^2 = al^2$，且两圆之比如同它们半径的二次比.　　　　　　　　　　　　　　　　　　　　［Eucl. Ⅻ，2］

由于球缺 *lal'* 的面是球面与球缺 *la'l'* 表面之差，所以它等于半径为 *al* 的圆.

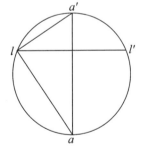

命题 44

球扇形的体积等于一个圆锥，该圆锥的底等于包含在球扇形内的球缺的表面，其高等于球的半径.

设 *R* 是一个圆锥，它的底等于球缺 *lal'* 的表面，其高等于球的半径；设 *S* 是球扇形的体积.

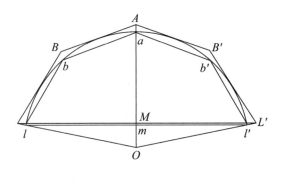

如果 S 不等于 R，那么 S 必须大于或小于 R.

Ⅰ. 假设 $S > R$.

求两个线段 β, γ，其中 β 是较大的，使得

$$\beta : \gamma < S : R;$$

又设 δ, ε 是 β, γ 之间的两个算术平均线段.

设 lal' 是球的一个大圆的一个弓形. 连接 ol, ol'，又设边数为 $2n$ 的等边的两相似多边形外切，内接于扇形，如前所示，但必须使它们边之比小于 $\beta : \delta$.

[命题 4]

然后设两多边形与弓形绕 OaA 旋转，生成两个旋转体.

这两个体的体积分别用 V, v 表示，我们有

$$(V + 圆锥\ OLL') : (v + 圆锥\ Oll') = AB^3 + ab^3 \qquad [命题\ 41]$$
$$< \beta^3 : \delta^3$$
$$< \beta : \gamma^{[1]}$$
$$< S : R, \quad 由假设$$

现在 $(V + 圆锥\ OLL') > S$，

所以也有 $(V + 圆锥\ OLL' > R.)$

但是，这是不可能的，这可由命题 38 的推论结合命题 42，43 得知.

因此 $\qquad\qquad\qquad\qquad S \not> R.$

Ⅱ. 假设 $S < R$.

在此情形，我们取 β, γ，使得

$$\beta : \gamma < R : S,$$

且其余的作图及论述如前.

这样我们得到关系式

$$(V + 圆锥\ OLL') : (v + 圆锥\ Oll') < R : S.$$

现在 $\qquad\qquad\qquad (v + 圆锥\ Oll') < S.$

所以 $\qquad\qquad\qquad (V + 圆锥\ OLL') < R;$

这是不可能的，这可由命题 40 的推论 2 结合命题 42，43 得知.

因为 S 既不大于又不小于 R，所以

$$S = R.$$

（朱恩宽 译 叶彦润 校）

---

[1] 参看本章命题 34 的附注.

论球和圆柱 Ⅱ

"阿基米德致多西修斯（Dositheus）.

前些日子，你让我写出那些问题的证明，这些证明我已给了科农（Conon）. 实际上，它们主要依赖这些定理（其证明我已送给你了），即①任一球面是该球大圆的 4 倍；②任一球冠的面等于一个圆，这圆的半径等于从球冠顶点到其底圆所连的线段；③以球的大圆为底，其高等于球的直径的圆柱是球的3/2，它的面（包括两底）是球面的3/2，以及④任一立体扇形等于一个圆锥，该圆锥的底是与包含在球扇形中的球缺面相等的圆，其高等于球的半径. 以这些定理为依据的定理或问题，我已写在附上的书中；那些用一种不同类的研究方法发现的，即涉及螺线和劈锥曲面的，我将尽快给你送去.

其第一个问题如下：给定一个球，找一个平面的面积等于球面.

从上述定理，它的解法是显然的. 盖因球大圆的 4 倍既是平面面积又等于球面.

第二个问题如下."

命题 1（问题）

给定一个圆锥或圆柱，求一球等于该圆锥或该圆柱.

如果 V 是给定的圆锥或圆柱，我们能够作一圆柱等于 $\frac{3}{2}V$. 设这个圆柱的底是以 AB 为直径的圆，其高是 OD.

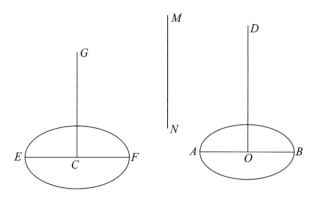

现在，如果我们能作出另一圆柱，它等于圆柱（OD），且使得它的高等于它的底

的直径，这个问题将被解决. 因为后一圆柱等于 $\frac{3}{2}V$，于是直径等于后一圆柱的高（或底的直径）的球即为所求的球［I.34 推论］.

假设问题已解决，设圆柱（CG）等于圆柱（OD），而底的直径 EF 等于高 CG.

因为两相等圆柱的高与底成反比例，

$$AB^2 : EF^2 = CG : OD$$
$$= EF : OD. \tag{1}$$

假设 MN 是满足下式的一线段：

$$EF^2 = AB \cdot MN, \tag{2}$$

因此
$$AB : EF = EF : MN,$$

由（1）和（2），我们有
$$AB : MN = EF : OD,$$

或
$$AB : EF = MN : OD.$$

所以
$$AB : EF = EF : MN = MN : OD,$$

即 EF，MN 是 AB，OD 之间的两比例中项.

因此，问题综合如下，取 AB，OD 之间的两比例中项 EF，MN，并作一圆柱，底为以 EF 为直径的圆，其高 CG 等于 EF. 则，因为

$$AB : EF = EF : MN = MN : OD,$$
$$EF^2 = AB \cdot MN,$$

所以
$$AB^2 : EF^2 = AB : MN$$
$$= EF : OD$$
$$= CG : OD.$$

由此知，两圆柱（OD），（CG）的底与其高成反比例.

所以两圆柱相等，且得到

$$圆柱(CG) = \frac{3}{2}V.$$

从而以 EF 为直径的球就等于 V，即为所求的球.

命题 2

如果 BAB' 是一个球缺，BB' 是球缺底的直径，O 为球心，且球的直径 AA' 交 BB' 于 M，那么球缺的体积等于以球缺的底为底，高为 h 的圆锥体积，其中 h 满足

$$h : AM = (OA' + A'M) : A'M.$$

沿 MA 量得 MH 等于 h，又沿 MA' 量得 MH' 等于 h'，这里

$$h' : A'M = (OA + AM) : AM.$$

假设所作三个圆锥分别以 O，H，H' 为其顶点，球缺的底 BB' 为其公共底. 连接

AB，$A'B$.

设 C 为一圆锥，其底等于球缺 BAB' 的表面，即等于以 AB 为半径的圆 ［Ⅰ.42］，其高等于 OA.

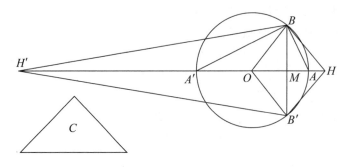

那么圆锥 C 等于球扇形 $OBAB'$ ［Ⅰ.44］.

现在，因为 $HM : MA = (OA' + A'M) : A'M$，

由分比，$\qquad\qquad HA : MA = OA : A'M$，

交换内项，$\qquad\qquad HA : OA = MA : A'M$，

于是

$$HO : OA = AA' : A'M = AB^2 : BM^2$$
$$= 圆锥 \ C \ 的底 : 以 \ BB' \ 为直径的圆.$$

但是 OA 等于圆锥 C 的高；因为底与高成反比例的两圆锥相等，所以可得圆锥 C（或球扇形 $OBAB'$）等于一个圆锥，该圆锥的底是以 BB' 为直径的圆，其高等于 OH.

且这后一圆锥等于同底，其高分别为 OM，MH 的两圆锥之和，即等于立体菱形 $OBHB'$.

因此球扇形 $OBAB'$ 等于立体菱形 $OBHB'$.

去掉公共部分，即圆锥 OBB'，就有

$$球缺 \ BAB' = 圆锥 \ HBB'.$$

类似地，用同样的方法，我们能证明

$$球缺 \ BA'B' = 圆锥 \ H'BB'.$$

后一性质的另一种证明.

设 D 是其底等于整个球面，其高等于 OA 的圆锥.

这样 D 就等于球的体积.$\qquad\qquad\qquad\qquad\qquad$ ［Ⅰ.33，34］

另外，因为 $(OA' + A'M) : A'M = HM : MA$，如前，由分比和交换内项，就有

$$OA : AH = A'M : MA.$$

又因为 $\qquad H'M : MA' = (OA + AM) : AM$，就有

$$H'A : OA = A'M : MA$$
$$= OA : AH, 从上述结果.$$

由合比，$\qquad\qquad H'O : OA = OH : HA$，$\qquad\qquad\qquad\qquad$ (1)

交换内项，$\qquad\qquad H'O : OH = OA : HA$，$\qquad\qquad\qquad\qquad$ (2)

由合比，
$$H'H : OH = OH : HA$$
$$= H'O : OA，由（1），$$

于是
$$HH' \cdot OA = H'O \cdot OH，\tag{3}$$

其次，因为
$$H'O : OH = OA : AH，由（2）$$
$$= A'M : MA，$$

$$(H'O + OH)^2 : H'O \cdot OH = (A'M + MA)^2 : A'M \cdot MA，$$

由（3），就有

$$HH'^2 : HH' \cdot OA = AA'^2 : A'M \cdot MA，$$

或
$$HH' : OA = AA'^2 : BM^2.$$

现在等于此球的圆锥 D 有底为半径等于 AA' 的圆和高等于 OA 的线段.

因此，这个圆锥 D 等于一个以 BB' 为直径的圆作底，其高等于 HH'；

所以   圆锥 D = 立体菱形 $HBH'B'$，

或   立体菱形 $HBH'B$ = 球.

但是   球缺 BAB' = 圆锥 HBB'，

所以剩下的球缺 $BA'B'$ = 圆锥 $H'BB'$.

推论 球缺 BAB' 同与它同底等高的圆锥之比如同 $(OA' + A'M)$ 与 $A'M$ 之比.

命题 3（问题）

用一平面截给定的球，使得两球冠面积之比为已知比.

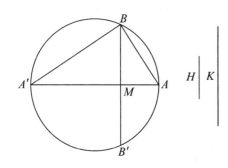

假设问题已解决. 设 AA' 是球大圆的直径，又设垂直于 AA' 的平面交大圆面于直线 BB'，且交 AA' 于 M，又它分割球使得球冠 BAB' 的面积与球冠 $BA'B'$ 的面积之比为已知比.

现在这两面分别等于以 AB，$A'B$ 为半径的圆.   [I.42, 43]

因此 $AB^2 : A'B^2$ 等于已知比，即 AM 与 MA' 之比为已知比.

于是综合证明如下.

如果 $H : K$ 是已知比，分 AA' 于 M 使得

$$AM : MA' = H : K.$$

于是

$$AM : MA' = AB^2 : A'B^2$$
$$= 半径为 AB 的圆 : 半径为 A'B 的圆$$
$$= 球冠 BAB' 的面 : 球冠 BA'B' 的面.$$

这样两球冠面积的比等于 $H : K$.

命题 4（问题）

用一平面截给定的球，使得两球缺的体积之比为已知比.

假设问题已解决，设与大圆 ABA' 成直角的所求平面交大圆于 BB'. 设大圆直径 AA' 垂直平分 BB'（在 M 点），且 O 是球心.

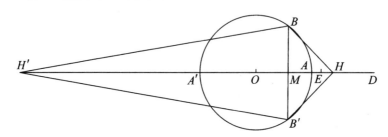

在 OA 的延长线上取一点 H，在 OA' 延线上取一点 H'，使得

$$(OA' + A'M) : A'M = HM : MA, \tag{1}$$

$$(OA + AM) : AM = H'M : MA', \tag{2}$$

连接 BH，$B'H$，BH'，$B'H'$.

于是圆锥 HBB'，$H'BB'$ 分别等于球缺 BAB'，$BA'B'$. ［命题2］

因此两圆锥之比和它们高之比都是已知比，即

$$HM : H'M = 已知比. \tag{3}$$

现在我们有三个方程（1），（2），（3），在其中出现了 3 个待定的点 M，H，H'；根据它们的表示，首先要求另一个方程，使其在其中这些点仅有一个（M）出现，即是说，我们必须消去 H，H'.

现在由（3）知，显然 $HH' : H'M$ 也是一个已知比；阿基米德的消去法是，寻找每一个比 $A'H' : H'M$ 与 $HH' : H'A'$ 之值，这值皆和 H'，H 无关，其次使这两个比的复合比等于已知比 $HH' : A'M$ 的值.

（a）求 $A'H' : H'M$ 的值.

从方程（2）易得

$$A'H' : H'M = OA : (OA + AM). \tag{4}$$

（b）求 $HH' : A'H'$ 的值.

从（1）我们推得

$$A'M : MA = (OA' + A'M) : HM$$
$$= OA' : AH; \tag{5}$$

又从（2），

$$A'M : MA = H'M : (OA + AM)$$
$$= A'H' : OA. \tag{6}$$

于是

$$HA : AO = OA' : A'H',$$

因此

$$OH : OA' = OH' : A'H',$$

或

$$OH : OH' = OA' : A'H'.$$

由此推得

$$HH' : OH' = OH' : H'A',$$

或

$$HH' \cdot H'A' = OH'^2.$$

所以

$$HH' : H'A' = OH'^2 : H'A'^2$$

$$= AA'^2 : A'M^2, \text{ 依 (6)}$$

（c）我们作下述的图，以便更简单地表示 $A'H' : H'M$ 和 $HH' : H'M$. 延长 OA 到 D，使得 $OA = AD$. （D 将超过 H，因为 $A'M > MA$，所以由 (5)，有 $OA > AH$.）

则

$$A'H' : H'M = OA : (OA + AM)$$

$$= AD : DM. \tag{7}$$

现在分 AD 于 E，使得

$$HH' : H'M = AD : DE. \tag{8}$$

然后利用（7），（8）和上面已求的 $HH' : H'A'$ 的值，我们有

$$AD : DE = HH' : H'M$$

$$= (HH' : H'A') \cdot (A'H' : H'M)$$

$$= (AA'^2 : A'M^2) \cdot (AD : DM).$$

但是

$$AD : DE = (DM : DE) \cdot (AD : DM).$$

所以

$$MD : DE = AA'^2 : A'M^2. \tag{9}$$

且 D 是已知的，因为 $AD = OA$. $AD : DE$（等于 $HH' : H'M$）也是已知的. 所以 DE 是已知的.

因此问题本身转化为分 $A'D$ 于 M 为两部分，使得下式成立.

$$MD : \text{一个已知长} = \text{一个已知面} : A'M^2.$$

阿基米德附言"如果问题按这个一般形式被提出，它需要一个 $\delta\iota o\rho\iota\sigma\mu\acute{o}\varsigma$［即必须研究可能性的限度］，但如果加上这个目前情况下存在的条件，它就不要求 $\delta\iota o\rho\iota\sigma\mu\acute{o}\varsigma$".

在目前情况下这问题为：

给定一线段 $A'A$ 延长到 D，使 $A'A = 2AD$，在 AD 上取一点 E，截 AA' 于一点 M，使得

$$AA'^2 : A'M^2 = MD : DE.$$

"这两个问题的分析与综合将在末尾给出."[1]

主要问题的综合如下. 设 $R : S$ 是已知比，R 小于 S. AA' 是一个大圆的直径，O 是圆心，延长 OA 到 D，使得 $OA = AD$，在 E 点分 AD 使得

$$AE : ED = R : S.$$

然后在 M 点截 AA'，使得

$$MD : DE = AA'^2 : A'M^2.$$

过 M 直立一平面垂直于 AA'，这个平面将分球为两个球缺，且使两部分之比如同

─────────────

〔1〕 见这个命题后面的附注.

$R : S.$

在 $A'A$ 方向上取一点 H，在 AA' 方向上取一点 H'，使得

$$(OA' + A'M) : A'M = HM : MA, \qquad (1)$$

$$(OA + AM) : AM = H'M : MA'. \qquad (2)$$

那么我们必须证明这个

$$HM : MH' = R : S, \text{或} AE : ED.$$

（α）我们首先求 $HH' : H'A'$ 如下.

如在分析（b）中已证明的，

$$HH' \cdot H'A' = OH'^2,$$

或 $$HH' : H'A' = OH'^2 : H'A'^2$$

$$= AA'^2 : A'M^2$$

$$= MD : DE, \text{由作图}.$$

（β）其次，我们有

$$H'A' : H'M = OA : (OA + AM)$$

$$= AD : DM.$$

所以

$$HH' : H'M = (HH' : H'A') \cdot (H'A' : H'M)$$

$$= (MD : DE) \cdot (AD : DM)$$

$$= AD : DE,$$

由此得

$$HM : MH' = AE : ED$$

$$= R : S.$$

附注   由命题 4 的原问题所化约成的辅助问题（阿基米德曾说要给出一个讨论的），其解法是由欧托西乌斯（Eutocius）在一个颇有兴味同时又很重要的附注中给出的，他在下面的阐释中引进了这论题.

"他［阿基米德］允诺在最后给出这问题的一个解，但是在任何稿本中我们没有找到其解. 我们发现狄俄尼索多罗（Dionysodorus）也未能弄清所允诺的讨论（因为没能找到被略掉的引理），他用另一种方法去解决原问题，这方法我将在以后描述. 狄俄克利斯（Diocles）也在他的著作 περὶ πυρίων 中表示了'他认为阿基米德虽说过，但未作出证明'的意见，并试图自己补充省掉的部分，他所给出的，我也将顺次给出. 然而，可以看到狄俄克利斯所补充的部分与那省掉的讨论无关，而只是像狄俄尼索多罗那样给出了一个讨论框架，这是用另一种证明方法得到的. 另一方面，作为不懈的、广泛的探求的结果，我在一本老书中发现了一些定理讨论着、虽然由于一些错误而显得不够清晰（以及各种各样的文，图的错误），这些被讨论的定理却给出了我要寻求的东西，而且还在一定程度上保留了阿基米德习用的 Doric 方言，同时还保留着过去习用的一些名词：抛物线被称为直角圆锥的截线，双曲线是钝角圆锥的截线；因此我考虑到：是否这些定理实际上就是他要在最后所允诺的. 因此我仔细加以考查，并在克服了

（由于上述诸多错误所致的）困难之后，我逐渐弄清了原意，并试着用大家更熟悉、更清楚的语句把它写出来．并且，首先这定理将做一般的处理，应使对阿基米德所说的'关于可能性的限度'可以搞清楚，随后即有对这些条件的特殊应用，这些条件是他在对这问题的分析中所陈述的．"

这个随后的研究可以重述如下．

一般问题是：

已知两线段 AB，AC 和一个面积 D，分割 AB 于 M 点，使得

$$AM : AC = D : MB^2.$$

分析

假设 M 已求得，作 AC 与 AB 成直角，连接 CM 延长之．过 B 作 EBN 平行于 AC 于 N，过 C 作 CHE 平行 AB 交 EBN 于 E．完成矩形 $CENF$，又过 M 作 PMH 平行于 AC 交 FN 于 P．

沿 EN 量 EL 使得

$$CE \cdot EL(\text{或 } AB \cdot EL) = D.$$

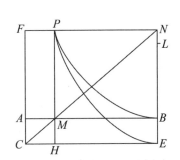

于是，由假设，

$$AM : AC = CE \cdot EL : MB^2.$$

和

$$AM : AC = CE : EN,$$

由相似三角形，

$$= CE \cdot EL : EL \cdot EN.$$

由上推得

$$PN^2 = MB^2 = EL \cdot EN.$$

因此，如果过顶点 E 作一个抛物线，EN 为轴，参数等于 EL，那么抛物线将过 P；它的位置将被确定，因为 EL 是给定的．

所以 P 在已知的抛物线上．

其次因为两矩形 FH，AE 相等，于是

$$FP \cdot PH = AB \cdot BE.$$

因此，如果以 CE，CF 为渐近线，且过 B 作一双曲线，它也将过 P 点，且双曲线的位置是确定的．

所以 P 在已知的双曲线上．因为 P 确定，M 也就给定了．

这样 P 由抛物线和双曲线的交点所确定．

διορισμός.

现在，因为

$$AM : AC = D : MB^2,$$
$$AM \cdot MB^2 = AC \cdot D.$$

但 $AC \cdot D$ 已给定，而以后将证明：$AM \cdot MB^2$ 的最大值是它当 $BM = 2AM$ 时所取的值．

因此，$AC \cdot D$ 不大于 $\dfrac{1}{3}AB \cdot \left(\dfrac{2}{3}AB\right)^2$，或 $\dfrac{4}{27}AB^3$ 是能有一个解的必要条件．

综合

如果 O 是 AB 上且满足 $BO = 2AO$ 的点，为了可能有解，我们已看到

$$AC \cdot D \not> AO \cdot OB^2.$$

这样 $AC \cdot D$ 等于或小于 $AO \cdot OB^2$.

（1）若 $AC \cdot D = AO \cdot OB^2$，则问题有解.

（2）设 $AC \cdot D$ 小于 $AO \cdot OB^2$.

作 AC 与 AB 成直角. 连接 CO，且延长到 R. 过 B 作 EBR 平行于 AC，且交 CO 于 R，过 C 作 CE 平行于 AB 交 EBR 于 E. 完成矩形 $CERF$，且过 O 作 QOK 平行于 AC，且分别交 FR，CE 于 Q 和 K.

因为 $AC \cdot D < AO \cdot OB^2$，沿着 RQ 量得 RQ' 使得

$$AC \cdot D = AO \cdot Q'R^2,$$

或 $$AO : AC = D : Q'R^2.$$

沿着 ER 量 EL 使得

$$D = CE \cdot EL(\text{或 } AB \cdot EL).$$

现在，因为 $AO : AC = D : Q'R^2$，由假设，

$$= CE \cdot EL : Q'R^2,$$

且 $$AO : AC = CE : ER, \text{ 由相似三角形},$$

$$= CE \cdot EL : EL \cdot ER,$$

由此推得 $$Q'R^2 = EL \cdot ER.$$

作具有顶点 E，轴 ER，且参数等于 EL 的一抛物线. 这个抛物线将过 Q'.

又 矩形 $FK = $ 矩形 AE，

或 $$FQ \cdot QK = AB \cdot BE;$$

如果以 CE，CF 为渐近线且过 B 作一个矩形的双曲线，它也将通过 Q.

设抛物线和双曲线交于 P，过 P 作 PMH 平行于 AC 分别交 AB，CE 于 M 和 H，作 GPN 平行于 AB 且分别交 CF，ER 于 G 和 N.

于是 M 就是所求的分点.

因为 $$PG \cdot PH = AB \cdot BE,$$

矩形 $GM = $ 矩形 ME，

所以 CMN 是一条直线.

于是 $$AB \cdot BE = PG \cdot PH = AM \cdot EN. \tag{1}$$

又由抛物线的性质，

$$PN^2 = EL \cdot EN,$$

或 $$MB^2 = EL \cdot EN. \tag{2}$$

由（1）和（2），

$$AM : EL = AB \cdot BE : MB^2,$$

或 $AM \cdot AB : AB \cdot EL = AB \cdot AC : MB^2.$

交换内项,

$$AM \cdot AB : AB \cdot AC = AB \cdot EL : MB^2,$$

或 $AM : AC = D : MB^2.$

διορισμός 的证明

余下的是证明: 若 AB 在 O 点使得 $BO = 2AO$, 则 $AO \cdot OB^2$ 是 $AM \cdot MB^2$ 的最大值, 或

$$AO \cdot OB^2 > AM \cdot MB^2.$$

这里 M 是 AB 上不同于 O 的任一点.

假设 $AO : AC = CE \cdot EL' : OB^2,$

于是 $AO \cdot OB^2 = CE \cdot EL' \cdot AC.$

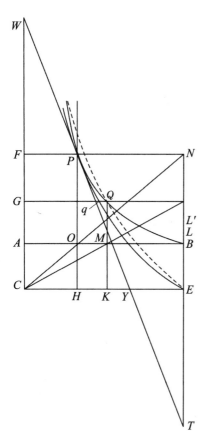

连接 CO 延长到 N; 过 B 作 EBN 平行于 AC, 完成平行四边形 $CENF$.

过 O 作 POH 平行于 AC, 且分别交 FN, CE 于 P 和 H.

以 E 为顶点, EN 为轴和以 EL' 为参数作一个抛物线. 这将过 P, 如以上分析所示, 除 P 而外还将交此抛物线之直径 CF 于某点.

其次, 作一个带有渐近线 CE, CF 的矩形的双曲线, 且过 B 点. 如前分析所示, 这双曲线也将过 P.

延长 NE 到 T, 使得 $TE = EN$. 连接 TP 交 CE 于 Y, 且延长它使交 CF 于 W. 于是 TP 将与抛物线切于 P.

因为 $BO = 2AO,$

$TP = 2PW,$

和 $TP = 2PY,$

所以 $PW = PY.$

于是, 因为在两渐近线间的 WY 被 P 平分, 它交双曲线之点, WY 是双曲线的一个切线.

因此, 在 P 点有共同切线的双曲线和抛物线彼此相切于 P.

现在在 AB 上任取一点 M, 过 M 作 QMK 平行于 AC 且交双曲线于 Q, 交 CE 于 K. 最后, 过 Q 作 $GqQR$ 平行于 AB 交 CF 于 G, 交抛物线于 q, 交 EN 于 R.

由双曲线的性质, 因为两矩形 GK, AE 相等, 那么 CMR 是一直线.

由抛物线的性质,

$$qR^2 = EL' \cdot ER,$$

于是
$$QR^2 < EL' \cdot ER.$$

假设
$$QR^2 = EL \cdot ER,$$

我们有
$$AB : AC = CE : ER$$
$$= CE \cdot EL : EL \cdot ER$$
$$= CE \cdot EL : QR^2$$
$$= CE \cdot EL : MB^2,$$

或
$$AM \cdot MB^2 = CE \cdot EL \cdot AC.$$

所以
$$AM \cdot MB^2 < CE \cdot EL' \cdot AC$$
$$< AO \cdot OB^2.$$

如果 $AC \cdot D < AO \cdot OB^2$，因为抛物线和双曲线相交于两点，所以有两解.

如果我们作一个带有顶点 E 和轴 EN，且参数等于 EL 的抛物线，该抛物线将过 Q 点（看上页图）；由于此抛物线还交直径 CF（除交 Q 外），它必须与双曲线再次相交（它以 CF 作为它的渐近线）.

［如果我们记 $AB = a$，$BM = x$，$AC = c$ 和 $D = b^2$，可看出比例式
$$AM : AC = D : MB^2$$

等价于方程式
$$x^2(a - x) = b^2 c,$$

它是一个缺少 x 一次项的三次方程式.

现在假设 EN，EC 是坐标轴，EN 是 y 轴.

那么上面解所用的抛物线是
$$x^2 = \frac{b^2}{a} \cdot y,$$

而矩形的双曲线是
$$y(a - x) = ac.$$

于是，这三次方程的解以及没有正解，或有一个正解，或两个正解的条件，利用两个圆锥曲线而得到. ］

为了叙述的完整性，以及对它们的兴趣，命题 4 的由狄俄尼索多罗和狄俄克利斯所给出的解，在这里补上.

狄俄尼索多罗的解

设 AA' 是已知球的直径，需求一平面截 AA' 于直角（设在一点 M 处），使得截得的两球缺之比为已知比 $CD : DE$.

延长 $A'A$ 到 F，使得 $AF = OA$，这里 O 是球心.

作 AH 垂直于 AA'，其长满足
$$FA : AH = CE : ED,$$

且延长 AH 到 K 使得

$$AK^2 = FA \cdot AH. \qquad (\alpha)$$

作一个顶点为 F，轴为 FA 以及参数等于 AH 的抛物线，由等式（α）它将过 K 点.

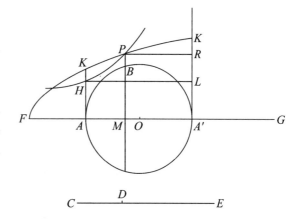

作 $A'K'$ 平行于 AK 且交抛物线于 K'；作以 $A'F$，$A'K$ 为渐近线且过 H 的矩形双曲线. 这个双曲线将交抛物线于一点 P，它在 K 和 K' 之间.

作 PM 垂直于 AA' 且交大圆于 B，B'，从 H，P 作 HL，PR 平行于 AA' 且分别交 $A'K'$ 于 L，R.

于是，由双曲线的性质，

$$PR \cdot PM = AH \cdot HL,$$

即

$$PM \cdot MA' = HA \cdot AA',$$

或

$$PM : AH = AA' : A'M,$$

和

$$PM^2 : AH^2 = AA'^2 : A'M^2.$$

由抛物线的性质，也有

$$PM^2 = FM \cdot AH,$$

即

$$FM : PM = PM : AH,$$

或

$$FM : AH = PM^2 : AH^2$$
$$= AA'^2 : A'M^2，从前式.$$

因为两圆之比如同它们半径的平方比，以 $A'M$ 为半径的圆为底，以高等于 FM 的圆锥和以 AA' 为半径的圆为底，以高等于 AH 的圆锥，它们的底和高成反比例.

因此两圆锥相等；亦即如果我们用符号 $c(A'M)$，FM 表示第一个圆锥，其他同样表示，那么

$$c(A'M),FM = c(AA'),AH.$$

现在

$$c(AA'),FA : c(AA'),AH = FA : AH$$
$$= CE : ED，由作图.$$

所以

$$c(AA'),FA : c(A'M),FM = CE : ED. \qquad (\beta)$$

但是（1） $\qquad\qquad c(AA'),FA = 球.$ $\qquad\qquad$ [I.34]

（2） $c(A'M)$，FM 能够证明等于以 A' 为顶点，以 $A'M$ 为高的该球的球缺.

为此，在 AA' 上取一点 G，使得

$$GM : MA' = FM : MA$$

$$= (OA + AM) : AM.$$

于是圆锥 GBB' 等于球缺 $A'BB'$. ［命题 2］

并且 $\qquad FM : MG = AM : MA'$，由假设，

$$= BM^2 : A'M^2.$$

所以

以 BM 为半径的圆：以 $A'M$ 为半径的圆 $= FM : MG$，

于是

$$c(A'M), FM = c(BM), MG$$
$$= \text{球缺 } A'BB'.$$

从等式（β），我们有

$$\text{球：球缺 } A'BB' = CE : ED,$$

因此

$$\text{球缺 } ABB' : \text{球缺 } A'BB' = CD : DE.$$

狄俄克利斯的解

狄俄克利斯像阿基米德那样是从在命题 2 中被证的性质开始的，即如果一个平面垂直截球的直径于 M 点，且若取 H，H' 在 OA，OA' 沿线上分别满足

$$(OA' + A'M) : A'M = HM : MA,$$
$$(OA + AM) : AM = H'M : MA',$$

则两圆锥 HBB'，$H'BB'$ 分别等于球缺 ABB' 和 $A'BB'$.

于是，导出推论为

$$HA : AM = OA' : A'M,$$
$$H'A' : A'M = OA : AM.$$

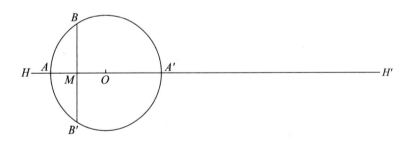

他用下面的形式陈述这问题，用任给的线段代替 OA 或 OA'，这样稍许扩张了一点：

给定一个线段 AA'，它的端点是 A，A'，给定一个比 $C:D$，给定另一线段 AK；分 AA' 于 M 点和在 $A'A$ 和 AA' 延长线上分别求一点 H，H'，使下面的关系同时成立：

$$C : D = HM : MH', \qquad (\alpha)$$
$$HA : AM = AK : A'M, \qquad (\beta)$$
$$H'A' : A'M = AK : AM. \qquad (\gamma)$$

分析

假设问题已解决，三点 M，H 和 H' 已求得.

作 AK 与 AA' 成直角，作 $A'K'$ 平行且等于 AK. 连接 KM，$K'M$，延长它们分别交 $K'A'$，KA 于 E，F. 连接 KK'，过 E 作 EG 平行于 $A'A$ 且交 KF 于 G，过 M 作 QMN 平行于 AK，且交 EG，KK' 于 Q 和 N.

现在
$$HA : AM = A'K' : A'M,\text{由}(\beta)$$
$$= FA : AM,\text{由相似三角形},$$

因此
$$HA = FA.$$

类似地
$$H'A' = A'E.$$

其次，
$$(FA + AM) : (A'K' + A'M) = AM : A'M$$
$$= (AK + AM) : (EA' + A'M),\text{由相似三角形}.$$

所以
$$(FA + AM) \cdot (EA' + A'M) = (KA + AM) \cdot (K'A' + A'M).$$

沿 AH 取 AR，沿 $A'H'$ 取 $A'R'$，使得
$$AR = A'R' = AK.$$

因为 $FA + AM = HM$，$EA' + A'M = MH'$，于是我们有
$$HM \cdot MM' = RM \cdot MR'. \tag{δ}$$

［于是，若 R 落在 A 和 H 之间，R' 就落在自 A' 关于 H' 的另一边，反之亦然. ］

现在
$$C : D = HM : MH',\text{由假设},$$
$$= HM \cdot MH' : MH'^2$$
$$= RM \cdot MR' : MH'^2,\text{由}(\delta).$$

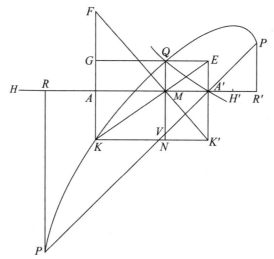

沿 MN 量 MV 使得 $MV = A'M$. 连接 $A'V$ 和向两边延长之. 作 RP，$R'P'$ 垂直于 RR' 且分别交延长了的 $A'V$ 于 P，P' 点.

由平行线性质，

$$P'V : PV = R'M : MR.$$

所以 $$PV \cdot P'V : PV^2 = RM \cdot MR' : RM^2.$$

但是 $$PV^2 = 2RM^2.$$

所以 $$PV \cdot P'V = 2RM \cdot MR'.$$

又已证 $$RM \cdot MR' : MH'^2 = C : D.$$

因此 $$PV \cdot P'V : MH'^2 = 2C : D.$$

但是 $$MH' = A'M + A'E = VM + MQ = QV.$$

所以 $$QV^2 : PV \cdot P'V = D : 2C,\text{是已知比.}$$

这样，如果我们取一线段使得

$$D : 2C = p : PP',^{〔1〕}$$

如果我们作一个椭圆，它以 PP' 为一个直径，以 p 作为对应的参数 [$= DD'^2/PP'$，用几何圆锥曲线的普通记法]，这样，使得 PP' 对坐标倾斜直角的一半，即平行于 QV 或 AK，那么椭圆将过 Q 点.

因此 Q 在给定的椭圆上.

又因为 EK 是平行四边形的对角线，

$$GQ \cdot QN = AA' \cdot A'K'.$$

所以，如果作一个以 KG，KK' 为渐近线且过 A' 的矩形双曲线，它也将过 Q 点.

因此 Q 在一个给定的矩形双曲线上.

于是 Q 作为已知的椭圆和已知的双曲线的交点而被求出，所以它是已知的. 这样 M 被给定，以及 H，H' 同时被求出.

综合

放置 AA'，AK 成直角，作 $A'K'$ 平行且等于 AK，连接 KK'.

作 AR（延长了的 $A'A$）和 $A'R'$（延长了的 AA'）都等于 AK，过 R，R' 作垂直于 RR' 的直线.

然后过 A' 作 PP' 使得与 AA' 的交角（$AA'P$）等于直角的一半，且分别交已作的两垂线于 P，P'.

取一个长 p，使得

$$D : 2C = p : PP'.^{〔2〕}$$

---

〔1〕 这里在希腊原文中有一个错误，似乎躲过了至今所有编辑的注意. 这个语句是 $\varepsilon\grave{\alpha}\nu$ $\mathring{\alpha}\rho\alpha$ $\pi oi-\acute{\eta}\sigma\omega\mu\varepsilon\nu$, $\acute{\omega}\varsigma$ $\tau\grave{\eta}\nu$ Δ $\pi\rho\grave{o}\varsigma$ $\tau\grave{\eta}\nu$ $\delta\iota\pi\lambda\alpha\sigma\acute{\iota}\alpha\nu$ $\tau\tilde{\eta}\varsigma$ Γ, $o\check{v}\tau\omega\varsigma$ $\tau\grave{\eta}\nu$ TY $\pi\rho\grave{o}\varsigma$ $\mathring{\alpha}\lambda\lambda\eta\nu$ $\tau\iota\nu\grave{\alpha}$ $\acute{\omega}\varsigma$ $\tau\grave{\eta}\nu$ Φ, 即，（按上述字义）"如果我们取一长度 p 使得 $D : 2C = PP' : p$." 这不是正确的，因为我们将有

$$QV^2 : PV \cdot P'V = PP' : p,$$

其实后面的两项被颠倒了，椭圆的正确性质是

$$QV^2 : PV \cdot P'V = p : PP'. \quad [\text{Apollonius } Ⅰ.21]$$

看起来这个错误远在狄俄尼索多罗就出现了，我认为狄俄尼索多罗比狄俄克利斯更可能犯此错误，因为任何一个睿智的数学家在援引别人的著作时都会犯此错误，而不是别人犯了错误自己没注意到.

〔2〕 这里希腊原文重现相同的过失，如上面的那个注.

以 PP' 作为直径，以 p 作为对应参数作一个椭圆，使得对于 PP' 的坐标与它倾斜一个角等于 $AA'P$，即平行于 AK.

以 KA'，KK' 为渐近线，过 A' 作一个矩形双曲线.

设双曲线和椭圆交于 Q，从 Q 作 $QMVN$ 垂直于 AA'，且分别交 AA'，PP' 和 KK' 于 M，V 和 N. 作 GQE 平行于 AA'，且分别交 AK，$A'K'$ 于 G，E.

延长 KA，$K'M$ 交于 F.

于是由双曲线的性质.

$$GQ \cdot QN = AA' \cdot A'K',$$

因为这些矩形相等，所以 KME 是一直线.

沿 AR 取 AH 等于 AF，沿 $A'R'$ 取 $A'H'$ 等于 $A'E$.

由椭圆的性质，

$$QV^2 : PV \cdot P'V = p : PP'$$
$$= D : 2C.$$

由平行线性质，

$$PV : P'V = RM : R'M,$$

或

$$PV \cdot P'V : P'V^2 = RM \cdot MR' : R'M^2,$$

而 $P'V^2 = 2R'M^2$，因为角 $RA'P$ 是直角的一半.

所以

$$PV \cdot P'V = 2RM \cdot MR',$$

因此

$$QV^2 : 2RM \cdot MR' = D : 2C.$$

但是

$$QV = EA' + A'E = MH'.$$

所以

$$RM \cdot MR' : MH'^2 = C : D.$$

又由两相似三角形，

$$(FA + AM) : (K'A' + A'M) = AM : A'M$$
$$= (KA + AM) : (EA' + A'M).$$

所以

$$(FA + AM) \cdot (EA' + A'M) = (KA + AM) \cdot (K'A' + A'M),$$

或

$$HM \cdot MH' = RM \cdot MR'.$$

由此得出

$$HM \cdot MH' : MH'^2 = C : D,$$

或

$$HM : MH' = C : D. \tag{α}$$

也有

$$HA : AM = FA : AM,$$
$$= A'K' : A'M, \text{由相似三角形}, \tag{β}$$
$$H'A' : A'M = EA' : A'M,$$
$$= AK : AM. \tag{γ}$$

因此点 M，H，H' 满足三个给定的关系.

命题 5（问题）

作一个球缺与一个球缺相似，而与另一个球缺体积相等.

设 ABB' 是一个球缺，它以 A 为顶点，其底为以 BB' 为直径的圆；设 DEF' 是另一个球缺，它以 D 为顶点，其底为以 EF 为直径的圆. 设 AA'，DD' 分别是穿过 BB'，EF 的大圆的直径. 设 O，C 分别是球心.

设需要作一球缺相似于 DEF，且体积等于 ABB' 的体积.

分析

假设问题已解决，设 def 是所求的球缺，它以 d 为顶点，其底为以 ef 为直径的圆. 设 dd' 是球的直径，它垂直平分 ef，c 是球心.

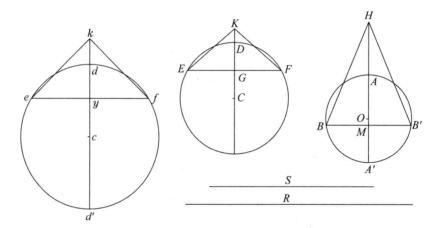

设 BB'，EF，ef 依次在点 M，G，g 处被 AA'，DD'，dd' 垂直平分，使得

$$\left.\begin{array}{l}(OA' + A'M) : A'M = HM : MA \\ (CD' + D'G) : D'G = KG : GD \\ (cd' + d'g) : d'g = kg : gd\end{array}\right\},$$

且构成的这些圆锥分别有顶点 H，K，k，且其底为球缺的底. 则这些圆锥将分别等于对应之球缺.　　　　　　　　　　　　　　　　　　　　　　　　　　　　　[命题 2]

所以，由假设，

$$圆锥\ HBB' = 圆锥\ kef.$$

因此

$$（以\ BB'\ 为半径的圆）:（以\ ef\ 为半径的圆）= kg : HM,$$

使得　　　　　　　　　　　　$BB'^2 : ef^2 = kg : HM.$　　　　　　　　　　　　（1）

但是，因为球缺 DEF，def 相似，这样圆锥 KEF，kef 也相似.

所以

$$KG : EF = kg : ef.$$

而比 $KG : EF$ 是已知的，所以比 $kg : ef$ 是已知的.

假设取一个线段 R 使得

$$kg : ef = HM : R. \tag{2}$$

于是 R 是已知的.

又因为 $kg : HM = BB'^2 : ef^2 = ef : R$,由（1）和（2），假设取一个线段 S 使得

$$ef^2 = BB' \cdot S,$$

或

$$BB'^2 : ef^2 = BB' : S.$$

于是

$$BB' : ef = ef : S = S : R,$$

ef，S 是 BB'，R 之间成连比例的两个比例中项.

综合

设 ABB'，DEF 是大圆，BB'，EF，依次在点 M，G 处被直径 AA'，DD' 垂直平分，且 O，C 是球心.

如前那样取 H，K，作出圆锥 HBB'，KEF，它们就分别等于球缺 ABB'，DEF.

设 R 是一线段，使得

$$KG : EF = HM : R,$$

在 BB'，R 之间取比例中项 ef，S.

以 ef 为底，作以 d 为顶点的弓形相似于弓形 DEF. 完成圆 edf，设 dd' 是过 d 的直径，C 是中心. 设想作一个以 def 为大圆的球，且过 ef 作一个平面与 dd' 成直角.

则 def 将是所求的球缺.

由于两球缺 DEF，def 是相似的，如同两弓形 DEF，def 相似.

延长 cd 到 k，使得

$$(cd' + d'g) : d'g = kg : gd.$$

此外，两圆锥 KEF，kef 相似，

所以

$$kg : eg = KG : EF = HM : R,$$

于是

$$kg : HM = ef : R.$$

但是，因为 BB'，ef，S，R 成连比例，

$$BB'^2 : ef^2 = BB' : S$$
$$= ef : R$$
$$= kg : HM.$$

这样，圆锥 HBB'，kef 的底与它们的高成反比. 所以两圆锥相等，且 def 是所求的球缺，它的体积等于圆锥 kef.

[命题 2]

命题 6（问题）

已知两个球缺，求第三个球缺，使其与一个球缺相似，而与另一个球缺有相等的表面.

设 ABB' 是一个球缺，它的面等于所求球缺的表面，大圆 $ABA'B'$ 所在平面与球缺

ABB'的底成直角且交于 BB'. 设 AA' 是垂直平分 BB' 的直径.

设 DEF 是一个球缺，它与所求的球缺是相似的，大圆 $DED'F$ 所在平面与球缺 DEF 成直角且交于 EF，设 DD' 是垂直平分 EF 于 G 的直径.

假设问题已解决，def 是一个球缺，它相似于 DEF，它的面等于 ABB' 的面；如同 DEF 那样，完成图形 def，用小写和大写字母分别记对应的各点.

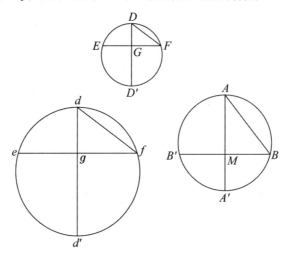

连接 AB，DF，df.

现在，因为球缺 def，ABB' 的表面是相等的，于是以 df，AB 为直径的两圆也是相等的； $\left[\,\mathrm{I}.42,\,43\,\right]$

即 $df = AB.$

从两球缺 DEF，def 相似，我们得到，
$$d'd : dg = D'D : DG,$$
和
$$dg : df = DG : DF;$$

因此 $d'd : df = D'D : DF,$

或 $d'd : AB = D'D : DF.$

但是 AB，$D'D$，DF 都是已知的，

所以 $d'd$ 是已知的，

因而综合如下，

取 $d'd$ 使

$$d'd : AB = D'D : DF, \qquad (1)$$

画一个以 $d'd$ 为直径的圆，设想作一个以该圆为大圆的球，在 g 点分 $d'd$，使得
$$d'g : gd = D'G : GD,$$
过 g 作一平面垂直于 $d'd$ 截出一个球缺 def，且交大圆于 ef. 这样两球缺 def，DEF 相似，

且 $dg : df = DG : DF.$

但是，从前式，由合比，
$$d'd : dg = D'D : DG.$$

于是得出 $\qquad d'd : df = D'D : DF,$

因此,由(1), $\qquad df = AB.$

因此球缺 def 的表面等于球缺 ABB' 的表面 [Ⅰ.42, 43], 而该球缺也相似于球缺 DEF.

命题 7（问题）

用一平面从已知球截出一个球缺,使得该球缺与一圆锥有已知比,此圆锥与球缺同底等高.

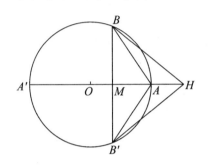

设 AA' 是这球一个大圆的直径. 需要作一平面与 AA' 成直角, 截出一个球缺 ABB', 使得球缺 ABB' 与圆锥 ABB' 有已知比.

分析

假设问题已解决, 设截面交大圆面于 BB', 交直径 AA' 于 M, 设 O 是球心.

延长 OA 到 H, 使得

$$(OA' + A'M) : A'M = HM : MA. \qquad (1)$$

于是圆锥 HBB' 等于球缺 ABB'. $\qquad$ [命题 2]

所以已知比必等于圆锥 HBB' 与圆锥 ABB' 的比, 即 $HM : MA$.

因此, $(OA' + A'M) : A'M$ 是已知的; 所以 $A'M$ 也是已知的.

διορισμός.

现在 $\qquad OA' : A'M > OA' : A'A,$

于是 $\qquad (OA' + A'M) : A'M > (OA' + A'A) : A'A$

$$> 3 : 2.$$

这样, 关于此问题可能有解的一个必要条件是已知比大于 $3 : 2$.

综合

设 AA' 是球的一个大圆的直径, O 是球心.

取一线段 DE, 且在其上取一点 F, 使得 $DE : EF$ 等于已知比, 它大于 $3 : 2$.

现在, 因为

$$(OA' + A'A) : A'A = 3 : 2,$$

$$DE : EF > (OA' + A'A) : A'A,$$

于是 $\qquad DF : FE > OA' : A'A.$

因此, 在 AA' 上能求出一点 M, 使得

$$DF : FE = OA' : A'M. \qquad (2)$$

过 M 作一平面与 AA' 成直角, 且交大圆面于 BB', 并从球截出一个球缺 ABB'.

如前, 在 OA 延长线上取一点 H, 使得

$$(OA' + A'M) : A'M = HM : MA.$$

所以 $HM : MA = DE : EF$，依 (2)．

随即有圆锥 HBB' 或球缺 ABB' 与圆锥 ABB' 的比为已知比 $DE : EF$．

命题 8

如果一球被不过中心的平面截得两个球缺 $A'BB'$、ABB'，其中 $A'BB'$ 是较大的，则比

球缺 $A'BB'$: 球缺 $ABB' < (A'BB'$ 的表面$)^2 : (ABB'$ 的表面$)^2$

但是 $> (A'BB'$ 的表面$)^{3/2} : (ABB'$ 的表面$)^{3/2}$．[1]

设截面成直角地截一个大圆 $A'BAB'$ 于 BB'，且设直径 AA' 垂直平分 BB' 于 M．

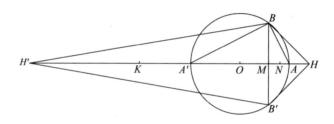

设 O 是球心．

连接 $A'B$，AB．

照常，在 OA 延长线上取 H，在 OA' 延长线上取 H'，使得

$$(OA' + A'M) : A'M = HM : MA, \tag{1}$$

$$(OA + AM) : AM = H'M : MA', \tag{2}$$

且设想作二圆锥分别与二球冠同底，且以 H，H' 为顶点．两圆锥分别等于两球缺 [命题 2]，又它们的比是两高 HM，$H'M$ 之比．

也有

$$A'BB' \text{ 的面} : ABB' \text{ 的面} = A'B^2 : AB^2 \qquad [\text{I}.42, 43]$$
$$= A'M : AM.$$

所以我们需证明：

(a) $\qquad H'M : MH < A'M^2 : MA^2$，

(b) $\qquad H'M : MH > A'M^{\frac{3}{2}} : MA^{\frac{3}{2}}$．

(a) 由 (2)，

$$A'M : AM = H'M : (OA + AM)$$
$$= H'A' : OA'，\text{因为 } OA = OA'．$$

───────────

[1] 这是阿基米德的句子的符号表达式，他说大的球缺与小的球缺的比"小于大球缺的表面与小球缺的表面比的加倍(διπλάσιον)，但是大于那个比的一倍半(ἡμιόλιον)"．

因为 $A'M > AM$，$H'A' > OA'$；所以，如果我们在 $H'A'$ 上取一点 K 使得 $OA' = A'K$，K 将在 H' 和 A' 之间.

又由（1），

$$A'M : AM = KM : MH.$$

这样 $\quad\quad KM : MH = H'A' : A'K$，因为 $A'K = OA'$，

$$> H'M : MK.$$

所以 $\quad\quad\quad\quad H'M \cdot MH < KM^2.$

由此得出

$$H'M \cdot MH : MH^2 < KM^2 : MH^2,$$

或 $\quad\quad\quad\quad H'M : MH < KM^2 : MH^2$

$$< A'M^2 : AM^2，由（1）.$$

（b）因为 $\quad\quad OA' = OA,$

$$A'M \cdot MA < A'O \cdot OA,$$

或 $\quad\quad\quad\quad A'M : OA' < OA : AM$

$$< H'A' : A'M，依（2）.$$

所以 $\quad\quad\quad\quad A'M^2 < H'A' \cdot OA'$

$$< H'A' \cdot A'K.$$

在 $A'A$ 延长线上取一点 N，使得

$$A'N^2 = H'A' \cdot A'K.$$

这样 $\quad\quad\quad H'A' : A'K = A'N^2 : A'K^2.$ $\quad\quad\quad\quad$ (3)

也有 $\quad\quad\quad\quad H'A' : A'N = A'N : A'K,$

由合比，

$$H'N : A'N = NK : A'K,$$

因此 $\quad\quad\quad\quad A'N^2 : A'K^2 = H'N^2 : NK^2.$

所以，由（3），

$$H'A' : A'K = H'N^2 : NK^2.$$

现在 $\quad\quad\quad\quad H'M : MK > H'N : NK.$

所以 $\quad\quad H'M^2 : MK^2 > H'A' : A'K$

$$> H'A' : OA'$$

$$> A'M : MA，由（2）$$

$$> (OA' + A'M) : MH，由（1）$$

$$> KM : MH.$$

因此

$$H'M^2 : MH^2 = (H'M^2 : MK^2) \cdot (KM^2 : MH^2)$$

$$> (KM : MH) \cdot (KM^2 : MH^2).$$

由此得出

$$H'M : MH > KM^{\frac{3}{2}} : MH^{\frac{3}{2}}$$

$$> A'M^{\frac{3}{2}} : AM^{\frac{3}{2}}，由（1）.$$

[阿基米德的教程中增加了该命题的另一证明，在这里略去了，因为事实上，这证明既不比前述证明更清晰，也不更短些.]

命题 9（问题）

在所有有等表面的球缺中，半球体积最大.

设 $ABA'B'$ 是球的一个大圆，AA' 是直径，O 是球心. 设球被不过球心的平面所截，该面垂直于 AA'（在 M 点），且交大圆面于 BB'. 球缺 ABB' 可以小于半球（如下图左），或大于半球（如下图右）.

设 $DED'E'$ 是另一球的一个大圆，DD' 是直径，C 是中心. 设过 C 且垂直于 DD' 的平面截球，并交大圆面于直径 EE'.

假设球缺 ABB' 的表面和半球 DEE' 的面相等.

因为两面相等，所以 $AB = DE$.   [Ⅰ.42，43]

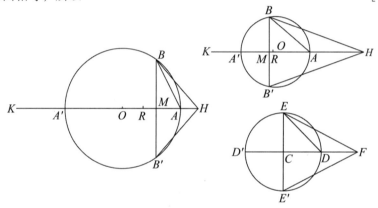

在上图左中，$AB^2 > 2AM^2$ 和 $AB^2 < 2AO^2$.

在上图右上，$AB^2 < 2AM^2$ 和 $AB^2 > 2AO^2$.

因此，如果在 AA' 上取一点 R，使得

$$AR^2 = \frac{1}{2}AB^2,$$

R 将在 O 和 M 之间.

又因为 $AB^2 = DE^2$，于是 $AR = CD$.

延长 OA' 到 K 使得 $OA' = A'K$，延长 $A'A$ 到 H，使得

$$A'K : A'M = HA : AM,$$

由合比， $(A'K + A'M) : A'M = HM : MA.$ (1)

于是圆锥 HBB' 等于球缺 ABB'.   [命题 2]

又延长 CD 到 F，使得 $CD = DF$，那么圆锥 FEE' 将等于半球 DEE'.   [命题 2]

由于 $AR \cdot RA' > AM \cdot MA'$，

且 $AR^2 = \frac{1}{2}AB^2 = \frac{1}{2}AM \cdot AA' = AM \cdot A'K.$

因此

$$AR \cdot RA' + RA^2 > AM \cdot MA' + AM \cdot A'K,$$

或
$$AA' \cdot AR > AM \cdot MK$$
$$> HM \cdot A'M, \text{由}(1).$$

所以
$$AA' : A'M > HM : AR,$$

或
$$AB^2 : BM^2 > HM : AR,$$

即
$$AR^2 : BM^2 > HM : 2AR, \quad \text{因为 } AB^2 = 2AR^2,$$
$$> HM : CF.$$

这样，因为 $AR = CD$，或 CE.

以 EE' 为直径的圆：以 BB' 为直径的圆 $> HM : CF$.

由此得到

$$\text{圆锥 } FEE' > \text{圆锥 } HBB',$$

所以半球 DEE' 的体积大于球缺 ABB' 的体积.

（朱恩宽 译 叶彦润 校）

圆的度量

命题 1

任何一个圆面积等于一个直角三角形，它的夹直角的一边等于圆的半径，而另一边等于圆的周长．

设 $ABCD$ 是给定的圆，K 为所述三角形．

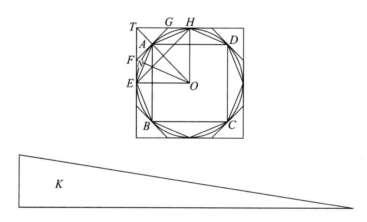

那么，如果圆不等于 K，它必定大于，或小于 K．

Ⅰ．如果可能，设圆大于 K．

设一个内接正方形为 $ABCD$，平分弧 AB、BC、CD、DA．然后再等分（如果需要）其一半，继续分下去，直至以分点为顶点的内接多边形边上的弓形之和小于圆面积与 K 的差．

这样多边形面积大于 K．

设 AE 是它的任意一边，且由圆心 O 作 ON 垂直 AE．

则 ON 小于圆的半径，即小于 K 中夹直角的一边，且多边形的周长小于圆的周长，即小于 K 中夹直角的另一边．

所以，多边形的面积小于 K；这与已知条件矛盾．

故圆的面积不大于 K．

Ⅱ．如果可能，设圆小于 K．

作外切正方形，设其切圆于点 E，H 的两相邻边交于 T，平分相邻两切点间的弧且在分点上作切线，设 A 是弧 EH 的中点，且 FAG 为 A 上的切线．

则角 TAG 是一个直角．

故 $TG > GA > GH$.

于是三角形 *FTG* 的面积大于 *TEAH* 面积的一半.

类似地，如果弧 *AH* 被平分且在分点作切线，就可以从面积 *GAH*① 截出一个大于它的一半的面积.

如此，继续这种作法，最终将作出一个外切多边形，在它与圆之间截得的许多空间面积之和小于 *K* 与圆面积之差.

这样一来，多边形面积小于 *K*.

现在，由 *O* 作多边形任意一边的垂线，它等于圆的半径，这时多边形的周长大于圆的周长，于是得到多边形的面积大于三角形 *K*；这是不可能的.

所以，圆面积不小于 *K*.

因而，圆面积既不大于又不小于 *K*，它就等于 *K*.

命题 2

一个圆面积比它的直径上的正方形如同 11 比 14.

［这个命题的原文是不能令人满意的，阿基米德没有把它放在命题 3 之前，因为这个近似值要依赖于那个命题的结论.］

命题 3

任何一个圆周与它的直径的比小于 $3\frac{1}{7}$ 而大于 $3\frac{10}{71}$.

［鉴于源自阿基米德这命题算术内容中值得注意的一些问题，当它再一次出现时，必须小心区分原文中的具体步骤，这是来自一些（多为欧托西乌斯（Eutocius）提供的）中间步骤——为使推导容易些而方便给出的. 从而，所存在原文中没出现的步骤被包含在方括号中，为的是能清楚看到阿基米德省去实际计算到什么程度而只是给出结果. 可以注意到他给出两个 $\sqrt{3}$ 的近似分数（一个小于，另一个大于实际值）而没有解释是如何得到它们的. 同样，一些不是完全平方的大数的平方根也直接给出了其近似值. 这些近似值及希腊算术推导，一般可在导论第 4 章中的讨论里找到.］

Ⅰ. 设 *AB* 是任意圆的直径，*O* 是它的中心，*AC* 是过 *A* 的切线；设角 *AOC* 是直角的三分之一.

则 $OA : AC \; [=\sqrt{3}:1] \; > 265 : 153$ (1)

又 $OC : CA \; [=2:1] \; =306:153$ (2)

首先，作 *OD* 二等分角 *AOC* 且交 *AC* 于 *D*.

现在 $CO : OA = CD : DA.$ ［Eucl. Ⅵ. 3］

因此   ［$(CO+OA) : OA = CA : DA$，或者］

---

① *GAH* 是由 *GA*、*GH* 和弧 *AH* 所围成.

$$(CO + OA) : CA = OA : AD.$$

所以［由（1）和（2）］ $OA : AD > 571 > 153$ (3)

故
$$OD^2 : AD^2 \; [= (OA^2 + AD^2) : AD^2$$
$$> (571^2 + 153^2) : 153^2]$$
$$> 349450 : 23409,$$

因此
$$OD : DA > 591 \frac{1}{8} : 153$$ (4)

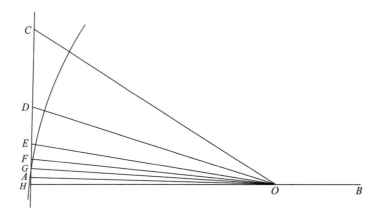

其次，设 OE 二等分角 AOD，交 AD 于 E.

［则
$$DO : OA = DE : EA,$$

因此
$$(DO + OA) : DA = OA : AE]$$

所以
$$OA : AE \; [> (591 \frac{1}{8} + 571) : 153, \; 由（3）和（4）]$$
$$> 1162 \frac{1}{8} : 153$$ (5)

［由此可得 $OE^2 : EA^2 > \{ (1162 \frac{1}{8})^2 + 153^2 \} : 153^2$
$$> (1350534 \frac{33}{64} + 23409) : 23409$$
$$> 1373943 \frac{33}{64} : 23409].$$

故
$$OE : EA > 1172 \frac{1}{8} : 153$$ (6)

第三，设 OF 二等分角 AOE 且交 AE 于 F.

从而，我们可以得出结论［对应于（3）和（5）］.

得
$$OA : AF [> (1162 \frac{1}{8} + 1172 \frac{1}{8}) : 153]$$
$$> 2334 \frac{1}{4} : 153$$ (7)

［所以
$$OF^2 : FA^2 > \{ (2334 \frac{1}{4})^2 + 153^2 \} : 153^2$$

$$> 5472132 \frac{1}{16} : 23409 \,]$$

故 $\qquad OF : FA > 2339 \frac{1}{4} : 153.$ $\qquad$ (8)

第四，设 OG 二等分角 AOF，交 AF 于 G.

我们得到

$$OA : AG\,[\, > (2334 \frac{1}{4} + 2339 \frac{1}{4}) : 153, 由 (7) 和 (8)\,]$$

$$> 4673 \frac{1}{2} : 153.$$

而角 AOC 是直角的三分之一，将它经四次二等分而得到

$$\angle AOG = \frac{1}{48} (一个直角).$$

在边 OA 的另一侧作角 AOH 等于角 AOG，延长 GA 交 OH 于 H.

则 $\angle GOH = \frac{1}{24}$（一个直角）.

那么 GH 是已知圆的 96 边外切正多边形的一边.

又因为 $\qquad OA : AG > 4673 \frac{1}{2} : 153,$

这里 $\qquad AB = 2OA, \quad GH = 2AG,$

得出 $\qquad AB : (96\ 正多边形的周长)\,[\, > 4673 \frac{1}{2} : 153 \times 96\,]$

$$> 4673 \frac{1}{2} : 14688.$$

但是 $\qquad \dfrac{14688}{4673 \frac{1}{2}} = 3 + \dfrac{667 \frac{1}{2}}{4673 \frac{1}{2}} \,[\, < 3 + \dfrac{667 \frac{1}{2}}{4673 \frac{1}{2}}\,]$

$$< 3 \frac{1}{7}.$$

所以圆的周长（小于多边形的周长）更小于 $3 \frac{1}{7}$ 乘直径 AB.

Ⅱ. 设 AB 是圆的直径，且设 AC 交圆于 C，作角 CAB 等于直角的 $\frac{1}{3}$，连接 BC.

则 $\qquad AC : CB\,[\, = \sqrt{3} : 1\,] < 1351 : 780.$

首先，设 AD 二等分角 BAC 且交 BC 于 d，交圆于 D，连接 BD.

则 $\qquad \angle BAD = \angle dAC = \angle dBD.$

且在 D，C 的角都是直角.

可得三角形 ADB，$[ACd]$，BDd 是相似的.

所以 $\qquad AD : DB = BD : Dd\,[\, = AC : Cd\,]$

$$= AB : Bd \qquad\qquad [\text{Eucl. } Ⅵ, 3]$$

179

$$= (AB + AC) : (Bd + Cd)$$
$$= (AB + AC) : BC$$

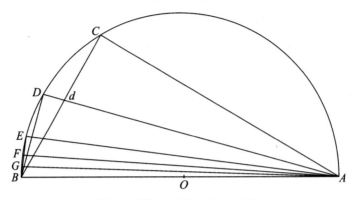

或 $\qquad (BA + AC) : BC = AD : DB.$

[但是 $\qquad AC : CB < 1351 : 780,$ 由以上,

这时 $\qquad BA : BC = 2 : 1 = 1560 : 780$

所以 $\qquad AD : DB < 2911 : 780$] $\qquad (1)$

[故 $\qquad AB^2 : BD^2 < (2911^2 + 780^2) : 780^2$
$$< 9082321 : 608400.\,]$$

这样 $\qquad AB : BD < 3013\frac{3}{4} : 780$ $\qquad (2)$

其次, 设 AE 二等分角 BAD, 交圆于 E; 且连接 BE.

那么我们证明, 用与前边相同的方法,

$$AE : EB[= (BA + AD) : BD$$

$$< (3013\frac{3}{4} + 2911) : 780, \text{由}(1) \text{和}(2)\,]$$

$$< 5924\frac{3}{4} : 780$$

$$< 5924\frac{3}{4} \times \frac{4}{13} : 780 \times \frac{4}{13}$$

$$< 1823 : 240. \qquad (3)$$

[故 $\qquad AB^2 : BE^2 < (1823^2 + 240^2) : 240^2$
$$< 3380929 : 57600.\,]$$

所以 $\qquad AB : BE < 1838\frac{9}{11} : 240$ $\qquad (4)$

第三, 设 AF 二等分角 BAE, 交圆于 F.

这样 $\qquad AF : FB[= BA + AE : BE$

$$< 3661\frac{9}{11} : 240, \text{由}(3) \text{和}(4)\,]$$

$$< 3661\frac{9}{11} \times \frac{11}{40} : 240 \times \frac{11}{40}$$

$$< 1007 : 66. \tag{5}$$

〔得 $\qquad AB^2 : BF^2 < (1007^2 + 66^2) : 66^2$

$$< 1018405 : 4356 〕$$

所以 $\qquad AB : BF < 1009\dfrac{1}{6} : 66. \tag{6}$

第四,设角 BAF 被 AG 二等分,交圆于 G.

则 $\qquad AG : GB 〔= (BA + AF) : BF〕 < 2016\dfrac{1}{6} : 66$,由(5)和(6).

〔又 $\qquad AB^2 : BG^2 < \left\{\left(2016\dfrac{1}{6}\right)^2 + 66^2\right\} : 66^2$

$$< 4069284\dfrac{1}{36} : 4356. 〕$$

所以 $\qquad AB : BG < 2017\dfrac{1}{4} : 66.$

由此 $\qquad BG : AB > 66 : 2017\dfrac{1}{4}. \tag{7}$

〔现在,角 BAG 是把角 BAC,或者把直角的三分之一,经四次二等分而得到的,等于一个直角的四十八分之一.

这样在中心对着 BG 的角是 $\dfrac{1}{24}$(一个直角).〕

所以 BG 是内接正 96 边形的一个边.

由(7)得到

多边形的周长:$AB \left[> 96 \times 66 : 2017\dfrac{1}{4} \right] > 6336 : 2017\dfrac{1}{4}.$

且 $\qquad \dfrac{6336}{2017\dfrac{1}{4}} > 3\dfrac{10}{71}.$

进一步得到圆的周长大于 $3\dfrac{10}{71}$ 乘直径.

这样圆周与直径的比小于 $3\dfrac{1}{7}$ 而大于 $3\dfrac{10}{71}$.

(兰纪正 译 叶彦润 校)

论劈锥曲面体与旋转椭圆体

引 言[1]

"阿基米德致函多西修斯（Dositheus）.

在这本书中，我给出了剩下的一些定理的证明并寄给你，它不包括以前寄给你的那些定理，有一些是后来发现的，在先前我试着给出它们的证明，但没有成功，因为我发现有不少困难. 这也是直到现在没有把它们公开的原因. 后来经过我仔细的研究，找到了以前失败的原因所在.

以前剩下的那些定理是关于直角劈锥曲面体［旋转抛物体］的命题；我现在增加的发现是有关钝角劈锥曲面体［旋转双曲体］和旋转椭圆体的，其中一些我称为长椭圆形的（παραμάκεα），而另一些称为扁平形的（ἐπιπλατέα）.

Ⅰ. 关于直角劈锥曲面体，它是如下规定的. 如果直角圆锥的截口［抛物线］绕其固定轴旋转后回到它开始的位置，把这个由直角圆锥的截口所产生的图形称为直角劈锥曲面体，保持位置不变的轴称为曲面体的轴，而把轴与曲面体表面相交（ἅπτεται）的点称为直角劈锥曲面体的顶点. 如果一平面与直角劈锥曲面体相切，另一与切平面平行的平面截曲面体得一截段，把截段的截平面上曲面体的截口包围的部分，称为截段的底，截段的顶点是第一个切平面与曲面体的切点，截段的轴是过截段的顶点与曲面体的轴平行的直线被截在截段内的部分.

由定义可提出如下问题.

(1) 如果用垂直于轴的平面截直角劈锥曲面体得一截段，这个截段等于同底同轴的圆锥体积的二分之三，这是为什么？以及

(2) 如果用两个平面以任何方式截直角劈锥曲面体得两个截段，此两截段的体积之比是其轴的平方之比，这是为什么？

Ⅱ. 关于钝角劈锥曲面体，我们是依照下述方法规定的. 如果钝角圆锥的截口［双曲线］的轴和最靠近截口的直线［即双曲线的渐近线］在一个平面上，且其轴保持不动，而包含上述直线的平面绕轴旋转又回到开始的位置，那么最靠近钝角圆锥截口的直线［渐近线］将产生一个等腰圆锥，该圆锥的顶点是渐近线的交点，它的轴将是保持固定的双曲线的轴. 把这个由钝角圆锥的截口产生的图形称为钝角劈锥曲面体［旋转双曲体］，曲面体的轴就是双曲线的轴，轴与曲面体表面的交点称为劈锥曲面体的顶点，由圆锥截口的渐近线产生的圆锥称为包络锥（περιέχων τὸ κωνοειδὲς），钝角劈

---

〔1〕引言部分的全部内容，包括定义，为忠实阿基米德的表述，是由希腊教科书直译的. 这种作法对转换它们为现代术语和记号毫无影响. 像通常一样，我们在讨论论著的实际命题时，将使用现代的术语和记号.

锥曲面体的顶点和包络锥顶点间的连线称为轴的邻接直线（$\pi o \tau \epsilon o \tilde{v} \sigma \alpha \ \tau \tilde{\omega} \ \alpha \xi o \nu \iota$）. 如果一平面与钝角劈锥曲面体相切，另一与切平面平行的平面截曲面体得一截段，截段的底是曲面体的截口在截段的截平面上包围的一部分，截段的顶点是切平面与曲面体的切点，截段的轴是由截段的顶点和包络锥的顶点连接的直线；上述两顶点的连线称为轴的邻接直线.

所有的直角劈锥曲面体是相似的；而钝角劈锥曲面体的相似是指它们的包络锥相似.

由上述的定义可提出以下问题.

（1）如果用垂直于轴的平面截钝角劈锥曲面体得一截段，那么这个截段的体积与同底同轴的圆锥的体积之比等于下述两个和之比，其一是轴与轴的邻接线段的三倍的和，另一个是轴与轴的邻接线段的二倍的和. 这是为什么？

（2）如果用不垂直于轴的平面截钝角劈锥曲面体得一截段，这个截段的体积与同底同轴的圆锥截段[1]（$\alpha \pi \acute{o} \tau \mu \alpha \mu \alpha \ \kappa \acute{\omega} \nu o v$）的体积之比等于下述两个和之比，其一是轴与轴的邻接线段的三倍之和，另一是轴与轴的邻接线段的二倍之和. 这是为什么？

Ⅲ. 关于旋转椭圆体，它是如下定义的. 如果锐角圆锥的截口［椭圆］绕其保持固定不动的长轴旋转，后又回到它开始的位置，这个由锐角圆锥的截口产生的立体图形称为旋转椭圆体（$\pi \grave{\alpha} \rho \alpha \mu \tilde{\alpha} \kappa \epsilon \varsigma \ \sigma \phi \alpha \iota \rho o \epsilon \iota \delta \acute{\epsilon} \varsigma$）. 如果锐角圆锥的截口［椭圆］绕其保持固定不动的短轴旋转，后又回到它开始的位置，这个由锐角圆锥的截口产生的立体图形称为扁平形旋转椭圆体（$\grave{\epsilon} \pi \iota \pi \lambda \alpha \tau \grave{v} \ \sigma \phi \alpha \iota \rho o \epsilon \iota \delta \acute{\epsilon} \varsigma$）. 在两类旋转椭圆体中，其轴是保持固定不动的椭圆的长轴或短轴，其顶点是轴与旋转椭圆体表面的交点，中心是轴的中点. 其直径是过中心与轴垂直的直线. 如果一平面和旋转椭圆体相切，不是相截，而另一与切平面平行的平面截旋转椭圆体得一截段，把在截段的截平面上旋转椭圆体的截口包围的部分称为截段的底，截段的顶点是切平面与旋转椭圆体的切点. 截段的轴是截段的顶点与旋转椭圆体的顶点的连线在截段内的部分. 我们将证明，如果两个平面和旋转椭圆体的表面仅切于一点，那么两切点的连线将通过旋转椭圆体的中心. 旋转椭圆体相似是指它们的轴与'直径'之比是相同的. 旋转椭圆体和劈锥曲面体的截段的相似，是指它们截自相似的立体图形，底面相似，轴与底面垂直或与底面的直径成相同的角，且与底面的轴之比相同.

由上述定义可提出如下问题.

（1）如果用过旋转椭圆体的中心，且垂直于轴的平面截旋转椭圆体，所得截段的体积将是其同底同轴的圆锥体积的两倍；而如果平面垂直于轴但不过旋转椭圆体的中心时，则（a）由此得到的较大的截段的体积与其同底同轴的圆锥的体积之比等于下述两线段之比，其一是旋转椭圆体的轴的一半与较小的截段的轴之和，另一是较小的截段的轴，以及（b）较小的截段的体积与其同底同轴的圆锥的体积之比也等于下述两线段之比，其一是旋转椭圆体的轴的一半与较大截段的轴之和，另一是较大的截段的轴. 这是为什么？

（2）如果用过旋转椭圆体的中心，但不垂直于轴的平面截旋转椭圆体，那么所得截段的体积将是下述立体体积的两倍，这个立体是与上述所得截段具有相同的底和轴的圆锥截段. 这又是为什么？

（3）但是，如果用既不过旋转椭圆体的中心，又不垂直于其轴的平面截旋转椭圆

---

[1] 圆锥截段的定义见本书 P. 184.

体，那么（a）由此得到的两个截段中，较大截段的体积与其同底同轴的立体的体积之比等于下述两线段之比，其一是两截段顶点连线的一半与较小的截段的轴之和，另一是较小的截段的轴，且（b）较小截段的体积与其同底同轴的立体的体积之比也是下述两线段之比，其一是两截段顶点连线的一半与较大的截段的轴之和，另一是较大截段的轴．这里所说的立体也是圆锥截段．

当前述定理被证明后，由证明的方法可发现许多定理和问题．

例如，下面的定理：

（1）相似的旋转椭圆体和旋转椭圆体与劈锥曲面体的相似截段的体积之比是它们轴之比的三倍．

（2）体积相等的旋转椭圆体其直径的平方与轴成反比，相应的若在一些旋转椭圆体中，其直径平方与轴成反比，则这些旋转椭圆体的体积相等．

也有下面的一些问题，若用平行于一已知平面的平面截某一给定的旋转椭圆体或劈锥曲面体，能否使所得截段的体积等于一已知的圆锥、圆柱或球的体积．

因而，在阐述了前面一些定理和问题（έπιτάγματα）需要证明的必要性后，我将继续向大家阐释命题本身，再会．

定义

如果用和圆锥的母线都相交的平面截圆锥，那么其截口要么是圆，要么是锐角圆锥的截口［椭圆］．如果截口是圆，那么从圆锥上得到的和圆锥具有相同顶点的截段将是一个圆锥．但是，如果截口是锐角圆锥的截口［椭圆］，则把从圆锥上得到的和圆锥具有相同顶点的截段称为**圆锥截段**．把在截段的截面上锐角圆锥的截口包转的部分称为截段的底．它的顶点是圆锥的顶点，它的轴是连接圆锥顶点和锐角圆锥截口中心的直线．

如果两平行平面和一圆柱的母线都相交，那么截口要么是两个圆，要么是两个相同或相似的锐角圆锥的截口［椭圆］．如果截口是圆，那么介于两平行平面之间的立体图形将是一圆柱．但是，如果截口是锐角圆锥的截口［椭圆］，则把介于两平行平面之间的立体图形称为圆柱的平截头体（τόμος），把锐角圆锥的截口在平截体的截面上所包围的部分，称为平截头体的底，它的轴定义为两锐角圆锥截口的中心连线，其目的是将它的轴和圆柱的轴看成同一条直线．"

引 理

如果 A_1，A_2，…，A_n 组成一个单调递增且公差等于首项 A_1 的算术级数，则

$$n \cdot A_n < 2(A_1 + A_2 + \cdots + A_n),$$

且
$$> 2(A_1 + A_2 + \cdots + A_{n-1}).$$

［在关于螺线的论文中，命题 11 附带地给出了证明．阿基米德用线段表示级数中的项，然后把每一条线段延长使其等于级数中的最大项，给出了如下等价的证明．

若记
$$S_n = A_1 + A_2 + \cdots + A_{n-1} + A_n,$$

也有
$$S_n = A_n + A_{n-1} + A_{n-2} + \cdots + A_1.$$

而
$$A_1 + A_{n-1} = A_2 + A_{n-2} = \cdots = A_n.$$

所以

$$2S_n = (n+1)A_n,$$

因此 $$n \cdot A_n < 2S_n,$$

以及 $$n \cdot A_n > 2S_{n-1}.$$

因此，如果级数是 a，$2a$，$\cdots$，na，

$$S_n = \frac{n(n+1)}{2}a,$$

且 $$n^2 a < 2S_n,$$

但 $$> 2S_{n-1}. \rbrack$$

命题 1

如果 A_1，B_1，C_1，$\cdots$，K_1 和 A_2，B_2，C_2，$\cdots$，K_2 是两个数量级数，且满足

$$\left. \begin{array}{l} A_1 : B_1 = A_2 : B_2, \\ B_1 : C_1 = B_2 : C_2, \text{等等} \end{array} \right\}, \qquad (\alpha)$$

而 A_3，B_3，C_3，$\cdots$，K_3 和 A_4，B_4，C_4，$\cdots$，K_4 是另外两个级数，且

$$\left. \begin{array}{l} A_1 : A_3 = A_2 : A_4, \\ B_1 : B_3 = B_2 : B_4, \text{等等} \end{array} \right\}, \qquad (\beta)$$

则 $$(A_1 + B_1 + C_1 + \cdots + K_1) : (A_3 + B_3 + C_3 + \cdots + K_3)$$
$$= (A_2 + B_2 + C_2 + \cdots + K_2) : (A_4 + B_4 + C_4 + \cdots + K_4).$$

证明如下.

因为 $$A_3 : A_1 = A_4 : A_2,$$

且 $$A_1 : B_1 = A_2 : B_2,$$

而 $$B_1 : B_3 = B_2 : B_4,$$

显然有, $$A_3 : B_3 = A_4 : B_4,$$

同理 $$\left. \begin{array}{l} B_3 : C_3 = B_4 : C_4, \quad \text{等等} \end{array} \right\}, \qquad (\gamma)$$

又由等式组（α）有

$$A_1 : A_2 = B_1 : B_2 = C_1 : C_2 = \cdots.$$

因此

$$A_1 : A_2 = (A_1 + B_1 + C_1 + \cdots + K_1) : (A_2 + B_2 + \cdots + K_2),$$

或者

$$(A_1 + B_1 + C_1 + \cdots + K_1) : A_1 = (A_2 + B_2 + C_2 + \cdots + K_2) : A_2;$$

又 $$A_1 : A_3 = A_2 : A_4,$$

而由等式组（γ）用同样的方法可得

$$A_3 : (A_3 + B_3 + C_3 + \cdots + K_3) = A_4 : (A_4 + B_4 + C_4 + \cdots + K_4).$$

由最后三个等式，显然有,

$$(A_1 + B_1 + C_1 + \cdots + K_1) : (A_3 + B_3 + C_3 + \cdots + K_3)$$
$$= (A_2 + B_2 + C_2 + \cdots + K_2) : (A_4 + B_4 + C_4 + \cdots + K_4).$$

推论 如果在第三和第四个级数中任意去掉相应于第一和第二个级数中的项，则结果不变. 例如，如果缺少最后的项 K_3，K_4，

$$(A_1 + B_1 + C_1 + \cdots + K_1) : (\quad + B_3 + C_3 + \cdots + I_3)$$
$$= (A_2 + B_2 + C_2 + \cdots + K_2) : (A_4 + B_4 + C_4 + \cdots + I_4).$$

这里用 I 直接取代每个级数中的 K 即可.

命题 2 的引理

[关于螺线, 命题 10]

如果 A_1, A_2, A_3, $\cdots$, A_n 是 n 条线段构成的一个递增且公差等于首项 A_1 的算术级数, 则

$$(n+1)A_n^2 + A_1(A_1 + A_2 + A_3 + \cdots + A_n) = 3(A_1^2 + A_2^2 + A_3^2 + \cdots + A_n^2).$$

将线段 A_n, A_{n-1}, A_{n-2}, $\cdots$, A_1 从左到右排成一排. 延长 A_{n-1}, A_{n-2}, $\cdots$, A_1, 使得它们都等于 A_n, 所延长的部分分别等于 A_1, A_2, $\cdots$, A_{n-1}.

就每条线段而言, 我们有

$$2A_n^2 = 2A_n^2,$$
$$(A_1 + A_{n-1})^2 = A_1^2 + A_{n-1}^2 + 2A_1 \cdot A_{n-1},$$
$$(A_2 + A_{n-2})^2 = A_2^2 + A_{n-2}^2 + 2A_2 \cdot A_{n-2},$$
$$\cdots$$
$$(A_{n-1} + A_1)^2 = A_{n-1}^2 + A_1^2 + 2A_{n-1} \cdot A_1.$$

并相加,

$$(n+1)A_n^2 = 2(A_1^2 + A_2^2 + \cdots + A_n^2) + 2A_1 \cdot A_{n-1} + 2A_2 \cdot A_{n-2} + \cdots + 2A_{n-1} \cdot A_1.$$

因此, 为得到需要的结果, 我们要证明

$$2(A_1 \cdot A_{n-1} + A_2 \cdot A_{n-2} + \cdots + A_{n-1} \cdot A_1) + A_1(A_1 + A_2 + A_3 + \cdots + A_n)$$
$$= A_1^2 + A_2^2 + \cdots + A_n^2. \tag{α}$$

而
$$2A_2 \cdot A_{n-2} = A_1 \cdot 4A_{n-2}, \quad 因为 A_2 = 2A_1,$$
$$2A_3 \cdot A_{n-3} = A_1 \cdot 6A_{n-3}, \quad 因为 A_3 = 3A_1,$$
$$\cdots$$
$$2A_{n-1} \cdot A_1 = A_1 \cdot 2(n-1)A_1.$$

所以
$$2(A_1 \cdot A_{n-1} + A_2 \cdot A_{n-2} + \cdots + A_{n-1} \cdot A_1) + A_1(A_1 + A_2 + \cdots + A_n)$$
$$= A_1\{A_n + 3A_{n-1} + 5A_{n-2} + \cdots + (2n-1)A_1\}.$$

可以证明上式就等于

$$A_1^2 + A_2^2 + \cdots + A_n^2.$$

因为
$$A_n^2 = A_1(n \cdot A_n)$$
$$= A_1\{A_n + (n-1)A_n\}$$
$$= A_1\{A_n + 2(A_{n-1} + A_{n-2} + \cdots + A_1)\},$$

因为
$$(n-1)A_n = A_{n-1} + A_1$$
$$\qquad\qquad + A_{n-2} + A_2$$

$$+ \cdots$$
$$+ A_1 + A_{n-1}.$$

同理

$$A_{n-1}^2 = A_1 \{ A_{n-1} + 2(A_{n-2} + A_{n-3} + \cdots + A_1) \},$$
$$\cdots$$
$$A_2^2 = A_1 (A_2 + 2A_1).$$
$$A_1^2 = A_1 \cdot A_1;$$

因此，相加得

$$A_1^2 + A_2^2 + \cdots + A_n^2 = A_1 \{ A_n + 3A_{n-1} + 5A_{n-2} + \cdots + (2n-1) A_1 \}.$$

这个等式说明（α）式为真，也就证明了

$$(n+1)A_n^2 + A_1(A_1 + A_2 + A_3 + \cdots + A_n) = 3(A_1^2 + A_2^2 + \cdots + A_n^2).$$

推论 1　由此引理显然可得

$$n \cdot A_n^2 < 3(A_1^2 + A_2^2 + \cdots + A_n^2). \tag{1}$$

如上所述，

$$A_n^2 = A_1 \{ A_n + 2(A_{n-1} + A_{n-2} + \cdots + A_1) \},$$

因而

$$A_n^2 > A_1(A_n + A_{n-1} + \cdots + A_1),$$

所以

$$A_n^2 + A_1(A_1 + A_2 + \cdots + A_n) < 2A_n^2.$$

由命题可得到

$$n \cdot A_n^2 > 3(A_1^2 + A_2^2 + \cdots + A_{n-1}^2). \tag{2}$$

推论 2　如果我们用所有这些线段上的正方形来代替相关的数量，所有这些结论也成立；由于这些相关的数量正好是它们的边的平方。

[以上命题用 A_1，A_2，$\cdots$，A_n 代替 a，$2a$，$3a$，$\cdots$，na 是为了呈现证明的几何特性；但是，如果现在我们用后一组项代替结论中的前一组项，我们将有（1）

$$(n+1) n^2 a^2 + a(a + 2a + \cdots + na) = 3 \{ a^2 + (2a)^2 + (3a)^2 + \cdots + (na)^2 \}.$$

所以

$$a^2 + (2a)^2 + (3a)^2 + \cdots + (na)^2 = \frac{a^2}{3} \left\{ (n+1) n^2 + \frac{n(n+1)}{2} \right\}$$
$$= a^2 \cdot \frac{n(n+1)(2n+1)}{6}.$$

也有（2）

$$n^3 < 3(1^2 + 2^2 + 3^2 + \cdots + n^2),$$

以及（3）

$$n^3 > 3(1^2 + 2^2 + 3^2 + \cdots + (n-1)^2).]$$

命题 2

如果 A_1，A_2，$\cdots$，A_n 是一组表示面积的任意数值，且[1]

---

[1] 阿基米德如此表述是为了和传统的面积方法联系起来：εἰ κα... παρ᾽ ἑκάσταν αὐτᾶν παραπέσῃ τι χωρίον ὑπερβάλλον εἴδει τετραγώνῳ "如果对每条线段有一个面积超过正方形的空间[长方形]."因此 A_1 表示一高为 x 的长方形的面积，底是将 a 延长一段距离为 x 的线段.

$$A_1 = ax + x^2,$$
$$A_2 = a \cdot 2x + (2x)^2,$$
$$A_3 = a \cdot 3x + (3x)^2,$$
$$\cdots$$
$$A_n = a \cdot nx + (nx)^2,$$

则

$$n \cdot A_n : (A_1 + A_2 + \cdots + A_n) < (a + nx) : \left(\frac{a}{2} + \frac{nx}{3}\right),$$

以及

$$n \cdot A_n : (A_1 + A_2 + \cdots + A_{n-1}) > (a + nx) : \left(\frac{a}{2} + \frac{nx}{3}\right).$$

因为，由前面命题 1 的引理立即有

$$n \cdot anx < 2(ax + a \cdot 2x + \cdots + a \cdot nx),$$

以及

$$> 2[ax + a \cdot 2x + \cdots + a \cdot (n-1)x].$$

由此命题前面的推论，也有

$$n \cdot (nx)^2 < 3\{x^2 + (2x)^2 + (3x)^2 + \cdots + (nx)^2\}$$

以及

$$> 3\{x^2 + (2x)^2 + \cdots + [(n-1)x]^2\}.$$

因此，

$$\frac{an^2x}{2} + \frac{n(nx)^2}{3} < [(ax + x^2) + \{a \cdot 2x + (2x)^2\} + \cdots + \{a \cdot nx + (nx)^2\}],$$

以及

$$> (ax + x^2) + [a \cdot 2x + (2x)^2] + \cdots + [a \cdot (n-1)x + (n-1)^2x^2],$$

或

$$\frac{an^2x}{2} + \frac{n(nx)^2}{3} < A_1 + A_2 + \cdots + A_n,$$

且

$$> A_1 + A_2 + \cdots + A_{n-1}.$$

由此可得

$$n \cdot A_n : (A_1 + A_2 + \cdots + A_n) < n\{a \cdot nx + (nx)^2\} : \left\{\frac{an^2x}{2} + \frac{n(nx)^2}{3}\right\},$$

或

$$n \cdot A_n : (A_1 + A_2 + \cdots + A_n) < (a + nx) : \left(\frac{a}{2} + \frac{nx}{3}\right);$$

同理，

$$n \cdot A_n : (A_1 + A_2 + \cdots + A_{n-1}) > (a + nx) : \left(\frac{a}{2} + \frac{nx}{3}\right).$$

命题 3

（1）如果 TP，TP' 是任意一个圆锥曲线的两条相交于 T 的切线，而 Qq，$Q'q'$ 是两条分别平行于 TP，TP' 且相交于 O 的弦，则

$$QO \cdot Oq : Q'O \cdot Oq' = TP^2 : TP'^2.$$

"证明见圆锥曲线基础."[1]

（2）如果抛物线的一条弦 QQ' 被径 PV 平分于 V，且 PV 是定长，那么不论 QQ' 的方向如何，三角形 PQQ' 的面积与弓形 PQQ' 的面积都是定数.

设 ABB' 是顶点为 A 的抛物线的一个特殊弓形，BB' 被轴垂直平分于 H，而 $AH = PV$. 作 QD 垂直于 PV.

设 p_a 是一纵标参数，而 p 是另一条线段，其长度满足

$$QV^2 : QD^2 = p : p_a;$$

则将证明 p 等于径 PV 的纵标参数，即它平行于 QV.

"证明见圆锥曲线[2]."

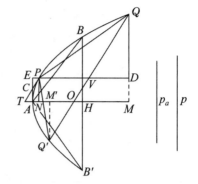

因此　　　　　$QV^2 = p \cdot PV$.

且　　$BH^2 = p_a \cdot AH$,而 $AH = PV$,

所以　　　　　$QV^2 : BH^2 = p : p_a$,

〔1〕即就是亚里士多德（Aristotle）和欧几里得（Euclid）关于圆锥曲线的论著.

〔2〕阿基米德用各种方法给出了该定理的证明.

（1）由阿波罗尼奥斯 Ⅰ.49 容易导出（参见波加的阿波罗尼奥斯《圆锥曲线论（Ⅰ-Ⅲ）》，P.39）. 在图中，若过点 A 和 P 作抛物线的切线，且前者与 PV 相交于 E，后者与轴相交于 T，且 AE 与 PT 相交于 C，则由阿波罗尼奥斯的命题可得

$$CP : PE = p : 2PT,$$

这里的 p 是 PV 的纵标参数.

（2）它可独立证明如下.

设 QQ' 交轴于 O，而 QM，$Q'M'$，PV 与轴垂直，

则　　　　　　　　　$AM : AM' = QM^2 : Q'M'^2 = OM^2 : OM'^2$,

因此　　　　　　　　$AM : MM' = OM^2 : (OM^2 - OM'^2)$

$$= OM^2 : (OM - OM') \cdot MM',$$

故　　　　　　　　　$OM^2 = AM \cdot (OM - OM')$.

也就是说，

$$(AM - AO)^2 = AM \cdot (AM + AM' - 2AO),$$

或　　　　　　　　　$AO^2 = AM \cdot AM'$.

又因为　　　　　　　$QM^2 = p_a \cdot AM$,　　$Q'M'^2 = p_a \cdot AM'$,

可得　　　　　　　　$QM \cdot Q'M' = p_a \cdot AO$.　　　　　　　　　　　　（α）

此时

$$QV^2 : QD^2 = QV^2 : \left(\frac{QM + Q'M'}{2}\right)^2$$

$$= QV^2 : \left[\left(\frac{QM - Q'M'}{2}\right)^2 + QM \cdot Q'M'\right]$$

$$= QV^2 : (PN^2 + QM \cdot Q'M')$$

$$= p \cdot PV : p_a \cdot (AN + AO), （由（α））$$

但　　　　　　　　　$PV = TO = AN + AO$,

所以　　　　　　　　$QV^2 : QD^2 = p : p_a$.

但是 $$QV^2 : QD^2 = p : p_a;$$

因此 $$BH = QD.$$

故 $$BH \cdot AH = QD \cdot PV,$$

所以 $$\triangle ABB' = \triangle PQQ';$$

即就是，只要 PV 是定长，三角形 PQQ' 的面积就是定数.

因为弓形 PQQ' 的面积等于 $\dfrac{4}{3}\triangle PQQ'$，所以在相同的条件下，弓形 PQQ' 的面积也是常数.［抛物线的面积，命题 17 或 24.］

命题 4

任何椭圆的面积与其辅助圆面积之比等于其短轴与长轴之比.

设 AA'，BB' 分别是椭圆的长轴和短轴，BB' 与辅助圆交于 b，b'.

设 O 是满足如下条件的圆：

$$圆 AbA'b' : O = CA : CB.$$

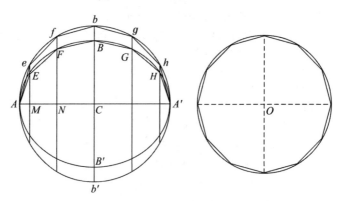

则将有圆 O 的面积等于椭圆的面积.

否则，圆 O 的面积要么大于，要么小于椭圆的面积.

Ⅰ. 设圆 O 的面积大于椭圆的面积.

我们可在圆 O 内作一内接正 $4n$ 边形，使其面积大于椭圆的面积.［参见关于《论球和圆柱》Ⅰ.6.］

同样，在椭圆的辅助圆内也作正 $4n$ 边形 $AefbghA'\cdots$，且与圆 O 内的正 $4n$ 边形相似，设 eM，fN，$\cdots$ 与 AA' 垂直并分别与椭圆交于 E，F，$\cdots$，连接 AE，EF，FB，$\cdots$.

设 P' 表示内接于辅助圆中正 $4n$ 边形的面积，P 表示内接于椭圆中多边形的面积.

因为 eM，fN，$\cdots$ 均以相同的比例割椭圆于 E，F，$\cdots$.

即

$$eM : EM = fN : FN = \cdots = bC : BC,$$

所以每一对三角形，如三角形 eAM，EAM，以及每一对梯形，如梯形 $eMNf$，$EMNF$，它们的面积之比相同，即 $bC：BC$ 或 $CA：CB$.

所以，相加可得

$$P'：P = CA：CB.$$

而 $\qquad P'：$ 圆的内接正 $4n$ 边形 = 圆 $AbA'b'：O$

$$= CA：CB, \qquad [由假设].$$

所以 P 等于圆 O 的内接正 $4n$ 边形的面积.

但这是不可能的，由假设圆的正 $4n$ 边形的面积大于椭圆的面积，进而大于 P.

因此圆 O 的面积不大于椭圆的面积.

Ⅱ. 设圆 O 的面积小于椭圆的面积.

在此情形下，我们可在椭圆内作一正 $4n$ 边形 P，使得 $P > O$.

从正 $4n$ 边形的顶点分别作轴 AA' 的垂线与辅助圆相交，在辅助圆中作相应的正 $4n$ 边形（P'）.

在 O 中作与 P' 相似的正 $4n$ 边形.

则 $\qquad\qquad P'：P = CA：CB$

$$= 圆 AbA'b'：O, \qquad 由假设,$$

$$= P'：O \text{ 中内接正 } 4n \text{ 边形}.$$

因此，圆 O 的内接正 $4n$ 边形的面积等于多边形 P 的面积；这是不可能的，因为 $P > O$.

既然圆 O 的面积不大于，也不小于椭圆的面积，所以只能与椭圆的面积相等. 这即为需要的结论.

命题 5

如果 AA'，BB' 分别是椭圆的长轴和短轴，而 d 是任一圆的直径，则

$$椭圆的面积：圆的面积 = AA' \cdot BB'：d^2.$$

因为

$$椭圆的面积：辅助圆的面积 = BB'：AA' \quad [命题4]$$

$$= AA' \cdot BB'：AA'^2,$$

而

$$辅助圆的面积：直径为 d 的圆的面积 = AA'^2：d^2.$$

由此可得需要的结论.

命题 6

一组椭圆的面积之比等于其轴构成的矩形的面积之比.

这个结论可由命题 4，5 立即得到.

推论 一组相似的椭圆的面积之比等于其相应的轴的平方之比.

命题 7

给定一中心为 C 的椭圆，直线 CO 垂直于椭圆所在的平面，那么将存在以点 O 为顶点的圆锥，使得此椭圆为其一截线［或者，换句话说，可以找到一个以 O 为顶点的圆锥，它通过椭圆的周界］。

设想 BB' 是椭圆的短轴且在垂直于纸平面的平面上，设 CO 是垂直于椭圆所在平面的直线，且 O 是所要求圆锥的顶点。连接 OB，OC，OB'，且在同一平面内作 BED，分别交 OC，OB' 的延长线于 E，D，方向相同，且

$$BE \cdot ED : EO^2 = CA^2 : CO^2,$$

这里 CA 是椭圆的长半轴。

"这是可能的，因为

$$BE \cdot ED : EO^2 > BC \cdot CB' : CO^2."$$

［由构造过程和该命题可假定是已知的。］

现在设想一个以 BD 为直径的圆所在平面与纸平面垂直，且作一个以该圆为底，以 O 为顶点的圆锥。

我们将证明给定的椭圆是该圆锥的一个截口，或，如果 P 是椭圆上任一点，则 P 在圆锥的锥面上。

作 PN 垂直于 BB'，连接 ON 并延长交 BD 于 M，假设 MQ 在以 BD 为直径的圆面上，且垂直于 BD 与圆交于 Q，又设 FG，HK 分别过 E，M，且平行于 BB'。

我们有

$$
\begin{aligned}
QM^2 : HM \cdot MK &= BM \cdot MD : HM \cdot MK \\
&= BE \cdot ED : FE \cdot EG \\
&= (BE \cdot ED : EO^2) \cdot (EO^2 : FE \cdot EG) \\
&= (CA^2 : CO^2) \cdot (CO^2 : BC \cdot CB') \\
&= CA^2 : CB^2 \\
&= PN^2 : BN \cdot NB'.
\end{aligned}
$$

因此
$$
\begin{aligned}
QM^2 : PN^2 &= HM \cdot MK : BN \cdot NB' \\
&= OM^2 : ON^2;
\end{aligned}
$$

又因为 PN，QM 平行，所以 OPQ 在一条直线上。

但 Q 在以 BD 为直径的圆周上，所以，OQ 是圆锥的一条母线，进而 P 在圆锥上。因此，圆锥过椭圆上所有的点。

命题 8

给定一椭圆，一平面过其轴 AA' 且垂直于其所在的平面，过椭圆的中心

C, 在给定的平面上过 AA' 作直线 CO, 但不垂直于 AA'. 那么将存在一个以点 O 为顶点的圆锥, 使得椭圆为其一截线 [或者, 换句话说, 能找到一个以 O 为顶点的圆锥, 其表面通过椭圆的周界].

由假设, OA 与 OA' 不相等, 延长 OA' 到 D 使得 $OA = OD$. 连接 AD, 过 C 作 FG 与 AD 平行.

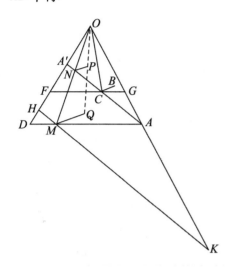

设想一过 AD 的平面与纸平面垂直, 有下述两种情况, (a) 如果 $CB^2 = FC \cdot CG$, 则在该平面内作一直径为 AD 的圆, (b) 若上式不成立, 则在该平面内作一椭圆, 使 AD 为其一轴, d 为另一轴, 且满足

$$d^2 : AD^2 = CB^2 : FC \cdot CG.$$

作一个以 O 为顶点的圆锥, 其表面过上述的圆或椭圆. 由命题 7 可知该构造是可能的, 既便当曲线是椭圆时, 因为由 O 到 AD 中点的连线与椭圆所在的平面垂直.

设 P 是给定椭圆上的任一点, 我们只要证明 P 在上述圆锥的表面上即可.

作 PN 垂直于 AA', 连接 ON 并延长交 AD 于 M. 过 M 作 HK 平行于 $A'A$.

最后, 作 MQ 垂直于纸平面 (因此也垂直于 HK 和 AD) 交与 AD 相关的椭圆或圆 (即圆锥的表面) 于 Q.

那么

$$\begin{aligned}
QM^2 : HM \cdot MK &= (QM^2 : DM \cdot MA) \cdot (DM \cdot MA : HM \cdot MK) \\
&= (d^2 : AD^2) \cdot (FC \cdot CG : A'C \cdot CA) \\
&= (CB^2 : FC \cdot CG) \cdot (FC \cdot CG : A'C \cdot CA) \\
&= CB^2 : CA^2 \\
&= PN^2 : A'N \cdot NA.
\end{aligned}$$

因此有

$$\begin{aligned}
QM^2 : PN^2 &= HM \cdot MK : A'N \cdot NA \\
&= OM^2 : ON^2.
\end{aligned}$$

既然 PN, QM 平行, 所以 OPQ 在一条直线上; 而 Q 在锥面上, 因此 P 也在锥面上. 类似地, 椭圆上所有的点都在锥面上, 因此椭圆是圆锥的一个截线.

命题9

给定一椭圆, 一平面过其一轴且垂直于其所在的平面, 在给定的平面

内过椭圆的中心 C 作直线 CO，但不垂直于椭圆的轴，则存在以 OC 为轴线的圆柱，使得给定的椭圆为其截线 ［或者，换句话说，能找到以 OC 为轴线的圆柱，其表面通过给定椭圆的周界］.

设 AA' 是椭圆的一轴，并假定椭圆所在的平面垂直于纸平面，使 OC 在纸平面上.

作 AD，$A'E$ 平行于 CO，使得 DE 过 O 且垂直于 AD、$A'E$.

若将椭圆的另一轴记为 BB'，在长度上它与 DE 有三种不同的情况（1）相等，（2）大于，或者（3）小于.

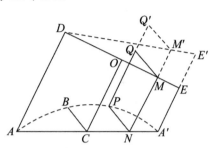

（1）设 $BB' = DE$.

作过 DE 的平面且和 OC 垂直，在该平面上作以 DE 为直径的圆，通过该圆作以 OC 为轴线的圆柱.

这个圆柱即为所需要的，也即其表面过椭圆上每一点 P.

因为，若 P 是椭圆上任一点，作 PN 垂直于 AA'；过 N 作 NM 平行 CO 交 DE 于 M，在以 DE 为直径的圆所在的平面上，过 M 作 MQ 垂直于 DE 交圆周于 Q.

则，因为 $$DE = BB',$$
$$PN^2 : AN \cdot NA' = DO^2 : AC \cdot CA'.$$
且 $$DM \cdot ME : AN \cdot NA' = DO^2 : AC^2,$$
这是因为 AD，NM，CO，$A'E$ 是平行的.

因此， $$PN^2 = DM \cdot ME$$
$$= QM^2,$$

由圆的性质可得.

既然 PN，QM 平行且相等，所以 PQ 与 MN，CO 平行. 由此可得 PQ 是圆柱的母线，其表面恰好过 P.

（2）设 $BB' > DE$，延长 $A'E$ 到 E'，使得 $DE' = BB'$，且在与纸平面垂直的平面上作以 DE' 为直径的圆；构造过程和证明的其他部分和情形（1）类似.

（3）设 $BB' < DE$.

在 CO 的延长线上取一点 K 使得
$$DO^2 - CB^2 = OK^2.$$
过 K 作 KR 垂直于纸平面且与 CB 相等.

因此 $OR^2 = OK^2 + CB^2 = OD^2.$

在包含 DE，OR 的平面上，作以 DE 为直径的圆，过该圆（一定过 R）作以 OC 为轴的圆柱.

我们将证明，如果 P 是给定椭圆上的任一

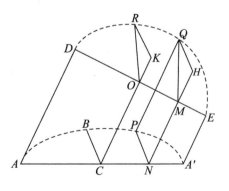

点，则 P 在所作的圆柱上.

作 PN 垂直于 AA'，过 N 作 NM 平行于 CO 交 DE 于 M，在以 DE 为直径的圆所在的平面上，作 MQ 垂直于 DE 交圆周于 Q.

最后，作 QH 垂直于 NM 的延长线，QH 将垂直于包含 AC，DE 的平面，即纸平面. 由相似三角形有

$$QH^2 : QM^2 = KR^2 : OR^2,$$

且
$$QM^2 : AN \cdot NA' = DM \cdot ME : AN \cdot NA'$$
$$= OD^2 : CA^2.$$

显然，$OR = OD$，因此，

$$QH^2 : AN \cdot NA' = KR^2 : CA^2$$
$$= CB^2 : CA^2$$
$$= PN^2 : AN \cdot NA'.$$

因此，$QH = PN$，且 QH，PN 还平行. 由 PQ 与 MN 平行，所以和 CO 平行，故 PQ 是圆柱的母线，即圆柱过 P.

命题 10

任何圆柱体的"平截头体"等于与其同底等高的圆锥截段的 3 倍.

早期的几何学证明，任意两个圆锥之比如同它们底和高的复比.[1] 同样的方法可以证明，圆锥的任意截体之比如同它们底和高的复比. 该命题可以由证明下述命题的同样方法获得，此命题为"圆柱是与其同底等高的圆锥的三倍".[2]

命题 11

（1）如果旋转抛物体被过其轴或平行于其轴的平面所截，那么截口是原来的抛物线，即通过旋转其得到了旋转抛物体. 且截口的轴是截面与过旋转抛物体的轴且垂直于截面的平面的交线.

如果旋转抛物体被垂直于其轴的平面所截，那么截口是一圆，其中心在旋转抛物体的轴上.

（2）如果旋转双曲体被过其轴，或平行于其轴，或过其中心的平面所截，那么截口是一双曲线，（a）若截面过其轴，则和原双曲线相同，（b）若截面平行于其轴，则和原双曲线相似，（c）若截面过其中心，则和

---

〔1〕将欧几里得 XII. 11 和 14 命题结合起来可得该结论.

〔2〕这个命题由欧多克斯（Eudoxus）证明，正像《论球体和圆柱 I 》的前言所述，参见欧几里得（Euclid），XII. 命题 10.

原双曲线不相似，且截口的轴是截面与过旋转双曲体的轴并垂直于截面的平面的交线.

任何旋转双曲体被垂直于其轴的平面所截，那么截口是一中心在其轴上的圆.

（3）如果旋转椭圆体被过其轴或平行于其轴的平面所截，那么截口是一椭圆，（a）若截面过其轴，则和原来椭圆相同，（b）若截面平行于其轴，则和原来椭圆相似. 且截口的轴是截面与过旋转椭圆体的轴并垂直于截面的平面的交线。

如果旋转椭圆体被垂直于其轴的平面所截，那么截口是一中心在其轴上的圆.

（4）如果上述任何立体被过其轴的平面所截，且从立体表面上而不在截口上任一点，作截口所在平面的垂线，那么垂足将落在截口的内部.

"所有这些命题的证明是显然的."[1]

命题12

如果旋转抛物体被一与其轴既不平行也不垂直的平面所截，且过其轴并垂直于此截面的平面与旋转抛物体的交线为 RR'，那么截口是以 RR' 为长轴，以过 R，R' 平行于旋转抛物体的轴且等于垂直距离为短轴的椭圆.

假设截面垂直于纸平面，并设纸平面过旋转抛物体的轴 ANF，与截面垂直相交于 RR'. 且 RH 平行于旋转抛物体的轴，而 $R'H$ 与 RH 垂直.

设 Q 是截口上任一点，从 Q 作 QM 垂直于 RR'. 因而 QM 与纸平面垂直.

过 M 作 $DMFE$ 与轴 ANF 垂直并交纸平面上抛物线的截口于 D，E，则 QM 垂直于 DE，且若过 DE，QM 作一平面，它将与旋转抛物体的轴垂直，且截口为一圆.

因为 Q 在圆上，
$$QM^2 = DM \cdot ME.$$

又，若 PT 是纸平面上抛物线的切线，它与 RR' 平行，过 A 的切线交 PT 于 O，则由抛物线的性质，

$DM \cdot ME : RM \cdot MR' = AO^2 : OP^2$ [命题3（1）]

$\qquad\qquad\qquad\qquad\quad = AO^2 : OT^2$，由 $AN = AT$.

因此，

$$QM^2 : RM \cdot MR' = AO^2 : OT^2$$
$$= R'H^2 : RR'^2，由相似三角形.$$

所以 Q 在以 RR' 为长轴，短轴等于 $R'H$ 的椭圆上.

---

〔1〕参见导论第3章§4. P.27.

命题 13，14

如果旋转双曲体被一与包络圆锥的所有母线都相交的平面所截，或旋转椭圆体被一不垂直于其轴的平面所截[1]，又一过其轴的平面与此截面垂直相交，且与旋转双曲体或旋转椭圆体在此平面上的交线为 RR'，那么截口是一长轴为 RR' 的椭圆.

假设截面与纸平面垂直，又设纸平面过其轴 ANF 且和截面垂直相交于 RR'. 因此，旋转双曲体或旋转椭圆体被纸平面所截得的截口是一双曲线或椭圆，且以 RR' 为其贯轴或长轴.

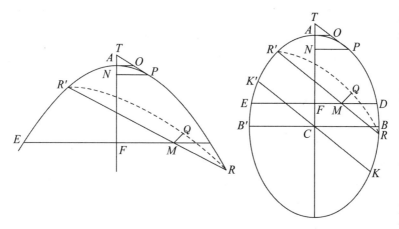

在其截口上任取一点 Q，作 QM 垂直于 RR'，则 QM 垂直于纸平面.

过 M 作 DFE 垂直于轴 ANF，与双曲线或椭圆相交于 D，E；由 QM，DE 确定一平面，该平面将与轴垂直，且截旋转双曲体或旋转椭圆体的截口为一圆.

因此　　　　　　　　　　　$QM^2 = DM \cdot ME.$

设 PT 是双曲线或椭圆的切线，且平行于 RR'，过 A 的切线交 PT 于 O.

则由双曲线或椭圆的性质，

$$DM \cdot ME : RM \cdot MR' = OA^2 : OP^2,$$

或　　　　　　　　　　$$QM^2 : RM \cdot MR' = OA^2 : OP^2.$$

则（1）在双曲线的情形下，因为 $AT < AN$[2]，且 $OA < OT$，因此 $OT < OP$，所以 $OA < OP$.

（2）在椭圆的情形下，如果 KK' 是平行于 RR' 的轴，且 BB' 是短轴.

$$BC \cdot CB' : KC \cdot CK' = OA^2 : OP^2;$$

───────────

[1] 阿基米德对旋转椭圆体发现命题 14 时注意到，当截面通过或平行于其轴时，结论是显然的. 参见命题 11（3）.

[2] 此假定参见导论第 3 章 §3. P. 27.

且　　　　　　　　　　$BC \cdot CB' < KC \cdot CK'$，所以 $OA < OP$.

所以在上述两种情形下，Q 都在以 RR' 为长轴的椭圆上.

推论 1　如果旋转椭圆体是"扁平"型的，其截口是一椭圆，除了 RR' 是短轴外，其余均和命题相同.

推论 2　所有的劈锥曲面体或旋转椭圆体的平行截口相似，因为对所有的平行截口，$OA^2 : OP^2$ 是相同的.

命题 15

（1）如果从劈锥曲面体的表面上任一点作一条直线，若是旋转抛物体，所作直线与轴平行，若是旋转双曲体，所作直线平行于过包络圆锥顶点的任意一条直线，那么直线上与劈锥曲面体凸向一致的部分不落在曲面体上，而另一方向上的部分将落在曲面体上.

因为，对于旋转抛物体，过其轴和给定的点作一平面，对于旋转双曲体，过给定的点和给定直线作过包络圆锥顶点的平面，那么平面截劈锥曲面体的截口是（a）若是旋转抛物体，则为以其轴为轴的抛物线，（b）若是旋转双曲体，则为双曲线，而给定的过包络圆锥顶点的直线是直径.[1]　　　　　　　　　　　　　　　　　［命题 11］

因此，可由圆锥的平面性质得到下述性质.

（2）如果一平面与劈锥曲面体相切，而不是相交，那么它只与劈锥曲面体相切于一点，且过切点和曲面体的轴所作的平面与上述平面垂直.

因为，如若不然，那么设一平面与劈锥曲面体相切于两点，过每个点作平行于轴的直线，则过两条平行线的平面要么过轴，要么平行于轴. 因此这个平面与曲面体的截口将是一圆锥曲线［命题 11（1）、（2）］，这两切点在该曲线上，且其连线在圆锥曲线上，进而也在曲面体上. 但这条直线在切平面上，所以这两点也在切平面上. 也就是说，切平面上的某些部分在曲面体上. 然而这是不可能的，因为平面与劈锥曲面体不相交.

所以，切平面与劈锥曲面体仅切于一点.

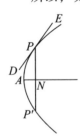

当切点是劈锥曲面体的顶点时，过切点和轴的平面与切平面垂直是显然的. 因为，如果两个过曲面体轴的平面与其相交得两个圆锥曲线，那么由曲面体顶点所作的两个圆锥曲线的切线都垂直于曲面体的轴. 而所有这些切线都将在切平面上，因而它将垂直于轴和过轴的平面.

如果当切点 P 不是顶点时，作过曲面体的轴 AN 和点 P 的平面，则该平面与曲面体相交得一圆锥曲线，其轴为 AN，且切平面上的直线 DPE 切圆锥曲线于 P. 作 PNP' 垂直于轴，并作过 PNP' 且垂直于轴的平面,这平面将截得一圆形截口,且和切平面的交线是圆的切线. 因而这平面与 PN 垂直. 所

---

〔1〕正文书此处好像有错误，书中所提到的双曲线的"直径"（即轴）是"在劈锥曲面体上过包络圆锥顶点的直线". 但一般说来，这条直线不是双曲线的轴.

以圆的切线与由 PN,AN 所确定的平面垂直；由此可知，由 PN,AN 所确定的平面与切平面垂直.

命题 16

（1）如果一平面和任一旋转椭圆体相切，而不是相交，那么它只与旋转椭圆体相切于一点，且过切点和其轴所确定的平面将与切平面垂直.

可用与命题 15（2）完全相同的方法证明该命题.

（2）如果任一劈锥曲面体或旋转椭圆体被过其轴的平面所截，且过截得圆锥曲线的切线的任一切平面与截口所在平面垂直，那么与劈锥曲面体或旋转椭圆体垂直相切的平面，其切点和切线与圆锥曲线的切点和切线相同.

因为它不相交于曲面体表面上任何其他的点. 否则，由截面上另一点所引的垂线和圆锥曲线的切线垂直，且落在曲面体的外部，与它必须落在曲面体的内部相矛盾. ［命题 11（4）］

（3）如果两个平行平面和一旋转椭圆体相切，那么切点的连线必通过旋转椭圆体的中心.

如果两个平面都与旋转椭圆体的轴垂直，那么命题是显然的. 如果两个平面与轴不垂直，则过轴和一切点的平面垂直于该点的切平面. 因此，也垂直于另一个与之平行的切平面，且过该切平面的切点，所以两个切点将在同一个通过轴的平面上，此时命题就转化为关于一个平面的命题.

命题 17

如果两个平行平面和旋转椭圆体相切，过中心作一与两切平面平行的平面，且此平面截旋转椭圆体得一截口，那么过截口上任一点作平行于两切点连线的直线将落在旋转椭圆体的外部.

这个命题可转化为平面上的命题立即得证.

阿基米德添加这个命题是要说明，如果平面平行于切平面而不通过旋转椭圆体的中心，那么以命题所述方法所作的直线，在和旋转椭圆体相同方向上的部分落在球体之外，而另一方向上的部分将落在旋转椭圆体的内部.

命题 18

任何旋转椭圆体被过其中心的平面所截，将得到表面积和体积相同的两个部分.

为证明此命题, 阿基米德作了一个类似于命题中的旋转椭圆体, 又用过其中心的平面分割, 然后用适当的方法证明.

命题 19, 20

给定一个由平面截旋转抛物体或旋转双曲体而得到的截段, 或由平面截旋转椭圆体而得到的小于半旋转椭圆体的截段, 那么可在截段内作一内接立体和作另一外接立体, 并将每个立体补足成圆柱体或与圆柱体等高的 "平截头体", 使得外接立体的体积超过内接立体体积的值, 而小于任一给定的立体体积.

设截段的底面与纸平面垂直, 且纸平面过劈锥曲面体或旋转椭圆体的轴, 并与截段的底面垂直相交于 BC. 那么在纸平面上的截口是圆锥曲线 BAC.　　　　［命题 11］

设 EAF 是圆锥曲线的切线, 且平行于 BC, A 是切点. 过 EAF 作一平面, 使其与过截段内 BC 的平面平行, 则该平面将与劈锥曲面体或旋转椭圆体相切于 A.　　　［命题 16］

（1）如果截段的底面与劈锥曲面体或旋转椭圆体的轴垂直, 那么 A 将是曲面体的顶点, 且其轴 AD 将垂直平分 BC.

（2）如果截段的底面与劈锥曲面体或旋转椭圆体的轴不垂直, 我们作 AD, 使其:

（a）在旋转抛物体的情形时, 与轴平行;

（b）在旋转双曲体的情形时, 通过其中心 (或包络圆锥的顶点);

（c）在旋转椭圆体的情形时, 通过其中心.

在上述所有的情形下, 都有 AD 平分 BC 于 D.

因此, A 将是截段的顶点, AD 是其轴.

更进一步, 截段的底将是一个圆或椭圆, 且分别以 BC 为直径或为一个轴, 中心为 D. 因此, 我们可过这个圆或椭圆作一个圆柱体或圆柱体的 "平截头体", 其轴是 AD.

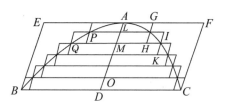

　　　　［命题 9］

用平行于底面的平面划分上述圆柱体或平截头体为相等的部分, 最终将证明有一个圆柱体或平截头体, 其体积小于任一给定的立体.

设这个圆柱体或平截头体的轴是 OD, AD 被等分成每段都等于 OD 的部分, 分点依次为 L, M, $\cdots$, 过 L, M, $\cdots$ 分别作平行于 BC 的直线, 与圆锥曲线交于 P, Q, $\cdots$, 过这些平行线作平行于截段底面的平面, 它们与劈锥曲面体或旋转椭圆体的截口将是一组圆或一组相似的椭圆. 过每个圆或椭圆作两个轴为 OD 的圆柱体或圆柱体的平截头体, 其中一个沿着 A 的方向, 另一个沿着 D 的方向. 如上图所示.

在 A 方向上的圆柱体或圆柱体的平截头体是外接立体, 而在 D 方向上的是内接立体.

在外接立体中的圆柱体或平截头体 PG 等于内接立体中的圆柱体或平截头体 PH,

外接立体中的 *QI* 等于内接立体中的 *QK*，等等.

因此，由加法，

外接立体 = 内接立体 + 其轴为 *OD* 的圆柱体或平截头体.

而以 *OD* 为轴的圆柱体或平截头体可小于任一给定的立体. 命题得证.

［我们已经证明了这些预备命题，再以这些命题及图形作参考证明其他命题.］

命题 21，22

旋转抛物体任一截段的体积是与其同底同轴的圆锥或圆锥截段的体积的一半.[①]

设截段的底与纸平面垂直，且设纸平面过旋转抛物体的轴，并与截段的底垂直相交于 *BC*，所得的截口为抛物线 *BAC*.

EF 是抛物线上平行于 *BC* 的一条切线，*A* 为切点.

那么（1），若截段的底与旋转抛物体的轴垂直，则轴是 *AD* 且垂直平分 *BC* 于 *D*.

（2）若截段的底与旋转抛物体的轴不垂直，作 *AD* 与其轴平行，则 *AD* 将平分 *BC*，但并不垂直于 *BC*.

过 *EF* 作平行于截段底面的平面，它将与旋转抛物体切于 *A*，且 *A* 是截段的顶点，*AD* 是它的轴.

截段的底面将是一个以 *BC* 为直径的圆或以 *BC* 为长轴的椭圆.

相应地过圆或椭圆可作一圆柱体或圆柱体的平截头体，*AD* 是其轴［命题 9］；也可作过圆或椭圆的圆锥或圆锥截段，以 *A* 为顶点，*AD* 为其轴.　　　　　　　　［命题 8］

设 *X* 表示一圆锥的体积，它等于圆锥 *ABC* 或圆锥截段 *ABC* 体积的 $\frac{3}{2}$，那么 *X* 等于圆柱体 *EC* 或圆柱体的平截头体 *EC* 的体积的一半.　　　　　　　　　［参见命题 10］

我们将证明，旋转抛物体的截段的体积等于 *X*.

否则，截段的体积要么大于 *X*，要么小于 *X*.

Ⅰ. 若截段的体积大于 *X*.

我们可像命题 20 那样，作内接立体和外接立体，并补成圆柱体或与圆柱体等高的平截头体，使得，

外接立体 − 内接立体 ＜ 截段 − *X*.

---

① 希思根据阿基米德原文译为"一半"，而该命题的实际结论，正像证明的结论应是"二分之三". 那么为什么阿基米德要把该命题的结论写错呢？请看以下论说："……但使阿基米德烦恼的是，有些人似乎已经把这些定理作为自己的结果在使用，而不耐心地去证明它们，因此，他说：作为一种告诫，在最后一组定理里放进了两个错误……"（A. 艾鲍. 早期数学史选编（周民强译），北京大学出版社，1990.6）这是否就是问题的答案.

设这些外接立体形成的圆柱体或平截头体中，体积最大者为底面是关于 BC 的圆或椭圆，OD 为轴，最小者为底面是关于 PP' 的圆或椭圆，AL 为轴.

设那些内接立体形成的圆柱体或平截头体中，体积最大者为底面是关于 RR' 的圆或椭圆，OD 为轴，最小者为底面是关于 PP' 的圆或椭圆，LM 为轴.

将所有圆柱体或平截头体的底面延伸与完全的柱体或平截头体 EC 的表面相交.

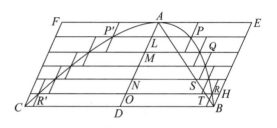

既然

外接立体 − 内接立体 < 截段 − X,

则有　　　　　内接立体 > X.　　　　（α）

其次，依次将高等于 OD 的圆柱体或平截头体及分别形成的完全圆柱体或平截头体 EC 的部分与内接立体作比较，我们有

EC 中第一个圆柱体或平截头体：内接立体中第一个 $= BD^2 : RO^2$

$$= AD : AO$$

$$= BD : TO, \text{这里 } AB \text{ 交 } OR \text{ 于 } T.$$

且

（EC 中第二个圆柱体或平截头体）：（内接立体中第二个）$= HO : SN$，方法同上.

如此等等.

因此［命题1］

圆柱体或平截头体 EC：内接立体 $= (BD + HO + \cdots) : (TO + SN + \cdots)$,

而 BD，HO，$\cdots$ 都相等，且 BD，TO，SN，$\cdots$ 是递缩的算术级数.

而［命题1的推论］

$$BD + HO + \cdots > 2(TO + SN + \cdots).$$

因此　　　　　圆柱体或平截头体 EC > 2 内接立体,

或者　　　　　　　　　　X > 内接立体;

而由上述（α）知，这是不可能的.

Ⅱ. 设截段的体积小于 X.

在这种情形下，我们可如上作内接立体和外接立体，但要使得

外接立体 − 内接立体 < X − 截段,

因此有

外接立体 < X.　　　　　　　　　（β）

并且，将所有构成完整圆柱体或平截头体 CE 的圆柱体或平截头体分别与外接立体作比较，

我们有

CE 中第一个圆柱体或平截头体：外接立体中第一个 $= BD^2 : BD^2$

$$= BD : BD,$$

$$CE \text{ 中第二个} : \text{外接立体中第二个} = HO^2 : RO^2$$
$$= AD : AO$$
$$= HO : TO,$$

等等.

因此［命题1］

圆柱体或平截头体 CE : 外接立体 $= (BD + HO + \cdots) : (BD + TO + \cdots)$
$$< 2 : 1,［命题1的推论］$$

由此可得

$$X < \text{外接立体};$$

但由（β）知，这是不可能的.

所以曲面体截段的体积，既不大于 X，也不小于 X，而与 X 相等，即等于圆锥或圆锥截段 ABC 体积的 $\frac{3}{2}$.

命题 23

如果用两个平面截旋转抛物体得两个截段，一个平面与旋转抛物体的轴垂直，另一个与其轴不垂直，且两个截段的轴相等，那么这两个截段的体积相等.

设这两个平面与纸平面垂直，且设纸平面过旋转抛物体的轴，与上述两个平面分别垂直相交于 BB'，QQ'，截曲面体得抛物线 $QPQ'B'$.

设 AN，PV 是两个截段相等的轴，且 A，P 分别是两个截段的顶点.

作 QL 平行于 AN 或 PV，$Q'L$ 垂直于 QL.

既然抛物截口的截段被 BB'，QQ' 所截得，且轴相等，所以三角形 ABB' 与 PQQ' 的面积相等［命题3］. 同时，若 QD 垂直于 PV，则有 $QD = BN$［同样是命题3］.

设想两个与截段同底的锥体，其顶点分别为 A，P. 锥体 PQQ' 的高为 PK，这里 PK 与 QQ' 垂直.

两个锥体的体积之比是底面积和高的复合比，也即（1）以 BB' 为直径的圆与以 QQ' 为轴的椭圆，和（2）AN 与 PK 之比.

也就是说，由命题5，12可得

锥体 ABB' : 锥体 $PQQ' = (BB'^2 : QQ' \cdot Q'L) \cdot (AN : PK)$

而

$$BB' = 2BN = 2QD = Q'L, \quad QQ' = 2QV.$$

因此

锥体 ABB' : 锥体 $PQQ' = (QD : QV) \cdot (AN : PK)$

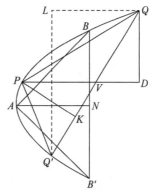

$$= (PK : PV) \cdot (AN : PK)$$
$$= AN : PV.$$

既然 $AN = PV$，所以两个锥体的体积之比等于 1；又由截段的体积等于同高同底的锥体体积的 $\frac{3}{2}$〔命题 22〕，故两个截段的体积相等.

命题 24

如果两个平面以任意方式截旋转抛物体得两个截段，那么这两个截段的体积之比等于其轴的平方比.

设旋转抛物体被过轴的平面所截，得抛物线截口 $P'PApp'$，并设旋转抛物体和该抛物线的轴为 ANN'.

在 ANN' 上截 AN，AN' 分别等于给定截段的轴，过 N，N' 作垂直于轴的平面，截口分别是以 Pp，$P'p'$ 为直径的圆，以共同的顶点 A 为顶点，以上述两个圆为底作两个锥体.

以 Pp、$P'p'$ 为直径的圆为底的旋转抛物体的截段的体积分别等于各自给定截段的体积，因为它们的轴分别相等〔命题 23〕；既然截段 APp，$AP'p'$ 的体积分别等于锥体 APp，$AP'p'$ 体积的 $\frac{3}{2}$，我们只要能证明此两锥体的体积之比为 AN^2 与 AN'^2 之比即可.

而

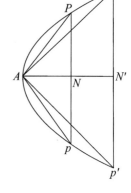

$$\text{锥体 } APp : \text{锥体 } AP'p' = (PN^2 : P'N'^2) \cdot (AN : AN')$$
$$= (AN : AN') \cdot (AN : AN')$$
$$= AN^2 : AN'^2.$$

故命题得证.

命题 25，26

对于任意旋转双曲体，用一平面去截它，所得的截段的顶点记为 A，轴记为 AD，若 CA 是过 A 的旋转双曲体的半轴（CA 与 AD 在同一条直线上），则

截段：同底同轴的锥体 $= (AD + 3CA) : (AD + 2CA)$.

设截得截段的平面与纸平面垂直，且纸平面过旋转双曲体的轴，并与截面垂直相

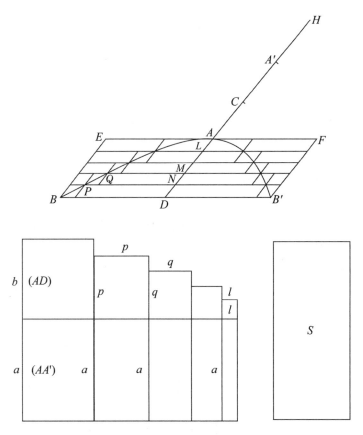

交于 BB'，得双曲型截口 BAB'．记 C 是旋转双曲面的中心（或包络圆锥的顶点）．

设 EF 是双曲型截口的切线且与 BB' 平行，A 为切点，连接 CA．延长 CA 将平分 BB' 于 D，CA 是旋转双曲体的半轴，A 为截段的顶点，AD 为其轴，延长 AC 到 A' 和 H，使得 $AC = CA' = A'H$．

过 EF 作平行于截段底面的平面，该平面与旋转抛物体切于 A．

那么（1），若截段的底与旋转双曲体的轴垂直，则旋转双曲体的顶点 A 也是截段的顶点，其轴 AD 也是截段的轴，截段的底是以 BB' 为直径的圆．

（2）若截段的底与旋转双曲体的轴不垂直，则截段的底是以 BB' 为长轴的椭圆．[命题 13]

然后，我们过关于 BB' 的圆或椭圆作一圆柱体或圆柱体的平截头体 $EBB'F$，AD 为其轴；再以 A 为顶点，以圆或椭圆为底作圆锥或圆锥截段．

我们可以证明：

$$截段\ ABB'：圆锥或圆锥截段\ ABB' = HD：A'D.$$

设 V 是满足如下条件的圆锥的体积：

$$V：圆锥或圆锥截段\ ABB' = HD：A'D, \qquad (\alpha)$$

我们将证明 V 等于截段的体积．

由于

$$圆柱体或平截头体\ EB'：圆锥或圆锥截段\ ABB' = 3：1,$$

因此，由（α）可得，

$$圆柱体或平截头体 EB' : V = A'D : \frac{HD}{3}. \tag{β}$$

如果截段的体积不等于 V，那么或大于或小于 V.

Ⅰ. 若截段的体积大于 V.

在截段内作内接立体和在外作外接立体，并补成圆柱体或圆柱体的平截头体，使它们的轴都在 AD 上且都相等，并满足

$$外接立体 - 内接立体 < 截段 - V,$$

因此 $$内接立体 > V. \tag{γ}$$

将圆柱体或圆柱体的平截头体的底面延伸，使和完全圆柱体或平截头体 EB' 的表面相交.

那么，若 ND 是外接立体中最大圆柱体或平截头体的轴，则完全圆柱体可被分成每个体积等于最大圆柱体或平截头体的圆柱体或平截头体.

设有一组长度等于 AA' 的线段 a，在数量上等于圆柱体或平截头体的底面将 AD 等分的线段的数量. 对每一条线段 a，利用面积将其放在矩形中，看成矩形的一条边，记所有矩形中面积最大者等于 $AD \cdot A'D$，面积最小者等于 $AL \cdot A'L$；设正方形的边 b，p，q，$\cdots$，l 是一递减的算术级数. 因此，b，p，q，$\cdots$，l 将分别等于 AD，AN，AM，$\cdots$，AL，而矩形 $(ab + b^2)$，$(ap + p^2)$，$\cdots$，$(al + l^2)$ 分别等于 $AD \cdot A'D$，$AN \cdot A'N$，$\cdots$，$AL \cdot A'L$.

进一步，我们假设有一组面积等于最大矩形 $AD \cdot A'D$ 的空间 S 及数量与递减的矩形一样多.

由截段的底面开始，依次比较（1）在完全圆柱体或平截头体 EB' 中，以及（2）在内接立体中的圆柱体或平截头体，则有

$$EB' 中第一个圆柱体或平截头体：内接立体中第一个 = BD^2 : PN^2$$
$$= AD \cdot A'D : AN \cdot A'N，由双曲线性质，$$
$$= S : (ap + p^2).$$

又

$$EB' 中第二个圆柱体或平截头体：内接立体中第二个 = BD^2 : QM^2$$
$$= AD \cdot A'D : AM \cdot A'M$$
$$= S : (aq + q^2),$$

等等.

在完全圆柱体或平截头体 EB' 中的最后一个圆柱体或平截头体，和在内接立体中没有与之对应的圆柱体或平截头体.

把以上比例相加，我们有 ［命题1］

$$圆柱体或平截头体 EB' : 内接立体$$
$$= 所有空间 S 的和 : (ap + p^2) + (aq + q^2) + \cdots$$
$$> (a + b) : \left(\frac{a}{2} + \frac{b}{3} \right) \qquad ［命题2］$$
$$> A'D : \frac{HD}{3}，因为 a = AA'，b = AD，$$

$$> (EB') : V, \text{ 由上面的（β）式.}$$

因此，   内接立体 $< V$.

但这是不可能的，因为由上面的（γ）知，内接立体的体积大于 V.

Ⅱ. 其次，假设截段的体积小于 V.

在这种情形，我们作截段的外接立体或内接立体，使得

$$\text{外接立体} - \text{内接立体} < V - \text{截段，}$$

因此有

$$V > \text{外接立体.} \tag{δ}$$

现在依次比较完全圆柱体或平截头体与外接立体中的圆柱体或平截头体，则有

$$EB' \text{中第一个圆柱体或平截头体：外接立体中第一个} = S : S$$
$$= S : (ab + b^2),$$
$$EB' \text{中第二个：外接立体中第二个} = S : (ap + p^2),$$

如此等等.

因此［命题1］

$$\text{圆柱体或平截头体 } EB' : \text{外接立体}$$
$$= \text{所有空间 } S \text{ 的和} : (ab + b^2) + (ap + p^2) + \cdots$$
$$< (a + b) : \left(\frac{a}{2} + \frac{b}{3} \right) \qquad \text{［命题2］}$$
$$< A'D : \frac{HD}{3}$$
$$< EB' : V, \text{ 由上面的（β）式.}$$

因之外接立体的体积大于 V；而这是不可能的，由上面的（δ）可知.

所以截段的体积既不大于 V，也不小于 V，只能等于 V.

综合上述，由（α）可得，

$$\text{截段 } ABB' : \text{圆锥体或圆锥截段 } ABB' = (AD + 3CA) : (AD + 2CA).$$

命题 27，28，29，30

（1）在任一以 C 为中心的旋转椭圆体中，若一与其轴相交的平面，截旋转椭圆体得一体积不超过半旋转椭圆体的截段，且该截段的顶点为 A，轴为 AD，而 $A'D$ 是剩下的截段的轴，则

$$\text{第一个截段：与其同底同轴的圆锥或圆锥截段}$$
$$= (CA + A'D) : A'D$$
$$= (3CA - AD) : (2CA - AD)$$

（2）特殊情形，若平面通过旋转椭圆体的中心，使得截段的体积等于半旋转椭圆体，则半旋转椭圆体等于同轴同顶的圆锥或圆锥截段的两倍.

设截取截段的平面与纸平面垂直，纸平面过旋转椭圆体的轴交截面于 BB'，且得椭圆截口 $ABA'B'$.

设 EF，$E'F'$ 是椭圆的两条切线，且平行于 BB'，记切点为 A，A'，过两条切线分别

作两个平行于截段底面的平面，它们将与旋转椭圆体切于 A，A'，A，A' 将是被分成的两个截段的顶点，AA' 将过中心 C 并平分 BB' 于 D.

那么（1），若截段的底面与旋转椭圆体的轴垂直，则 A，A' 既是旋转椭圆体的顶点，也是截段的顶点，AA' 是旋转椭圆体的轴，且截段的底面是以 BB' 为直径的圆.

（2）若截段的底面与旋转椭圆体的轴不垂直，则截段的底面是以 BB' 为其一轴的椭圆，且 AD，$A'D$ 将分别是两个截段的轴.

现在可过关于 BB' 的圆或椭圆作一圆柱体或圆柱体的平截头体 $EBB'F$，且以 AD 为轴；再过关于 BB' 的圆或椭圆作一圆锥或圆锥截段，顶点为 A.

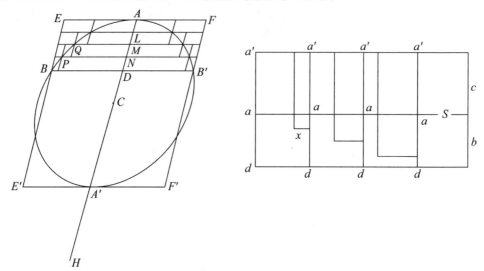

若将 CA' 延长到 H，使得 $CA' = A'H$，我们则可证明，

$$截段\ ABB'：圆锥或圆锥截段\ ABB' = HD：A'D.$$

设 V 是满足如下条件的圆锥的体积

$$V：圆锥或圆锥截段\ ABB' = HD：A'D, \qquad (\alpha)$$

我们将证明旋转椭圆体截段 ABB' 的体积是 V.

但，由于

$$圆柱体或平截头体\ EB'：圆锥或圆锥截段\ ABB' = 3：1,$$

借助（α），则有，

$$圆柱体或平截头体\ EB'：V = A'D：\frac{HD}{3}. \qquad (\beta)$$

如果旋转椭圆体截段 ABB' 的体积不等于 V，那么或大于 V，或小于 V.

Ⅰ. 如果截段的体积大于 V.

对旋转椭圆体的截段作内接立体和外接立体，这些立体是与截段相关的圆柱体或圆柱体的平截头体，其轴在 AD 上，且都相等，使得

$$外接立体 - 内接立体 < 截段 - V,$$

因此可得

$$内接立体 > V.$$

把所有圆柱体或平截头体的底面延伸，和完全圆柱体或平截头体 EB' 的表面相交. 在所有外接立体中，记体积最大的圆柱体或平截头体的轴为 ND，则可将完全圆柱体或

圆柱体的平截头体 EB' 分成一些体积等于最大体积的圆柱体或平截头体.

取直线 da' 等于 $A'D$，其条数等于圆柱体或平截头体的底面分 AD 所得的段数，在 da' 上截取 da 等于 AD. 可以得到 $aa' = 2CD$.

对每条边为 $a'd$、高为 ad 的矩形，如图中那样在边 ab 上作正方形. 设 S 表示每个完整矩形的面积.

从第一个矩形中去掉一个边宽等于 AN 的磬折形（即，每边末端的长度等于 AN）；从第二个矩形中去掉一个边宽等于 AM 的磬折形，如此等等，最后一个矩形中无磬折形可去掉.

则

$$第一个磬折形 = A'D \cdot AD - ND \cdot (A'D - AN)$$
$$= A'D \cdot AN + ND \cdot AN$$
$$= AN \cdot A'N,$$

同样的，

$$第二个磬折形 = AM \cdot A'M,$$

等等.

最后一个磬折形（最后一个矩形中无磬折形）等于 $AL \cdot AL'$.

另外，从每个矩形中去掉磬折形后，剩下的（我们将其称之为 R_1，R_2，$\cdots$，R_n，这里的 n 是矩形的个数，相应地 $R_n = S$）是一些边长为 aa' 的矩形和"多出的正方形"，正方形的边长分别是 DN，DM，$\cdots$，DA.

为简单起见，记 DN 为 x，aa' 或 $2CD$ 为 c，所以，

$$R_1 = cx + x^2, \quad R_2 = c \cdot 2x + (2x)^2, \cdots$$

然后，依次比较（1）在完全圆柱体或平截头体 EB' 和（2）在内接立体中的圆柱体和圆柱体的平截头体，则有

$$EB'中第一个圆柱体或平截头体：内接立体中第一个图 = BD^2：PN^2$$
$$= AD \cdot A'D：AN \cdot A'N$$
$$= S：第一个磬折形；$$

$$EB'中第二个圆柱体或平截头体：内接立体中第二个图 = S：第二个磬折形，$$

等等.

对于 EB' 中最后一个圆柱体或平截头体，因为没有相应的磬折形，故在内接立体中，没有相应的圆柱体或平截头体.

把上述比例相加，我们有 ［由命题1］

圆柱体或平截头体 EB'：内接立体 =（所有 S 的和）：（磬折形的和）.

已知 S 与每个磬折形的差依次是 R_1，R_2，$\cdots$，R_n，而

$$R_1 = cx + x^2,$$
$$R_2 = c \cdot 2x + (2x)^2,$$
$$\cdots$$
$$R_n = cb + b^2 = S,$$

这里 $b = nx = AD$.

因此［命题2］

$$所有 S 的和：(R_1 + R_2 + \cdots + R_n) < (c + b)：\left(\frac{c}{2} + \frac{2b}{3}\right).$$

可以得到

$$所有 S 的和：磬折形的和 > (c + b)：\left(\frac{c}{2} + \frac{2b}{3}\right)$$

$$> A'D：\frac{HD}{3}.$$

故

$$圆柱体或平截头体 EB'：内接立体 > A'D：\frac{HD}{3}$$

$$> 圆柱体或平截头体 EB'：V,$$

应用上面的（β）式.

所以　　　　　　　　　　　内接立体 < V；

而由上述的（γ）式可知，这是不可能的.

所以，旋转椭圆体截段 ABB' 的体积不大于 V.

Ⅱ. 设旋转椭圆体截段 ABB' 的体积小于 V.

我们对旋转椭圆体截段作内接立体和外接立体，使得

$$外接立体 - 内接立体 < V - 截段,$$

因此　　　　　　　　　　　$V >$ 外接立体.　　　　　　　　　　（δ）

在这种情形下，比较 EB' 和外接立体中的圆柱体或平截头体.

则有

$$EB' 中第一个圆柱体或平截头体：外接立体中第一个图 = S：S;$$

EB' 中第二个圆柱体或平截头体：外接立体中第二个图 $= S：$ 第一个磬折形，

等等.

$$最后 EB' 中最后一个：外接立体中最后一个图 = S：(最后一个磬折形).$$

而

$$(S + 所有磬折形) = nS - (R_1 + R_2 + \cdots + R_{n-1}).$$

及

$$nS：(R_1 + R_2 + \cdots + R_{n-1}) > (c + b)：\left(\frac{c}{2} + \frac{b}{3}\right),　　［命题2］$$

使得

$$nS：(S + 所有的磬折形) < (c + b)：\left(\frac{c}{2} + \frac{2b}{3}\right).$$

像命题1那样把上述比例相加，可得到

$$圆柱体或平截头体 EB'：外接立体 < (c + b)：\left(\frac{c}{2} + \frac{2b}{3}\right)$$

$$< A'D：\frac{HD}{3}$$

$$< (EB')：V, 由上述的（β）.$$

因此外接立体的体积大于 V；但由（δ）可知，这是不可能的.

那么，由于旋转椭圆体截段 ABB' 的体积既不大于 V，也不小于 V，所以只能等于 V，命题得证.

（2）［命题 27，28］的特殊情形，即旋转椭圆体截段是半旋转椭圆体时，上述情形中的 CD 或 $\dfrac{c}{2}$ 即为 0，矩形 $cb+b^2$ 简化为正方形（b^2），所以磐折形简化为 b^2 与 x^2，b^2 与 $(2x)^2$ 的差，等等.

用命题 2 引理的推论 1 代替命题 2，上面给出的［关于螺线，命题 10］，那么比例 $(c+b):\left(\dfrac{c}{2}+\dfrac{2b}{3}\right)$ 转化为 3：2，

因此

（旋转椭圆体截段 ABB'）：（圆锥或圆锥截段 ABB'）= 2：1.

［这个结果也可通过用 CA 代替比例（$3CA-AD$）：（$2CA-AD$）中的 AD 得到.］

命题 31，32

如果一平面截旋转椭圆体为两个不相等的截段，且 AN，$A'N$ 分别是较小的和较大的截段的轴，而 C 是旋转椭圆体的中心，则

较大的截段：同底同轴的圆锥或圆锥截段 =（$CA+AN$）：AN.

设截旋转椭圆体的平面过 PP'，且与纸平面垂直，纸平面过旋转椭圆体的轴与截面交于 PP'，得椭圆截口 $PAP'A'$.

作椭圆的切线，并和 PP' 平行；切点为 A，A'，过切线作平行于截段底面的平面. 这两个平面和旋转椭圆体切于 A，A'，直线 AA' 将过中心 C 且平分 PP' 于 N，AN，$A'N$ 是两个截段的轴.

那么（1）若截面垂直于旋转椭圆体的轴，则 AA' 将是旋转椭圆体的轴，A，A' 是旋转椭圆体的顶点，也是截段的顶点. 同时，旋转椭圆体被截面以及与之平行的截面所截，截口都将是圆.

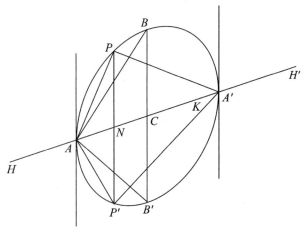

（2）若截面不垂直于旋转椭圆体的轴，则截段的底是以 PP' 为一轴的椭圆，且与截面平行的平面截旋转椭圆体，其截口将是一些相似的椭圆.

作过 C 平行于截段底面的平面，与纸平面相交于 BB'.

构造三个圆锥或圆锥截段，两个以 A 为顶点，分别以过 PP'，BB' 的平面为底面，第三个以过 PP' 的平面为底面，以 A' 为顶点.

延长 CA 到 H，CA' 到 H'，使得

$$AH = A'H' = CA.$$

我们将证明

$$\text{截段 } A'PP'：\text{圆锥或圆锥截段 } A'PP' = (CA + AN)：AN$$
$$= NH：AN.$$

现已知半旋转椭圆体的体积是圆锥或圆锥截段 ABB' 体积的二倍［命题 27，28］. 因此

$$\text{旋转椭圆体} = 4 \text{ 圆锥或圆锥截段}.$$

但是

$$\text{圆锥或圆锥截段 } ABB'：\text{圆锥或圆锥截段 } APP' = (CA：AN) \cdot (BC^2：PN^2)$$
$$= (CA：AN) \cdot (CA \cdot CA'：AN \cdot A'N). \tag{α}$$

若在 AA' 上截取 AK，使得

$$AK：AC = AC：AN,$$

则有
$$AK \cdot A'N：AC \cdot A'N = CA：AN,$$

且在（α）中的复合比变为

$$(AK \cdot A'N：CA \cdot A'N) \cdot (CA \cdot CA'：AN \cdot A'N),$$

即
$$AK \cdot CA'：AN \cdot A'N.$$

因此

$$\text{圆锥或圆锥截段 } ABB'：\text{圆锥或圆锥截段 } APP' = AK \cdot CA'：AN \cdot A'N.$$

而

$$\text{圆锥或圆锥截段 } APP'：\text{截段 } APP' = A'N：NH' \quad ［命题 29，30］$$
$$= AN \cdot A'N：AN \cdot NH'.$$

因此

$$\text{圆锥或圆锥截段 } ABB'：\text{截段 } APP' = AK \cdot CA'：AN \cdot NH',$$

所以

$$\text{旋转椭圆体：截段 } APP' = HH' \cdot AK：AN \cdot NH',$$

这是因为 $\qquad HH' = 4CA'.$

因此

$$\text{截段 } A'PP'：\text{截段 } APP' = (HH' \cdot AK - AN \cdot NH')：AN \cdot NH'$$
$$= (AK \cdot NH + NH' \cdot NK)：AN \cdot NH'.$$

更进一步，

$$\text{截段 } APP'：\text{圆锥或圆锥截段 } APP' = NH'：A'N$$
$$= AN \cdot NH'：AN \cdot A'N,$$

以及

$$圆锥或圆锥截段 APP' ：圆锥或圆锥截段 A'PP' = AN ：A'N$$
$$= AN \cdot A'N ：A'N^2.$$

由最后三个比例，我们有

$$截段 A'PP' ：圆锥或圆锥截段 A'PP' = (AK \cdot NH + NH' \cdot NK) ：A'N^2$$
$$= (AK \cdot NH + NH' \cdot NK) ：(CA^2 + NH' \cdot CN)$$
$$= (AK \cdot NH + NH' \cdot NK) ：(AK \cdot AN + NH' \cdot CN). \qquad (\beta)$$

而

$$AK \cdot NH ：AK \cdot AN = NH ：AN$$
$$= (CA + AN) ：AN$$
$$= (AK + CA) ：CA \qquad （因为 AK ：AC = AC ：AN）$$
$$= HK ：CA$$
$$= (HK - NH) ：(CA - AN)$$
$$= NK ：CN$$
$$= NH' \cdot NK ：NH' \cdot CN.$$

因此（β）中的比例等于

$$AK \cdot NH ：AK \cdot AN 或 NH ：AN.$$

所以

$$旋转椭圆体截段 A'PP' ：圆锥或圆锥截段 A'PP' = NH ：AN$$
$$= (CA + AN) ：AN.$$

［如果 (x, y) 表示以共轭直径 AA'，BB' 为 x，y 轴的坐标系中 P 的坐标，且以 $2a$，$2b$ 分别表示两轴的长，我们有，

$$旋转椭圆体 - 较小的截段 = 较大的截段，$$

$$4 \cdot ab^2 - \frac{2a + x}{a + x} \cdot y^2 (a - x) = \frac{2a - x}{a - x} \cdot y^2 (a + x);$$

上述命题是下面与 x，y 有关的方程真实性的几何证明：

$$\frac{x^2}{a^2} + \frac{y^2}{b^2} = 1.］$$

（李三平　译　冯汉桥　校）

论螺线

阿基米德致多西修斯（Dositheus）.

关于我送给科农（Conon）的那些定理，以及你不时地要求我送给你证明的那些定理，其中大多数定理的证明过程已经在赫拉克利德（Heracleides）捎给你的那些书中了；另外一些包含在我现在送给你的这部书中. 为发表这些证明，我花了相当多的时间，这是不足为奇的. 我做此事的动机首先是希望与从事数学工作和热衷于数学研究的人们进行交流. 事实上，几何中有许多乍一看很难证明的定理，现在都已成功地得到解答! 科农的去世，使他没有足够的时间去研究他已托付我来完成的那些定理；否则他可能已经发现并阐明了所有这些问题，并将由于许多其他的新发现而丰富了几何学理论. 因为我非常清楚，他在数学上具有非凡的能力，他的刻苦也是令人惊叹的. 然而，自从科农死后，许多年已经过去了，我却没有发现其中任何一个问题被任何一个人认真地研究过. 我现在想将这些命题逐一审查，特别地我发现其中有两个命题是不可能成立的[1]［并且这也是一个警告］，如果有人宣称他发现了某个东西，但他并没有给出完整的证明，这个冒称的发现就可能被推翻.

以上所讲的问题就是你已收到了证明的那些命题，以及其证明已包含在本书中的那些命题，我认为对其含意应适当说明. 第一个问题是：给定一个球，找一个平面图形，使其面积等于球的表面积；该命题首先发表在关于球体的著作中，任何球体的表面积是其大圆面积的 4 倍，这一旦被证明，那么找一个平面图形，使其面积等于该球的表面积显然可以办到. 第二，给定一个圆锥或圆柱，找一个球，使其体积等于该圆锥或圆柱的体积；第三，用平面去截一给定的球，使所截得的两个球缺体积成定比；第四，用平面去截一给定的球，使所截得的两个球缺的表面积成定比；第五，作一个与给定球缺相似的球缺；[2] 第六，给定（相同或不同球上的）两个球缺，找一个球缺与给定球缺之一相似，且与另一个球缺表面积相等；第七，从已知球上切下一个球缺，使其体积与内接于它的同底等高的圆锥体积成大于 3∶2 的定比. 以上列出的所有命题，其证明过程都已由赫拉克利德捎给了你. 下面叙述的命题是一个有错误的命题，即若球被平面截成不相等的两部分，则它们的体积之比等于其表面积之比的 2 倍. 由过去送给你的定理可知，其错误是显然的；因为它含有这样的命题：若球被平面截成不等的两部分，则它们的表面积之比等于其高度之比，体积之比小于表面积之比的 2

---

〔1〕海伯格（Heiberg）读作 τέλος δὲ ποθεσόμενα，而法文有 τέλους ，因此真正的读法或许是 τέλους δὲ ποτιδεόμενα. 这就意味着似乎有一个简单的"错误".

〔2〕τὸ δοθὲν τμᾶμα σφαίρας τῷ δοθέντι τμάματι σφαίρας ὁμοιῶσαι，即：作一个球缺与一给定的球缺相似，且与另一给定的球缺的体积相等. ［参看《论球和圆柱》Ⅱ.5.］

倍，但大于表面积之比的 $\frac{3}{2}$ 次方[1]. 这后一个命题也是错的，也就是说，如果球被平面截成两个球缺，其中一个高度的平方是另一个高度平方的 3 倍，则较大的球缺是所有表面积相等的球缺中体积最大者. 由以前我给你的定理可知，该命题的错误也是明显的. 因为，表面积相等的球缺中，半球的体积最大，该定理在那儿已经证明过.

接下来将讨论有关圆锥曲面[2]的问题. 如果直角圆锥的截口［抛物线］在其直径［轴］保持不动的情况下，绕直径［旋转轴］旋转一周，那么截口在运动中形成的图形称为圆锥曲面. 如果一个平面与圆锥曲面相切，与该切面平行的另一平面由圆锥曲面上截下一个缺体（即与球缺近似的立体），则它的底部被定义为截面，切点被定义为顶点. 现在，如果用垂直于轴的平面去截圆锥曲面，那么截口显然是圆；但是，所截下的缺体，其体积是与它同底等高的圆锥体积的一倍半，这是必须证明的. 如果平面以任意方式从圆锥曲面上截下两个缺体，显然当截面与轴不垂直时，截口将是锐角圆锥的截口［椭圆］；但是有必要证明，两个缺体的体积之比等于从它们的顶点到截面且与轴平行的两个线段的平方之比. 这些定理的证明尚未送给你.

再下来讨论的命题是螺线方面的，一般而言，这是与上述问题无关的另一类问题；在本书中，我已为你写出了这些命题的证明. 其内容如下. 一个端点保持固定的直线在平面内匀速旋转一周，同时有一动点从固定的端点出发，沿直线匀速移动，则该动点在平面上将描出一条螺线. 我断定，该螺线与回到初始位置的直线所围图形的面积，是以定点为圆心，动点在直线上移过的距离为半径的圆面积的三分之一. 如果一条直线与螺线在其末端相切，另一条过定点且与回到初始位置的直线垂直的直线与切线相交，那么我断言，这个交点到定点的距离等于圆周长. 不仅如此，若旋转直线再旋转几周并回到初始位置，动点在直线上继续移动，我认为，螺线在第三周所围图形的面积是第二周所围面积的二倍，第四周所围面积是第二周所围面积的三倍，第五周所围面积是第二周所围面积的四倍，一般地，随后旋转一周所围面积是第二周所围面积的若干倍，其倍数取决于相继的旋转次数，而螺线在第一次旋转所围面积是第二次旋转所围面积的六分之一. 再者，若在某次旋转所得的一段螺线上任取两点，分别与定点相连得两条线段，再以定点为圆心，以这两条线段为半径画两个圆，并延长较短的线段，那么我断定：①夹在两条线段（及延长部分）之间由大圆和这段螺线所围面积与②小圆和这段螺线所围面积之比等于③小圆半径加两个半径之差的 $\frac{2}{3}$ 与④小圆半径加两个半径之差的 $\frac{1}{3}$ 的比值.

这些定理和其他有关螺线定理的证明在本书中给出. 按照别的几何著作通常采用的方式，把证明上述定理用到的命题排在前面. 就像以前发表过的著作一样，我在这里也作如下假定：若有（两个）不等的线段或（两个）不等的面积，则其较大者超过较小者的超出部分可以经不断地累加而超过任何可与它比较的预先给定的量.

---

〔1〕($\lambda\acute{o}\gamma o\nu$) $\mu\varepsilon\acute{\iota}\zeta o\nu\alpha$ $\dot{\eta}$ $\dot{\eta}\mu\iota\acute{o}\lambda\iota o\nu$ $\tau o\hat{v}$, $\check{o}\nu$ $\check{\varepsilon}\chi\varepsilon\iota$ $\kappa. \tau. \lambda.$，即大于（表面积之比）$^{\frac{3}{2}}$ 的比率. 见《论球和圆柱》II.8.

〔2〕该词估计应是 "the conoid"，而不是 "the cone".

命题 1

如果一点沿一直线做匀速运动，在直线上取两个长度，那么这两个长度之比等于动点经过它们的时间之比.

在一条直线上取两个不等的长度，另一条直线上取两个长度表示时间，依照欧几里得《几何原本》卷V定义5，由于每个长度与其对应的时间具有等倍量的关系，因而证明了它们是成比例的.

命题 2

如果两个点分别在不同直线上做匀速运动，从两条直线上各取一个长度组成对，使每对长度恰好是两个动点在同一时间内走过的距离，则每对长度成比例.

该命题立刻便可得到证明，因为一条直线上的长度之比等于动点在其上运动所花时间之比，因而也必然等于在另一条直线上相应的长度之比.

命题 3

给定任意一个圆，找一条长度大于所有这些圆的周长之和的线段是可能的.

因为我们只需要在每一个圆外作多边形，然后作一条线段，使其长度等于这些多边形的周长之和.

命题 4

已知一条线段及与其长度不等的圆周，找一条线段，使其长度介于两者之间是可能的.

根据前面的假定，两者之差通过自身多次的累加，总可以超过较小的长度.

因此，假设 $c > l$（c 是圆周长，l 是已知线段的长度），那么我们可以找到一个自然数 n，使得

$$n(c-l) > l.$$

从而有

$$c - l > \frac{l}{n},$$

且

$$c > l + \frac{l}{n} > l.$$

于是，我们只需要把 l n 等分，取其中一份加到 l 上即可. 这样得到的线段将满足已知条件.

命题 5

已知以 O 为圆心的圆和与圆相切于 A 点的切线，那么过 O 作一条直线与圆交于 P，与切线交于 F，使得对于任意给定的圆周长 C，都有

$$FP : OP < AP \text{ 弧} : C,$$

这是可以做到的.

作一条长度比周长 C 大的线段，例如线段 D.

[命题 3]

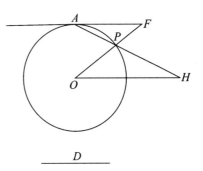

过 O 作直线 OH 平行于切线，再过 A 作一条直线交圆于 P，交直线 OH 于 H，使得 PH 长度等于线段 D[1]. 连接 OP 并延长，与切线交于 F.

则

$$FP : OP = AP : PH \quad （由平行线性质）$$
$$= AP : D$$
$$< AP \text{ 弧} : C.$$

命题 6

已知以 O 为圆心的圆以及小于其直径的弦 AB，OM 垂直于 AB，那么过 O 作一条直线与 AB 交于 F，与圆交于 P，使得

$$FP : PB = D : E,$$

这是可以做到的. 其中 $D : E$ 是任意给定的小于 $BM : MO$ 的比.

作直线 OH 平行于 AB，作 BT 垂直于 BO，交 OH 于 T.

则三角形 BMO 与三角形 OBT 相似，因此

$$BM : MO = OB : BT,$$

即

$$D : E < OB : BT.$$

假定线段 PH（大于 BT）满足

$$D : E = OB : PH,$$

把线段 PH 放在这样的位置上：让它过 B 点，且 P 点在圆周上，而 H 点在直线 OH

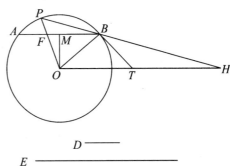

---

〔1〕该作图过程是假定可以做到的，至于怎样完成则没有任何说明，其希腊原文是这样的："放置（κείσθω）与 D 相等的 PH，让它与 A 点对齐（νεύουσα）." 这是 νεῦσις 的名称已知时常用的说法.

上[1]. （因为 $PH > BT$，所以 PH 将落在 BT 的外侧）连接 OP，交 AB 于 F.

于是可以得到

$$
\begin{aligned}
FP : PB &= OP : PH \\
&= OB : PH \\
&= D : E.
\end{aligned}
$$

命题 7

已知以 O 为圆心的圆及小于其直径的弦 AB，OM 垂直于 AB，则过点 O 作一条直线与圆交于 P，与 AB 的延长线交于 F，并使得

$$FP : PB = D : E ,$$

这是可以做到的. 其中 $D : E$ 是任意给定的大于 $BM : MO$ 的比.

作 OT 平行于 AB，作 BT 垂直于 BO，交 OT 于 T 点.

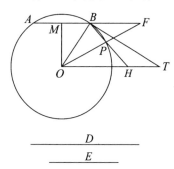

这时有　$D : E > BM : MO$

　　　　　　　$> OB : BT$ ，由相似三角形.

找一条线段 PH（小于 BT）使得

$$D : E = OB : PH .$$

确定 PH 的位置，使 P，H 两点分别在圆周和直线 OT 上，而 HP 的延长线通过 B 点[2].

则　　　　　$FP : PB = OP : PH$

　　　　　　　　$= D : E .$

命题 8

已知以 O 为圆心的圆，其弦 AB 小于直径，切线与圆切于 B 点，OM 垂直于 AB，那么过 O 作一条直线交 AB 于 F，交圆于 P，交切线于 G，并使得 $FP : BG = D : E$，这是可以做到的. 其中 $D : E$ 是任意给定的小于 $BM : MO$ 的比例.

如果作 OT 平行于 AB，交切线于 T，那么

$$BM : MO = OB : BT ,$$

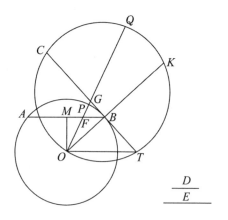

---

　　[1] 希腊语表达是 "放置 PH 在圆周和直线（OH）之间，并通过 B 点". 这种作图过程是假定的，就像上一个定理中类似的情形.

　　[2] 用希腊文描述 PH 与点 B $\nu\varepsilon\upsilon\upsilon\sigma\alpha\nu$ $\varepsilon\pi\iota$（对齐），就像前面的作图过程是假定的一样.

因此 $\qquad D:E < OB:BT$.

在 TB 的延长线上取一点 C, 使得

$$D:E = OB:BC ,$$

显然 $BC > BT$.

过 O, T, C 三点作一个圆, 延长 OB 与该圆交于 K.

由于 $BC > BT$, 且 OB 垂直于 CT, 因此过 O 点作一条直线交 CT 于 G, 交过 OTC 的圆于 Q, 并使得 $GQ = BK$[1], 这是可以做到的.

设 OQ 与 AB 的交点为 F, 与圆 O 的交点为 P.

因为 $\qquad CG \cdot GT = OG \cdot GQ$

且 $\qquad OF:OG = BT:GT ,$

所以 $\qquad OF \cdot GT = OG \cdot BT .$

由此可知

$$CG \cdot GT : OF \cdot GT = OG \cdot GQ : OG \cdot BT,$$

或者 $\qquad CG:OF = GQ:BT$

$\qquad\qquad\qquad\quad = BK:BT \quad$ (由作图知)

$\qquad\qquad\qquad\quad = BC:OB$

$\qquad\qquad\qquad\quad = BC:OP .$

因此 $\qquad OP:OF = BC:CG ,$

从而有 $\qquad PF:OP = BG:BC ,$

或者 $\qquad PF:BG = OP:BC$

$\qquad\qquad\qquad\quad = OB:BC$

$\qquad\qquad\qquad\quad = D:E .$

命题 9

已知以 O 为圆心的圆, 其弦 AB 小于直径, 切线与圆切于 B 点, OM 垂直于 AB, 那么过 O 作一条直线交圆于 P, 交切线于 G, 交 AB 的延长线于 F, 并使得

$$FP:BG = D:E ,$$

这是可以做到的. 其中 $D:E$ 是任意给定的大于 $BM:MO$ 的比.

作 OT 平行于 AB, 交切线于 T.

则 $\qquad D:E > BM:MO$

$\qquad\qquad\qquad > OB:BT ,$ 由相似三角形

---

[1] 希腊文是 "放置另一条 [直线] GQ 与 O 点对齐 ($\nu\varepsilon\acute{\upsilon}o\upsilon\sigma\alpha\nu$), 且 $GQ = KB$". 这个特殊的 $\nu\varepsilon\tilde{\upsilon}\sigma\iota\varsigma$ 帕普斯 (Pappus) 已讨论过 (P.298, 编者 Hultsch). 见导论第 5 章.

延长 TB 到 C, 使得

$$D : E = OB : BC,$$

显然 $BC < BT$.

过 O, T, C 三点作一个圆, 并延长 OB 与该圆相交于 K.

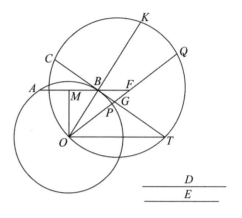

由于 $TB > BC$, 且 OB 垂直于 CT, 因此, 过 O 作一条直线交 CT 于 G, 交过 OTC 的圆于 Q, 并使得 $GQ = BK$[1]. 设 OQ 与圆 O 的交点为 P, 与 AB 的延长线的交点为 F.

正好与上一个定理一样, 我们可以证明

$$CG : OF = BK : BT$$
$$= BC : OP.$$

因此, 像前面一样有

$$OP : OF = BC : CG,$$

且 $$OP : PF = BC : BG,$$

即 $$PF : BG = OP : BC$$
$$= OB : BC$$
$$= D : E.$$

命题 10

假设 n 个线段 A_1, A_2, $\cdots$, A_n 形成一个递增的算术级数, 最小一项 A_1 是其公差, 则

$$(n+1)A_n^2 + A_1(A_1 + A_2 + \cdots + A_n) = 3(A_1^2 + A_2^2 + \cdots + A_n^2).$$

[阿基米德对该定理的证明在前面 P. $186 \sim 187$ 已指出, 该结果等价于

$$1^2 + 2^2 + 3^2 + \cdots + n^2 = \frac{n(n+1)(2n+1)}{6}]$$

注解 1   由该定理可得

$$n \cdot A_n^2 < 3(A_1^2 + A_2^2 + \cdots + A_n^2),$$

而且有

$$n \cdot A_n^2 > 3(A_1^2 + A_2^2 + \cdots + A_{n-1}^2).$$

[关于后一个不等式的证明可参看 P. 187]

注解 2   如果把线段换成面积, 那么上述所有结论仍然成立.

---

[1] 见上一个定理的注释.

命题 11

假定 n 条线段 A_1，A_2，$\cdots$，A_n 形成一个递增的算术级数 ［其中公差等于最小的一项 A_1］[1]，则

$$(n-1)A_n^2 : (A_n^2 + A_{n-1}^2 + \cdots + A_2^2) < A_n^2 : \left[A_nA_1 + \frac{1}{3}(A_n - A_1)^2\right];$$

但是

$$(n-1)A_n^2 : (A_{n-1}^2 + A_{n-2}^2 + \cdots + A_1^2) > A_n^2 : \left[A_nA_1 + \frac{1}{3}(A_n - A_1)^2\right].$$

［阿基米德用图示把各项并列地标出来，其中 $BC = A_n$，$DE = A_{n-1}$，$\cdots$，$RS = A_1$，分别延长 DE，FG，$\cdots$，RS，使它们都等于 BC 或 A_n，于是 EH，GI，$\cdots$，SU 分别等于 A_1，A_2，$\cdots$，A_{n-1}，如图所示．它又沿着 BC，DE，FG，$\cdots$，PQ 量出长度 BK，DL，FM，$\cdots$，PV，使它们都等于 RS．

这个图形使得项与项之间的关系用眼睛更容易看明白，但是，使用这么多的字母就使得证明继续下去有点困难了．按照下面的方式证明或许更清楚些．］

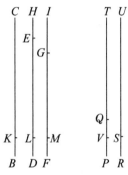

显然　　$(A_n - A_1) = A_{n-1}$．

因此，下列比例式为真就是明显的，即

$$(n-1)A_n^2 : (n-1)\left(A_nA_1 + \frac{1}{3}A_{n-1}^2\right)$$
$$= A_n^2 : \left\{A_nA_1 + \frac{1}{3}(A_n - A_1)^2\right\}.$$

于是，为了证明所要的结果，只需证明下列不等式即可：

$$(n-1)A_nA_1 + \frac{1}{3}(n-1)A_{n-1}^2 < (A_n^2 + A_{n-1}^2 + \cdots + A_2^2)$$

但是
$$> (A_{n-1}^2 + A_{n-2}^2 + \cdots + A_1^2).$$

Ⅰ．为证明第一个不等式，我们有

$$(n-1)A_nA_1 + \frac{1}{3}(n-1)A_{n-1}^2$$
$$= (n-1)A_1^2 + (n-1)A_1A_{n-1} + \frac{1}{3}(n-1)A_{n-1}^2 \qquad (1)$$

且　　$A_n^2 + A_{n-1}^2 + \cdots + A_2^2$
$$= (A_{n-1} + A_1)^2 + (A_{n-2} + A_1)^2 + \cdots + (A_1 + A_1)^2$$
$$= (A_{n-1}^2 + A_{n-2}^2 + \cdots + A_1^2) + (n-1)A_1^2 +$$
$$\quad 2A_1(A_{n-1} + A_{n-2} + \cdots + A_1)$$

———————————

［1］即使公差不等于 A_1，该命题也是正确的，在命题 25 和命题 26 中假定了公差的更一般的形式．然而，由于阿基米德的证明假定了 A_1 和公差是相等的，所以在此插进这段话，以防引起误解．

$$= (A_{n-1}^2 + A_{n-2}^2 + \cdots + A_1^2) + (n-1)A_1^2 +$$
$$A_1(A_{n-1} + A_{n-2} + A_{n-3} + \cdots + A_1 + A_1 + A_2 + \cdots + A_{n-2} + A_{n-1})$$
$$= (A_{n-1}^2 + A_{n-2}^2 + \cdots + A_1^2) + (n-1)A_1^2 + nA_1A_{n-1}. \tag{2}$$

比较(1)和(2)的右边，我们可知 $(n-1)A_1^2$ 是它们的公共部分，且

$$(n-1)A_1A_{n-1} < nA_1A_{n-1},$$

由定理 10 的注解 1 可知

$$\frac{1}{3}(n-1)A_{n-1}^2 < A_{n-1}^2 + A_{n-2}^2 + \cdots + A_1^2,$$

由此可得

$$(n-1)A_nA_1 + \frac{1}{3}(n-1)A_{n-1}^2 < (A_n^2 + A_{n-1}^2 + \cdots + A_2^2);$$

从而该命题的第一部分得证.

Ⅱ. 为证明第二个结论，我们必须证明

$$(n-1)A_nA_1 + \frac{1}{3}(n-1)A_{n-1}^2 > (A_{n-1}^2 + A_{n-2}^2 + \cdots + A_1^2).$$

上式右边等于

$$(A_{n-2} + A_1)^2 + (A_{n-3} + A_1)^2 + \cdots + (A_1 + A_1)^2 + A_1^2$$
$$= A_{n-2}^2 + A_{n-3}^2 + \cdots + A_1^2 + (n-1)A_1^2 +$$
$$2A_1(A_{n-2} + A_{n-3} + \cdots + A_1)$$
$$= (A_{n-2}^2 + A_{n-3}^2 + \cdots + A_1^2) + (n-1)A_1^2 +$$
$$A_1(A_{n-2} + A_{n-3} + \cdots + A_1 +$$
$$A_1 + A_2 + \cdots + A_{n-2})$$
$$= (A_{n-2}^2 + A_{n-3}^2 + \cdots + A_1^2) + (n-1)A_1^2 +$$
$$(n-2)A_1A_{n-1}. \tag{3}$$

将上式与 (1) 右边作一比较，我们可知 $(n-1)A_1^2$ 是它们的公共部分，且

$$(n-1)A_1A_{n-1} > (n-2)A_1A_{n-1},$$

由命题 10 的注解 1 可知

$$\frac{1}{3}(n-1)A_{n-1}^2 > (A_{n-2}^2 + A_{n-3}^2 + \cdots + A_1^2),$$

因此

$$(n-1)A_nA_1 + \frac{1}{3}(n-1)A_{n-1}^2 > (A_{n-1}^2 + A_{n-2}^2 + \cdots + A_1^2).$$

第二个所需的结论得证.

注解　如果把线段类似地换成面积，那么上述定理的结论仍然成立.

定义

1. 如果一条直线在平面内绕着一个固定的端点匀速旋转，并又回到出发的位置，而同时有一个点从固定的端点出发，沿着直线匀速运动，那么该动点在平面上将描出一条螺线（ἕλιξ）.

2. 在直线旋转时被固定的端点称作螺线的原点[1]（ἀρχά）.

3. 直线开始旋转时所处的位置称作旋转起始线[2]（ἀρχὰ τᾶς περιφορᾶς）.

4. 沿直线运动的点在第一圈旋转中所描过的长度称作第一距离，第二圈旋转中所描过的长度称作第二距离，依次类推.

5. 第一圈旋转描出的螺线与第一距离所围图形的面积称作第一面积，第二圈旋转描出的螺线与第二距离所围图形的面积称作第二面积，依次类推.

6. 如果从螺线的原点引出任一条直线，并将螺线分为两段，那么与旋转同方向的一段称作前段（προαγούμενα），而另一段称作后段（ἐπόμενα）.

7. 以原点为圆心，第一距离为半径的圆称为第一圆，圆心相同，第一距离的二倍为半径的圆称为第二圆，依此类推.

命题 12

如果任意条过原点的直线间夹角相等，那么它们与螺线相交所成的线段是算术级数.

［该命题的证明是显然的.］

命题 13

如果一条直线与螺线相切，那么它们只能在一个点处相切.

设 O 为螺线的原点，BC 是它的一条切线.

假如 BC 与螺线在 P，Q 两点处相切. 连接 OP，OQ，用直线 OR 平分 $\angle POQ$，与螺线交于 R 点.

则［由命题 12］OR 是 OP 和 OQ 的算术平均值，或

$$OP + OQ = 2OR.$$

但是，对于任何 $\angle POQ$，如果它的平分线交 PQ 于 K，那么

$$OP + OQ > 2OK[3].$$

因此 $OK < OR$，也就是说，BC 上介于 P 和 Q 之间，有某点在螺线内. 于是 BC 为螺线的割线，这与假设矛盾.

---

〔1〕直译自然分别应是"螺线的起点"和"旋转的起点". 但是，为以后使用方便，现代名称将更为合适，因此这里使用现代名称.

〔2〕见上一个注释.

〔3〕这是一个假定已知为真的定理；不过，该定理容易被证明.

命题 14

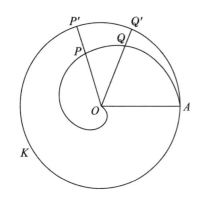

设 O 为原点，P，Q 是第一圈螺线上的两个点，如果 OP，OQ 的延长线分别交"第一圆" $AKP'Q'$ 于 P'，Q'，而 OA 是起始线，则

$$OP : OQ = 弧\ AKP' : 弧\ AKQ'.$$

因为，当旋转线 OA 绕 O 点运动时，其上的点 A 沿着 $AKP'Q'$ 圆周匀速运动，同时描出螺线的点也沿着 OA 匀速运动.

因此，当 A 描出弧 AKP' 时，OA 上的动点将描出 OP 长度；当 A 描出弧 AKQ' 时，OA 上的动点将描出 OQ 长度.

于是

$$OP : OQ = 弧\ AKP' : 弧\ AKQ'. \qquad [命题\ 2]$$

命题 15

设 P，Q 为第二圈螺线上的点，OP，OQ 分别交"第一圆" $AKP'Q'$ 于 P'，Q'，就像上一个比例式一样，如果 c 是第一圆的周长，则

$$OP : OQ = (c + 弧\ AKP') : (c + 弧\ AKQ')$$

因为，当 OA 上的动点描出距离 OP 时，点 A 将描出"第一圆"的整个圆周及弧 AKP'；当 OA 上的动点描出距离 OQ 时，点 A 将描出"第一圆"的整个圆周及弧 AKQ'.

注解 类似地，如果 P，Q 在第 n 圈螺线上，则

$$OP : OQ = [(n-1)c + 弧\ AKP'] : [(n-1)c + 弧\ AKQ'].$$

命题 16，17

设 BC 是与螺线切于任意点 P 的切线，PC 是 BC 的"前段"，若连接 OP，则 $\angle OPC$ 是钝角，而 $\angle OPB$ 是锐角.

Ⅰ. 假定 P 在螺线上的第一圈上.

令 OA 为起始线，AKP' 为"第一圆". 以 O 为圆心，OP 为半径画圆 DLP，与 OA 交于 D. 那么该圆在由 P 起的"前段"方向上，必然落在螺线之内，在"后段"方向上落在螺线之外，因此，螺线的矢径在"前段"一边比 OP 大，在"后段"一边比 OP 小. 从而 $\angle OPC$ 不可能是锐角，因为它不可能比 OP 和与圆切于 P 点的切线所夹的角小，而这个角是直角.

下面只需证明∠OPC 不是直角了.

假如∠OPC 是直角,那么 BC 将与圆切于 P 点.

于是[由命题5],可以画一条直线 OC 交过 P 的圆于 Q,交 BC 于 C,使得

$$CQ : OQ < 弧 PQ : 弧 DLP . \qquad (1)$$

设 OC 与螺线交于 R,与"第一圆"交于 R'; 延长 OP,交"第一圆"于 P'.

由(1)可得

$$CO : OQ < 弧 DLQ : 弧 DLP$$
$$< 弧 AKR' : 弧 AKP'$$
$$< OR : OP .$$

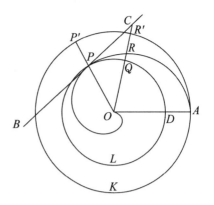

[命题14]

但这是不可能的,因为 $OQ = OP$,而 $OR < OC$.

因而∠OPC 不是直角. 它不是锐角也已证明过.

因此∠OPC 是钝角,∠OPB 自然是锐角.

Ⅱ. 如果 P 在螺线的第二圈上,或在第 n 圈上,那么证明是相同的,只是在比例式(1)中把弧 DLP 换成等于 p+弧 DLP 或 $(n-1)$ p+ 弧 DLP 的弧即可,其中 p 是过 P 点的圆 DLP 的周长. 类似地,在最后一步,弧 DLQ 和弧 DLP 都应加上 p 或 $(n-1)$ p,弧 AKR' 和 AKP' 都应加上"第一圆"AKP' 的周长 c 或 $(n-1)$ c.

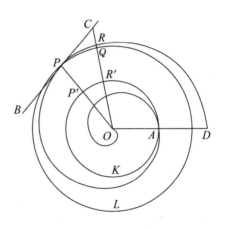

命题 18, 19

Ⅰ. 设 OA 为起始线,A 是螺线第一圈的末端,如果过 A 作螺线的切线,过 O 作 OA 的垂线 OB 交切线于 B 点,则 OB 等于"第一圆"的周长.

Ⅱ. 如果 A' 是螺线第二圈的末端,那么垂线 OB 将与过 A' 的切线交于 B' 点,且 OB' 等于"第二圆"周长的 2 倍.

Ⅲ. 一般地,如果 A_n 是螺线第 n 圈的末端,OB 与过 A_n 的切线交于 B_n,则

$$OB_n = nc_n .$$

其中 c_n 是"第 n 圆"的周长.

1. 设 AKC 是"第一圆",由于 OA 与过 A 的切线所夹的"后段"的角是锐角[命题16],因此切线将与"第一圆"交于第二个点 C 点处. ∠CAO 与∠BOA 之和小于两个直角,从而 OB 将交 AC 的延长线于某点 B.

设 c 是第一圆的周长，那么我们只要证明 $OB = c$ 即可.

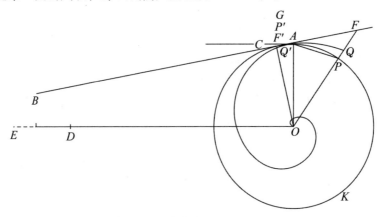

假如 $OB \neq c$，那么 OB 必定大于 c 或者小于 c.

（1）设 $OB > c$.

沿 OB 量出一个长度 OD，使之小于 OB 而大于 c.

于是，我们得到圆 AKC 上一条小于直径的弦 AC，还得到一个比例 $AO : OD$，它大于 $AO : OB$ 或（由相似三角形，后者等于）$\frac{1}{2}AC$ 与从 O 到 AC 的垂线段之比. 因此 ［命题7］我们可以作直线 OPF 交圆于 P，交 CA 于 F，使得

$$FP : PA = AO : OD.$$

于是，交换比例项，由 $AO = PO$ 得

$$FP : PO = PA : OD$$
$$< \text{弧 } PA : c,$$

因为弧 $PA > PA$，$OD > c$.

综上可得

$$FO : PO < (c + \text{弧 } PA) : c$$
$$< OQ : OA,$$

其中 Q 点是 OF 与螺线的交点.　　　　　　　　　　　　　　　　　［命题15］

因为 $OA = OP$，所以 $FO < OQ$；但这是不可能的.

于是　　　　　$OB \not> c$.

（2）设 $OB < c$.

沿 OB 量出 OE，使之大于 OB 而小于 c.

在此情况下，因为 $AO : OE$ 小于 $AO : OB$（或 $\frac{1}{2}AC$ 与从 O 到 AC 的垂线之比），所以我们能够［由命题8］作一条直线 $OF'P'G$ 交 AC 于 F'，交圆于 P'，交过 A 点的切线于 G，并使得

$$F'P' : AG = AO : OE.$$

设 $OP'G$ 交螺线于 Q'.

则交换比例项，我们有

226

$$F'P' : P'O = AG : OE$$
$$> \text{弧} AP' : c,$$

因为 $AG > \text{弧} AP'$，$OE < c$.

于是 　　　$F'O : P'O < \text{弧} AKP' : c$

$$< OQ' : OA.$$ 　　　　　[命题14]

然而这是不可能的，因为 $OA = OP'$ 且 $OQ' < OF'$.

因此 　　　　　$OB \nless c.$

由于 OB 既不大于 c，又不小于 c，所以

$$OB = c.$$

2. 设 $A'K'C'$ 为"第二圆"，$A'C'$ 是与螺线切与 A' 的切线（它是第二圆的割线，因为"后段"的角 $OA'C'$ 是锐角）. 于是如上所述，OA' 的垂线 OB' 将交 $A'C'$ 的延长线于某点 B'.

设 c' 是"第二圆"的周长，那么我们只要证明 $OB' = 2c'$ 即可.

如果 $OB' \neq 2c'$，则 OB' 要么大于 $2c'$，要么小于 $2c'$.

（1）假设 $OB' > 2c'$.

沿 OB' 量出 OD'，使之小于 OB' 而大于 $2c'$.

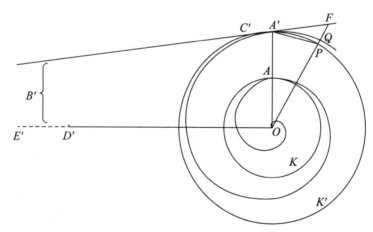

那么，就像上述"第一圆"的情况一样，我们能够作一条直线 OPF 交"第二圆"于 P，交 $C'A'$ 的延长线于 F，并使得

$$FP : PA' = A'O : OD'.$$

设 OF 交螺线于 Q.

因为 $A'O = PO$，那么我们有

$$FP : PO = PA' : OD'$$
$$< \text{弧} A'P : 2c',$$

因为弧 $A'P > A'P$ 和 $OD' > 2c'$.

所以 　　　$FO : PO < (2c' + \text{弧} A'P) : 2c'$

$$< OQ : OA.$$ 　　　　　[命题15，注解]

从而有 $FO < OQ$，但这是不可能的.

因此　　　　　　　$OB' \not> 2c'$.

仿照"第一圆"的情形，我们可以类似地证明　$OB' \not< 2c'$.

因而　　　　　　　$OB' = 2c'$.

3. 以类似的方式处理"第三圆"以及后续的圆，我们将会证明

$$OB_n = nc_n.$$

命题 20

1. 如果 P 是螺线第一圈上的任意一点，作 OP 的垂线 OT，那么 OT 将与过 P 点螺线的切线交于 T；如果以 O 为圆心，OP 为半径的圆交起始线于 K，那么 OT 等于该圆上 K 与 P 之间在"前段"方向的弧长.

2. 一般地，如果 P 是第 n 圈上的一个点，其他条件与上述命题一样，用 p 表示以 OP 为半径的周长，则

$$OT = (n-1)p + \text{弧 } KP(\text{"前段"方向上}).$$

1. 设 P 是螺线第一圈上的一点，OA 是起始线，PR 是向"后段"方向延伸的切线.

那么 ［命题 16］∠OPR 是锐角. 因此 PR 与过 P 点的圆相交于某点 R，且 OT 将与 PR 的延长线交于某点 T.

如果 OT 不等于弧 KRP，那么它必然比弧 KRP 大或者比弧 KRP 小.

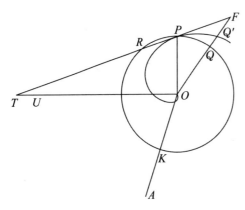

（1）假设 OT 大于弧 KRP.

沿 OT 量出 OU，使之小于 OT 而大于弧 KRP.

则由于 $PO:OU$ 大于 $PO:OT$，或（由相似三角形，后者等于）$\frac{1}{2}PR$ 与 PR 截止到 O 的中垂线之比，我们便可以画一直线 OQF，交圆于 Q 且交 RP 的延长线于 F，使得

$$FQ:PQ = PO:OU. \quad ［命题 7］$$

设 OF 与螺线交于 Q'.

那么，我们有

$$FQ:QO = PQ:OU$$
$$< \text{弧 } PQ : \text{弧 } KRP，由假设.$$

综上可得，

$$FO:QO < \text{弧 } KRQ : \text{弧 } KRP$$
$$< OQ':OP. \quad ［命题 14］$$

但是 $QO = OP$，因此 $FO < OQ'$，这是不可能的.

因而　　　　　　　$OT \not> \text{弧 } KRP$.

（2）就像上述证明仿照命题 18 的 I.（1）一样，关于 $OT \not< $ 弧 KRP 的证明，亦可仿照命题 18 I.（2）的方法.

既然 OT 不大于也不小于弧 KRP，那么它们就相等.

2. 如果 P 在第二圈上，那么同样的方法可以证明

$$OT = p + 弧\ KRP\ ;$$

类似地，若 P 在第 n 圈上，我们将有

$$OT = (n-1)p + 弧\ KRP\ .$$

命题 21，22，23

给定一个由螺线的弧及连接原点与弧的端点的线段所围成的图形，那么可以作它的外接及内接图形，两者均由一些相似的扇形组成，并使得外接图形与内接图形之差小于任意给定的面积.

设 BC 为螺线的任一弧，O 为原点. 以 O 为圆心，OC 为半径画圆，其中 C 是弧在"前段"的端点.

则二等分角 BOC，所得角再二等分，如此继续下去，最后我们将得到一个角 COr，它截出一个小于任何给定面积的扇形. 用 COr 表示这个扇形.

设等分角 BOC 的其他射线与螺线交于 P，Q，并设 Or 与螺线交于 R. 以 O 为圆心，分别以 OB，OP，OQ，OR 为半径画弧 Bp'，bPq'，pQr'，qRc'，每段弧均与其相邻的半径相接，如图所示. 在每一种情况下，弧的"前段"都落在螺线内而"后段"都落在螺线外.

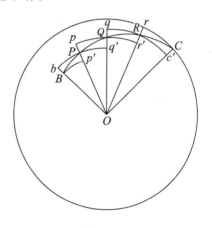

现在我们得到一个外接图形和一个内接图形，它们都是由相似的扇形组成的. 为了比较它们的面积，我们从 OC 开始，把它们相邻的扇形放在一起进行比较.

外接图形中的扇形 OCr 放在一边，那么

$$扇形\ ORq = 扇形\ ORc'\ ,$$
$$扇形\ OQp = 扇形\ OQr'\ ,$$
$$扇形\ OPb = 扇形\ OPq'\ ,$$

而内接图形中的扇形 OBp' 也放在一边.

于是，如果把相等的扇形都去掉，那么外接图形与内接图形之差就等于扇形 OCr 与 OBp' 之差；该差小于扇形 OCr，而这个扇形本身又小于任意给定的面积.

无论把角 BOC 分成多少份，证明过程都是相同的，唯一的区别是，当弧线从原点开始时，最小的扇形 OPb，OPq' 相等，这时没有单独放在一边的内接扇形，于是，内接图形与外接图形之差就等于扇形 OCr 本身.

因此该命题是普遍真实的.

注解 因为由螺线所围图形的面积介于外接图形和内接图形之间,所以有

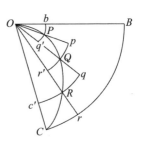

(1) 可以作螺线的外接图形,使两者之差小于任意给定的面积,

(2) 可以作螺线的内接图形,使两者之差小于任意给定的面积.

命题 24

由螺线的第一圈和初始线所围图形的面积,等于"第一圆"面积的三分之一 $\left[= \frac{1}{3}\pi(2\pi a)^2,\ \text{此处螺线为}\ r = a\theta \right]$.

[相同的证法同样表明:如果 OP 是螺线第一圈上的任意矢径,那么这段螺线所围图形的面积等于以 OP 为半径并由初始线与 OP 所围扇形面积的三分之一,其中螺线所围面积是从初始线开始沿"向前"的方向量得的.]

设 O 为原点,OA 为初始线,A 是第一圈的末端.

作"第一圆",即以 O 为圆心,OA 为半径画圆.

假设 C_1 是第一圆的面积,R_1 是第一圈螺线与 OA 所围图形的面积,那么我们只需证明

$$R_1 = \frac{1}{3}C_1.$$

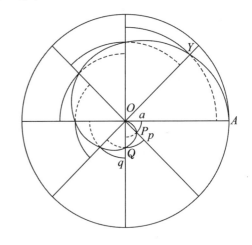

因为若不然,则 R_1 要么大于 $\frac{1}{3}C_1$,要么小于 $\frac{1}{3}C_1$.

Ⅰ. 假定 $R_1 < \frac{1}{3}C_1$.

我们可以作 R_1 的外接图形,它是由一些相似的扇形所组成,设它的面积是 F,那么可以使得

$$F - R_1 < \frac{1}{3}C_1 - R_1.$$

因此 $F < \frac{1}{3}C_1$.

从最小的扇形开始,令 OP,OQ,$\cdots$为这些扇形的半径. 最大的半径自然是 OA.

这些半径形成了一个递增的算术级数,其公差等于最小项 OP. 设扇形的个数为 n,那么我们有[由命题 10 注解 1]

$$n \cdot OA^2 < 3(OP^2 + OQ^2 + \cdots + OA^2);$$

因为相似扇形的面积与其半径的平方成比例，所以

$$C_1 < 3F,$$

或

$$F > \frac{1}{3}C_1.$$

但这是不可能的，因为 F 小于 $\frac{1}{3}C_1$.

因此

$$R_1 \not< \frac{1}{3}C_1.$$

Ⅱ. 假定 $R_1 > \frac{1}{3}C_1$.

我们可以作一个由相似扇形组成的内接图形，设其面积为 f，使得

$$R_1 - f < R_1 - \frac{1}{3}C_1,$$

因此

$$f > \frac{1}{3}C_1.$$

如果有 $n-1$ 个扇形，其半径为 $OP, OQ, \cdots$，则它们形成一个递增算术级数，其中最小项等于公差，最大项 OY 等于 $(n-1)OP$.

因此［命题10注解1］

$$n \cdot OA^2 > 3(OP^2 + OQ^2 + \cdots + OY^2),$$

即

$$C_1 > 3f,$$

或

$$f < \frac{1}{3}C_1;$$

从而

$$R_1 \not> \frac{1}{3}C_1.$$

由于 R_1 既不大于也不小于 $\frac{1}{3}C_1$，所以

$$R_1 = \frac{1}{3}C_1.$$

［阿基米德实际上并未得出矢径 OP 所截的螺线面积，其中 P 是第一圈上的任何一点；不过，为了做到这一点，我们只需在上述证明中把"第一圆"的面积 C_1 换成以 O 为圆心，OP 为半径所画的扇形 KLP，而两个由相似的扇形所组成的图形必须外接和内接于螺线的 OEP 部分. 于是采用完全相同的证法，OEP 的面积显然是 $\frac{1}{3}$（扇形 KLP）.

用同样的证法，我们也可以证明，如果 P 是第二圈，或其后任何一圈，例如第 n 圈上的一点，那么由矢径从开始一直到它到达位置 OP 所划过的全部面积分别是

$$\frac{1}{3}(C + 扇形\ KLP) \quad 或 \quad \frac{1}{3}\{(n-1)C + 扇形\ KLP\},$$

其中 C 表示以 O 为圆心，OP 为半径的圆的整个面积.

矢径如此划过的面积，当然不同于螺线到 P 点为止的最后一个整圆与矢径 OP 所截部分围成的面积. 因此，假设 R_1 是由螺线第一圈和 OA_1 所围面积（第一圈到初始线上

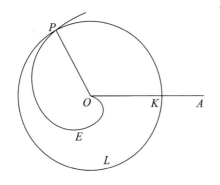

的点 A_1 为止），R_2 是到初始线上的点 A_2 为止的第二个整圆所围面积与上述面积的累加，如此等等．则当矢径到达位置 OA_2 时，R_1 已经被划过了两次；当矢径到达位置 OA_3 时，它划过 R_1 三次，划过 R_2 两次，划过 R_3 一次；如此等等．

因此，如果 C_n 表示"第 n 圆"的面积，一般地，我们将有

$$\frac{1}{3}nC_n = R_n + 2R_{n-1} + 3R_{n-2} + \cdots + nR_1,$$

而由外圈或整个第 n 圈与 OA_n 的所截部分围成的实际面积将等于

$$R_n + R_{n-1} + R_{n-2} + \cdots + R_1.$$

现在可以看出，后面的命题 25 和命题 26 的结果可以由刚给出的命题 24 的推广而获得．

为了得到命题 26 的一般结果，假设 BC 是螺线上任何一圈上的某段弧，其长度小于一个整圈的长度，再假定 B 是过了第 n 圈的端点 A_n 的一个点，而 C 是从 B 点"向前"的一个点．

令 $\dfrac{p}{q}$ 为第 n 圈末端和点 B 之间长度与其所在圈长度之比．

则由矢径（从螺线起点开始）到位置 OB 所划过的面积等于

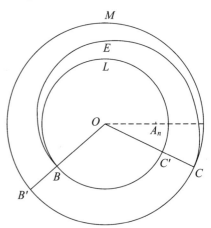

$$\frac{1}{3}\left(n + \frac{p}{q}\right)(\text{以 } OB \text{ 为半径的圆面积}).$$

而且矢径从起点到位置 OC 所划过的面积就等于

$$\frac{1}{3}\left\{\left(n + \frac{p}{q}\right)(\text{以 } OC \text{ 为半径的圆面积}) + (\text{扇形 } B'MC)\right\}.$$

由 OB，OC 和螺线的 BEC 部分所围面积等于这两个表达式之差；因为两圆面积之比为 OB^2 与 OC^2 之比，所以该差可表示为

$$\frac{1}{3}\left\{\left(n + \frac{p}{q}\right)\left(1 - \frac{OB^2}{OC^2}\right)(\text{以 } OC \text{ 为半径的圆面积}) + (\text{扇形 } B'MC)\right\}.$$

然而，由命题 15 的注解，

$$\left(n + \frac{p}{q}\right)(\text{圆 } B'MC) : \left\{\left(n + \frac{p}{q}\right)(\text{圆 } B'MC) + (\text{扇形 } B'MC)\right\} = OB : OC,$$

因此

$$\left(n + \frac{p}{q}\right)(\text{圆 } B'MC) : (\text{扇形 } B'MC) = OB : (OC - OB).$$

于是

$$\frac{BEC \text{ 面积}}{\text{扇形 } B'MC} = \frac{1}{3}\left\{\left(\frac{OB}{OC - OB}\right)\left(1 - \frac{OB^2}{OC^2}\right) + 1\right\}$$

$$= \frac{1}{3} \cdot \frac{OB \ (OC + OB) \ + OC^2}{OC^2}$$

$$= \frac{OC \cdot OB + \frac{1}{3} \ (OC - OB)^2}{OC^2}.$$

命题 25 的结果是这种情况的一个特例，而命题 27 的结果立刻就能得到，正如该命题下面所示.]

命题 25，26，27

[命题 25] 设 A_2 是螺线第二圈的末端，则第二圈和 OA_2 所围面积与"第二圆"的面积之比为 $7 : 12$，其比例式为 $\{r_2 r_1 + \frac{1}{3}(r_2 - r_1)^2\} : r_2^2$，其中 r_1, r_2 分别是"第一圆"和"第二圆"的半径.

[命题 26] 设 BC 为螺线的任何一圈上沿"正向"度量的一段弧，其长度不超过这个整圈，且以 O 为圆心，OC 为半径的圆与 OB 相交于 B'，则

（OB 与 OC 间螺线所围面积）：（扇形 $OB'C$）

$$= [OC \cdot OB + \frac{1}{3} \ (OC - OB)^2] \ : \ OC^2.$$

[命题 27] 设 R_1 为螺线第一圈与初始线所围面积，R_2 为第二个整圈累加上来的面积，R_3 为第三圈再累加上来的面积，如此继续下去，则

$$R_3 = 2R_2, \ R_4 = 3R_2, \ R_5 = 4R_2, \ \cdots,$$

$$R_n = (n-1) R_2.$$

此外， $R_2 = 6R_1$.

[阿基米德对命题 25 的证明，加上必要的变更，与他对更为一般的命题 26 的证法相同. 后者将在此处适当地给出，且作为一个特例用于命题 25]

设 BC 为螺线任一圈上沿"正向"量出的一段弧，CKB' 为以 O 为圆心，OC 为半径所作的圆.

取一个圆，使其半径的平方等于

$$OC \cdot OB + \frac{1}{3} \ (OC - OB)^2,$$

令 σ 为其上的一个扇形，它的圆心角等于 $\angle BOC$.

于是 $\sigma : (扇形 \ OB'C) = \{OC \cdot OB + \frac{1}{3}(OC - OB)^2\} : OC^2$,

因此，我们只需证明

螺线 OBC 的面积 $= \sigma$.

若不然，螺线 OBC 的面积（我们将称其为 S）一定大于或小于 σ.

Ⅰ. 假定 $S < \sigma$.

作面积 S 的外接图形，它由一些相似扇形所组成，设其面积为 F，则可以使得

$$F - S < \sigma - S,$$

即

$$F > \sigma.$$

从 OB 开始，记这组扇形的半径为 OP，OQ，$\cdots$，OC. 延长 OP，OQ，$\cdots$ 与圆 CKB' 相交，$\cdots$

如果直线 OB，OP，OQ，$\cdots$，OC 是 n 条，那么外接图形中的扇形个数就是 $n - 1$，而扇形 $OB'C$ 也将被分成为 $n - 1$ 个相等的扇形. 并且 OB，OP，OQ，$\cdots$，OC 将形成一个 n 项的递增算术级数.

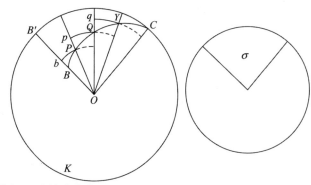

因此 ［见命题11 及其注解］

$$(n - 1)OC^2 : (OP^2 + OQ^2 + \cdots + OC^2) < OC^2 : \left\{ OC \cdot OB + \frac{1}{3}(OC - OB)^2 \right\}$$

$$< 扇形\ OB'C : \sigma，由假设得.$$

从而，由相似扇形之比等于它们的半径平方之比可得

$$扇形\ OB'C : F < 扇形\ OB'C : \sigma，$$

因此

$$F > \sigma.$$

但这是不可能的，因为 $F < \sigma$.

于是，　　　　　$S \not< \sigma$.

Ⅱ. 假定　$S > \sigma$.

在面积 S 内作一个内接图形，它由一些相似扇形所组成，设其面积为 f，则可以使得

$$S - f < S - \sigma,$$

即

$$f > \sigma.$$

设组成图形 f 的这组扇形的半径为 OB，OP，$\cdots$，OY，共 $n - 1$ 个.

在此情况下，我们有 ［见命题11 及其注解］

$$(n - 1)OC^2 : (OB^2 + OP^2 + \cdots + OY^2) > OC^2 : \left\{ OC \cdot OB + \frac{1}{3}(OC - OB)^2 \right\},$$

即

$$扇形\ OB'C : f > 扇形\ OB'C : \sigma，$$

因此

$$f < \sigma.$$

但这是不可能的，因为 $f > \sigma$.

所以　　　　　$S \not> \sigma$.

则由 S 既不大于又不小于 σ 可得

$$S = \sigma.$$

在特例中，螺线第一圈的末端 A_2 对应着 B，第二圈末端 A_2 对应着 C，那么扇形 $OB'C$ 便成为整个"第二圆"，即以 OA_2（或 r_2）为半径的圆.

于是

（由 OA_2 与螺线所围面积）:（"第二圆"面积）$= \{r_2 r_1 + \frac{1}{3}(r_2 - r_1)^2\} : r_2^2$

$$= (2 + \frac{1}{3}) : 4 \quad （因为 r_2 = 2r_1）$$

$$= 7 : 12.$$

再者，由 OA_2 与螺线所围面积等于 $R_1 + R_2$（即由 OA_1 和第一圈所围面积，与第二圈所围并累加于内环的面积之和）. 而且"第二圆"是"第一圆"的 4 倍，因而等于 $12R_1$.

于是　　　　　　　　　　$(R_1 + R_2) : 12R_1 = 7 : 12$,

或　　　　　　　　　　　　$R_1 + R_2 = 7R_1$.

因此　　　　　　　　　　　$R_2 = 6R_1$.　　　　　　　　　　　　（1）

接下来，对于第三圈，我们有

$(R_1 + R_2 + R_3)$:（"第三圆"的面积）$= \{r_3 r_2 + \frac{1}{3}(r_3 - r_2)^2\} : r_3^2$

$$= (3 \cdot 2 + \frac{1}{3}) : 3^2$$

$$= 19 : 27,$$

而且　　　　（"第三圆"的面积）$= 9$（"第一圆"的面积）$= 27R_1$；

因此　　　　$R_1 + R_2 + R_3 = 19R_1$,

由（1）式可得　　$R_3 = 12R_1$

$$= 2R_2.\qquad\qquad\qquad（2）$$

如此等等.

一般地，我们有

$(R_1 + R_2 + \cdots + R_n)$:（第 n 圆）$= \{r_n r_{n-1} + \frac{1}{3}(r_n - r_{n-1})^2\} : r_n^2$,

$(R_1 + R_2 + \cdots + R_{n-1})$:（第 $n-1$ 圆）$= \{r_{n-1}r_{n-2} + \frac{1}{3}(r_{n-1} - r_{n-2})^2\} : r_{n-1}^2$,

而且　　　　　　　（第 n 圆）:（第 $n-1$ 圆）$= r_n^2 : r_{n-1}^2$.

因此　　　　　　$(R_1 + R_2 + \cdots + R_n) : (R_1 + R_2 + \cdots + R_{n-1})$

$$= \{n(n-1) + \frac{1}{3}\} : \{(n-1)(n-2) + \frac{1}{3}\}$$

$$= \{3n(n-1) + 1\} : \{3(n-1)(n-2) + 1\}.$$

显而易见，

$$R_n : (R_1 + R_2 + \cdots + R_{n-1}) = 6(n-1) : \{3(n-1)(n-2) + 1\}. \qquad (\alpha)$$

类似地

$$R_{n-1} : (R_1 + R_2 + \cdots + R_{n-2}) = 6(n-2) : \{3(n-2)(n-3) + 1\},$$

由此可导出

$$R_{n-1} : (R_1 + R_2 + \cdots + R_{n-1}) = 6(n-2) : \{6(n-2) + 3(n-2)(n-3) + 1\}$$
$$= 6(n-2) : \{3(n-1)(n-2) + 1\}. \qquad (\beta)$$

联立 (α) 与 (β)，我们可得

$$R_n : R_{n-1} = (n-1) : (n-2).$$

因此 R_2，R_3，R_4，$\cdots$，R_n 之间是以序数 1，2，3，$\cdots$，$(n-1)$ 为比例的.

命题 28

设 O 为原点，BC 为螺线任一圈上沿"正向"量出的任一段弧，作两个圆：（1）以 O 为圆心，OB 为半径，交 OC 于 C'，（2）以 O 为圆心，OC 为半径，交 OB 的延长线于 B'. 如果用 E 表示较大的圆弧 $B'C$、线段 $B'B$ 和螺线 BC 所围的面积，用 F 表示较小的圆弧 BC'、线段 CC' 和螺线 BC 所围的面积，那么

$$E : F = \{OB + \frac{2}{3}(OC - OB)\} : \{OB + \frac{1}{3}(OC - OB)\}.$$

令 σ 表示较小的扇形 OBC' 的面积，则较大的扇形 $OB'C$ 面积就等于 $\sigma + F + E$.

因此 ［命题 26］

$$(\sigma + F) : (\sigma + F + E) = \{OC \cdot OB + \frac{1}{3}(OC - OB)^2\} : OC^2, \qquad (1)$$

即

$$E : (\sigma + F) = \{OC(OC - OB) - \frac{1}{3}(OC - OB)^2\} : \{OC \cdot OB + \frac{1}{3}(OC - OB)^2\}$$

$$= \{OB(OC - OB) + \frac{2}{3}(OC - OB)^2\} : \{OC \cdot OB + \frac{1}{3}(OC - OB)^2\}.$$
$$\qquad (2)$$

再者 $\qquad (\sigma + F + E) : \sigma = OC^2 : OB^2.$

因此，由（1）式可得

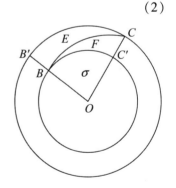

$$(\sigma + F) : \sigma = \{OC \cdot OB + \frac{1}{3}(OC - OB)^2\} : OB^2,$$

即 $\quad (\sigma + F) : F = \{OC \cdot OB + \frac{1}{3}(OC - OB)^2\}$

$$: \{OB(OC - OB) + \frac{1}{3}(OC - OB)^2\}.$$

将此式与（2）联立可得

$$E : F = \{OB(OC - OB) + \frac{2}{3}(OC - OB)^2\} : \{OB(OC - OB) + \frac{1}{3}(OC - OB)^2\}$$

$$= \{OB + \frac{2}{3}(OC - OB)\} : \{OB + \frac{1}{3}(OC - OB)\}.$$

（李文铭　译　冯汉桥　校）

论平面图形的平衡 I

"我给出如下公设：

1. 相等距离上的相等重物是平衡的，而不相等距离上的相等重物是不平衡的，且向距离较远的一方倾斜.

2. 如果相隔一定距离的重物是平衡的，当在某一方增加重量时，其平衡将被打破，而且向增加重量的一方倾斜.

3. 类似地，如果从某一方取掉一些重量，其平衡也将被打破，而且向未取掉重量的一方倾斜.

4. 如果将全等的平面图形互相重叠，则它们的重心重合.

5. 大小不等而相似的图形，其重心在相似的位置上，相似图形中的相应点亦处于相似位置，即如果从这些点分别到相等的角作直线，则它们与对应边所成的角也相等.

6. 若在一定距离上的重物是平衡的，则另外两个与它们分别相等的重物在相同的距离上也是平衡的.

7. 周边凹向同侧的任何图形，其重心必在图形之内. "

命题 1

在相等距离上平衡的物体其重量相等.

设物体的重量不相等，在不等重的两者之间，从较重者中取掉差额，剩余的物体将失去平衡［公设3］. 这是矛盾的.

因此，物体的重量一定相等.

命题 2

距离相等但重量不等的物体是不平衡的，而且向较重的一方倾斜.

在不等重的两者之间，从较重的一方取掉差额. 则相等的剩余物体将处于平衡状态［公设1］. 因此，当我们再添加物体使两边重量不等时，这些物体将失去平衡，而且向较重的一方倾斜［公设2］.

命题 3

若重量不相等的物体在不相等的距离上处于平衡状态，则较重者距支点较近.

设 A、B 是重量不相等的两个物体（让 A 是较重者），且分别在距离 AC、BC 相对 C 平衡.

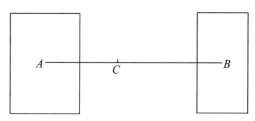

则 $AC < BC$. 否则，从 A 处取掉重量 $(A - B)$. 则其剩余部分将向 B 端倾斜［公设 3］. 但这是不可能的，因为（1）若 $AC = CB$，其相等的剩余物体将是平衡的，或（2）若 $AC > CB$，它们将向距离较远的一方 A 倾斜［公设 1］.

所以 $AC < CB$.

逆命题，若物体是平衡的，且 $AC < CB$，则 $A > B$.

命题 4

若两个物体的重量相等但重心不同，则其总体的重心在它们的重心连线的中点上.

［这一命题可依据归谬法从命题 3 获证. 阿基米德假定两者总体的重心在两者各自重心的连线上，并说明这一结论在 (προδέδεικται) 之前已被证明. 这是提示在杠杆上 (περί ζυγῶν) 对上面论述是无疑问的］

命题 5

若三个等重的物体的重心在一条直线上，且其间距相等，那么这一系统的重心将与中间物体的重心重合.

［此命题可由命题 4 立即得证.］

推论 1 对任意奇数个物体，如果它们是与最中间的物体等距的等重物体，且其重心间的距离相等，则系统的重心与最中间物体的重心重合.

推论 2 对任意偶数个物体，如果它们的重心之间距离相等且在同一直线上，最中间两个物体重量相等，并且与它们（两侧）距离相等的物体重量分别相等，则系统的重心是中间两个物体的重心连线的中点.

命题6，7

可公度［命题6］或不可公度［命题7］的两个量，当其［距支点的］距离与两量成反比例时，处于平衡状态.

Ⅰ．设量 A、B 是可公度的，且点 A、B 分别是它们的重心. C 分割线段 DE，使得
$$A : B = DC : CE.$$

下面我们来证明，若将 A 放在 E 处，B 放在 D 处，则 C 是 A、B 总体的重心.

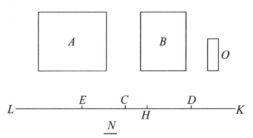

因为 A、B 是可公度的，所以 DC、CE 也是可公度的. 设长度 N 是 DC、CE 的公测度. 作 DH、DK 均等于 CE，作 EL（在 CE 的延长线上）等于 CD. 因为 $DH = CE$，所以 $EH = CD$. 因此 E 二等分 LH，同理 D 二等分 HK.

因此 LH、HK 必是 N 的偶数倍.

取数量值 O，使 A 包含 O 的倍数与 LH 包含 N 的倍数相等，即
$$A : O = LH : N.$$
但是
$$B : A = CE : DC$$
$$= HK : LH.$$

因此，根据等量原则，$B : O = HK : N$，或者说 B 包含 O 的倍数与 HK 包含 N 的倍数相等.

所以 O 是 A、B 的公测度.

将 LH、HK 分成与 N 相等的若干段，A、B 分成与 O 相等的若干部分. A 被分割成的部分数将等于 LH 被分割成的段数，B 被分割成的部分数将等于 HK 被分割成的段数. 将 A 的每一部分分别放在 LH 的每一线段 N 的中点，B 的每一部分分别放在 HK 的每一线段 N 的中点.

则间距相等的 A 的部分的总体重心将在 LH 的中点 E 上［命题5，推论2］，间距相等的 B 的部分的总体重心将在 HK 的中点 D 上.

因此，我们可设 A 作用于 E，B 作用于 D.

但是由 A 和 B 的部分 O 形成的系统是偶数个重量相等且在 LK 上间距相等的物体组成的系统. 又因为 $LE = CD$，$EC = DK$，所以 $LC = CK$，即 C 是 LK 的中点. 所以 C 是排列在 LK 上的系统的重心.

所以，作用于 E 的 A 和作用于 D 的 B 相对于 C 平衡.

Ⅱ．设量值不可公度，取它们分别是 $(A + a)$ 与 B. 让线段 DE 被 C 分割，使得
$$(A + a) : B = DC : CE.$$

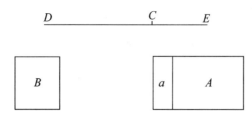

如果（$A+a$）放在 E 处，B 放在 D 处相对于 C 不平衡，则（$A+a$）或过大或过小，从而不能与 B 平衡.

如果可能，设（$A+a$）太大而不能与 B 平衡. 从（$A+a$）处取掉重量值 a，a 小于使剩余部分与 B 平衡所需减去的重量，但保证得到的剩余物体 A 与 B 的量值是可公度的.

因为 A、B 可公度，且

$$A : B < DC : CE,$$

所以 A 和 B 将不平衡［命题6］，且 D 端下沉.

这是不可能的，因为取掉 a 以后并不足以使 A 与 B 达到平衡，所以 E 端也将向下沉.

所以，（$A+a$）不是过大而不能与 B 平衡，同理可证 B 也不是过大而不能与（$A+a$）平衡.

因此，（$A+a$）与 B 总体的重心在 C 处.

命题 8

若 AB 是一重心为 C 的重物，且它的一部分 AD 的重心是 F，则剩余部分的重心将是 FC 的延长线上的一点 G，并使得

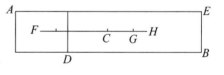

$$GC : CF = (AD) : (DE).$$

如果剩余部分（DE）的重心不是 G，设它为 H. 由命题6，7可立即推出一个谬误.

命题 9

任何平行四边形的重心在其对边中点的连线上.

设 $ABCD$ 是一平行四边形，且 EF 是对边 AD、BC 的中点连线.

若平行四边形的重心不在 EF 上，设它是在 H 上，作 HK 平行于 AD 或 BC，且交 EF 于 K.

则以下是可能的，等分 ED，再等分 ED 的一半，如此继续下去，直至得到的长度 EL 小于 KH. 分割 AE 和 ED 使其各部分都等于 EL，且过各分点作 AB 或 CD 的平行线.

于是就得到若干全等的平行四边形，且如果其中的任意一个与另一个重叠，则它

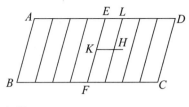

们的重心将重合［公设 4］. 因此我们有偶数个重量相等的物体, 它们的重心排列在同一直线上且间距相等. 所以, 整个大平行四边形的重心将在中间两个平行四边形的重心连线上［命题 5, 推论 2］.

但这是不可能的, 因为 H 在中间小平行四边形之外.

所以, $ABCD$ 的重心必须在 EF 上.

命题 10

平行四边形的重心在其对角线的交点上.

由前命题知, 平行四边形的重心在其对边的平分线上. 所以其重心是对边平分线的交点, 这个点也是对角线的交点.

另一种证法.

设 $ABCD$ 是已知平行四边形, BD 是一条对角线. 则三角形 ABD 与三角形 CDB 全等, 所以［公设 4］, 如果一个三角形和另一个重合, 则它们的重心也重合.

设 F 是三角形 ABD 的重心, G 是 BD 的中点. 连接 FG 并延长至 H, 使 $FG = GH$.

若我们将三角形 ABD 放在三角形 CDB 上, 使 AD 与 CB、AB 与 CD 分别重合, 则点 F 与点 H 重合.

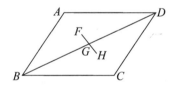

而［据公设 4］F 将与 CDB 的重心重合. 所以 H 是 CDB 的重心.

因为 F、H 是两个全等三角形的重心, 所以整个平行四边形的重心在 FH 的中点上, 即在 BD 的中点上, 也就在平行四边形两条对角线的交点上.

命题 11

如果 abc、ABC 是两个相似三角形, 且 g、G 两点分别位于三角形 abc、ABC 的相似位置, 若 g 是三角形 abc 的重心, 则 G 必是三角形 ABC 的重心.

设 $ab : bc : ca = AB : BC : CA$.

这一命题用反证法可立即证明. 若 G 不是三角形 ABC 的重心, 设 H 是其重心.

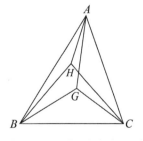

由公设 5 知, g、H 分别位于三角形 abc 和 ABC 的相似位置; 从而得角 HAB 和 GAB

相等，这显然是错误的.

命题 12

有两个相似三角形 abc、ABC，且 d、D 分别是 bc、BC 的中点，若 abc 的重心在 ad 上，则 ABC 的重心在 AD 上.

设 ad 上的点 g 是 abc 的重心.

在 AD 上取点 G，使得

$$ad : ag = AD : AG.$$

分别连接 gb、gc，GB、GC.

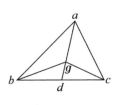 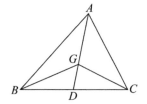

因为两个三角形是相似的，且 bd、BD 分别是 bc、BC 的一半，所以

$$ab : bd = AB : BD,$$

且

$$\angle abd = \angle ABD.$$

所以三角形 abd、ABD 是相似的，且

$$\angle bad = \angle BAD.$$

又

$$ba : ad = BA : AD,$$

且由上知，

$$ad : ag = AD : AG.$$

所以

$$ba : ag = BA : AG,$$

且

$$\angle bag = \angle BAG.$$

所以三角形 bag 和 BAG 是相似的，且

$$\angle abg = \angle ABG.$$

又因为

$$\angle abd = \angle ABD,$$

所以

$$\angle gbd = \angle GBD.$$

同理可证得

$$\angle gac = \angle GAC,$$
$$\angle acg = \angle ACG,$$
$$\angle gcd = \angle GCD.$$

所以 g、G 分别位于三角形 abc 和 ABC 的相似位置；根据［命题 11］ G 是 ABC 的重心.

命题 13

任何三角形的重心均在其任一顶点与其对边的中点的连线上.

设 ABC 是一个三角形，D 是 BC 的中点. 连接 AD，则三角形 ABC 的重心在 AD 上.

设 ABC 的重心不在 AD 上，设 H 是重心，作 HI 平行于 CB 且交 AD 于 I.

平分 DC，再平分其一半，如此下去直至所得线段的长等于 DE 而小于 HI.

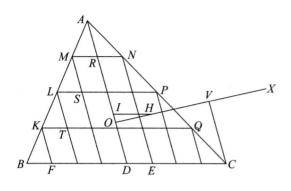

分割 *BD* 和 *DC*，使各分线段的长等于 *DE*，过各分点作 *DA* 的平行线，并分别交 *BA* 于点 *K*、*L*、*M*，交 *AC* 于点 *N*、*P*、*Q*。

连接 *MN*、*LP*、*KQ*，这些线段均平行于 *BC*。

现在我们得到一系列平行四边形 *FQ*、*TP*、*SN*，且 *AD* 平分它们的对边。因此每个平行四边形的重心都在 *AD* 上［命题 9］，故它们组成的图形的重心也在 *AD* 上。

设所有平行四边形组合在一起的重心是 *O*。连接 *OH* 并延长之；作 *CV* 平行于 *DA* 交 *OH* 的延长线于 *V*。

如果 *AC* 被分成 *n* 部分，

$$\triangle ADC : (在 AN, NP, \cdots 上的三角形之和) = AC^2 : (AN^2 + NP^2 + \cdots)$$

$$= n^2 : n = n : 1 = AC : AN.$$

类似地

$$\triangle ABD : (在 AM, ML, \cdots 上的三角形之和) = AB : AM.$$

又

$$AC : AN = AB : AM.$$

由此得

$$\triangle ABC : (所有小三角形的面积之和) = CA : AN$$

$$> VO : OH, 由平行.$$

假设 *OV* 的延长线至 *X*，使得

$$\triangle ABC : (所有小三角形的面积之和) = XO : OH,$$

由分比，得

$$(平行四边形之和) : (小三角形之和) = XH : HO.$$

因为三角形 *ABC* 的重心是 *H*，且所有平行四边形组成的图形的重心是 *O*，由命题 8 可知所有由小三角形组成的剩余部分的重心是 *X*。

但这是不可能的，因为所有三角形都在过 *X* 与 *AD* 平行的直线的同一侧。

所以，三角形的重心必须在 *AD* 上。

另一种证法：

若可能，设三角形 *ABC* 的重心 *H* 不在 *AD* 上。连接 *AH*、*BH*、*CH*。设 *E*、*F* 分别是 *CA*、*AB* 的中点，连接 *DE*、*EF*、*FD*。使 *EF* 交 *AD* 于 *M*。

作 *FK*、*EL* 平行于 *AH*，且分别交 *BH*、*CH* 于 *K*、*L*，连接 *KD*、*HD*、*LD*、*KL*，使 *KL* 交 *DH* 于 *N*，再连接 *MN*。

因为 *DE* 平行于 *AB*，所以三角形 *ABC* 和 *EDC* 是相似的。

又因为 *CE* = *EA*，且 *EL* 平行于 *AH*，则 *CL* = *LH*。又 *CD* = *DB*。所以 *BH* 平行于 *DL*。

因此在相似且位置相似的三角形 *ABC*、*EDC* 中，线段 *AH*、*BH* 分别平行于 *EL*、*DL*；由此推出 *H*、*L* 分别位于各自的三角形的相似位置。

由假设，H 是三角形 ABC 的重心. 因此 L 是三角形 EDC 的重心.

[命题 11]

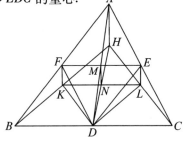

同理，点 K 是三角形 FBD 的重心.

又三角形 FBD、EDC 是相等的，所以两者合在一起的重心在 KL 的中点上，即在 N 上.

去掉三角形 FBD、EDC，三角形 ABC 的剩余部分是平行四边形 $AFDE$，且其重心是它的对角线的交点 M.

由此可得整个三角形 ABC 的重心必在 MN 上；即 MN 必通过 H，这是不可能的（因为 MN 平行于 AH）.

所以三角形 ABC 的重心必在 AD 上.

命题 14

由上述命题立即可得，任何三角形的重心均在其任意两个顶点与其对边中点连线的交点上.

命题 15

如果 AD、BC 是梯形 $ABCD$ 的两条平行边，AD 是较短的一边，且若 AD、BC 分别被 E、F 等分，则梯形的重心是 EF 上的 G 点，使得

$$GE : GF = (2BC + AD) : (2AD + BC).$$

延长 BA、CD 交于 O. 因为 $AE = ED$，$BF = FC$，所以 EF 的延长线过点 O.

现在三角形 OAD 的重心将在 OE 上，三角形 OBC 的重心将在 OF 上. [命题 13]

由此得，剩余部分梯形 $ABCD$ 的重心也在 OF 上. [命题 8]

连接 BD，L、M 将其三等分. 过 L、M 作 BC 的平行线 PQ、RS，且分别交 BA 于 P、R，交 FE 于 W、V，交 CD 于 Q、S.

连接 DF、BE，DF 交 PQ 于 H，BE 交 RS 于 K.

因为

$$BL = \frac{1}{3}BD ,$$

$$FH = \frac{1}{3}FD.$$

所以 H 是三角形 DBC 的重心[1].

---

〔1〕命题 14 的这一推论阿基米德未曾作证明，而作为假定提出.

同理，因为 $EK = \dfrac{1}{3}BE$，由此得 K 是三

角形 ADB 的重心.

所以三角形 DBC、ADB 合起来的重心，即梯形 $ABCD$ 的重心在直线 HK 上.

但其重心又在 OF 上.

所以，如果 OF、HK 相交于 G，则 G 是梯形 $ABCD$ 的重心.

因此［命题6，7］

$$\triangle DBC : \triangle ABD = KG : GH = VG : GW.$$

又

$$\triangle DBC : \triangle ABD = BC : AD.$$

所以

$$BC : AD = VG : GW.$$

由此得

$$(2BC + AD) : (2AD + BC) = (2VG + GW) : (2GW + VG)$$
$$= EG : GF.$$

（刘萍　译　苟增光　校）

245

论平面图形的平衡 Ⅱ

命题 1

如果 P、P' 是两个抛物线弓形，且 D、E 分别是它们的重心，则它们总体的重心将在 D、E 连线的 C 点上，且 C 点由关系

$$P : P' = CE : CD \,^{[1]}$$

来确定.

在 DE 所在的直线上度量 EH、EL，使其均等于 DC，且 DK 等于 DH；由此立即推得 $DK = CE$，$KC = CL$.

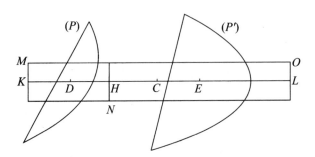

作矩形 MN，使其面积等于抛物线弓形 P 的面积，其底等于且平行于 KH，所以此矩形被 KH 所平分.

因为 $KD = DH$，于是 D 是 MN 的重心.

延长矩形中平行于 KH 的边，作矩形 NO，使其底等于 HL. 则 E 是矩形 NO 的重心.

现
$$
\begin{aligned}
(MN) : (NO) &= KH : HL \\
&= DH : EH \\
&= CE : CD \\
&= P : P'.
\end{aligned}
$$

---

〔1〕这个命题是第Ⅰ卷中命题 6，7 的特例，因此本来是没有必要给出的. 然而，由于第Ⅱ卷是专门研究抛物线弓形的，所以阿基米德的目的也许是为了强调这样的事实，即第Ⅰ卷命题 6，7 中的物体可以是直线图线，也可以是抛物线图形. 他所采取的步骤是去替换面积相等的矩形，这一替换可从他的关于《求抛物线弓形的面积》的论文中获得.

但是　　　（MN）= P.

所以　　　（NO）= P'.

又因为 C 是 KL 的中点，C 是由两个平行四边形（MN）、（NO）组成的平行四边形的重心，其中（MN）、（NO）的面积分别等于 P、P'，且分别同 P、P'具有相同的重心.

因此，C 是 P、P'组合在一起的重心.

命题 2 的预备定义和预备引理

"若在由一直线与直角圆锥面的截线［抛物线］所界的弓形内，有一与其同底等高的三角形被内接，其余下的抛物线弓形又有同底等高的三角形被内接，然后其余下的抛物线弓形内又有三角形以同样的方式被内接. 由此继续下去所得的图形被称为'以认可的方法内接'（γνωρίμως ἐγγράφεσθαι）于弓形.

并且以下几点是清楚的：

（1）这样内接的图形中最靠近抛物线弓形顶点的两个角顶点的连线，以及依次下来的每一对角顶点的连线，均将平行于抛物线弓形的底；

（2）所述连线将被抛物线弓形的直径所平分，且

（3）所述连线将直径分割成若干段，并使各段的比呈奇数逐次排列，其数目可参考［邻近的长度］抛物线弓形的顶点.

这些性质将必须在恰当的时候被证明（ἐν ταῖς τάξεσιν）."

［上面最后几句话暗示了一个意图，即这些命题与系统的证明有一定的联系；但这一意图似乎没有被落实，或至少我们知道在阿基米德的那些未遗失的著作中这一意图未得以显现. 然而，这些结果可以很容易地像下面由《求抛物线弓形的面积》中的命题导出.

（1）设 BRQPApqrb 是以 Bb 为底，A 为顶点，AO 为直径的抛物线弓形内"以认可的方法"内接的图形.

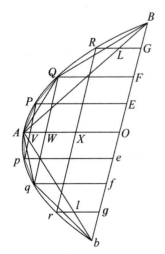

等分线段 BQ、BA、QA、Aq、Ab、qb，且过其中点作 AO 的平行线，分别交 Bb 于 G、F、E、e、f、g.

这些线段过各抛物线弓形的顶点 R、Q、P、p、q、r［《求抛物线弓形的面积》命题18］，即过内接图形的各角顶点［因为三角形和抛物线弓形等高］.

又　　　$BG = GF = FE = EO$，且 $Oe = ef = fg = gb$.
但 $BO = Ob$，所以 Bb 被分割后的各线段相等.

如果 AB、RG 相交于 L，且 Ab、rg 相交于 l，则有

$$BG : GL = BO : OA \quad \text{由平行}$$
$$= bO : OA$$
$$= bg : gl,$$

所以　　　$GL = gl.$

又［由《求抛物线弓形的面积》命题4］

$$GL : LR = BO : OG$$
$$= bo : og$$
$$= gl : lr ;$$

且，因为 $GL = gl$，$LR = lr$．

因此 GR、gr 相等且平行．

因此 $GRrg$ 是平行四边形，且 Rr 平行于 Bb．

同理可得，Pp，Qq 均平行于 Bb．

（2）因为 $RGgr$ 是平行四边形，且 RG、rg 平行于 AO，$GO = Og$，由此可推出 Rr 被 AO 平分．

同理可得 Pp、Qq 被 AO 平分．

（3）最后，若 V、W、X 是 Pp、Qq、Rr 的中点，则

$$AV : AW : AX : AO = PV^2 : QW^2 : RX^2 : BO^2$$
$$= 1 : 4 : 9 : 16,$$

所以 $AV : VW : WX : XO = 1 : 3 : 5 : 7.$ ］

命题 2

如果一个图形"以认可的方法"内接于抛物线弓形，则其重心将在抛物线弓形的直径上．

在上述引理的图形中，梯形 $BRrb$ 的重心在 XO 上，梯形 $RQqr$ 的重心在 WX 上……同时三角形 PAp 的重心在 AV 上．

所以整个图形的重心在 AO 上．

命题 3

如果 BAB'、bab' 分别是以 AO、ao 为直径的相似抛物线弓形，且在各抛物线弓形内有"以认可的方法内接"的图形，其边数相等，则各内接图形的重心以相同的比例分割 AO、ao．

［阿基米德阐明这一命题对相似的抛物线弓形成立，但如下面证明过程所显示的，这一命题对不相似的抛物线弓形也成立．］

设 $BRQPAP'Q'R'B'$，$brqpap'q'r'b'$ 是两个"以认可的方法内接"的图形．连接 PP'、QQ'、RR' 交 AO 于 L、M、N，连接 pp'、qq'、rr' 交 ao 于 l、m、n．

则［引理（3）］

$$AL : LM : MN : NO = 1 : 3 : 5 : 7$$
$$= al : lm : mn : no,$$

所以 AO、ao 以相等的比例被分割．

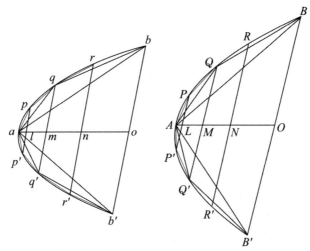

又，回顾引理（3）的证明，易得

$$PP' : pp' = QQ' : qq' = RR' : rr' = BB' : bb'.$$

因为 $RR' : BB' = rr' : bb'$，且这些比例分别决定着 NO、no 被梯形 $BRR'B'$、$brr'b'$ 的重心所分割的比例［I，15］，所以可得这两个梯形重心将 NO、no 分割成相等的比例.

同理可得，梯形 $RQQ'R'$、$rqq'r'$ 的重心分别以相等的比例分割 MN、mn，等等.

最后，三角形 PAP'、pap' 的重心分别以相等的比例分割 AL、al.

另外，相应的梯形和三角形以同样的比例一一对应（因为它们的边和高分别成比例），同时 AO、ao 以相等的比例被分割.

所以两个完全内接图形的重心分别以同样的比例分割 AO、ao.

命题 4

被一直线所截的任何抛物线弓形的重心在其直径上.

设 BAB' 是一抛物线弓形，A 是其顶点，AO 是其直径.

如果抛物线弓形的重心不在 AO 上，假设它是点 F. 作 FE 平行于 AO 交 BB' 于 E.

作抛物线弓形的内接三角形 ABB'，使其与抛物线弓形同顶等高，另取一面积 S，使得

$$\triangle ABB' : S = BE : EO.$$

然后，"以认可的方法"作抛物线弓形的内接图形，使抛物线弓形的剩余部分的总面积小于 S［因为《求抛物线弓形的面积》的命题 20 表明，在任何抛物线弓形内，与其同底等高的内接三角形的面积大于它的面积的一半；同时命题还表明，每次增加"以认可的方法"内接图形的边，我们取掉部分的面积总大于剩余抛物线弓形总面积的一半］.

按上述情况，作内接图形；它的重心在 AO 上［命题 2］. 设重心为点 H.

连接 HF 且延长之，使之与通过 B 且平行于 AO 的直线交于点 K.

则有

内接图形：剩余部分 > △ABB′ : S

> BE : EO

> KF : FH.

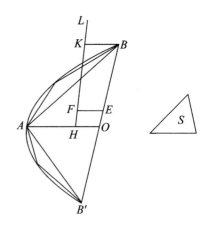

设 L 是 HK 延长线上的一点，且使不等式左边的比例等于 LF : FH.

因为 H 是内接图形的重心，F 是抛物线弓形的重心，则 L 必定是原抛物线弓形中所有剩余的抛物线弓形总体的重心. ［Ⅰ, 8］

但这是不可能的，因为所有抛物线弓形都位于过 L 平行于 AO 的平行线的同一侧［参考公设 7］.

由此，抛物线弓形的重心必然在 AO 上.

命题 5

如果在一抛物线弓形内有"以认可的方法"内接的图形，则抛物线弓形的重心比内接图形的重心更接近于抛物线弓形的顶点.

设 BAB′ 是已知抛物线弓形，AO 是其直径. 首先设 ABB′ 是"以认可的方法"内接的三角形.

用 F 分 AO 使 AF = 2FO；则 F 是三角形 ABB′ 的重心.

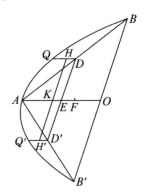

用 D、D′ 分别二等分 AB、AB′，连接 DD′ 交 AO 于 E. 作 OA 的平行线 DQ、D′Q′，并使它们与抛物线相交. 那么，QD、Q′D′ 分别是以 AB、AB′ 为底的抛物线弓形的直径，且抛物线弓形的重心分别位于 QD、Q′D′ 上［命题 4］. 设它们分别是 H、H′，连接 HH′ 交 AO 于 K.

现在 QD、Q′D′ 是相等的[1]，因此以它们为直径的抛物线弓形也相等［《论劈锥曲面体与旋转椭圆体》，命题 3］.

又因为 QD、Q′D′ 是平行的[2]，且 DE = ED′，K 是 HH′ 的中点.

因此，相等的抛物线弓形 AQB、A′Q′B′ 总体的重心是 K，K 在 E 和 A 之间，且三角形 ABB′ 的重心是 F.

――――――――

〔1〕这个结论可以从以前的预备引理（1）（因为 QQ′、DD′ 均平行于 BB′），或从《求抛物线弓形的面积》命题 19（同样可用于 Q、Q′）推得.

〔2〕正文中插入了一段解释，有这样的字句 καὶ ἐπεὶ παραλληλόγραμμόν ἐστι τὸΘZHI. H′D′DH 也没被证明是平行四边形；这仅仅能从 H、H′ 以相同的比例分别分割 QD、Q′D′ 这一事实推断. 而末了的这一性质直至命题 7 才出现，且仅对相似抛物线弓形成立. 这一内推法肯定在欧多克斯（Eutocius）时代之前已被确定，因为他对这个词组有一个注释，且通过正式假设 H、H′ 分别以相同的比例分割 QD、Q′D′ 来说明.

由此可得，抛物线弓形 BAB' 的重心在 K 和 F 之间，所以它比 F 更接近于顶点 A.

其次，作"以认可的方法"内接的五边形 $BQAQ'B'$，如前，QD、$Q'D'$ 是抛物线弓形 AQB、$AQ'B'$ 的直径.

那么，由命题的第一部分可知，抛物线弓形 AQB（在 QD 方向上）的重心比三角形 AQB 的重心更接近于点 Q. 设此抛物线弓形的重心是 H，三角形 AQB 的重心是 I.

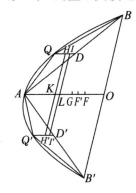

类似地，设 H' 是抛物线弓形 $AQ'B'$ 的重心，I' 是三角形 $AQ'B'$ 的重心.

由此可得，两个抛物线弓形 AQB、$AQ'B'$ 总体的重心是 HH' 的中点 K，两个三角形 AQB、$AQ'B'$ 总体的重心是 II' 的中点 L.

若三角形 ABB' 的重心是 F，整个抛物线弓形 BAB' 的重心（即三角形 ABB' 和两个抛物线弓形 AQB、$AQ'B'$ 组成的图形的重心）是在 KF 上的点 G，且此点的位置由如下比例式确定：

（抛物线弓形 AQB，$AQ'B'$ 的总和）：$\triangle ABB' = FG : GK$.

$$[\text{I}, 6, 7]$$

又内接图形 $BQAQ'B'$ 的重心 F' 在 LF 上，且此点的位置由如下比例式确定

$$(\triangle AQB + \triangle AQ'B') : \triangle ABB' = FF' : F'L. \qquad [\text{I}, 6, 7]$$

［因此　　　　　　　　　　　$FG : GK > FF' : F'L$,

或　　　　　　　　　　　　　$GK : FG < F'L : FF'$,

由合比，　　　　　　　　　　$FK : FG < FL : FF'$, 且 $FK > FL$. ］

所以 $FG > FF'$，或 G 比 F' 更接近于顶点 A.

利用以上结论，以同样的方法进行证明，我们可证得对于任何"以认可的方法"内接的图形，这一命题均成立.

命题 6

给定一由直线截得的抛物线弓形，下面的情形是可能的：总存在"以认可的方法"内接的图形，使得抛物线弓形的重心与其内接图形的重心的距离小于任意给定的长度.

设 BAB' 是抛物线弓形，AO 是其直径，G 是其重心，且 ABB' 是"以认可的方法"内接的三角形.

设 D 是给定的长度，S 是一面积且使得

$$AG : D = \triangle ABB' : S.$$

在抛物线弓形内"以认可的方法"内接一图形，使剩余的抛物线弓形（面积）总和小于 S. 设 F 是内接图形的重心.

我们将证明　$FG < D$.

否则，　　　　$FG \geqslant D$.

显然

(内接图形):(剩余抛物线弓形的总和) > △ABB' : S

$> AG : D$

$> AG : FG$,由假设(因为 $FG \nless D$).

设第一个比例式等于 $KG : FG$(K 在 GA 的延长线上);由此得 K 是小抛物线弓形总体的重心.

[Ⅰ,8]

但这是不可能的. 因为这些小抛物线弓形在过 K 平行于 BB' 的同一侧.

因此 FG 必然小于 D.

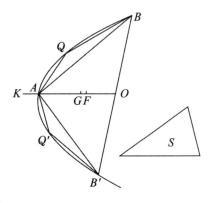

命题 7

如果两个抛物线弓形相似,则它们的重心分别以相同的比例分割其直径.

[这个命题尽管仅是对相似抛物线弓形而言,但如它所依据的命题 3,此命题对任何抛物线段同样是适用的. 阿基米德已经注意到了这一事实,他在更一般的情形下,用这一命题来证明了下面的命题 8.]

设 BAB'、bab' 是两个相似抛物线弓形,AO、ao 分别是它们的直径,G、g 分别是它们的重心.

那么,如果 G、g 没有以相同的比例分割 AO、ao,假设 H 是 AO 上一点,使得

$AH : HO = ag : go$;

且在抛物线弓形 BAB' 内"以认可的方法"内接一个图形,若 F 是其重心,则

$GF < GH$.   [命题 6]

在抛物线弓形 bab' 内"以认可的方法"内接一相似图形;若 f 是这一图形的重心,

那么 $ag < af$.   [命题 5]

由命题 3,$af : fo = AF : FO$.

但是 $AF : FO < AH : HO$

$< ag : go$,由假设.

所以 $af : fo < ag : go$;这是不可能的.

由此得 G、g 必然以相同的比例分割 AO、ao.

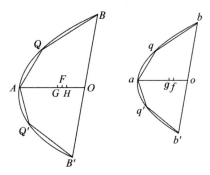

命题 8

如果 AO 是一抛物线弓形的直径,G 是重心,则有

$$AG = \frac{3}{2}GO.$$

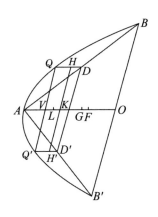

设抛物线弓形为 BAB'，"以认可的方法"内接的三角形为 ABB'，F 是其重心。

D、D' 分别等分 AB、AB'，且作 DQ、$D'Q'$ 平行于 OA 且于抛物线相交，则 QD、$Q'D'$ 分别是抛物线弓形 AQB、$AQ'B'$ 的直径。

设 H、H' 分别是抛物线弓形 AQB、$AQ'B'$ 的重心。连接 QQ'、HH' 且分别交 AO 于 V、K。

则 K 是两个抛物线弓形 AQB、$AQ'B'$ 合在一起的重心。

现在　$AG : GO = QH : HD$，　　　　　　　　　［命题 7］

因此　$AO : OG = QD : HD$。

又　　　$AO = 4QD$［由 P. 247 引理（3）的方法易证明］。

所以　$OG = 4HD$；

相减，　$AG = 4QH$。

由引理（2），也有 QQ' 平行于 BB'，因此也平行于 DD'。由命题 7 可推得 HH' 平行于 QQ' 或 DD'，因此 $QH = VK$。

所以　$AG = 4VK$，

和　　　$AV + KG = 3VK$。

沿 VK 量 VL，使 $VL = \frac{1}{3}AV$，我们有

$$KG = 3LK. \qquad\qquad (1)$$

又　　　　　　　　　　　　　$AO = 4AV$　　　　　　　　　　　［引理（3）］

$$= 3AL，因为 AV = 3VL，$$

因此　　　　　　　　　　　$AL = \frac{1}{3}AO = OF. \qquad\qquad (2)$

现由 I，6，7，

$\triangle ABB'$：（抛物线弓形 AQB，$AQ'B'$ 的总和）$= KG : GF$

和　　　$\triangle ABB' = 3$（抛物线弓形 AQB，$AQ'B'$ 的总和）

［因为抛物线弓形 ABB' 等于 $\frac{4}{3}\triangle ABB'$（《求抛物线弓形的面积》命题 17，命题 24）］。

因此　　　　　　　　$KG = 3GF$。

但是　　　　　　　　$KG = 3LK$，由上面的（1）。

所以　　　　　　　　$LF = LK + KG + GF = 5GF$。

由（2），　　　　　　$LF = (AO - AL - OF) = \frac{1}{3}AO = OF$。

所以　　　　　　　　$OF = 5GF$，

和　　　　　　　　　$OG = 6GF$。

但是　　　　　　　　$AO = 3OF = 15GF$。

因此，相减得

$$AG = 9GF = \frac{3}{2}GO.$$

命题 9（引理）

a、b、c、d 是四条成连比例的线段，且长度依次递减，若

$$d : (a-d) = x : \frac{3}{5}(a-c),$$

且　　$(2a+4b+6c+3d) : (5a+10b+10c+5d) = y : (a-c),$

则需证　$x + y = \frac{2}{5}a.$

[下面是阿基米德给出的证明，所不同的是用代数的记法代替了几何的记法来陈述的.这样做只不过是为了使证明更容易被理解.在本页的空白处再现了阿基米德图形中的直线段.但既然用代数符号是可能的,用几何符号就没有什么优越性,这些笨拙的符号只会使证明过程更加难以理解.阿基米德的几何符号与下面证明所用的字母的关系如下：

$AB = a$,　$\Gamma B = b$,　$\Delta B = c$,　$EB = d$,　$ZH = x$,　$H\Theta = y$,　$\Delta O = z.$]

我们有　　$\dfrac{a}{b} = \dfrac{b}{c} = \dfrac{c}{d},$ 　　　　(1)

由此　　$\dfrac{a-b}{b} = \dfrac{b-c}{c} = \dfrac{c-d}{d},$

所以　　$\dfrac{a-b}{b-c} = \dfrac{b-c}{c-d} = \dfrac{a}{b} = \dfrac{b}{c} = \dfrac{c}{d}.$ 　　(2)

现以同样的方式，

$$\frac{2(a+b)}{2c} = \frac{a+b}{c} = \frac{a+b}{b} \cdot \frac{b}{c} = \frac{a-c}{b-c} \cdot \frac{b-c}{c-d} = \frac{a-c}{c-d}.$$

$$\frac{b+c}{d} = \frac{b+c}{c} \cdot \frac{c}{d} = \frac{a-c}{c-d}.$$

由最后的两个关系可推得

$$\frac{a-c}{c-d} = \frac{2a+3b+c}{2c+d}. \qquad (3)$$

设 z 使得

$$\frac{2a+4b+4c+2d}{2c+d} = \frac{a-c}{z}. \qquad (4)$$

则　$z < (c-d).$

因此　　$\dfrac{a-c+z}{a-c} = \dfrac{2a+4b+6c+3d}{2(a+d)+4(b+c)}.$

又由假设，

$$\frac{a-c}{y} = \frac{5(a+d)+10(b+c)}{2a+4b+6c+3d},$$

所以

$$\frac{a-c+z}{y} = \frac{5(a+d)+10(b+c)}{2(a+d)+4(b+c)} = \frac{5}{2}. \tag{5}$$

又, 用 (4) 交叉除 (3), 得

$$\frac{z}{c-d} = \frac{2a+3b+c}{2(a+d)+4(b+c)},$$

由此

$$\frac{c-d-z}{c-d} = \frac{b+3c+2d}{2(a+d)+4(b+c)}. \tag{6}$$

而由 (2) 有

$$\frac{c-d}{d} = \frac{a-b}{b} = \frac{3(b-c)}{3c} = \frac{2(c-d)}{2d},$$

所以

$$\frac{c-d}{d} = \frac{(a-b)+3(b-c)+2(c-d)}{b+3c+2d}. \tag{7}$$

(6) 和 (7) 两式两边分别相乘, 得

$$\frac{c-d-z}{d} = \frac{(a-b)+3(b-c)+2(c-d)}{2(a+d)+4(b+c)},$$

由此

$$\frac{c-z}{d} = \frac{3a+6b+3c}{2(a+d)+4(b+c)}. \tag{8}$$

又因为 ［由 (1)］

$$\frac{c-d}{c+d} = \frac{b-c}{b+c} = \frac{a-b}{a+b},$$

我们有

$$\frac{c-d}{a-c} = \frac{c+d}{b+c+a+b}.$$

由此

$$\frac{a-d}{a-c} = \frac{a+2b+2c+d}{a+2b+c} = \frac{2(a+d)+4(b+c)}{2(a+c)+4b}. \tag{9}$$

这样

$$\frac{a-d}{\frac{3}{5}(a-c)} = \frac{2(a+d)+4(b+c)}{\frac{3}{5}\{2(a+c)+4b\}},$$

所以, 由假设有

$$\frac{d}{x} = \frac{2(a+d)+4(b+c)}{\frac{3}{5}\{2(a+c)+4b\}}.$$

但, 由 (8),

$$\frac{c-z}{d} = \frac{3a+6b+3c}{2(a+d)+4(b+c)};$$

依等量原则, 有

$$\frac{c-z}{x} = \frac{3(a+c)+6b}{\frac{3}{5}\{2(a+c)+4b\}} = \frac{5}{3} \cdot \frac{3}{2} = \frac{5}{2}.$$

又由 (5),

$$\frac{a-c+z}{y} = \frac{5}{2}.$$

所以

$$\frac{5}{2} = \frac{a}{x+y},$$

或

$$x+y = \frac{2}{5}a.$$

命题10

如果 $PP'B'B$ 是抛物线弓形中被两平行弦 PP'、BB' 截得的部分，PP'、BB' 分别被直径 ANO 平分于点 N、O（N 比 O 距抛物线弓形的顶点 A 更近），又若 NO 被分成相等的五部分，且 LM 是当中的一段（L 比 M 距 N 更近），那么如果 G 是 LM 上一点，使得

$$LG : GM = BO^2 \cdot (2PN + BO) : PN^2 \cdot (2BO + PN),$$

则 G 是面 $PP'B'B$ 的重心.

设线段 ao 等于 AO，且其中的线段 an 等于 AN. 设 p、q 是 ao 上两点，使得

$$ao : aq = aq : an, \tag{1}$$

$$ao : an = aq : ap, \tag{2}$$

［由此 $ao : aq = aq : an = an : ap$，或 ao、aq、an、ap 是连比例线段，且（长度）依次递减］

沿 GA 量一长度 GF，使得

$$op : ap = OL : GF. \tag{3}$$

那么，因为 PN、BO 相对 ANO 而言是纵标，

$$BO^2 : PN^2 = AO : AN$$

$$= ao : an$$

$$= ao^2 : aq^2，由（1），$$

所以　　$BO : PN = ao : aq$, $\tag{4}$

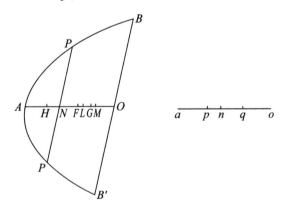

且　　$BO^3 : PN^3 = ao^3 : aq^3$

$$= (ao : aq) \cdot (aq : an) \cdot (an : ap)$$

$$= ao : ap. \tag{5}$$

从而　　抛物线弓形 BAB' : 抛物线 $PAP' = \triangle BAB' : \triangle PAP'$

$$= BO^3 : PN^3$$

$$= ao : ap,$$

由此　　　　面 $PP'B'B$：抛物线弓形 $PAP' = op : ap$

$$= OL : GF, \text{ 由（3），}$$

$$= \frac{3}{5}ON : GF. \tag{6}$$

现　　　$BO^2 \cdot (2PN + BO) : BO^3 = (2PN + BO) : BO$

$$= (2aq + ao) : ao, \text{ 由（4），}$$

$$BO^3 : PN^3 = ao : ap, \text{ 由（5），}$$

且　$PN^3 : PN^2 \cdot (2BO + PN) = PN : (2BO + PN)$

$$= aq : (2ao + aq), \text{ 由（4），}$$

$$= ap : (2an + ap), \text{ 由（2）.}$$

所以，由等量原则，

$$BO^2 \cdot (2PN + BO) : PN^2 \cdot (2BO + PN) = (2aq + ao) : (2an + ap),$$

由假设可得，

$$LG : GM = (2aq + ao) : (2an + ap).$$

给比例式的前项乘5，再合比，得

$$ON : GM = \{5(ao + ap) + 10(aq + an)\} : (2an + ap).$$

但　$NO : OM = 5 : 2$

$$= \{5(ao + ap) + 10(aq + an)\} : \{2(ao + ap) + 4(aq + an)\}.$$

由此得

$$ON : OG = \{5(ao + ap) + 10(aq + an)\} : (2ao + 4aq + 6an + 3ap).$$

所以

$$(2ao + 4aq + 6an + 3ap) : \{5(ao + ap) + 10(aq + an)\}$$

$$= OG : ON$$

$$= OG : on.$$

且　　　　　　　$ap : (ao - ap) = ap : op$

$$= GF : OL, \text{ 由假设，}$$

$$= GF : \frac{3}{5}on,$$

又 ao，aq，an，ap 是连比例.

所以，由命题9，

$$GF + OG = OF = \frac{2}{5}ao = \frac{2}{5}OA.$$

所以 F 是抛物线弓形 BAB' 的重心.　　　　　　　　　　　　　　　　[命题8]

设 H 是抛物线弓形 PAP' 的重心，则

$$AH = \frac{3}{5}AN.$$

又因为　　　　　　　　　　$AF = \frac{3}{5}AO.$

用减法，我们有，　　　　　　$HF = \frac{3}{5}ON.$

由（6）式有

$$面 PP'B'B : 抛物线弓形 PAP' = \frac{3}{5}ON : GF = HF : FG.$$

因此，由 F、H 分别是抛物线弓形 BAB'、PAP' 的重心，可推得 ［由 Ⅰ,6 ,7］ G 是面 $PP'B'B$ 的重心.

（刘萍　译　苟增光　校）

沙粒的计算

"革隆（Gelon）国王，有些人认为沙子的数目是无穷的，而且我所说的沙子不仅存在于叙拉古和西西里的其他地方，还存在于无论是否有人居住的每一地区；也有人不同意沙子的数目无穷多，但却认为无法给大于沙子数量的数命名．显然，持这种观点的人，如果他们还能设想堆积的体积像地球那样大的沙堆，其中包括所有海洋和地球的凹陷之处都填满与最高山峰等高的沙粒，他们也无法认识到任何数都可以表示，即使它在数量上超过了如此堆积的沙子的若干倍．但是我要用您能理解的几何证明为您展示一种方法，它由我命名并已载入呈给赛克西普斯（Zeuxippus）的著作中．这种方法不仅能表示超过地球容积那样多的沙粒数量的数，而且可以表示超过宇宙体积的沙粒数量的数．您知道，所谓'宇宙'被大多数天文学家称为这样一个球体：它以地球中心为中心，以太阳中心到地球中心间的直线为半径．这是常识，您从天文学家那里听到的就是这种常识（τὰ γραφόμενα）．然而，萨摩斯的阿里斯塔修斯（Aristarchus）发表的一本书中有一些假设，其中的前提导致下述结果：宇宙比我们现在所说的要大许多倍．他假定恒星与太阳保持不动，地球围绕太阳做圆周运动，太阳位于该轨道中间，恒星像太阳一样位于恒星系的中心，恒星球是如此之大，即他设想地球绕行所在的圆对恒星距离产生的比如同该球球心对其表面产生的比．容易看出这是不可能的，因为球的中心没有大小，我们不能想象它对该球球面产生什么比值．不过，我们必须这样理解阿里斯塔修斯的意思：设想地球如它所处是宇宙的中心，地球对我们描述的'宇宙'之比率，等同于包含他假定地球绕行所在圆的球对恒星球之比率．这是由于他改写了他对这种假设结果的证明，特别地又流露出假定表述地球运动所在球的大小等同于我们所称的'宇宙'．

我们认为，即使一个如阿里斯塔修斯假定的恒星球那样大的球是由沙粒构成的，我仍将证明，某些在数量上超出相当于球体积的众多沙粒数目也可以用在《原理》[1]中命名的数来表示．它规定下述假设．

1. 地球的周长不大于约 3000000 '斯达地'[2]．

如您确知，一些人已验证过周长为 300000 斯达地之说这一事实．而我进一步设地球此值 10 倍于先辈们所想，即设周长不大于约 3000000 斯达地．

2. 地球的直径大于月球的直径，太阳的直径大于地球的直径．

---

〔1〕 Ἀρχαί是呈给赛克西普斯（Zeuxippus）著作的标题，参见导论第 2 章结尾阿基米德失传著作详表的注记．

〔2〕 斯达地(stadia, stadium 的复数形式)，古希腊长度单位，约合 607 英尺．

该假设遵从大多数早期天文学家的观点.

3. 太阳的直径不大于约 30 倍月球的直径.

早期天文学家认为这理所当然. 欧多克斯（Eudoxus）宣称该值约为 9 倍. 我父亲菲底亚斯（Pheidias）[1]认为是 12 倍，阿里斯塔修斯试图证明太阳的直径比月球直径大于 18 倍而小于 20 倍. 但是为了使我命题的真实性远离争议，我更甚于阿里斯塔修斯，设太阳直径不大于约 30 倍月球的直径.

4. 太阳的直径大于内接于宇宙（球）中最大圆内一千边形的边长.

我用这一假设[2]是因为阿里斯塔修斯发现太阳出现于黄道圆约 $\frac{1}{720}$ 的部分，我本人尝试用即将描述的方法实验性地（ὀργαγικῶς）寻求太阳及其目视顶点所对的角度（τὰν γωνίαν, εἰς ἀν ὁ ἅλιος ἐναρμόζει τὰν κορυφὰν ἔχουσαν ποτὶ τᾶ ὄψει）."

[因为历史的兴趣放在阿基米德关于这一论题的确切原文上，论文至此部分已逐字翻译出来. 余下部分可以更自由地再现. 进行其数学内容之前，只有必要陈述阿基米德下一步要描述的如何达到太阳所对角的上下限. 他在这里用了一根长竿或标尺（καυ ων），一端钉上一个小圆柱或圆板，恰在太阳升起时将杆指向它（直视太阳是必要的），然后将圆柱置于刚好隐蔽的距离处，太阳恰消失于隐蔽处，最后测量通过圆柱所对的角度. 他也解释了他认为必须做的这种校正，因为"眼睛不能从一个点来看，而只能从某一面积看"（ἐπεὶ αἱ ὄψιες οὐκ ἀφ'ἑνὸς σαμείου βλέποντι, ἀλλὰ ἀπό τινος μεγέθεος）.]

实验结果显示：太阳直径所对的角小于一个直角的 $\frac{1}{164}$，而大于其 $\frac{1}{200}$.

（在这种假设下）证明太阳的直径大于内接于一个"宇宙"大圆的一千边形，或具有 1000 条相等边图形的边长.

设一张纸的平面通过太阳的中心，地球的中心和我们眼睛，太阳刚从地平线升起，设平面交地球于圆 EHL，交太阳于圆 FKG，地球和太阳的中心分别为 C、O，E 为眼睛的位置.

进一步，设平面交"宇宙"球（即球心为 C，半径为 CO 的球）于大圆 AOB.

自 E 向圆 FKG 作两条切线，切点为 P、Q，自 C 向同一圆作两条切线，切点为 F，G.

设 CO 分别交地球与太阳所在的圆于 H，K；设 CF，CG 交大圆 AOB 于 A、B.

连接 EO，OF，OG，OP，OQ，AB，设 AB 交 CO 于 M.

由于太阳刚在地平线上升起，此时 $CO > EO$.

因此 $\angle PEQ > \angle FCG$.

且 $\angle PEQ > \frac{1}{200}R$ $\left.\begin{array}{l}\\\\\end{array}\right\}$此处 R 表示一个直角.

但 $< \frac{1}{164}R$

---

[1] 菲底亚斯（Pheidias），τοῦ ἀμοῦ πατρὸς 是布拉斯（Blass）对 τοῦ Ἀκούπατρος 的改正（Jahrb. f. Plilol. cxxvii, 1883）.

[2] 严格说来这不是一条假设；这是一个后面用已描述过的实验结果证明的命题.

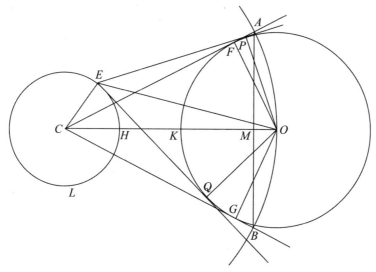

因此 $\angle FCG < \dfrac{1}{164}R$，毋庸置疑，弦 AB 所对的大圆弧小于该圆圆周的 $\dfrac{1}{656}$，即

$$AB <（该圆内接 656 边形的边）.$$

此时，大圆中任意的内接多边形的周长小于 $\dfrac{44}{7}CO.$ ［参见《圆的度量》命题 3］

因而　　　 $CO : CO < 11 : 1148,$

且，更加有　　　 $AB < \dfrac{1}{100}CO.$ 　　　　　　　　　　　　　　（α）

又由于 $CA = CO$，AM 垂直于 CO，当 OF 垂直于 CA 时，

$$AM = OF.$$

因此　　　　 $AB = 2AM = 太阳的直径.$

这样太阳的直径 $< \dfrac{1}{100}CO$，由（α），而且，毋庸置疑地球的直径 $< \dfrac{1}{100}CO.$

［假设 2］

由此　　　　 $CH + OK < \dfrac{1}{100}CO,$

因此　　　　　　　 $HK > \dfrac{99}{100}CO,$

或　　　　　 $CO : HK < 100 : 99.$

并且　　　　　　 $CO > CF,$

同时　　　　　　 $HK < EQ.$

因此

$$CF : EQ < 100 : 99. \qquad （β）$$

于是，在直角三角形 CFO，EQO 中，直角边

$$OF = OQ, 但 EQ < CF（由于 EO < CO）.$$

则有

$$\angle OEQ ：\angle OCF > CO：EO,$$

但 $$< CF：EQ^{[1]},$$

将角加倍 $$\angle PEQ：\angle ACB < CF：EQ$$

$$<100：99，通过上述（\beta）$$

但是 $$\angle PEQ > \frac{1}{200}R，通过假设.$$

因此 $$\angle ACB > \frac{99}{20000}R$$

$$> \frac{1}{203}R.$$

接着有弧 AB 大于大圆 AOB 圆周的 $\frac{1}{812}$.

所以，显而易见，

$$AB >（大圆内接一千边形的边长），$$

且如上所证 AB 等于太阳的直径.

下列结果可被证明：

"宇宙"的直径 <10000（地球的直径），

并且 "宇宙"的直径 <10000000000 斯达地.

（1）暂设 d_u 表示"宇宙"的直径，d_s，d_e，d_m 分别表示太阳，地球和月球的直径.

由假设 $$d_s \not> 30d_m,$$ ［假设3］

且 $$d_e > d_m；$$ ［假设2］

则 $$d_s < 30d_e.$$

现在，用最后的命题

$$d_s >（大圆内接一千边形的边长），$$

因而 （一千边形的周长）$< 1000d_s$

$$< 30000d_e.$$

但是内接于一个圆，边长多于 6 的任意正多边形的周长都大于内接于同一圆的正六边形的周长，也大于直径的三倍，因此

（一千边形的周长）$> 3d_u.$

随即有 $$d_u < 10000d_e.$$

（2） 地球的周长 $\not> 3000000$ 斯达地. ［假设1］

且 地球的周长 $> 3d_e,$

因而 $$d_e < 1000000 \text{ 斯达地},$$

由此 $$d_u < 10000000000 \text{ 斯达地}.$$

---

［1］这里的命题当然假定与下述三角公式是等价的：如果 α、β 是两个小于直角的角，α 大于 β，则有 $\dfrac{\tan\alpha}{\tan\beta} > \dfrac{\alpha}{\beta} > \dfrac{\sin\alpha}{\sin\beta}$.

假设 5

假定一个单位量的沙子体积不超过一颗罂粟种子，它包含不超过 10000 粒沙子.

继而假定罂粟种子的直径不小于 $\frac{1}{40}$ 手指的宽度.

数的级与周期

Ⅰ. 我们传统的命数方法可以数到一万（10000）；据此我们能将数目表示到一万万（100000000），将这些数称为第 1 级数.

假定 100000000 为第 2 级数的单位数，设第 2 级数包含从此单位数到 $(100000000)^2$ 的数.

重复这一步骤，从第 3 级数的单位数可数到 $(100000000)^3$ 为止；以此类推，直到第 100000000 级数的结尾 $(100000000)^{100000000}$，称之为 p.

Ⅱ. 假定刚刚描述的从 1 到 p 的数形成第 1 周期数.

设 p 是第 2 周期第 1 级的单位数，这一级包含从 p 到 $100000000p$ 的数.

设最后一数为第 2 周期第 2 级的单位数，这一级可数至 $(100000000)^2p$.

我们能用这种方式数下去，直至第 2 周期第 100000000 级的末尾 $(100000000)^{100000000}p$，或 p^2.

Ⅲ. 取 p^2 为第 3 周期第 1 级的单位数，以同样方式可数至第 3 周期第 100000000 级的末尾数 p^3.

Ⅳ. 取 p^3 为第 4 周期第 1 级的单位数，继续同样的程序直至数到第 100000000 周期第 100000000 级的末尾数 $p^{100000000}$. 这最后的数阿基米德表述为"第万万周期第万万级的第万万单位数"，显而易见是 $(100000000)^{99999999}$ 与 $p^{99999999}$ 乘积的 100000000 倍，即 $p^{100000000}$.

[这样描写数的方案可更清晰地依靠下列标志建立.

第 1 周期.

    第 1 级. 从 1 到 10^8 的数.

    第 2 级. 从 10^8 到 10^{16} 的数.

    第 3 级. 从 10^{16} 到 10^{24} 的数.

    ……

    第 10^8 级. 从 $10^{8(10^8-1)}$ 到 $10^{8 \cdot 10^8}$（即使说 p）的数.

第 2 周期.

    第 1 级. 从 $p \cdot 1$ 到 $p \cdot 10^8$ 的数.

    第 2 级. 从 $p \cdot 10^8$ 到 $p \cdot 10^{16}$ 的数.

    ……

    第 10^8 级. 从 $p \cdot 10^{8(10^8-1)}$ 到 $p \cdot 10^{8 \cdot 10^8}$（或 p^2）的数.

    ……

第 10^8 周期.

    第 1 级. 从 $p^{10^8-1} \cdot 1$ 到 $p^{10^8-1} \cdot 10^8$ 的数.

    第 2 级. 从 $p^{10^8-1} \cdot 10^8$ 到 $p^{10^8-1} \cdot 10^{16}$ 的数.

…

第 10^8 级. 从 $p^{10^8-1} \cdot 10^{8(10^8-1)}$ 到 $p^{10^8-1} \cdot 10^{8 \cdot 10^8}$（即 p^{10^8}）的数.

这一方案的巨大范围我们将在下述情况下意识到，它认为第 1 周期的末尾数现在可表示为 1 后面跟着 800000000 个零，第 10^8 周期的末尾数则需要将这些零的个数增加到 100000000 倍，即 1 后面有 80000 百万百万个零］

八位组

考虑首项为 1，次项为 10 的连比项级数［即几何级数 1，10^1，10^2，10^3，…］. 这些项的第一个八位组［即 1，10^1，10^2，…，10^7］相应地列入上述第 1 周期第 1 级数，第二个八位组［即 10^8，10^9，…，10^{15}］列入第 2 周期第 2 级中. 八位组的首项是每种情形中与级数相一致的单位数. 类似地有第三个八位组，等等. 我们可用同样方法排置任何八位组数.

定理

若存在任意项数的一个连比级数，称之为 A_1，A_2，A_3，…，A_m，…，A_n，…，A_{m+n-1}，…其中 $A_1 = 1$，$A_2 = 10$［因此该级数形成几何级数 1，10^1，10^2，…，10^{m-1}，…，10^{n-1}，…，10^{m+n-2}，…］，如果任取两个项 A_m，A_n 相乘，积 $A_m \cdot A_n$ 将是同一级数中的一个项，并且它距 A_n 的项数与 A_m 距 A_1 的项数一样多；此外它距 A_1 的项数比 A_m 与 A_n 各自距 A_1 的项数之和少 1.

取距 A_n 和 A_m 距 A_1 等项数的项，此项数是 m（首末项都被数在内），则该项距 A_n 为 m 项，因此是 A_{m+n-1} 项.

我们已由此证明了

$$A_m \cdot A_n = A_{m+n-1}.$$

于是在连比例级数中距其他项项数相等的项成比例.

即 $$\frac{A_m}{A_1} = \frac{A_{m+n-1}}{A_n}.$$

但 $A_m = A_m \cdot A_1$，因为 $A_1 = 1$.

因此

$$A_{m+n-1} = A_m \cdot A_n. \tag{1}$$

第二个结果是明显的，因为 A_m 距 A_1 为 m 项，A_n 距 A_1 为 n 项，A_{m+n-1} 距 A_1 即为 $(m+n-1)$ 项.

应用于沙粒数量

由假设 5

$$（罂粟种子的直径）\not< \frac{1}{40}（手指宽度）;$$

又因为球体积之比是它们直径的三次比，可推出下式：

（一指宽度直径的球积）$\not>$ 64000 罂粟种子

$\not>$ 64000 × 10000

$\not>$ 640000000

$\not>$ 6 个第 2 级单位数 + 40000000 第 1 级单位数

（更不必说）< 10 个第 2 级单位数 ｝沙粒.

现在我们逐渐增大假定球的直径，每次乘上 100. 记住球积每次乘上 100^3 或 1000000，则具有每次相继直径的球所包含的沙粒数目可由下式表示.

球的直径	相应的沙粒数
（1）100 指宽	$<1000000\times10$ 第 2 级的单位数
	$<$（级数的第 7 项）$\times$（级数的第 10 项）
	$<$级数的第 16 项　　　　　［即 10^{15}］
	$<$［10^7 或］10000000 第 2 级单位数.
（2）10000 指宽	$<1000000\times$（最后的数）
	$<$（级数的第 7 项）$\times$（第 16 项）
	$<$级数的第 22 项　　　　　［即 10^{21}］
	$<$［10^{15} 或］100000 第 3 级单位数.
（3）1 斯达地	<100000 第 3 级单位数
（<10000 指宽）	
（4）100 斯达地	$<1000000\times$（最后数）
	$<$（级数的第 7 项）$\times$（第 22 项）
	$<$级数的第 28 项　　　　　［10^{27}］
	$<$［10^3 或］1000 第 4 级单位数.
（5）10000 斯达地	$<1000000\times$（最后数）
	$<$（级数的第 7 项）$\times$（第 28 项）
	$<$级数的第 34 项　　　　　［10^{33}］
	<10 第 5 级单位数.
（6）1000000 斯达地	$<$（级数的第 7 项）$\times$（第 34 项）
	$<$第 40 项　　　　　　　　［10^{39}］
	$<$［10^7 或］10000000 第 5 级单位数.
（7）100000000 斯达地	$<$（级数的第 7 项）$\times$（第 40 项）
	$<$第 46 项　　　　　　　　［10^{45}］
	$<$［10^5 或］100000 第 6 级单位数.
（8）10000000000 斯达地	$<$（级数的第 7 项）$\times$（第 46 项）
	$<$级数的第 52 项　　　　　［10^{51}］
	$<$［10^3 或］1000 第 7 级单位数.

但据上述命题，

　　"宇宙"的直径 <10000000000 斯达地.

因此能包含于我们的"宇宙"这样尺寸的球中的沙粒数目少于 1000 个第 7 级单位数［或 10^{51}］.

由此可进一步证明阿里斯塔修斯认为的恒星球大小的球体所包含的沙粒数目少于 10000000 个第 8 级单位数 [或 $10^{56+7} = 10^{63}$].

利用假设，

$$（地球）：（"宇宙"）=（"宇宙"）：（恒星球），$$

而且 $$（"宇宙"的直径）<10000（地球的直径）.$$

由此

$$（恒星球的直径）<10000（"宇宙"的直径）.$$

因此

$$（恒星球）<（10000）^3（"宇宙"）.$$

继而包含于一个与恒星球相等的球中的沙粒数：

$<（10000）^3 \times 1000$ 第 7 级单位数

$<（级数的第 13 项）\times（级数的第 52 项）$

$<级数的第 64 项$ 　　　　　　　$[10^{63}]$

$<[10^7] 10000000$ 第 8 级单位数.

结论

"革隆（Gelon）国王，我想这些细节对绝大多数没学过数学的人来说难以置信，但对那些熟悉有关内容并已思考过地球、太阳和月球距离与大小问题的人，证明会使他们坚信不疑. 正因为如此，我认为这一论题未必不适合您的思考."

（王青建　译　冯汉桥　校）

有关《沙粒的计算》一文的意义

阿基米德时代希腊记数法采用"分级符号制"或曰"逐级命数法"，即用字母表中的前 9 个字母表示 1、2、…、9；第 10～18 个字母表示 10、20、…、90；第 19～27 个字母表示 100、200、…、900. 为了与文字单词相区别，数字符号上常加横线. 字母记数是一形两用，增加了记忆上的困难，而且运算使用繁琐. 阿基米德在希腊当时最大的数字"万"的基础上创用"万万"（10^8），并使用了级、周期等概念，以便写出更大的数. 这是开创性的成果，其重要之处不仅在于实际上给出写任何大数的方案，更是阐述了可以把数写得大到不受限制的思想. 他的记数方法在古代各种大数记法中使用符号最经济，数目表示简洁明了. 直到现代，人们仍然遵循阿基米德给出的原则处理大数，只是每种单位数的名称各有不同而已.

阿基米德的记数方法距十进位值制记数法尚有距离，这成为包括高斯在内的一些数学家表示遗憾之处. 不过，单就计算沙粒来看，彻底革新古希腊的记数制度并不十分必要，而充分利用已有成果巧妙解决实际问题倒是阿基米德做学问时经常采用的方法.

阿基米德在推导沙粒数量时给出"同底数的幂相乘，底数不变，指数相加"的定理，将幂的积与幂的指数和联系起来，这一性质成为 17 世纪对数发明的基石.《沙粒的计算》还首次记载了阿里斯塔修斯提出的日心说，被认为是世界上最早的日心学说. 阿基米德有许多失传的著作. 短短《沙粒的计算》能流传至今，应该说与它内容的重要性有很大关系.（译者注）

求抛物线弓形的面积

"阿基米德向多西修斯（Dosithes）致意.

当听说我的朋友科农（Conon）去世的消息时，我感到无比悲痛，因为这不仅失去了一位好友，而且也失去了一位令人敬佩的数学家. 您认识科农并且精通几何，于是，我决定将我发现的一个定理寄给您，就像计划寄给科农的那样，该定理以前未被研究，现在由我研究，我首先是用力学方法发现的，而后用几何方法表述出来. 早期的一些几何学家试图证明可找到一个直线围成的面等于已知圆和弓形的面积，以后他们又力图将圆锥的截线[1]和一直线所围图形化为方形. 由于假定的引理不容易被接受，因此大多数人认为这一问题没有解决. 另外我不知道我的前辈有谁把由一直线和一直角圆锥截线［一条抛物线］所围成的弓形化为方形，现在我已经找到了这种方法. 为在这里证明由一直线和一直角圆锥截线［一条抛物线］所围成的弓形面积是与它同底等高三角形的三分之四，假定下面引理成立：两不等面积之差，通过重复相加，可超过任一预先给定的量. 早期的几何学家曾应用这一引理来证明：两圆面积之比是它们直径的二次比，两球体积之比是它们直径的三次比，以及棱锥是同底等高棱柱体积的三分之一；又利用类似于上述的引理证明圆锥体积是同底等高圆柱体积的三分之一. 实际上，上述每一个定理与没有应用这一引理而被证明的定理一样得到承认[2]. 因此我公布的著作同样满足上述命题所涉及的引理，我已把证明写出来并寄给你，首先用力学方法推导，然后用几何方法严格证明. 文章前面关于圆锥曲线的基本命题是为后面证明服务的（στοιχεῖα κωνικά χρεῖαν ἔχοντα ἐς τάν ἀπόδειξιν）. 再见."

命题 1

如果从抛物线上的一点 P 作一直线，使其或为抛物线的轴或平行于抛物线的轴，设 PV 为此直线，弦 QQ' 平行于抛物线在 P 点的切线，且与 PV 交于 V，则

---

〔1〕 这里似乎有一些讹误：原文中的表达是 τᾶς ὅλου τοῦ κώνου τομᾶς ，从中不易看出它的直接明了的意思. "整个圆锥"的截线或许指垂直经过该圆锥的截线，即椭圆，而"直线"可能是轴或直径. 但海伯格（Heiberg）反对下述意见，即以前面的表达一定指整个椭圆而非它的一部分为理由，添加 καί εύθειας 后而理解为 τᾶς ὀξυωνίου κώνου τομᾶς （Quaestiones Archimedeae, P. 149）.

〔2〕 这段的希腊文是：συμβαίνει δὲ τῶν προειρημένων θεωρημάτων ἑκαστου μηδὲν ἥσσον τῶν ἄνευ τούτου τοῦ λήμματος ἀποδεδειγμένων πεπιστευκέναι ，其中的 πεπιστευκέναι 似乎是错误的，应该用被动式.

$$QV = VQ'.$$

反之，如果 $QV = VQ'$，那么弦 QQ' 平行于抛物线在 P 点的切线.

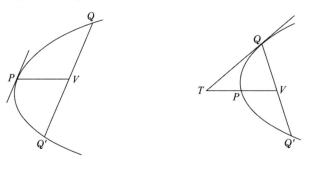

命题1   命题2

命题2

如果抛物线的弦 QQ' 平行于 P 点的切线，过 P 点作一直线，使其或为抛物线的轴或平行于抛物线的轴，且交 QQ' 于 V，交抛物线在 Q 点的切线于 T，那么

$$PV = PT.$$

命题3

如果从抛物线上一点作一直线，使其或为抛物线的轴或平行于抛物线的轴，设 PV 为此直线，再从抛物线上另外两点 Q、Q' 分别作两条直线，使它们都平行于 P 点的切线，并且分别交 PV 于点 V 和 V'，那么

$$PV : PV' = QV^2 : Q'V'^2.$$

"以上这些命题在圆锥曲线里已经证明过了."[1]

命题4

设 Qq 为一抛物线弓形的底，P 为弓形的顶点，如果过另一点 R 的直径交 Qq 于点 O，交 QP（或其延长线）于点 F，则

$$QV : VO = OF : FR.$$

作关于 PV 的纵标线 RW，交 QP 于 K.

于是 $PV : PW = QV^2 : RW^2,$ [命题3]

---

〔1〕指欧几里得和阿里斯泰库斯（Aristaeus，约公元前340年）的关于圆锥曲线论的论文.

因此，由平行性质，

$$PQ : PK = PQ^2 : PF^2.$$

这说明，PQ、PF、PK 成连比例，因而有

$$PQ : PF = PF : PK$$
$$= (PQ \pm PF) : (PF \pm PK)$$
$$= QF : KF.$$

所以，由平行性得

$$QV : VO = OF : FR.$$

〔显然，这一等式等价于坐标轴的变换，即从切线和直径组成的坐标轴变换到由弦 Qq（比如为 x 轴）和过 Q 点的直径（作为 y 轴）构成的新坐标轴.

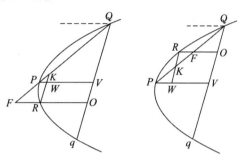

设 $QV = a$，$PV = \dfrac{a^2}{p}$，其中 p 是关于 PV 的纵标线的参数.

因此，若令 $QO = x$，$RO = y$，那么上面的结果可表示为

$$\frac{a}{x - a} = \frac{OF}{OF - y},$$

由此可得

$$\frac{a}{2a - x} = \frac{OF}{y} = \frac{x \cdot \dfrac{a}{p}}{y},$$

即

$$py = x(2a - x).〕$$

命题 5

如果 Qq 是任一抛物线弓形的底，P 为弓形的顶点，PV 为其直径，过抛物线上另一点 R 的直径交 Qq 于 O，交 Q 点的切线于 E，则

$$QO : Oq = ER : RO.$$

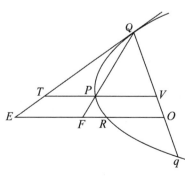

设过 R 点的直径交 QP 于 F.

于是，由命题 4，

$$QV : VO = OF : FR,$$

因为 $QV = Vq$，由此可得

$$QV : qO = OF : OR. \tag{1}$$

又若 VP 交 Q 点的切线于 T，那么

$$PT = PV,\text{从而 } EF = OF.$$

因此，将（1）中的前项加倍，就有

由此得
$$Qq : qO = OE : OR,$$
$$QO : Oq = ER : RO.$$

命题 6, 7 [1]

设杠杆 AOB 水平放置，中点 O 为其支点. 设三角形 BCD，角 C 为直角或钝角，将该三角形挂于 B 点和 O 点，其中 C 挂于 O 处，且 CD 和 O 在同一竖直线上. 如果在 A 点挂一面积 P 使系统保持平衡，则
$$P = \frac{1}{3} \triangle BCD.$$

在 OB 上取点 E，使得 $BE = 2OE$，作 EFH 平行于 OCD，分别与 BC、BD 交于 F、H，设 FH 的中点为 G.

于是 G 为 $\triangle BCD$ 的重心.

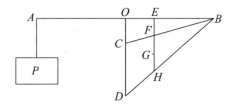

因此，如果放开角点 B、C，且将三角形从 F 点经过 FE 系在 E 处，那么三角形将处于原位置，因为 EFG 是一竖直线. "这一点已被证明了[2]".

所以，同以前一样，系统仍保持平衡.

因而有
$$P : \triangle BCD = OE : AO$$
$$= 1 : 3 ,$$
即
$$P = \frac{1}{3} \triangle BCD.$$

命题 8, 9

设杠杆 AOB 水平放置，中点 O 为其支点. 设三角形 BCD 挂于 OB 上的 B、E 处，其中角 C 为直角或钝角，挂于 E 处，且 CD 和 E 在同一竖直线上. 设面积 Q 满足
$$AO : OE = \triangle BCD : Q.$$
若挂于 A 处的面积 P 使系统保持平衡，则
$$Q < P < \triangle BCD.$$

---

〔1〕在命题6里，阿基米德论述了一种情形，即三角形的角 BCD 为直角，使得图中的 C 和 O、F 和 E 重合，接着在命题7中他又证明角 BCD 为钝角的三角形具有同样的性质，方法是将该三角形视为两直角三角形 BOD、BOC 之差，并利用了命题6的结果. 为简洁起见，我把这两个命题合在一起论证. 命题6、7以后的命题也是如此.

〔2〕证明无疑是在丢失的卷 περὶ ζυγῶν 里，参看导论第2章的最后部分.

取△BCD 的重心 G，作 GH 平行于 DC，即与 BO 在 H 点垂直相交.

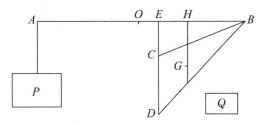

现在可以认为△BCD 挂于 H 处，因为系统保持平衡，所以有

$$\triangle BCD : P = AO : OH , \tag{1}$$

从而

$$P < \triangle BCD.$$

另外，△BCD：Q = AO：OE，因此由（1）有

$$\triangle BCD : Q > \triangle BCD : P,$$

故

$$P > Q.$$

命题 10, 11

设杠杆 AOB 水平放置，支点 O 为其中点. 梯形 CDEF 的放置应使得它的两条平行边 CD，EF 是竖直的，并且 C 点垂直位于 O 点下方，另外两边 CF、DE 交于 B. 设 EF 交 BO 于 H，梯形挂于 H、O 处，其中 F 挂于 H 处、C 挂于 O 处. 又设面积 Q 满足

$$AO : OH = (梯形\ CDEF) : Q.$$

若挂于 A 处的面积 P 保持系统平衡，则

$$P < Q.$$

特别地，若 C 和 F 处的角为直角，必然 C、F 分别和 O、H 重合，这时该结论仍然正确. 由 K 处划分 OH，使得

$$(2CD + FE) : (2FE + CD) = HK : KO .$$

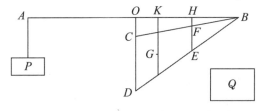

作 KG 平行于 OD，设 G 为 KG 在梯形内被截取的那部分线段的中点，那么 G 为梯形的重心[《论平面图形的平衡》第 I 卷命题 15].

于是可认为梯形从 K 处悬挂，并且系统仍然处于平衡状态.

因此有

$$AO : OK = 梯形\ CDEF : P,$$

又由假设

$$AO : OH = 梯形\ CDEF : Q.$$

因为 $OK < OH$，所以由此可得

$$P < Q.$$

命题 12，13

若梯形 $CDEF$ 的放置，除以 CD 垂直位于 OB 上的 L 点下方代替垂直位于 O 点下方外，像上一命题一样，于是梯形从 L、H 处悬挂．设面积 Q、R 满足

$$AO : OH = 梯形\ CDEF : Q,$$

和

$$AO : OL = 梯形\ CDEF : R.$$

如果从 A 处悬挂的面积 P 保持系统平衡，则

$$R < P < Q.$$

取梯形的重心 G，像上一个命题一样，设过 G 平行于 DC 的直线交 OB 于 K．

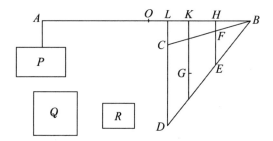

于是可认为梯形从 K 处悬挂，并且系统仍保持平衡．

因此 $$梯形\ CDEF : P = AO : OK.$$

从而

$$梯形\ CDEF : P > 梯形\ CDEF : Q,$$

但是 $$< 梯形\ CDEF : R.$$

由此可得 $P < Q$ 但 $P > R$．

命题 14，15

设 Qq 是任一抛物线弓形的底．如果由点 Q、q 作两条与抛物线的轴都平行的直线，并且都与弓形在 Qq 的同一侧，那么，由此在 Q、q 两点形成的角，或者（1）都是直角，或者（2）一个是锐角，一个是钝角．在后一种情形令在 q 点形成的角是钝角．

将 Qq 用分点 O_1，O_2，$\cdots$，O_n 分成若干相等的部分．过 q，O_1，O_2，$\cdots$，O_n 作抛物线的直径，与 Q 点的切线分别交于 E，E_1，E_2，$\cdots$，E_n，与抛物线本身交于点 q，R_1，R_2，$\cdots$，R_n．连接 QR，QR_2，$\cdots$，QR_n，且分别

交 qE，O_1E_1，O_2E_2，$\cdots$，$O_{n-1}E_{n-1}$ 于 F，F_1，F_2，$\cdots$，F_{n-1}.

设直径 Eq，E_1O_1，$\cdots$，E_nO_n 与直线 QOA 分别交于点 O，H_1，H_2，$\cdots$，H_n，其中 QOA 是过 Q 点且与这些直径都垂直的直线．（特别地，如果 Qq 本身就与这些直径垂直，那么 q 将和 O 重合，O_1 将和 H_1 重合，依次类推．）

试证

（1） $\triangle EqQ < 3$（梯形 FO_1，F_1O_2，$\cdots$，$F_{n-1}O_n$ 与 $\triangle E_nO_nQ$ 的和）；

（2） $\triangle EqQ > 3$（梯形 R_1O_2，R_2O_3，$\cdots$，$R_{n-1}O_n$ 与 $\triangle R_nO_nQ$ 的和）．

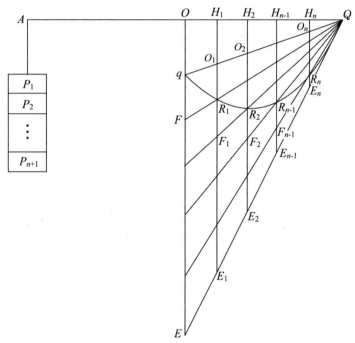

设 AO 等于 OQ，将 QOA 视为水平放置，支点为 O 的杠杆．如图所示，假定三角形 EqQ 由 OQ 处悬挂，梯形 EO_1 与由 A 处悬挂的面积 P_1 保持平衡，梯形 E_1O_2 与由 A 处悬挂的面积 P_2 保持平衡，如此下去，三角形 E_nO_nQ 与由同样位置悬挂的面积 P_{n+1} 保持平衡．

于是，$P_1 + P_2 + \cdots + P_{n+1}$ 将与整个三角形 EqQ 保持平衡，因此有

$$P_1 + P_2 + \cdots + P_{n+1} = \frac{1}{3}\triangle EqQ. \qquad [命题6,7]$$

又
$$
\begin{aligned}
AO : OH_1 &= QO : OH_1 \\
&= Qq : qO_1 \\
&= E_1O_1 : O_1R_1 \qquad [依据命题5] \\
&= 梯形\ EO_1 : 梯形\ FO_1;
\end{aligned}
$$

因此 ［命题10，11］

$$(FO_1) > P_1^{[1]}.$$

---

［1］(FO_1) 表示梯形 FO_1 的面积.

273

其次，$\qquad AO：OH_1 = E_1O_1：O_1R_1$

$$= (E_1O_2)：(R_1O_2)， \qquad (\alpha)$$

而 $\qquad AO：OH_2 = E_2O_2：O_2R_2$

$$= (E_1O_2)：(F_1O_2)， \qquad (\beta)$$

因为（α）和（β）同时成立，所以由命题 12，13 有

$$(F_1O_2) > P_2 > (R_1O_2).$$

类似可证得

$$(F_2O_3) > P_3 > (R_2O_3)，\text{等等.} \quad \text{最后为} \left[\text{命题 8，9} \right]$$

$$\triangle E_nO_nQ > P_{n+1} > R_nO_nQ.$$

上面不等式相加，我们得到

(1) $\quad (FO_1) + (F_1O_2) + \cdots + (F_{n-1}O_n) + \triangle E_nO_nQ > P_1 + P_2 + \cdots + P_{n+1}$

$$> \frac{1}{3} \triangle EqQ.$$

即 $\qquad \triangle EqQ < 3 \left[(FO_1) + (F_1O_2) + \cdots + (F_{n-1}O_n) + \triangle E_nO_nQ \right]$

(2) $\quad (R_1O_2) + (R_2O_3) + \cdots + (R_{n-1}O_n) + \triangle R_nO_nQ < P_2 + P_3 + \cdots + P_{n+1}$

$$< P_1 + P_2 + \cdots + P_{n+1}$$

$$< \frac{1}{3} \triangle EqQ，$$

即 $\qquad \triangle EqQ > 3 \left[(R_1O_2) + (R_2O_3) + \cdots + (R_{n-1}O_n) + \triangle R_nO_nQ \right].$

命题 16

设 Qq 为抛物线弓形的底，q 点不比 Q 点距离抛物线的顶点更远，过 q 点作直线 qE 平行于抛物线的轴，与 Q 点的切线交于 E，试证

$$\text{弓形的面积} = \frac{1}{3} \triangle EqQ.$$

如果等式不成立，那么弓形的面积必大于或小于 $\frac{1}{3} \triangle EqQ$。

I．假设弓形面积大于 $\frac{1}{3} \triangle EqQ$．那么，两者之差如果自身不断相加，就可以超过 $\triangle EqQ$，而且还可以找到 $\triangle EqQ$ 的一个约量，小于上述弓形与 $\frac{1}{3} \triangle EqQ$ 之差。[1]

设三角形 FqQ 是上面所说的三角形 EqQ 的一个约量，将 Eq 以 qF 为标准分成若干等份，再将包含 F 在内的所有分点与 Q 相连接，且分别交抛物线于 R_1，R_2，$\cdots$，R_n．过 R_1，R_2，$\cdots$，R_n 作抛物线的直径分别交 qQ 于 O_1，O_2，$\cdots$，O_n．

---

[1] 设差为 d，于是存在 n，使得 $nd > \triangle EqQ$，从而有 $d > \frac{1}{n} \triangle EqQ$ 就是 $\triangle EqQ$ 的一个约量．

设 O_1R_1 与 QR_2 交于 F_1.

设 O_2R_2 与 QR_1 交于 D_1、与 QR_3 交于 F_2.

设 O_3R_3 与 QR_2 交于 D_2、与 QR_4 交于 F_3，等等.

由假设，我们有

$$\triangle EqQ < \text{弓形面积} - \frac{1}{3}\triangle EqQ,$$

即　　　$\text{弓形面积} - \triangle FqQ > \frac{1}{3}\triangle EqQ.$　　　(α)

由于 qE 的各部分，即 qF 和余下的各部分，都是相等的，因此有 $O_1R_1 = R_1F_1$，$O_2D_1 = D_1R_2 = R_2F_2$，等等；

所以
$$\begin{aligned}
\triangle FqQ &= (FO_1) + (R_1O_2) + (D_1O_3) + \cdots\\
&= (FO_1) + (F_1D_1) + (F_2D_2) + \cdots + (F_{n-1}D_{n-1})\\
&\quad + \triangle E_nR_nQ.
\end{aligned}$$
　　　(β)

但
$$\text{弓形面积} < (FO_1) + (F_1O_2) + \cdots + (F_{n-1}O_n) + \triangle E_nO_nQ.$$

上两式相减得

$\text{弓形面积} - \triangle FqQ < (R_1O_2) + (R_2O_3) + \cdots + (R_{n-1}O_n) + \triangle R_nO_nQ,$

因此，由上式及 (α) 有

$$\frac{1}{3}\triangle EqQ < (R_1O_2) + (R_2O_3) + \cdots + (R_{n-1}O_n) + \triangle R_nO_nQ.$$

但这是不可能的，因为 [命题 14，15].

$$\frac{1}{3}\triangle EqQ > (R_1O_2) + (R_2O_3) + \cdots + (R_{n-1}O_n) + \triangle R_nO_nQ.$$

所以

$$\text{弓形面积} \ngtr \frac{1}{3}\triangle EqQ.$$

Ⅱ. 假设弓形面积小于 $\frac{1}{3}\triangle EqQ$.

取三角形 EqQ 的一个约量，比如三角形 FqQ，小于 $\frac{1}{3}\triangle EqQ$ 与弓形面积之差，如前同样作图.

因为　　　$\triangle FqQ < \frac{1}{3}\triangle EqQ - \text{弓形面积}$，

所以
$$\begin{aligned}
\triangle FqQ + \text{弓形面积} &< \frac{1}{3}\triangle EqQ\\
&< (FO_1) + (F_1O_2) + \cdots + (F_{n-1}O_n) + \triangle E_nO_nQ.
\end{aligned}$$

[命题 14，15]

两边同时减去弓形面积可得

$$\triangle FqQ < (\text{空隙 } qFR_1^{①}, R_1F_1R_2, \cdots, E_nR_nQ \text{ 的面积之和})$$
$$< (FO_1) + (F_1D_1) + \cdots + (F_{n-1}D_{n-1}) + \triangle E_nR_nQ.$$

这是不可能的，因为由（β）

$$\triangle FqQ = (FO_1) + (F_1D_1) + \cdots + (F_{n-1}D_{n-1}) + \triangle E_nR_nQ.$$

因此　　　　弓形的面积 $\not< \dfrac{1}{3}\triangle EqQ.$

因为弓形面积既不小于也不大于 $\dfrac{1}{3}\triangle EqQ$，所以二者相等.

命题 17

至此显然，任一抛物线弓形的面积是同底等高三角形面积的 $\dfrac{4}{3}$.

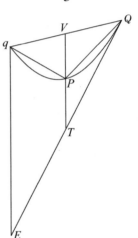

设 Qq 是弓形的底，P 是弓形的顶点，于是 PQq 为与弓形同底等高的内接三角形.

因为 P 是弓形的顶点[1]，所以过 P 点的直径平分 Qq，设分点为 V.

作 qE 平行于 VP，VP 和 qE 分别交 Q 点的切线于 T、E.

于是，由平行性知

$$qE = 2VT$$

和　　　　　　　$PV = PT,$　　　　　　　[命题2]

从而　　　　　　$VT = 2PV,$

因此　　　　　　$\triangle EqQ = 4\triangle PQq.$

而由命题16，弓形的面积等于 $\dfrac{1}{3}\triangle EqQ.$

所以　弓形的面积 $= \dfrac{4}{3}\triangle PQq.$

定义

"由一直线和任一曲线所围成的弓形，我称这条直线为底，高为曲线到弓形底的最大垂线长，而顶点是这样的点，过这点的垂线是最大垂线长."

命题 18

设 Qq 为一抛物线弓形的底，V 是 Qq 的中点，过 V 点的直径交曲线于 P，则 P 为弓形的顶点.

---

① 指由 qF、FR_1 和弧 qR_1 构成的图形.

[1] 令人不解的是阿基米德在这里使用了术语弓形的底和顶点，但在后面他才给出了它们的定义（在这个命题的最后），而且他承认了在命题18中才给出证明这一性质的逆.

因为 Qq 平行于 P 点的切线［命题1］，所以弓形上的点到底 Qq 的所有垂线中，P 点的垂线是最大的，因此按照定义，P 是弓形的顶点.

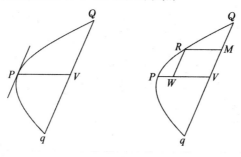

命题 19

如果 Qq 是被直径 PV 平分于 V 的抛物线的弦，直径 RM 于 M 点平分 QV，RW 是从 R 到 PV 的纵标，则

$$PV = \frac{4}{3}RM.$$

由抛物线的性质，有

$$PV : PW = QV^2 : RW^2$$
$$= 4RW^2 : RW^2,$$

于是 $$PV = 4PW,$$

因此 $$PV = \frac{4}{3}RM.$$

命题 20

设抛物线弓形的底为 Qq，顶点为 P，则三角形 PQq 大于弓形 PQq 之半.

因为弦 Qq 平行于 P 点的切线，所以三角形 PQq 是由 Qq、P 点的切线，过 Q、q 的直径所围成的平行四边形的一半. 因此三角形 PQq 大于弓形面积之半.

推论 由此可得，在弓形内可作一内接多边形，使得余下的弓形面积之和小于任一指定面积.

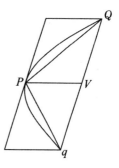

命题 21

如果任一抛物线弓形的底为 Qq，顶点为 P，R 是由 PQ 所截得的弓形的顶点，则

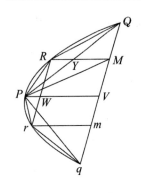

$$\triangle PQq = 8 \triangle PRQ.$$

过 R 点的直径将平分弦 PQ，因此也平分 QV，其中 PV 是平分 Qq 的直径. 设过 R 点的直径平分 PQ，QV 于 Y，M，连接 PM.

由命题19，

$$PV = \frac{4}{3} RM.$$

又　　　　　　　$PV = 2YM$，

因此　　　　　　$YM = 2RY$，

及 $\triangle PQM = 2 \triangle PRQ$.

从而　　　　　　　　$\triangle PQV = 4 \triangle PRQ$，

及　　　　　　　　　$\triangle PQq = 8 \triangle PRQ$.

如果延长从 R 到 PV 的纵标 RW 与曲线又交于 r，也有

$$RW = rW，$$

且同理可证得

$$\triangle PQq = 8 \triangle Prq.$$

命题 22

如果 A，B，C，D，$\cdots$ 是一系列面积，其中前一项是后一项的 4 倍，又最大面积 A 等于内接于抛物线弓形的三角形 PQq，且三角形 PQq 与弓形同底等高，则

$$(A + B + C + D + \cdots) < (弓形\,PQq\,的面积).$$

按照上一个命题，$\triangle PQq = 8 \triangle PRQ = 8 \triangle Pqr$，其中 R、r 是由 PQ、Pq 所截得的弓形的顶点，因此有

$$\triangle PQq = 4(\triangle PQR + \triangle Pqr)$$

因为 $\triangle PQq = A$，所以

$$\triangle PQR + \triangle Pqr = B.$$

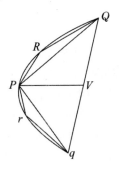

同理可证，同样内接于余下弓形的三角形面积之和等于 C，如此等等.

因此 $A + B + C + D + \cdots$ 等于一内接多边形的面积，从而知其和小于弓形面积.

命题 23

已知一系列面积 A，B，C，D，$\cdots$，Z，其中 A 是最大面积，且前一项等于后一项的 4 倍，则

$$A + B + C + \cdots + Z + \frac{1}{3}Z = \frac{4}{3}A.$$

作面积 b，c，d，$\cdots$，使得

$$b = \frac{1}{3}B,$$

$$c = \frac{1}{3}C,$$

$$d = \frac{1}{3}D, 等等.$$

那么，由于 $\qquad b = \frac{1}{3}B,$

及 $\qquad\qquad B = \frac{1}{4}A,$

则有 $\qquad\qquad B + b = \frac{1}{3}A.$

类似可得 $\qquad C + c = \frac{1}{3}B.$

$$\cdots$$

$$\left[Z + z = \frac{1}{3}Y \right].$$

所以

$$B + C + D + \cdots + Z + b + c + d + \cdots + z$$
$$= \frac{1}{3}(A + B + C + \cdots + Y).$$

但 $\quad b + c + d + \cdots + y = \frac{1}{3}(B + C + D + \cdots + Y),$

因此上两式相减得

$$B + C + D + \cdots + Z + Z = \frac{1}{3}A,$$

即 $\qquad A + B + C + \cdots + Z + \frac{1}{3}Z = \frac{4}{3}A.$

[这一结果等价于代数式

$$1 + \frac{1}{4} + \left(\frac{1}{4}\right)^2 + \cdots + \left(\frac{1}{4}\right)^{n-1} = \frac{4}{3} - \frac{1}{3}\left(\frac{1}{4}\right)^{n-1}$$

$$= \frac{1 - \left(\frac{1}{4}\right)^n}{1 - \frac{1}{4}}. \;]$$

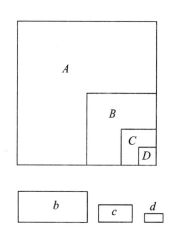

命题24

由抛物线与弦 Qq 所围成的弓形面积等于同底等高三角形面积的 $\frac{4}{3}$.

令 $K = \dfrac{4}{3}\triangle PQq,$

其中 P 为弓形的顶点，现要证明弓形面积等于 K.

如果二者不等，则弓形面积要么大于 K，要么小于 K.

Ⅰ. 假设弓形面积大于 K.

在由 PQ，Pq 截得的弓形内分别作与该弓形同底等高的内接三角形，即两内接三角形与两弓形有相同的顶点 R、r，在余下的弓形内按同样方式作内接三角形，如此做下去，直到剩下的弓形面积之和小于弓形 PQq 与 K 之差.

由此可知，如此形成的多边形一定大于面积 K，这是不可能的，因为［命题 23］

$$A + B + C + \cdots + Z < \dfrac{4}{3}A,$$

其中 $A = \triangle PQq.$

因而弓形面积不大于 K.

Ⅱ. 假设弓形面积小于 K.

若令 $\triangle PQq = A$，$B = \dfrac{1}{4}A$，$C = \dfrac{1}{4}B$，如此下去，直到得到面积 X，使得 X 小于 K 与弓形面积之差，则有

$$A + B + C + \cdots + X + \dfrac{1}{3}X = \dfrac{4}{3}A \qquad ［命题 23］$$
$$= K.$$

现在，由于 K 与 $A + B + C + \cdots + X$ 之差小于 X，又与弓形面积之差大于 X，所以

$$A + B + C + \cdots + X > 弓形面积.$$

命题 22，这是不可能的. 因此弓形面积不小于 K.

因为弓形面积既不大于 K 又不小于 K，所以

$$弓形\ PQq\ 的面积 = K = \dfrac{4}{3}\triangle PQq.$$

（周冬梅 译 朱恩宽 校）

论浮体 I

公设 1

"假设流体具有这样的特征，它的各部分处于平滑均匀和连续状态，受到推力较小的部分会被受到推力较大的部分所推动；如果流体被渗入任何物体并受到任何其他物体的压缩，那么流体的各部分将受到在它上面的流体的垂直方向的推力."

命题 1

如果用过一定点的平面截一曲面（物体表面），其截线总是以前面所说定点为圆心的圆周（一个圆的），那么这个物体表面是球面.

因为如果不是这样，则将会从定点到物体表面引两条不相等的线段.

假设 O 是该固定点，A，B 是物体表面上两点，且 OA，OB 不相等，沿物体表面被通过 OA，OB 的平面所截，那么，由假设，截线是以 O 为圆心的圆.

因此 $OA = OB$；这与假设矛盾，因而物体表面只能是球面.

命题 2

处于静止状态的任何流体的表面都是其中心与地球中心相同的球体的表面.

假设用通过地球中心的平面去截流体表面，形成曲线 $ABCD$.

$ABCD$ 将是一个圆的圆周.

如果不是这样，从 O 到曲线所引的线段将会不相等，不妨设 OB 比从 O 到曲线的有些线段要长而比另一些短，作一个以 OB 为半径的圆，设其为 EBF，它将有一部分在流体表面的内部而有一部分在流体表面的外部.

作 OGH，使其与 OB 所成的角与角 EOB 相等，与流体表面交于 H 并与圆交于 G. 在平面上作以 O 为圆心的一段弧 PQR，并使其位于流体内部.

因为流体沿 PQR 的部分是均匀的和连续的，PQ 部分被 PQ 与 AB 之间的部分所压缩，同时 QR 部分被 QR 与 BH 之间的部分所压缩，因而沿 PQ、QR 的部分将受到不相等的压缩，受到压缩较少的部分将被受到压缩较多的部分所带动.

因而流体将不会是静止的；这与假设矛盾，因此流体表面的截线是一个以 O 为圆心的圆周；这同样适用于通过 O 点的其他平面截得的所有截线.

因而流体表面是中心为 O 的球面.

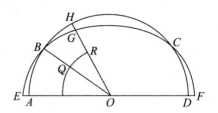

命题 3

对于那些与流体在相同体积下具有相同重量的固体来说，如果被放入流体中，将会沉在流体中既不浮出也不会沉得更低.

设某固体 EFHG 在相同体积下与它沉入其中的流体有相同的重量，并设其中一部分 EBCF 浮出流体表面.

作一个通过地球中心和固体的平面，截流体表面于圆 ABCD.

构造一个以 O 为顶点，以流体表面的平面四边形为底的棱锥，使其包含固体沉入流体的部分在内. 设这个棱锥被平面 ABCD 截于 OL，OM. 并设一个在流体内部以 O 为心的低于 GH 的球，设平面 ABCD 截这个球于 PQR.

构造另一个以 O 为顶点的棱锥，使其与前一个棱锥相连，相等且相似，设这样的棱锥被平面 ABCD 截于 OM，ON.

最后，令 STUV 是第二个棱锥中与固体 BGHC 这部分相等且相似的流体部分，并设 SV 在流体表面上.

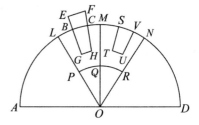

这样，作用于 PQ 和 QR 的压力是不相等的，作用于 PQ 上的较大些. 因此 QR 这部分将被 PQ 这部分所带动，流体将不会静止；这与假设是矛盾的.

因而固体将不会超出流体表面.

同样它也不会沉下去，因为流体的所有部分都将处于同样的压力下.

命题 4

如果把比流体轻的固体放入流体中，它将不会完全沉入，其中将有一部分浮出流体表面.

在这种情况下，沿循前面命题的方法，我们假设固体完全沉入流体且流体处于静止状态. 我们构造①一个以地球中心 O 为顶点的棱锥，使其包含固体在内，②另一个与前一个棱锥连接，相等且相似的棱锥，顶点同样是 O，③在后一个棱锥中，取流体的一部分使其与沉浸在另一个棱锥中的固体体积相等，④作一个以 O 为心其表面低于

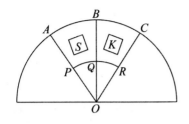

沉入的固体和②中所设流体一部分的球面. 我们假设通过 O 点的平面截流体表面于圆 ABC, 截固体于 S, 截第一个棱锥于 OA, OB, 截第二个棱锥于 OB, OC, 截第二个棱锥中的流体部分于 K, 截内球于 PQR.

由于 S 比 K 要轻, 那么作用流体于 PQ 和 QR 这两部分的压力是不相等的. 因此流体不会静止; 这与假设是矛盾的.

因而固体 S 在静止状态是不会完全沉入的.

命题 5

如果把比流体轻的任何固体放入流体中, 它将刚好沉入到固体重量与它排开流体的重量相等这样一种状态.

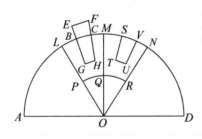

设固体为 $EGHF$, 设 $BGHC$ 为流体处于静止时固体沉入流体的部分. 如命题 3, 构造一个包含固体在内的以 O 为顶点的棱锥, 再构造一个与前一棱锥相邻, 相等且相似的具有相同顶点的棱锥. 设 $STUV$ 为位于第二个棱锥底部且与固体沉入流体部分相等且相似的流体部分; 令这种构造与命题 3 相同.

那么, 为了使流体保持静止状态, 作用于流体 PQ、QR 部分的压力必须相等, 这样流体 $STUV$ 部分的重量必须与固体 $EGHF$ 的重量相等. 而前者与固体沉入流体部分 $BGHC$ 所排开流体的体积相等.

命题 6

如果把一个比流体轻的固体施力沉入流体中, 则固体会受到一种浮力作用, 这种力等于它排开流体的重量与它本身重量的差.

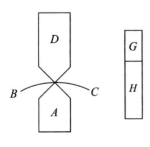

设 A 完全沉入流体, G 代表 A 的重量, $(G+H)$ 为同体积流体的重量. 取一固体 D, 其重量为 H, 使其与 A 相连. 那么 $(A+D)$ 的重量比相同体积的流体的重量要轻; 如果 $(A+D)$ 被沉入流体, 它将上浮至其重量等于它所排开流体的重量为止. 但它的重量是 $(G+H)$.

因而被排开流体的重量是 $(G+H)$, 因此排开流体的体积等于固体 A 的体积, A 沉入流体与 D 浮出流体刚好是静止状态.

因此 D 的重量平衡了流体作用于 A 的浮力, 因而后一种力与 H 相等, 就是 A 排开

流体的重量与 A 本身重量的差.

命题 7

如果把一个比流体重的固体放入流体中，它将沉至流体底部，若在流体中称固体，其重量等于其真实重量与排开流体重量的差.

（1）这一命题的第一部分是明显的，由于在固体下面的流体部分将受以较大的压力，因而流体的其他部分将被排开直到固体沉到底部.

（2）设 A 为比同体积流体要重的一个固体，并设 $(G+H)$ 代表它的重量，G 表示同体积流体的重量.

取比同体积流体要轻的固体 B，使 B 的重量为 G，而同体积流体的重量为 $(G+H)$.

设 A 和 B 合为一个固体并沉入流体中，那么，由于 $(A+B)$ 与同体积流体有相同的重量，它们的重量都等于 $(G+H)+G$，那么 $(A+B)$ 将在流体中保持不动.

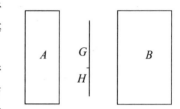

因而由 A 自身产生的使 A 下沉的力必须与由流体产生的使 B 向上升的力相等. 而后一种力等于 $(G+H)$ 与 G 的差（命题6）. 因此 A 受到等于 H 的力的作用，即它在流体中的重量为 H，或者说为 $(G+H)$ 和 G 的差.

［我认为，这一命题可以被认为对阿基米德著名的如何确定在皇冠中（见导论，第 1 章，第 4 页）所含金与银的比例这一问题具有决定意义. 这一命题实际上提出了如下方法.

设 W 表示皇冠的重量，w_1 和 w_2 分别表示其中金与银的重量，因此 $W=w_1+w_2$.

（1）取重量为 W 的纯金并在流体中称其重量. 那么重量的损失等于排开流体的重量. 如用 F_1 表示这一重量，那么 F_1 就是称重所得的结果.

由此得出结论，重量为 w_1 的金子所排开的流体的重量为

$$\frac{w_1}{W} \cdot F_1.$$

（2）取重量为 W 的纯银并进行同样的操作. 如果 F_2 表示银在流体中失去的重量，我们用同样的方法得到 w_2 所排开流体的重量为 $\dfrac{w_2}{W} \cdot F_2$.

（3）最后，求出皇冠在流体中的重量，设 F 为失去的重量，因而皇冠排开流体的重量为 F.

由此得出

$$\frac{w_1}{W} \cdot F_1 + \frac{w_2}{W} \cdot F_2 = F,$$

或者

$$w_1 F_1 + w_2 F_2 = (w_1 + w_2) \, F,$$

因此

$$\frac{w_1}{w_2} = \frac{F_2 - F}{F - F_1}.$$

这一程序相当接近地对应于诗 de ponderibus et mensuris（创作于大约公元 500 年）[1] 中所描绘的对阿基米德方法的解释. 按照这首诗的作者，我们先分别取两块重量相等的纯金和纯银，当把它们沉入水中时称其相互紧靠在一起的重量；这将给出它们在水中的重量与它们在水中失去重量之间的关系. 接下来我们取金与银的混合及具有相同重量的纯银，并用同样方法称其在水中相互紧靠在一起的重量.

阿基米德所使用方法的其他说法是由维特鲁维乌斯（Vitruvius）[2] 给出的，阿基米德接连地测量了三种相同重量的物体所排开流体的体积，这三种物体分别是①皇冠，②相同重量的金子，③相同重量的银子. 因而，像前面那样，皇冠重量为 W，包含着重量分别为 w_1 和 w_2 的金和银，

（1）皇冠排开一定量的流体，设为 V.

（2）重为 W 的金子排开了一定体积的流体，设为 V_1；因而重为 w_1 的金子排开体积为 $\dfrac{w_1}{W} \cdot V_1$ 的流体.

（3）重为 W 的银子排开一定体积的流体，设为 V_2；因而重为 w_2 的银子排开了体积为 $\dfrac{w_2}{W} \cdot V_2$ 的流体.

可以得到
$$V = \frac{w_1}{W} \cdot V_1 + \frac{w_2}{W} \cdot V_2,$$

由于
$$W = w_1 + w_2,$$

得
$$\frac{w_1}{w_2} = \frac{V_2 - V}{V - V_1}.$$

这一比例式明显地与前面得到的式子相等，即 $\dfrac{F_2 - F}{F - F_1}$.]

公设 2

"视下述事实为显然，即当物体在流体中受到向上的作用力时，这种向上的作用力是沿着垂直于流体表面的方向通过它们的重心的."

命题 8

如果一个固体呈球体一部分的形状，并且由比流体轻的物质构成的，若将其沉入流体中并使其底部不接触流体表面，则固体将在其轴垂直于流体表面这一位置处于静止状态；如果固体受力，使其底部一边接触到流体

---

〔1〕 Torelli's Archimedes, P. 364；Hultsch, Metrol. Script. Ⅱ. 95 sq., and Prolegomena § 118.

〔2〕 De architect. Ⅸ. 3.

然后释放，则固体将不会保持在这一位置而要返回到其对称位置.

[这一命题的证明在塔尔塔利亚（Tartaglia），拉丁文版本中是空缺的. 康曼弟努斯（Commandinus）在他的版本中给出了一个他自己的证明.]

命题 9

如果一个固体呈球体一部分的形状，且是由比流体要轻的物质组成的，若将其放入流体中并使其底部完全在流体表面之下，则固体将在其轴垂直于流体表面这一位置静止.

[这一命题的证明仅有残缺的形式. 而且这一证明仅涉及三种不同情况的一种，即球体的一部分是大于半球的，而图形只给出了球体一部分是等于或小于半球的情况.]

首先，假设球体的一部分是大于半球的. 设它被通过其轴与地球中心的平面所截；并设它处于如图所示的静止状态，其中 AB 是平面与球体部分的底的交线，DE 是它的轴，C 为球体部分的球心，O 是地球中心.

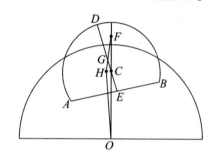

设位于流体外部部分的重心为 F，在 OC 延长线上，它的轴通过 C.

设 G 为球体部分的重心，连接 FG，并延长至 H，使得

$$FG：GH = 沉入流体部分的体积：固体其余部分的体积.$$

连接 OH.

那么固体位于流体外部的部分的重量沿着 FO 起作用力，流体对沉入部分的压力是沿着 OH 的，而球体沉入部分的重量是沿着 HO 起作用力的，由假设，这要比沿着 OH 的流体的压力要小.

因此固体将是不平衡的，接近 A 的部分将上升，接近 B 的部分将下降，直到 DE 垂直于流体表面时为止.

（黄秦安　译　苟增光　校）

论浮体Ⅱ

命题 1

    如果一个比流体轻的固体在流体中处于静止状态，则固体重量与同体积流体重量的比等于固体沉入流体部分重量与整个固体重量的比.

    设 $(A+B)$ 为固体，B 为沉入流体的部分.

    设 $(C+D)$ 为具有相同体积的流体，C 的体积等于 A 的体积，B 的体积等于 D 的体积.

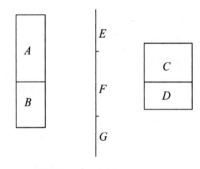

    进一步假设线段 E 表示固体 $(A+B)$ 的重量，$(F+G)$ 表示 $(C+D)$ 的重量，G 表示 D 的重量.

    那么，

$(A+B)$ 的重量：$(C+D)$ 的重量 $= E:(F+G)$,

$$(1)$$

    且 $(A+B)$ 的重量等于体积为 B 的流体的重量 $[\text{I. }5]$，即 D 的重量.

    也就是说，$E=G$.

因而，由 (1)，

$$(A+B) \text{ 的重量：} (C+D) \text{ 的重量} = G:(F+G)$$
$$= D:(C+D)$$
$$= B:(A+B).$$

命题 2

    如果把一个其轴不大于 $\dfrac{3}{4}p$（这里 p 是生成抛物线的主参数）、比重小于流体的旋转抛物体的适当部分放入流体中，让其轴与铅垂方向倾斜任一角度，并使回转抛物面的底不接触流体表面，则旋转抛物体将不会停留在那一位置而要返回到其轴铅垂的位置.

    设抛物体一段的轴为 AN，通过 AN 作一平面垂直于流体表面. 设所作平面与抛物体交于抛物线 BAB'，与抛物体一段的底交于 BB'，与流体表面交于抛物线的弦 QQ'.

    那么，由于轴 AN 与 QQ' 不垂直，则 BB' 与 QQ' 不平行.

作抛物线的切线 PT 与 QQ' 平行，P 为切点[1].

［由 P 作 PV 平行于 AN，与 QQ' 相交于 V，那么 PV 是抛物线的一个直径，并且是抛物面沉入流体部分的轴．］

设 C 为抛物体 BAB' 的重心，F 为沉入流体部分的重心．连接 FC 并延长至 H，使 H 为抛物体在流体外部剩余部分的重心．

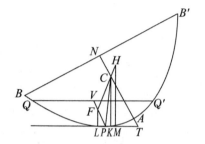

那么，由于
$$AN = \frac{3}{2}AC^{[2]},$$

以及
$$AN \ngtr \frac{3}{4}p,$$

能够推出
$$AC \ngtr \frac{p}{2}.$$

因此，如果连接 CP，则角 CPT 为锐角[3]，因而，如果作 CK 与 PT 垂直，K 将在 P 与 T 之间．如果作 FL，HM 与 CK 平行并与 PT 相交，它们将各自与流体表面垂直．

作用于抛物体沉入流体部分的力将沿着 LF 向上，而流体之外部分的重量将沿着 HM 向下．

因此将不会是平衡的，抛物体将移动，使 B 上升，B' 下降，直到 AN 处于铅垂位置．

［为了比较的目的，与此及其他命题等价的三角学将附加上．

如图所示，假设角 NTP 是轴 AN 与流体表面的倾角，用 θ 表示．

那么，把 AN 和在 A 点的切线称作轴时 P 点的坐标是

$$\frac{p}{4}\cot^2\theta, \ \frac{p}{2}\cot\theta,$$

这里 p 是主参数．

假设
$$AN = h, \ PV = k.$$

如果用 x' 表示 F 在 TP 上正射影与 T 的距离，x 表示 C 在 TP 上正射影与 T 的距离，我们有

$$x' = \frac{p}{2}\cot^2\theta \cdot \cos\theta + \frac{p}{2}\cot\theta \cdot \sin\theta + \frac{2}{3}k\cos\theta,$$

$$x = \frac{p}{4}\cot^2\theta \cdot \cos\theta + \frac{2}{3}h\cos\theta,$$

因此 $\quad x' - x = \cos\theta\left\{\frac{p}{4}(\cot^2\theta + 2) - \frac{2}{3}(h-k)\right\}.$

---

[1] 这一证明的其余部分在塔尔塔利亚的版本中是空缺的，但在由康曼弟努斯所补充的注中给出．

[2] 由于这里假设的一个抛物体某一部分重心的确定没有出现在现存的阿基米德的著作中，也没有出现在任何其他希腊数学家的著作中，看起来似乎是由阿基米德本人在现已遗失的专论中研究过．

[3] 这一陈述的真实性很容易从次法线的性质得到证明．因为如果过 P 的法线与轴交于 G，AG 将大于 $\frac{p}{2}$，除非法线是在过顶点 A 处的法线这种情况．而后一种情况被排除了，因为由假设，AN 不是垂直位置．因此，P 是不同于 A 的一点，AG 总是大于 AC；并且由于 TPG 是直角，则角 TPC 必须是锐角．

为了使抛物体向增加角 *PTN* 的方向移动，*x'* 必须大于 *x*，或者说表达式必须是正值．

这将总是对的，无论角 θ 的值是多少，只要 $\frac{p}{2} \not< \frac{2h}{3}$ 或 $h \not> \frac{3}{4}p$ 成立的话．]

命题 3

如果把一个其轴不大于 $\frac{3}{4}p$（这里 p 是主参数），比重小于流体的旋转抛物体的直截段放入流体中，使其轴与铅垂方向倾斜一任意角，并使其底完全沉入流体中，那么固体将不会停留在那个位置的要返回到其轴是铅垂的位置．

设抛物体的轴为 *AN*，通过 *AN* 作一平面垂直于流体表面并截抛物面于抛物线 *BAB'*，截抛物面底于 *BNB'*，并截流体表面于抛物线的弦 *QQ'*．

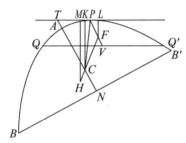

那么，由于 *AN* 与流体表面不垂直，则 *QQ'* 与 *BB'* 不平行．

作 *PT* 平行于 *QQ'* 并与抛物线切于 *P*．设 *PT* 交 *NA* 于 *T*，作直径 *PV* 平分 *QQ'* 于 *V*，那么 *PV* 就是抛物体位于流体外部部分的轴．

设 *C* 是整个抛物面的重心，*F* 是抛物体在流体外部部分的重心．

那么，由于 $AC \not> \frac{p}{2}$，角 *CPT* 是锐角，就像上一个命题一样．

因此，如果作 *CK* 垂直于 *PT*，*K* 将位于 *P* 和 *T* 之间．而且，如果作 *HM*，*FL* 平行于 *CK*，它们将垂直于流体表面．

这样作用于沉入部分的力将沿着 *HM* 向上，同时其余部分的重量将沿着 *LF* 延长线方向向下．

因此抛物体将移动直到 *AN* 取垂直位置为止．

命题 4

给定一个旋转抛物体的直截段，其轴 *AN* 大于 $\frac{3}{4}p$［这里 p 是主参数］，其比重比流体要小，但两者的比率不小于 $(AN - \frac{3}{4}p)^2 : AN^2$，如果抛物体被放入流体，其轴与铅垂方面有任一倾角，其底不与流体表面接触，抛物面将不停留在那一位置而要移动至其轴铅垂的位置．

设抛物体的轴 *AN*，设通过 *AN* 且与流体表面垂直的平面与抛物体相交于抛物线 *BAB'*，与抛物面底相交于 *BB'*，分流体表面相交于抛物线的弦 *QQ'*．

那么，如所设，AN 将不与 QQ' 垂直.

作 PT 平行于 QQ' 并与抛物线相切于 P. 作直径 PV 平分 QQ' 于 V. 那么 PV 是固体沉入流体部分的轴.

设 C 是整个固体的重心，F 是固体沉入流体部分的重心. 连接 FC 并延长至 H，使 H 为固体剩余部分的重心.

由于
$$AN = \frac{3}{2}AC,$$

及
$$AN > \frac{3}{4}p,$$

可以推出
$$AC > \frac{p}{2},$$

在 CA 上取 CO 等于 $\frac{p}{2}$，在 OC 上取 OR 等于 $\frac{1}{2}AO$.

那么，由于
$$AN = \frac{3}{2}AC,$$

及
$$AR = \frac{3}{2}AO,$$

用减法，我们有
$$NR = \frac{3}{2}OC,$$

即
$$AN - AR = \frac{3}{2}OC$$
$$= \frac{3}{4}p,$$

或
$$AR = \left(AN - \frac{3}{4}p\right).$$

因此
$$(AN - \frac{3}{4}p)^2 : AN^2 = AR^2 : AN^2.$$

因而固体与流体的比重之比不小于比率 $AR^2 : AN^2$.

但是，由命题 1，前者的比等于沉入部分与整个固体的比，也就是，等于 $PV^2 : AN^2$ [论劈锥曲面体与旋转椭圆体，命题 24].

因此
$$PV^2 : AN^2 \nless AR^2 : AN^2,$$

或
$$PV \nless AR,$$

得

$$PF \left(= \frac{2}{3}PV\right) \nless \frac{2}{3}AR$$
$$\nless AO.$$

因此，如果从 O 作 OK 垂直于 OA，它将与 PF 相交于 P 与 F 之间.

而且，如果连接 CK，三角形 KCO 与由 P 点的法线、次法线和纵标构成的三角形相等且相似（由于 $CO = \dfrac{1}{2}p$ 或次法线，KO 等于垂线长）.

因而 CK 与过 P 的法线平行，因此垂直于过 P 的切线和流体表面.

因此，如果通过 F、H 作平行于 CK 的直线，它们将垂直于流体表面，作用于固体沉入部分的力将沿前者向上，同时其他部分的重量将沿着后者向下.

因而固体将不会停留在它原来的位置而是要移动至 AN 取垂直位置为止.

［运用与前面同样的记法（命题 2 后的注），我们有

$$x' - x = \cos\theta\left\{\frac{p}{4}\left(\cot^2\theta + 2\right) - \frac{2}{3}(h - k)\right\},$$

在括号内表达式的最小值，对于不同的 θ 值来说，是

$$\frac{p}{2} - \frac{2}{3}(h - k),$$

对应于 AN 垂直时的位置，或 $\theta = \dfrac{\pi}{2}$. 因此只有在这一位置时是平衡稳定的，假设

$$k \not< \left(h - \frac{3}{4}p\right)$$

或如果 S 表示固体与流体比重的比$\left(\text{在这种情况下} = \dfrac{k^2}{h^2}\right)$，

$$S \not< \left(h - \frac{3}{4}p\right)^2 \Big/ h^2. \; ］$$

命题 5

给定一个旋转抛物体的直截段，其轴 AN 大于 $\dfrac{3}{4}p$［这里 p 是主参数］，其比重比流体要小，但两者比率不大于 $\left\{AN^2 - \left(AN - \dfrac{3}{4}p\right)^2\right\} : AN^2$，如果把抛物体放在流体中，使其轴与铅垂方向倾斜任意角，并使其底完全沉入流体中，则抛物面不会停留在那一位置而要移动至 AN 铅垂的位置.

设通过 AN 垂直于流体表面的平面与抛物体截于抛物线 BAB'，截抛物面的底于 BB'，截流体表面于抛物线的弦 QQ'.

作切线 PT 平行于 QQ'，作直径 PV 平分 QQ'，则 PV 为抛物体在流体外面部分的轴.

设 F 为抛物体在流体表面外部部分的重心，C 是整个抛物体的重心，延长 FC 至 H，使 H 为沉入流体部分的重心.

如上一命题，$AC > \dfrac{p}{2}$，我们沿着 CA 取 CO 等于 $\dfrac{p}{2}$，沿着 OC 取 OR 等于 $\dfrac{1}{2}AO$.

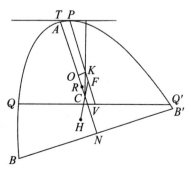

那么 $\qquad AN = \dfrac{3}{2}AC$,

及 $\qquad AR = \dfrac{3}{2}AO$;

像前面一样, 我们得到

$$AR = (AN - \dfrac{3}{4}p).$$

由假设

$$\text{固体的比重：流体的比重} \not> \left\{ AN^2 - (AN - \dfrac{3}{4}p)^2 \right\} : AN^2$$

$$\not> (AN^2 - AR^2) = AN^2.$$

因而

$$\text{沉入部分：整个固体} \not> AN^2 - AR^2 : AN^2,$$

及 $\qquad$ 整个固体：超出流体表面部分 $\not> AN^2 : AR^2.$

这样, $\qquad AN^2 : PV^2 \not> AN^2 : AR^2,$

由此 $PV \not< AR$, 及

$$PF \not< \dfrac{2}{3}AR,$$

$$\not< AO.$$

所以, 如果由 O 作 AC 的垂线, 则将与 PF 交于 P 与 F 之间的某点 K.

而且, 由于 $CO = \dfrac{1}{2}p$, CK 将与 PT 垂直, 就像上一命题一样.

作用于固体沉入部分的力将通过 H 向上, 而其他部分的重量将通过 F 向下, 在这两种情况下方向都与 CK 平行, 由此得到命题.

命题6

如果比流体轻的旋转抛物体的直截段, 其轴

$$AM \text{ 大于 } \dfrac{3}{4}p, \text{ 但 } AM : \dfrac{1}{2}p < 15 : 4,$$

若将此抛物体放入流体使其轴与铅垂方向倾斜至其底接触到流体, 则抛物面绝不会停留在其底与流体表面仅在一点接触这一位置.

假设抛物体被置于所述位置, 设通过轴 AM 垂直于流体表面的平面截抛物面于抛物线 BAB', 截流体表面于 BQ.

在 AM 上取 C 使 $AC = 2CM$ (或 C 是抛物面的重心), 沿着 CA 取 CK, 使

$$AM : CK = 15 : 4.$$

因此 $\qquad AM : CK > AM : \dfrac{1}{2}p$, 由假设,

因而 $CK < \dfrac{1}{2}p.$

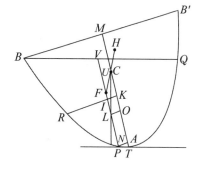

沿着 CA 取 CO 等于 $\dfrac{1}{2}p$，作 KR 垂直于 AC 与抛物线交于 R.

作平行于 BQ 的切线 PT，通过 P 作直径 PV 平分 BQ 于 V 并与 KR 交于 I.

那么　$PV : PI =$ 或 $> KM : AK,$

"这已被证明"[1]

及
$$CK = \dfrac{4}{15}AM = \dfrac{2}{5}AC,$$

由此
$$AK = AC - CK = \dfrac{3}{5}AC = \dfrac{2}{5}AM,$$

因而
$$KM = \dfrac{3}{5}AM,$$

所以
$$KM = \dfrac{3}{2}AK,$$

由此得

$$PV = \dfrac{3}{2} \ \text{或} \ PV > PI,$$

因而
$$PI = \ \text{或} \ < 2IV.$$

设 F 是抛物体沉入流体部分的重心，因此 $PF = 2FV.$ 延长 FC 至 H，使 H 为抛物体位于流体外部的重心.

---

[1] 我们没有得到包含这一命题的证明在内的著作的暗示，下面是比罗伯特森（Robvertson）的证明要短的一个证明（见陶瑞利版的附录）.

设 BQ 与 AM 交于 U，设 PN 是从 P 到 AM 的纵标.

我们必须证明 $PV \cdot AK \geqslant PI \cdot KM$，或换句话说，$(PV \cdot AK - PI \cdot KM)$ 为正数或零.
$$PV \cdot AK - PI \cdot KM = AK \cdot PV - (AK - AN)(AM - AK)$$
$$= AK^2 - AK(AM + AN - PV) + AM \cdot AN$$
$$= AK^2 - AK \cdot UM + AM \cdot AN$$

（由于 $AN = AT$）.

现在　　　　　　　　　　$UM : BM = NT : PN,$

因而　　　　　　　　$UM^2 : P \cdot AM = 4AN^2 : P \cdot AN,$

由此　　　　　　　　　　$UM^2 = 4AM \cdot AN,$

或　$AM \cdot AN = \dfrac{UM^2}{4}$

所以　　　　　$PV \cdot AK - PI \cdot KM = AK^2 - AK \cdot UM + \dfrac{UM^2}{4}$

$$= \left(AK - \dfrac{UM}{2}\right)^2,$$

因此 $(PV \cdot AK - PI \cdot KM)$ 不能为负.

作 OL 垂直于 PV.

那么，由于 $CO = \dfrac{1}{2}p$，CL 必须与 PT 垂直，因而与流体表面垂直.

作用于抛物体沉入流体部分和抛物体在流体外部分的力各自沿着通过 F 和 H 且平行于 CL 的直线向上和向下.

因此抛物体将不会停留在 B 刚好接触流体表面的位置，而必须向增加角 PTM 的方向移动.

当点 I 不在 VP 上而在 VP 延长线上时，证明是相同的，如第二个图所示[1].

[用在 288 页上使用的记法，如果底 BB' 与流体表面在 B 点接触，我们有

$$BM = BV\sin\theta + PN,$$

由抛物线性质，

$$BV^2 = (p + 4AN)PV$$
$$= pk(1 + \cot^2\theta),$$

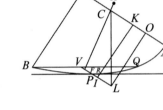

因而

$$\sqrt{ph} = \sqrt{pk} + \frac{p}{2}\cot\theta.$$

为了得到命题的结果，我们必须在这一方程和下述方程中消去 k.

$$x' - x = \cos\theta \cdot \left\{ \frac{p}{4}(\cot^2\theta + 2) - \frac{2}{3}(h - k) \right\}.$$

由第一个方程，我们有

$$k = h - \sqrt{ph}\cot\theta + \frac{p}{4}\cot^2\theta,$$

或

$$h - k = \sqrt{ph}\cot\theta - \frac{p}{4}\cot^2\theta.$$

因而

$$x' - x = \cos\theta\left\{ \frac{p}{4}(\cot^2\theta + 2) - \frac{2}{3}\left(\sqrt{ph}\cot\theta - \frac{p}{4}\cot^2\theta \right) \right\}$$

$$= \cos\theta\left\{ \frac{p}{4}\left(\frac{5}{3}\cot^2\theta + 2 \right) - \frac{2}{3}\sqrt{ph}\cot\theta \right\}.$$

所以固体绝不会静止在所述位置，而必须向增加角 PTM 的方向移动，无论 θ 的值如何，在括号内表达式的值总是正值.

因而

$$\left(\frac{2}{3} \right)^2 ph < \frac{5}{6}p^2,$$

或

$$h < \frac{15}{8}p. \,]$$

---

[1] 令人好奇的是，由陶瑞利（Torelli）、尼格（Nigge）和海伯格（Heiberg）给出的图形都是不正确的，因为他们都把我称之为 I 的点放在 BQ 上而不是 VP 延长线上.

命题 7

给定旋转抛物体的直截段，它比流体轻，其轴

$$AM \text{ 大于 } \frac{3}{4}p, \text{ 但 } AM：\frac{1}{2}p < 15：4,$$

如果把抛物体放入流体，使得它的底完全沉入流体，则抛物体将绝不会静止在其底与流体表面仅在一点接触这一位置.

假设固体被置于其底仅有一点（B）与流体表面接触这一位置. 设通过 B 与轴 AM 的平面截固体于抛物线 BAB'，截流体表面于抛物线的弦 BQ.

设 C 是抛物体的重心，因此 $AC = 2CM$；沿 CA 取 CK，使得

$$AM：CK = 15：4.$$

可以得到　$CK < \frac{1}{2}p.$

沿着 CA 取 CO 等于 $\frac{1}{2}p$，作 KR 垂直于 AM 与抛物线交于 R.

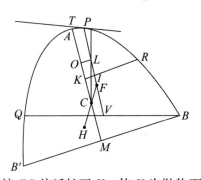

设 PT 为抛物线的切线，切点为 P，且与 BQ 平行，PV 为平分 BQ 的直径，即抛物面位于流体表面外部部分的轴.

那么，如上一命题，我们证明了

$$PV \geqslant \frac{3}{2}PI$$

及 $PI \geqslant 2IV$.

设 F 是固体位于流体表面以外部分的重心；连接 FC 并延长至 H，使 H 为抛物面沉入流体部分的重心.

作 OL 垂直于 PV；像前面一样，由于 $CO = \frac{1}{2}p$，CL 与切线 PT 垂直，通过 H，F 且与 CL 平行的直线都与流体表面垂直；因此命题像前面一样得到确立.

当点 I 不在 VP 上而在 VP 延长线上时，证明是相同的.

命题 8

设一固体的形状为旋转抛物体的直截段，其轴

$$AM \text{ 大于 } \frac{3}{4}p, \text{ 但 } AM：\frac{1}{2}p < 15：4,$$

其比重与流体比重的比率小于 $\left(AM - \frac{3}{4}p\right)^2：AM^2$，那么，如果把固体置于流体中，使其底不与流体接触，并使其轴与铅垂方向倾斜任一角度，则固

体将不会返回到其轴铅垂的位置，也不会停留在除了其轴与流体表面有所述的一定角度以外的任何位置.

取 am 等于轴 AM，设 C 是 am 上一点使得 $ac = 2cm$. 沿 ca 取 co 等于 $\frac{1}{2}p$，沿 oc 取 or 等于 $\frac{1}{2}ao$.

设 $X + Y$ 是一直线使得

$$\text{固体的比重：流体的比重} = (X + Y)^2 : am^2. \qquad (\alpha)$$

并假设 $X = 2Y$.

有　$ar = \dfrac{3}{2}ao = \dfrac{3}{2}\left(\dfrac{2}{3}am - \dfrac{1}{2}p\right)$

$$= am - \dfrac{3}{4}p$$

$$= AM - \dfrac{3}{4}p.$$

因而，由假设，

$$(X + Y)^2 : am^2 < ar^2 : am^2,$$

由此得 $(X + Y) < ar$，因而 $X < ao$.

沿 oa 取 ob 等于 X，作 bd 垂直于 ab，并使 bd 具有满足下式的长度

$$bd^2 = \dfrac{1}{2}co \cdot ab. \qquad (\beta)$$

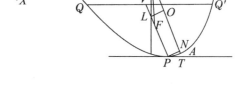

连接 ad.

设固体被放入流体，其轴 AM 与铅垂方向倾斜一角度. 通过 AM 作一垂直于流体表面的平面，设这一平面截抛物体于抛物线 BAB'，截流体表面于抛物线的弦 QQ'.

作切线 PT 平行于 QQ'，切点为 P，设 PV 为平分 QQ' 于 V 的直径（或固体沉入流体部分的直径），PN 为 P 到 AM 的垂线长.

沿 AM 取 AO 等于 ao，沿 OM 取 OC 等于 oc，作 OL 垂直于 PV.

Ⅰ. 假设角 OTP 大于角 dab. 因此

$$PN^2 : NT^2 > db^2 : ba^2$$

但
$$PN^2 : NT^2 = P : 4AN$$

$$= co : NT,$$

及
$$db^2 : ba^2 = \dfrac{1}{2}co : ab, \text{由}(\beta)$$

因而
$$NT < 2ab,$$

或
$$AN < ab,$$

由此得
$$NO < bo(\text{由 } ao = AO)$$

$$> X$$

由
$$(X + Y)^2 : am^2 = 固体比重 : 流体比重$$
$$= 固体沉入部分 : 固体其余部分$$
$$= PV^2 : AM^2 ,$$

所以 $X + Y = PV.$

但
$$PL(= NO) > X$$
$$> \frac{2}{3}(X + Y), 由于 X = 2Y,$$
$$> \frac{2}{3} PV,$$

或
$$PV < \frac{3}{2} PL,$$

因而
$$PL > 2LV.$$

在 PV 上取一点 F 使得 $PF = 2FV$, 也就是使得 F 是固体沉入流体部分的重心.

再由 $AC = ac = \frac{2}{3} am = \frac{2}{3} AM$, 因而 M 是整个固体的重心.

连接 FC 并延长至 H, 使 H 为固体位于流体外部的重心.

由于 $CO = \frac{1}{2} p$, CL 垂直于流体表面; 因而通过 F 和 H 且与 CL 平行的直线也垂直于流体表面. 但作用于固体沉入部分的力将通过 F 向上, 作用于其余部分的力将通过 H 向下.

因而固体将不会静止而要向减少角 MTP 的方向移动.

II. 假设角 OTP 小于角 dab, 在这种情况下, 我们将有下列结果:
$$AN > ab,$$
$$NO < X,$$

且
$$PV > \frac{3}{2} PL,$$

因而
$$PL < 2LV.$$

作 PF 等于 $2FV$, 使得 F 是固体沉入部分的重心.

像前面过程一样, 我们证明在这种情况下, 固体将沿着增加角 MTP 的方向移动.

III. 当角 MTP 等于角 dab 时, 在得到的结果中相等代替了不相等, L 自身就是固体沉入部分的重心, 因此所有的力都沿一条垂直于 CL 的直线起作用; 因而达到平衡, 固体将静止在所述位置.

[用以前使用过的记法

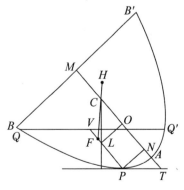

$$x' - x = \cos\theta \left\{ \frac{p}{4} (\cot^2\theta + 2) - \frac{2}{3}(h - k) \right\},$$

让括号内的表达式等于零就得了平衡位置. 那么我们有

$$\frac{p}{4}\cot^2\theta = \frac{2}{3}(h-k) - \frac{p}{2}.$$

容易验明满足这一方程的角 θ 就是由阿基米德所断言的相等的角. 因为在上述命题中,

$$\frac{3X}{2} = PV = k,$$

由此得

$$ab = \frac{2}{3}h - \frac{p}{2} - \frac{2}{3}k = \frac{2}{3}(h-k) - \frac{p}{2}.$$

$$bd^2 = \frac{p}{4} \cdot ab.$$

得

$$\cot^2 dab = ab^2/bd^2 = \frac{4}{p}\left\{\frac{2}{3}(h-k) - \frac{p}{2}\right\}. \ ]$$

命题 9

设一固体的形状为旋转抛物体的直截段，其轴

$$AM \text{ 大于 } \frac{3}{4}p, \text{ 但 } AM : \frac{1}{2}p < 15 : 4,$$

其比重与流体比重的比率大于

$$\left\{AM^2 - \left(AM - \frac{3}{4}p\right)^2\right\} : AM^2,$$

那么，如果固体放入流体中，使其轴与垂直倾斜一角度，并使其底完全沉入流体中，则固体将不会返回到其轴铅垂的位置，也不会停留在除了其轴与流体表面形成与前一命题所述的角相等的角以外的任何位置.

取 am 等于 AM，在 am 上取 c 使 $ac = 2cm$.

沿 ca 取 co 等于 $\frac{1}{2}p$，沿着 ac 取 ar 使 $ar = \frac{3}{2}ao$.

设 $X + Y$ 是满足下式的直线段：
固体比重：流体比重 $= \{am^2 - (X + Y)^2\} : am^2$,
并假设 $X = 2Y$.

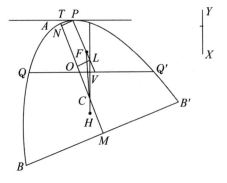

由于

$$ar = \frac{3}{2}ao$$

$$= \frac{3}{2}\left(\frac{2}{3}am - \frac{1}{2}p\right)$$

$$= AM - \frac{3}{4}p.$$

因而，由假设，

$$am^2 - ar^2 : am^2 < \{ am^2 - (X + Y)^2 \} : am^2,$$

由此得 $\qquad X + Y < ar,$

因而 $\qquad X < ao.$

取 ob（沿着 oa）等于 X，作 bd 垂直于 ba 并使其具有满足下式的长度：

$$bd^2 = \frac{1}{2} co \cdot ab,$$

连接 $ad.$

假设固体被置于如图所示的位置，其轴 AM 与垂直倾斜，设通过 AM 垂直于流体表面的平面截固体于抛物线 BAB'，截流体表面于 QQ'.

设 PT 是平行于 QQ' 的切线，PV 是平分 QQ' 的直径（或抛物面位于流体表面以上部分的轴），PN 是 P 到 AM 的垂线长.

Ⅰ．假设角 MTP 大于角 dab，设 AM 如前一样被截于 C 和 O 使得 $AC = 2CM$，$OC = \frac{1}{2}p$，相应于 AM，am 也被相等地划分，作 OL 垂直于 $PV.$

那么，如上一命题一样，我们有

$$PN^2 : NT^2 > db^2 : ba^2,$$

由此得 $\qquad co : NT > \frac{1}{2} co : ab$

因而 $\qquad AN < ab.$

得 $\qquad NO > bo$

$$> X$$

而且，由于固体比重与流体比重之比等于固体沉入部分与整个固体之比，

$$AM^2 - (X + Y)^2 : AM^2 = AM^2 - PV^2 : AM^2,$$

或 $\qquad (X + Y)^2 : AM^2 = PV^2 : AM^2.$

也就是 $\qquad X + Y = PV.$

且 $\qquad PL(\text{或} NO) > X$

$$> \frac{2}{3} PV,$$

所以 $\qquad PL > 2LV.$

在 PV 上取 F 使得 $PF = 2FV$，那么 F 是固体位于流体表面以上部分的重心.

C 是整个固体的重心，连接 FC 并延长至 H，使 H 为固体沉入流体部分的重心.

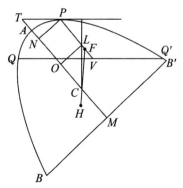

那么，由于 $CO = \frac{1}{2}p$，CL 垂直于 PT 和流体表面；作用于固体沉入部分的力沿着通过 H 平行于 CL 的直线向上，同时固体其余重量将沿着通过 F 平行于 CL 的直线向下.

因此固体将不会静止而是要向减少角 MTP 的方向移动.

Ⅱ. 与上一命题完全一样，我们可以证明，如果角 MTP 小于角 dab，则固体将不会停留在原位置而要向增加角 MTP 的方向移动.

Ⅲ. 如果角 MTP 等于角 dab，那么固体将静止在那一位置，因为 L 和 F 将重合，所有的力将沿着一条直线 CL 起作用.

命题 10

设一固体其形状为旋转抛物体的直截段，其轴 AM 的长度满足

$$AM : \frac{1}{2}p > 15 : 4,$$

假设固体被放入具有较大比重的流体中并使其底完全位于流体表面以上，来研究固体的静止位置.

（初步的讨论）

假设抛物体被通过其轴 AM 的平面截于抛物线 BAB_1，截其底于 BB_1.

在 AM 上取 C 使 $AC = 2CM$，沿 CA 取 CK 使得

$$AM : CK = 15 : 4 \qquad (\alpha)$$

于是，由假设，$CK > \frac{1}{2}p$.

假设沿 CA 取 CO 等于 $\frac{1}{2}p$，在 AM 上取点 R 使得

$$MR = \frac{3}{2}CO,$$

因此，

$$AR = AM - MR$$
$$= \frac{3}{2}(AC - CO)$$
$$= \frac{3}{2}AO.$$

连接 BA，作 KA_2 垂直于 AM 交 BA 于 A_2，平分 BA 于 A_3，作 A_2M_2，A_3M_3 平行于 AM 分别交 BM 于 M_2，M_3.

分别以 A_2M_2、A_3M_3 为轴作相似于抛物线 BAB_1 的抛物线.（由相似三角形，可以得到 BM 是以 A_3M_3 为轴的抛物线的底，BB_2 是轴为 A_2M_2 的抛物线的底，这里 $BB_2 = 2BM_2$）

那么抛物线 BA_2B_2 将通过 C 点.

[因为　$BM_2 : M_2M = BM_2 : A_2K$

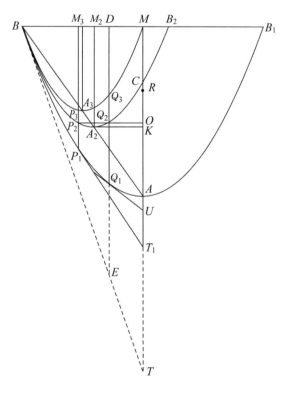

$$= KM : AK$$

$$= (CM + CK) : (AC - CK)$$

$$= (\frac{1}{3} + \frac{4}{15})AM : (\frac{2}{3} - \frac{4}{15})AM$$

$$= 9 : 6 \qquad\qquad (\beta)$$

$$= MA : AC.$$

因此由抛物线的面积命题 4 的逆，C 在抛物线 BA_2B_2 上.]

而且，如果从 O 作垂直于 AM 的直线，则直线将交抛物线 BA_2B_2 于两点，Q_2，P_2，设 $Q_1Q_2Q_3D$ 是通过 Q_2 平行于 AM 的直线，分别交抛物线 BAB_1，BA_3M 于 Q_1，Q_3，交 BM 于 D；设 $P_1P_2P_3$ 为通过 P_2 平行于 AM 的直线. 设过 P_1，Q_1 的抛物线的切线分别交 MA 延长线于 T_1，U.

那么，由于三条抛物线是相似的而且处于相似的位置，它们的底处于相同的直线上，且具有一个共同的端点，还由于 $Q_1Q_2Q_3D$ 是三条抛物线共同的直径，可以得到

$$Q_1Q_2 : Q_2Q_3 = (B_2B_1 : B_1B) \cdot (BM : MB_2) \qquad [1]$$

得 $\qquad B_2B_1 : B_1B = MM_2 : BM(用 2 除)$

$$= 2 : 5, 用上面 (\beta) 的方法$$

并且 $\qquad BM : MB_2 = BM : (2BM_2 - BM)$

$$= 5 : (6 - 5), 由 (\beta) 的方法$$

$$= 5 : 1$$

可以得

---

[1] 这一结果是假定的而没有证明，无疑很容易从《求抛物线弓形的面积》中的命题 5 推论出来，它可以证明如下：

首先，由于 AA_2A_3B 是一条直线，且用通常的记法 $AN = AT$（这里 PT 是 P 点的切线，PN 是纵标），由相似三角形，可以得到过 B 点外抛物线的切线也是其余两条抛物线的切于 B 点的切线.

由所引用的命题，如 $DQ_3Q_2Q_1$ 延长交切线 BT 于 E，

$$EQ_3 : Q_3D = BD : DM,$$

由此得 $\qquad EQ_3 : ED = BD : BM.$

类似地 $\qquad EQ_2 : ED = BD : BB_2$

及 $\qquad EQ_1 : ED = BD : BB_1$

前两个命题等价于

$$EQ_3 : ED = BD \cdot BB_2 : BM \cdot BB_2,$$

且 $\qquad EQ_2 : ED = BD \cdot BM : BM \cdot BB_2,$

相减，

$$Q_2Q_3 : ED = BD \cdot MB_2 : BM \cdot BB_2.$$

类似地 $\qquad Q_1Q_2 : ED = BD \cdot B_2B_1 : BB_2 \cdot BB_1.$

得 $\qquad Q_1Q_2 : Q_2Q_3 = (B_2B_1 : B_1B) \cdot (BM : MB_2).$

$$Q_1Q_2 : Q_2Q_3 = 2 : 1,$$

或

$$\left.\begin{array}{l} Q_1Q_2 = 2Q_2Q_3 \\ P_1P_2 = 2P_2P_3 \end{array}\right\},$$

而且,由于

$$MR = \frac{3}{2}CO = \frac{3}{4}p,$$

$$AR = AM - MR$$

$$= AM - \frac{3}{4}p.$$

（确切地表明）

如果抛物体部分被放入流体,其底完全在流体表面之上,那么

（Ⅰ）如果

$$\text{固体的比重:流体的比重} \not< AR^2 : AM^2$$

$$\left[\not< \left(AM - \frac{3}{4}p\right)^2 : AM^2\right],$$

则固体将静止在其轴 AM 铅垂的位置;

（Ⅱ）如果

$$\text{固体的比重:流体的比重} < AR^2 : AM^2$$

$$\text{但} > Q_1Q_3^2 : AM^2,$$

则固体将不会在其底与流体表面仅在一点接触这一位置静止,而是要在其底不与流体表面在任何点接触且其轴与流体表面成大于 U 的角时静止;

（Ⅲ.a）如果

$$\text{固体的比重:流体的比重} = Q_1Q_3^2 : AM^2,$$

则固体将静止并停留在其底与流体表面仅在一点处接触且其轴与流体表面成等于 U 的角这一位置;

（Ⅲ.b）如果

$$\text{固体的比重:流体的比重} = P_1P_3^2 : AM^2,$$

则固体将静止在其底与流体表面仅在一点处接触且其轴与流体表面倾斜一等于 T_1 的角这一位置;

（Ⅳ）如果

$$\text{固体的比重:流体的比重} > P_1P_3^2 : AM^2,$$

$$\text{但} < Q_1Q_3^2 : AM^2,$$

则固体将静止并停留在其底更多地沉入流体的位置;

（Ⅴ）如果

固体的比重:流体的比重 $< P_1P_3^2 : AM^2$,则固体将静止在其轴与流体表面倾斜一小于 T_1 的角且其底不与流体表面在一点接触这一位置.

〔证明〕

（Ⅰ） 由于 $AM > \dfrac{3}{4}p$，且

$$固体的比重：流体的比重 \not< \left(AM - \dfrac{3}{4}p\right)^2 : AM^2,$$

由命题4，可得固体将处于其轴铅垂的稳定平衡状态.

（Ⅱ） 在这种情况下

固体的比重：流体的比重 $< AR^2 : AM^2$

$$但 > Q_1Q_3^2 : AM^2.$$

假设两者的比率等于

$$l^2 : AM^2,$$

则 $l < AR$ 但 $> Q_1Q_3$.

在两条抛物线 BAB_1，BP_3Q_3M 之间
作 $P'V'$ 等于 l 且平行于 AM；设 $P'V'$ 交[1]
中间那条抛物线于 F'.

那么，用如前相同的证明，我们得到

$$P'F' = 2F'V'.$$

设 $P'T'$ 为切于 P' 的外抛物线的切线，
交 MA 于 T'，设 $P'N'$ 为 P' 的纵标.

连接 BV' 并延长使其交外抛物线于 Q'，设 OQ_2P_2 交 $P'V'$ 于 I.

由于两条相似且处于相似位置的抛物线的底 BM，BB_1 在同一直线上，BV'，BQ' 是
由与底有相同的角作出的，

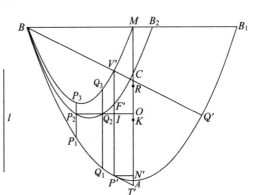

---

[1] 阿基米德没有给出这一问题的解释，但可补充如下.

设 BR_1Q_1，BRQ_2 是两条相似且处于相似位置的其底位于同一直线上的抛物线，设 BE 是切于 B
点的两条抛物线的共同切线.

假设问题已解决，设 ERR_1O 平行于轴，交抛物线于 R，R_1，交 BQ_2 于 O，作截距 RR_1 等于 l.

那么，如通常那样，我们有，

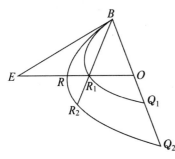

$$ER_1 : EO = BO : BQ_1$$
$$= BO \cdot BQ_2 : BQ_1 \cdot BQ_2,$$
$$ER : EO = BO : BQ_2$$
$$= BO \cdot BQ_1 : BQ_1 \cdot BQ_2.$$

相减，

$$RR_1 : EO = BO \cdot Q_1Q_2 : BQ_1 \cdot BQ_2,\ 或$$

$$BO \cdot OE = l \cdot \dfrac{BQ_1 \cdot BQ_2}{Q_1Q_2},\ 这是已知的. 且比率 BO : OE 是已知$$

的，因而 BO^2 或 OE^2 可以找到，因而 O 也可找到.

$$BV'BQ' = BM : BB_1 \,^{[1]}$$
$$= 1 : 2.$$

因此
$$BV' = V'Q'.$$

假设被放入流体的抛物体部分，其轴与铅垂方向倾斜一角度，其底与流体表面仅在一点 B 接触，设固体被通过其轴且垂直于流体表面的平面所截，设平面与固体相交于抛物线 BAB'，与流体表面相交于 BQ.

如前所述，在 AM 上取点 C，O. 作平行于 BQ 且与抛物线切于 P 的切线交 AM 于 T；设 PV 为平分 BQ 的直径（即固体沉入流体部分的轴）.

那么

$l^2 : AM^2$ = 固体比重：流体比重

= 固体沉入部分：整个固体

$= PV^2 : AM^2$，

由此得 $P'V' = l = PV$.

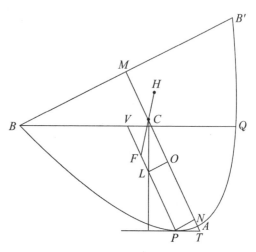

因此在两个图形中的部分，命名为 $BP'Q'$，BPQ，是相等且相似的.

因而 $\angle PTN = \angle P'T'N'$.

且 $AT = AT'$，$AN = AN'$，$PN = P'N'$.

在第一个图中， $P'I < 2IV'$.

因而，如果在第二个图中 OL 垂直于 PV，

$$PL < 2LV.$$

在 LV 上取 F 使 $PF = 2FV$，即使得 F 为固体沉入流体部分的重心，C 是整个固体的重心. 连接 FC 并延长至 H，使 H 为固体位于流体表面之外部分的重心.

由于 $CO = \dfrac{1}{2}p$，CL 与过 P 点的切线及流体表面垂直. 因此，如前，我们证明了固体将不会在 B 接触流体表面处静止，而要向增加角 PTN 的方向移动.

因此，在静止位置，轴 AM 与流体表面形成的角必须比过 Q_1 的切线与 AM 所形成的角要大.

---

[1] 为了证明这一点，如第 303 页下图所示，假设 BR_1 延长与外面的抛物线交于 R_2.

如前，我们有，

$$ER_1 : EO = BO : BQ_1,$$
$$ER : EO = BO : BQ_2,$$

由此得 $ER_1 : ER = BQ_2 : BQ_1.$

由于 R_1 是外面抛物线内一点，

用同样的方法 $ER : ER_1 = BR_1 : BR_2,$

因此 $BQ_1 : BQ_2 = BR_1 : BR_2.$

（Ⅲ. a）在这种情况下

固体的比重∶流体的比重 $= Q_1Q_3^2 : AM^2$.

设抛物体被放入流体中，其底不与流体表面接触，其轴与铅垂方向倾斜一角度.

设通过 AM 垂直于流体表面的平面截抛物体于抛物线 BAB'，截流体表面于 QQ'. 设 PT 为平行于 QQ' 的切线，PV 为平分 QQ' 的直径，PN 为 P 到 AM 的纵标.

如前用点 C，O 划分 AM.

在另一个图中，设 Q_1N' 是 Q_1 的纵标. 连接 BQ_3 并延长外抛物线于 q，那么 $BQ_3 = Q_3g$，且切线 Q_1U 与 Bq 平行.

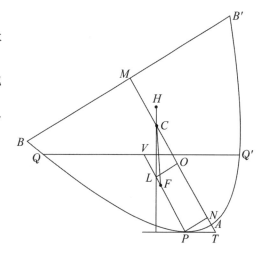

$$Q_1Q_3^2 : AM^2 = 固体比重∶流体比重$$
$$= 固体沉入部分∶整个固体$$
$$= PV^2 : AM^2.$$

因而 $Q_1Q_3 = PV$；且抛物体 QPQ'，BQ_1q 体积相等，其中一底通过 B，同时另一底通过 Q，Q 点距 A 比距 B 要近.

可得 QQ' 与 BB' 间的角小于角 B_1Bq.

因而　　　　　　　　　　　　$\angle U < \angle PTN$,

从而　　　　　　　　　　　　$AN' > AN$,

因而　　　　　　　　　$N'O$（或 Q_1Q_2）$< PL$,

这里 OL 垂直于 PV.

由于 $Q_1Q_2 = 2Q_2Q_3$，可以得到

$$PL > 2LV.$$

因而固体沉入部分的重心 F 位于 P 与 L 之间，同时如前，CL 是与流体表面垂直的.

延长 FC 至 H，使 H 为固体在流体外部部分的重心，我们知道固体必须沿着减少角 PTN 的方向移动，直到底上一点 B 刚好接触到流体表面为止.

这种情况下，我们将有 BPQ 部分相等且相似于 BQ_1q 部分，角 PTN 将等于角 U，AN 将与 AN' 相等.

因此在这种情况下，$PL = 2LV$，F，L 重合，因而 F，C，H 都在一铅垂直线上.

因此抛物面将停留在其底上一点 B 与流体表面接触的位置，且其轴与流体表面形成等于 U 的角.

（Ⅲ. b）在固体比重∶流体比重 =

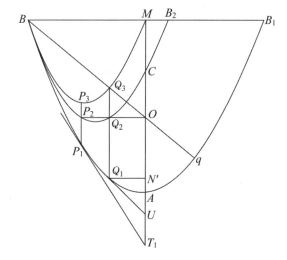

$P_1P_3^2 : AM^2$ 的情况下，我们可以用同样方法证明，如果固体被放入流体，使其轴与铅垂方向倾斜，其底不与流体表面接触，则固体将提升并静止在其底仅有一点与流体表面接触这一位置，且其轴与流体表面形成一等于 T_1 （见 300 页图）的角.

（Ⅳ） 在这种情况下

固体的比重：流体的比重 $> P_1P_3^2 : AM^2$

但 $< Q_1Q_3^2 : AM^2$.

假设比值等于 $l^2 : AM^2$，则 l 大于 P_1P_3 但小于 Q_1Q_3.

置 $P'V'$ 于抛物线 BP_1Q_1 与 BP_3Q_3 之间，使得 $P'V'$ 等于 l 并平行于 AM，设 $P'V'$ 交中间抛物线于 F'，交 OQ_2P_2 于 I.

连接 BV' 并延长使其与外抛物线交于 q.

那么，如前，$BV' = V'q$，相应地，过 P' 的切线 $P'T'$ 平行于 Bq，设 $P'N'$ 为 P' 点的纵标.

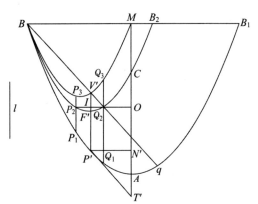

1. 首先设抛物体被放入流体中，其轴与垂直倾斜至其底不与流体表面接触的位置.

设通过 AM 垂直于流体表面的平面截抛物体于抛物线 BAB'，截流体表面于 QQ'. 设 PT 为平行于 QQ' 的切线，PV 为平分 QQ' 的直径. 如前在 AM 上取 C，O，作 OL 垂直于 PV.

那么，如前，我们有 $PV = l = P'V'$.

因此抛物体部分 $BP'q$ 与 QPQ' 有相等的体积；由此可以得到 QQ' 与 BB' 所成的角小于角 B_1Bq.

因而 $\angle P'T'N' < \angle PTN$,

因此 $AN' > AN$,

所以 $NO > N'O$,

即 $PL > P'I$

$> P'F'$,

因此 $PL > 2LV$，所以固体沉入部分的重心 F 位于 L 和 P 之间，同时 CL 垂直于流体表面.

那么如果我们延长 FC 至 H，使 H 为固体在流体表面以外部分的重心，我们证明了固体将不会静止而要向减少角 PTN 的方向移动.

2. 其次设抛物体被放入流体中，其底仅与流体表面在一点 B 处接触，设构造如前.

那么 $PV = P'V'$，且抛物体 BPQ 与 $BP'q$ 是相等且相似的，所以
$$\angle PTN = \angle P'T'N'$$
得到 $\qquad AN = AN'$，$NO = N'O$，

因而 $\qquad P'I = PL$，

得 $\qquad PL = 2LV$，

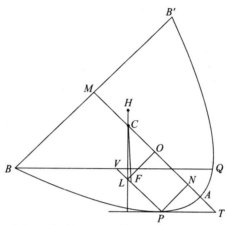

因此 F 又位于 P 和 L 之间，如前，抛物体将向减少角 PTN 的方向移动，即其底将更多地沉入流体中．

（Ⅴ）在这种情况下

固体的比重：流体的比重 $< P_1P_3^2 : AM^2$.

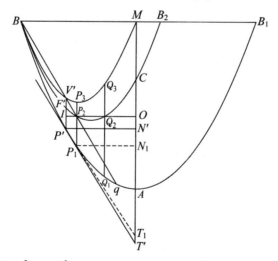

那么如果比值等于 $l^2 : AM^2$，$l < P_1P_3$，置 $P'V'$ 于抛物线 BP_1Q_1 与 BP_3Q_3 之间使其长度等于 l 且平行于 AM，设 $P'V'$ 交中间抛物线于 F'，交 OP_2 于 I.

连接 BV' 并延长使之交外抛物线于 q，那么，如前，$BV' = V'q$，切线 $P'T'$ 平行于 Bq.

1．将抛物体放入流体，使其底仅与流体表面在一点接触．

设通过 AM 垂直于流体表面的平面截抛物体于抛物线 BAB'，截流体表面于 BQ.

作通常的构造，我们发现

$$PV = l = P'V',$$

且 BPQ 部分与 BP_1q 部分是相等且相似的.

因而 $\angle PTN = \angle P'T'N'$,

及 $AN = AN'$, $N'O = NO$.

因而 $PL = P'I$,

由此可以得到 $PL < 2LV$.

因此固体沉入流体部分的重心 F 是在 L 和 V 之间，同时 CL 是垂直于流体表面的.

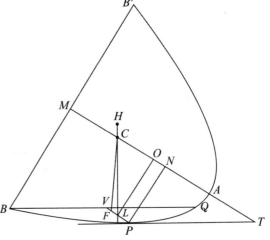

延长 FC 至 H，使 H 为固体位于流体表面之外部分的重心，如通常那样，我们可以证明固体将不会静止，而是要向增加角 PTN 的方向移动，所以其底不会与流体表面接触.

2. 无论如何，固体将静止在其轴与流体表面形成小于 T_1 的角的位置.

因为设固体位于角 PTN 不小于 T_1 的位置.

那么，用与前面相同的构造，

$$PV = l = P'V',$$

且由于 $\angle T \nless \angle T_1$,

$$AN \ngtr AN_1,$$

因而 $NO \nless N_1O$，这里 P_1N_1 是 P_1 到 AM 的垂线长.

因此 $PL \nless P_1P_2$,

但 $P_1P_2 > P'F'$,

因而 $PL > \dfrac{2}{3}PV.$

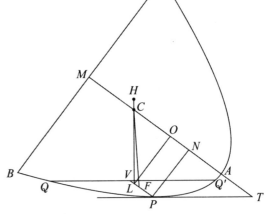

所以固体沉入部分的重心 F 将位于 P 和 L 之间.

因此固体将向减少角 PTN 的方向移动直到角小于 T_1.

［如前，如果 x, x' 分别表示 T 到 C, F 在 TP 上正射影的距离，我们有

$$x' - x = \cos\theta\left\{\frac{p}{4}\left(\cot^2\theta + 2\right) - \frac{2}{3}(h - k)\right\}, \qquad (1)$$

这里

$$h = AM, \quad k = PV.$$

而且，如果底 BB' 与流体表面在一点 B 处接触，如命题 6 后的注，我们进一步得到

$$\sqrt{ph} = \sqrt{pk} + \frac{p}{2}\cot\theta \qquad (2)$$

及
$$h - k = \sqrt{ph}\cot\theta - \frac{p}{4}\cot^2\theta. \tag{3}$$

因而，为了找到 h 与 θ 之间的关系，这里 θ 是 B 刚好接触流体表面这一平衡位置时抛物面的轴与流体表面的倾斜角，我们消去 k 并使（1）式为零；因此

$$\frac{p}{4}(\cot^2\theta + 2) - \frac{2}{3}(\sqrt{ph}\cot\theta - \frac{p}{4}\cot^2\theta) = 0,$$

或
$$5p\cot^2\theta - 8\sqrt{ph}\cot\theta + 6p = 0. \tag{4}$$

θ 的两个值由下述方程给出：

$$5\sqrt{p}\cot\theta = 4\sqrt{h} \pm \sqrt{16h - 30p}. \tag{5}$$

较小的值对应于角 U，较大的值对应于角 T_1，在阿基米德命题中，同样可以如上证明.

以阿基米德的第一个图中（第 300 页）我们有

$$AK = \frac{2}{5}h,$$

$$M_2D^2 = \frac{3}{5}p \cdot OK = \frac{3}{5}p\left(\frac{2}{3}h - \frac{2}{5}h - \frac{1}{2}p\right)$$
$$= \frac{3p}{5}\left(\frac{4h}{15} - \frac{p}{2}\right).$$

如果 $P_1P_2P_3$ 交 BM 于 D'，可以得到

$$\left.\begin{array}{c} M_3D \\ M_3D' \end{array}\right\} = M_2D \pm M_3M_2$$
$$= \sqrt{\frac{3p}{5}\left(\frac{4h}{15} - \frac{p}{2}\right)} \pm \frac{1}{10}\sqrt{ph},$$

及
$$\left.\begin{array}{c} MD \\ MD_1 \end{array}\right\} = MM_2 \mp M_2D$$
$$= \frac{2}{5}\sqrt{ph} \mp \sqrt{\frac{3p}{5}\left(\frac{4h}{15} - \frac{p}{2}\right)},$$

由抛物线的性质，

$$\cot U = 2MD/p,$$
$$\cot T_1 = 2MD'/p,$$

所以
$$\frac{p}{2}\cot\left\{\begin{array}{c} U \\ T_1 \end{array}\right\} = 25\sqrt{ph} \mp \sqrt{\frac{3p}{5}\left(\frac{4h}{15} - \frac{p}{2}\right)},$$

或
$$5\sqrt{p}\cot\left\{\begin{array}{c} U \\ T_1 \end{array}\right\} = 4\sqrt{h} \mp \sqrt{16h - 30p},$$

与上面的结果（5）相符.

为了找到对应的比重之比，或 k^2/h^2，我们需应用方程（2）和（5），并用 h 和 p 表达 k.

用包含在（5）中的 $\cot\theta$ 的值代替方程（2）中的 $\cot\theta$，

$$\sqrt{k} = \sqrt{h} - \frac{1}{10}(4\sqrt{h} \pm \sqrt{16h - 30p})$$

$$= \frac{3}{5}\sqrt{h} \mp \frac{1}{10}\sqrt{16h - 30p},$$

两边平方,我们得到,

$$k = \frac{13}{25}h - \frac{3}{10}p \mp \frac{3}{25}\sqrt{h(16h - 30p)}. \tag{6}$$

较小的值对应于角 U,较大的值对应于角 T_1,为了验证阿基米德的结果,我们需简要地表明 k 的两个值分别等于 Q_1Q_3,P_1P_3.

容易看出

$$Q_1Q_3 = h/2 - MD^2/p + 2M_3D^2/p,$$

$$P_1P_3 = h/2 - MD'^2/p + 2M_3D'^2/p,$$

因而,使用上面找到的 MD,MD',M_3D,M_3D' 的值,我们有

$$\left.\begin{array}{l} Q_1Q_3 \\ P_1P_3 \end{array}\right\} = \frac{h}{2} + \frac{3}{5}\left(\frac{4h}{15} - \frac{p}{2}\right) - \frac{7h}{50} \pm \frac{6}{5}\sqrt{\frac{3h}{5}\left(\frac{4h}{15} - \frac{p}{2}\right)}$$

$$= \frac{13}{25}h - \frac{3}{10}p \pm \frac{3}{25}\sqrt{h(16h - 30p)},$$

这就是上面 (6) 式给出的 k 的值.]

(黄秦安　译　苟增光　校)

引理集

命题 1

如果两圆相切于 A，并且 BD、EF 分别是它们的直径且互相平行，则 ADF 是一直线.

［本文的证明只用于上述直径垂直于过切点的半径这一特殊情况，但只需稍加改动，这也适合一般的情形.］

设 O，C 分别为两圆的圆心，连接 OC 并延长至 A，作 DH 平行于 AO 且交 OF 于 H.

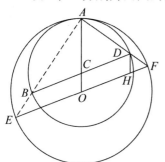

由于
$$OH = CD = CA,$$
并且
$$OF = OA,$$
相减得
$$HF = CO = DH,$$
因此
$$\angle HDF = \angle HFD.$$

于是三角形 CAD 与 HDF 都是等腰三角形，并且第三个角 ACD 与 DHF 相等. 因此这两个三角形的其余角是两两相等的，并且
$$\angle ADC = \angle DFH.$$

在等式两端分别加角 CDF，则有
$$\angle ADC + \angle CDF = \angle CDF + \angle DFH$$
$$= 两直角.$$

所以 ADF 是一直线.

同理可证两圆外相切的情形[1].

命题 2

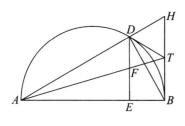

设 AB 是一个半圆的直径，并且过 B 的切线与过该半圆上任一点 D 的切线交于 T，如果作 DE 垂直于 AB，且 AT 与 DE 交于 F，则
$$DF = FE.$$

延长 AD 于 BT 交于 H，则角 ADB 是直角；从而

---

［1］帕普斯（Pappus）假定了本命题的结果 αρβηλος （P. 214. ed. Hultsch），而在两圆外切的情形下证明了本命题 （P. 840）.

角 *BDH* 也是直角，并且 *TB* 与 *TD* 相等.

因此 *T* 是过 *D* 且以 *BH* 为直径的半圆的圆心.

从而 $$HT = TB.$$

又因为 *DE* 与 *HB* 平行，所以有 *DF = FE*.

命题 3

设 *P* 是底为 *AB* 的一圆弓形上任一点，并且 *PN* 垂直于 *AB*，在 *AB* 上取点 *D* 使得 *AN = ND*. 如果 *PQ* 是与弧 *PA* 相等的弧，并且连接 *BQ*，则 *BQ* 与 *BD* 相等[1].

连接 *PA*，*PQ*，*PD*，*DQ*.

且由于弧 *PA* 与 *PQ* 相等，从而有 $$PA = PQ.$$

但是，由于 *AN = ND*，且 *N* 处的角是直角，

所以 $$PA = PD.$$

因此 $$PQ = PD,$$

---

[1] 原稿中图形这个弓形是一半圆，尽管该命题对任一弓形同样正确，但在弓形是半圆时，可使该命题紧密相关于托勒密（Ptolemy）的 μεγάλη σύνταξις, I. 9（P. 31, ed. Halma；对照康托尔（Cantor）的 Gesch. d. mathematik, I（1894）. P.389）中一命题. 托勒密（Ptolemy）的目的是通过一个方程把弧上的弦与该弧的半弧上的弦联系起来. 他的做法大致如下：设 *AP*，*PQ* 是相等的弧，*AB* 是过 *A* 的直径，连接 *AP*，*PQ*，*AQ*，*PB*，*QB*. 沿 *BA* 的 *BD* 等于 *BQ*，作垂线 *PN*，而证得 *PA = PD*，*AN = ND*.

那么
$$AN = \frac{1}{2}(BA - BD) = \frac{1}{2}(BA - BQ)$$
$$= \frac{1}{2}(BA - \sqrt{BA^2 - AQ^2}).$$

并且，通过相似三角形，
$$AN : AP = AP : AB,$$
因此
$$AP^2 = AB \cdot AN$$
$$= \frac{1}{2}(AB - \sqrt{AB^2 - AQ^2}) \cdot AB.$$

这样用 *AQ* 与已知的直径 *AB* 表达了 *AP*，如果用 AB^2 除等式两边，则立即看到该命题给出以下公式的一个几何证明：
$$\sin^2 \frac{\alpha}{2} = \frac{1}{2}(1 - \cos\alpha).$$

当弓形是一半圆时，也令人忆及阿基米德在命题 3 第二部分开始时所用的测圆的方法. 在上面的图形中，证明了
$$(AB + BQ) : AQ = BP : PA,$$
或者，如果用 *AB* 除命题中的前两项，则
$$(1 + \cos\alpha) / \sin\alpha = \cot \frac{\alpha}{2}.$$

并且　　　　　　$\angle PQD = \angle PDQ.$

由于 A，P，Q，B 共圆，

所以　　　　$\angle PAD + \angle PQB =$ 两直角，

因此　　　　$\angle PDA + \angle PQB =$ 两直角

　　　　　　　　　　　　　　$= \angle PDA + \angle PDB.$

从而　　　　　　$\angle PQB = \angle PDB$；

并且，因为角 PQD 与角 PDQ 相等，

所以　　　　　　$\angle BQD = \angle BDQQ$，

且　　　　　　　　$BQ = BD.$

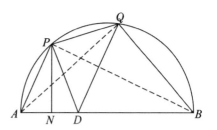

命题 4

如果 AB 是某个半圆的直径，N 是 AB 上任意一点，在该圆内画出分别以 AN、BN 为直径的两个圆，以这三个半圆的圆周所围成的图形是"阿基米德所称的一个 $\ddot{\alpha}\rho\beta\eta\lambda o\varsigma$[1]"；并且它的面积等于以

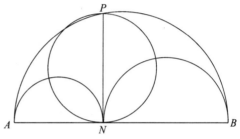

PN 为直径的圆的面积，这里 PN 垂直于 AB 并交第一个半圆于 P.

因为　　$AB^2 = AN^2 + NB^2 + 2AN \cdot NB$

　　　　　　　　$= AN^2 + NB^2 + 2PN^2.$

但是这些圆（或半圆）之比如同它们的半径（或直径）的平方之比.
因此

AB 上的半圆的面积 $= AN$ 上的半圆的面积 $+$

　　　　　　　　　　　　NB 上的半圆的面积 $+$

　　　　　　　　　　　　$2PN$ 上的半圆的面积.

于是，以 PN 为直径的圆等于以 AB 为直径的半圆减去以 AN 及 NB 为直径的两个半圆之和，即等于 $\ddot{\alpha}\rho\beta\eta\lambda o\varsigma$ 的面积.

命题 5

设 AB 是某个半圆的直径，C 是 AB 上任意一点，CD 垂直于 AB，在该半圆内作分别以 AC、CB 为直径的半圆，如果在 CD 的两边画两个圆分别与

---

〔1〕$\ddot{\alpha}\rho\beta\eta\lambda o\varsigma$ 直译为"鞋匠的一把刀"，参见导论第 2 章中附在"Liber Assumptorum 的一些注意"的一个注.

CD 及这三个半圆中的两个相切，则这两个圆相等.

设其中一个圆与 *CD* 相切于 *E*，与 *AB* 上的半圆相切于 *F*，且与 *AC* 上的半圆相切于 *G*.

画出该圆的直径 *EH*，则 *EH* 垂直于 *CD*，从而平行于 *AB*.

连接 *FH*，*HA* 及 *FE*、*EB*. 因为 *EH* 与 *AB* 平行，由命题 1，*FHA*，*FEB* 都是直线.

同理可证 *AGE*，*CGH* 也是直线.

延长 *AF* 交 *CD* 于 *D*，且延长 *AE* 交外面的半圆于 *I*，连接 *BI*，*ID*.

因为角 *AFB* 与 *ACD* 是直角，*AD* 与 *AB* 分别是过 *B* 与 *D* 且交于 *E* 的两直线的垂线，因此，由垂足三角形的性质知，*AE* 垂直于 *B*，*D* 的连线.

但是 *AE* 垂直于 *BI*，所以 *BID* 是直线.

因为 *G*、*I* 处的角都是直角，所以 *CH* 平行于 *BD*，从而

$$AB : BC = AD : DH$$
$$= AC : HE,$$

因此

$$AC \cdot CB = AB \cdot HE.$$

同理，若 *d* 是另一个圆的直径，可以证明

$$AC \cdot CB = AB \cdot d.$$

故有 *d* = *HE*，所画二圆相等[1].

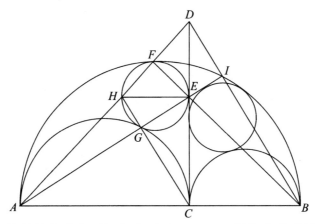

[正如一位阿拉伯教育学家阿尔卡乌西（Alkauhi）所指出的那样，该命题可以陈述为更一般的情形. 如果在 *AB* 上用两个点 *C*，*D* 取代一个点 *C*，画出以 *AC*，*BD* 为直

---

[1] 使该结果成立的性质，即

$$AB : BC = AC : HE,$$

在帕普斯（P. 230, ed, Hultsch）的一个命题中以一个中间步骤出现，该命题说明，在以上图形中

$$AB : BC = CE^2 : HE^2.$$

容易看出，后一命题是正确的. 这是因为，角 *CEH* 是直角，且 *EG* 垂直于 *CH*，

$$CE^2 : EH^2 = CG : GH$$
$$= AC : HE.$$

径的两个半圆，并且不作 AB 的过 C 的垂线，而是取两个半圆的根轴，那么与根轴及其中两个半圆相切所画出的两个圆相等，其证明不难由类似的方法给出．]

命题6

设某半圆的直径 AB 在 C 处被分割，使得 $AC = \dfrac{3}{2}CB$ ［或以任意比率］．在已知半圆内画出分别以 AC，CB 为直径的两个半圆，且画出与三个半圆均相切的一个圆，如果 GH 是该圆的直径，试找出 GH 与 AB 的关系．

设 GH 是该圆的直径，GH 与 AB 平行，且该圆与 AB，AC，CB 上的半圆的切点分别为 D，E，F．

连接 AG，GD 与 BH，HD．则由命题 1 知 AGD，BHD 都是直线．

同理，AEH，BFG 与 CEG，CFH 也是直线．

设 AD 交 AC 上的半圆于 I，BD 交 CB 上的半圆于 K，连接 CI，CK 分别交 AE，BF 于 L，M，并且延长 GL，HM 分别交 AB 于 N，P．

在三角形 AGC 内，自 A，C 到对边的垂线交于 L，由三角形的性质，GLN 垂直于 AC．

同理，HMP 垂直于 CB．

因为 I，K 与 D 处的角是直角，因此 CK 平行于 AD，CI 平行于 BD，从而

$$AC : CB = AL : LH$$
$$= AN : NP,$$

且

$$BC : CA = BM : MG$$
$$= BP : PN.$$

因此

$$AN : NP = NP : PB,$$

所以 AN，NP，PB 具有连比例．[1]

当 $AC = \dfrac{3}{2}CB$ 时，

$$AN = \frac{3}{2}NP = \frac{9}{4}PB,$$

因此

$$BP : PN : NA : AB = 4 : 6 : 9 : 19.$$

从而

$$GH = NP = \frac{6}{19}AB.$$

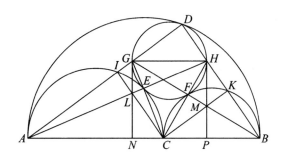

---

〔1〕这同一性质出现在帕普斯（P. 226）中，作为"古代命题"证明中的一个中间步骤而出现．

同理，当 $AC:CB$ 的值给定时，可以找出 GH 与其给定比率的值.[1]

命题 7

如果两个圆分别外接与内切于一个正方形，则外接圆的面积是内切圆的面积的 2 倍.

因为外接圆的面积与内切圆的面积之比等于对角线上的正方形与原正方形面积之比，即等于 2：1.

命题 8

如果 AB 是以 O 为圆心的圆上的弦，延长 AB 到 C 使得 BC 等于该圆的半径，并且 CO 交圆于 D，延长 CO 再交圆于 E，则弧 AE 是弧 BD 的 3 倍.

作弦 EF 平行于 AB，连接 OB，OF，由于角 OEF，OFE 相等，

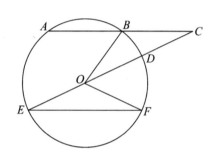

---

[1] 一般来说，如果 $AC:CB = \lambda:1$，即有

$$BP:PN:NA:AB = 1:\lambda:\lambda^2:(1+\lambda+\lambda^2),$$

且

$$GH:AB = \lambda:(1+\lambda+\lambda^2).$$

对帕普斯（P.208）提出并（在几个辅助的引理之后）证明的"古代命题"加以阐述是有意义的，设一个 ἀρβηλος 是由直径为 AB，AC，CB 的三个半圆做成的，并且作出一系列圆，其中第一个与三个半圆相切，第二个与第一个圆及两个半圆相切，第三个与第二个圆及同样的两个半圆相切，等等．设这一串的圆的直径为 d_1，d_2，d_3，…，它们的圆心为 O_1，O_2，O_3，…，并且 O_1N_1，O_2N_2，O_3N_3，…，是从圆心到 AB 的垂线，则以下等式被证明成立：

$$O_1N_1 = d_1,$$
$$O_2N_2 = 2d_2,$$
$$O_3N_3 = 3d_3,$$
$$\cdots$$
$$O_nN_n = nd_n.$$

此命题亦称为累圆定理.

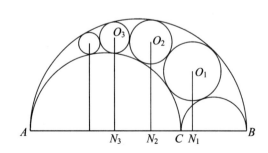

所以

$$\angle COF = 2\angle OEF$$
$$= 2\angle BCO（由平行）$$
$$= 2\angle BOD（因为 BC = BO），$$

所以

$$\angle BOF = 3\angle BOD，$$

从而弧 BF 是弧 BD 的 3 倍. 由于弧 AE 等于弧 BF，因此弧 AE 是弧 BD 的 3 倍.[1]

命题 9

如果在一个圆内两条不过圆心的弦 AB、CD 相交成直角，则

弧 AD + 弧 CB = 弧 AC + 弧 DB.

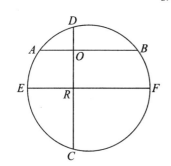

设两弦交于点 O，作平行于 AB 的直径 EF，且 EF 交 CD 于 H，则 EF 垂直平分 CD 于 H，并且

弧 ED = 弧 EC.

同时 EDF，ECF 是半圆，且

弧 ED = 弧 EA + 弧 AD.

因此

（弧 CF，EA，AD 的和）= 一个半圆弧.

加之，弧 AE 与 BF 相等，从而

弧 CB + 弧 AD = 一个半圆弧.

因此余下的圆周，即弧 AC 与 DB 的和也等于一个半圆弧，命题得证.

命题 10

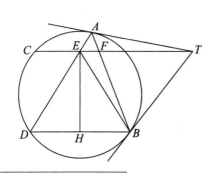

设 TA，TB 是一个圆的两条切线，TC 是该圆的一条割线. 设 BD 是平行于 TC 的弦，AD 交 TC 于 E，如果作 EH 垂直于 BD，则 H 平分 BD.

设 AB 交 TC 于 F，且连接 BE.

此时，角 TAB 等于交错弦上的角，即

$$\angle TAB = \angle ADB$$

---

〔1〕该命题给出转化三等分任意角，亦即任意圆弧为一个所谓的 νεύσεις 那类问题. 假设 AE 是要被三等分的弧，ED 是过 E 的（含 AE 弧的）圆的直径，那么，为了找到其长为 AE 的三分之一的弧，只需过 A 作一直线 ABC，再交圆于 B，交 ED 的延长线于 C，使得 BC 等于圆的半径，关于此问题的讨论及别的 νεύσεις 参见导言第 5 章.

$$= \angle AET,（由平行性质）$$

因此三角形 EAT，AFT 有一角相等且一角共用，所以它们相似，并且

$$FT : AT = AT : ET.$$

从而

$$ET \cdot TF = TA^2 = TB^2.$$

由此得三角形 EBT 与 BFT 相似，于是

$$\angle TEB = \angle TBF$$

$$= \angle TAB.$$

但是角 TEB 等于角 EBD，因此角 TAB 等于角 EDB，从而

$$\angle EDB = \angle EBD.$$

再由于 H 处的角是直角，所以

$$BH = HD.^{[1]}$$

命题 11

如图，AB，CD 是不过圆心的两条弦，且垂直相交于点 O，则

$$AO^2 + BO^2 + CO^2 + DO^2 = （直径）^2.$$

作直径 CE，并连接 AC，CB，AD，BE.

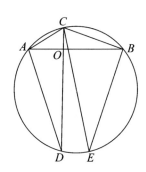

那么角 CAO 等于同一弦上的角 CEB，并且角 AOC 与角 EBC 都是直角，因此三角形 AOC 与 EBC 相似，并且

$$\angle ACO = \angle ECB.$$

所以所对弧相等，进而弦 AD 与弦 BE 相等.

从而

$$（AO^2 + DO^2）+（BO^2 + CO^2）= AD^2 + BC^2$$

$$= BE^2 + BC^2$$

$$= CE^2.$$

---

〔1〕 该命题中的图形使人回想起帕普斯（P.836 – 838）在他的关于阿波罗尼奥斯论接触（περὶ-ἐπαφῶν）的论述所成的第一部书的引理中一个问题的图形. 那个问题是：已知一个圆和两个点 E、F（每一点都不必是该圆的过 E、F 的弦的中点），分别过 E，F 作弦 AD，AB，使得 DB 平行于 EF. 作如下分析，假设问题已经解决，BD 平行于 FE，设切线 BT 交 EF 的延长线于 T（T 一般不是 AB 的极点，因此 TA 一般不是 A 处的切线）.

那么 $\quad \angle TBF = \angle BDA$（在同弧上）

$$= \angle AET.（由平行性质）$$

因此 A，E，B，T 共圆，并且

$$EF \cdot FT = AF \cdot FB.$$

但是，圆 ADB 和点 F 已知，矩形 $AF \cdot FB$ 已知，因此求得 EF.

从而，为作此图，只需由给定数值找出 FT 的长度，延长 EF 到 T，使得 FT 有可判断的长度，作切线 TB，且作 BD 平行于 EF. DE、BF 将交于 A，从而即为所求的弦.

命题 12

如果 AB 是一半圆的直径，TP，TQ 是圆外任一点 T 到半圆的两条切线，并且 AQ，BP 相交于 R，则 TR 垂直于 AB.

延长 TR 交 AB 于 M，并且连接 PA，QB.

由于角 APB 是直角，

$$\angle PAB + \angle PBA = 一个直角$$
$$= \angle AQB.$$

等式两边加角 RBQ，得

$$\angle PAB + \angle QBA = \angle PRQ.$$

同时，作为弦切角，有

$$\angle TPR = \angle PAB，并且 \angle TQR = \angle QBA，$$

因此

$$\angle TPR + \angle TQR = \angle PRQ.$$

所以由此得

$$TP = TQ = TR.$$

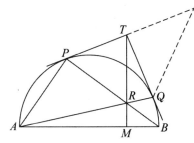

[因为，若延长 PT 到 O 使得 $TO = TQ$，则有
$$\angle TOQ = \angle TQO.$$
并且，由假设 $\angle PRQ = \angle TPR + \angle TQR$.
相加得
$$\angle POQ + \angle PRQ = \angle TPR + \angle OQR.$$
由此知，在四边形 $OPRQ$ 中，对角之和等于两个直角，因此，$OPRQ$ 可以内接于一个圆中，并且由于 $TP = TO = TQ$，T 还是该圆的圆心，于是 $TR = TP$.]

从而

$$\angle TRP = \angle TPR = \angle PAM.$$

同加 $\angle PRM$，

$$\angle PAM + \angle PRM = \angle TRP + \angle PRM$$
$$= 两个直角.$$

因此

$$\angle APR + \angle AMR = 两个直角，$$

从而

$$\angle AMR = 一个直角^{[1]}.$$

命题 13

如果圆的直径 AB 交任一非直径的弦 CD 于 E，并且作 AM，BN 垂直于 CD，则

---

[1] TM 作为 PQ 与 AB 的极点的连线，当然是 PQ 与 AB 的极线.

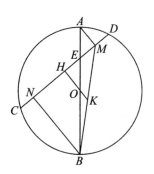

$$CN = DM^{[1]}.$$

设 O 是圆心，且 OH 垂直于 CD，连接 BM，且延长 HO 交 BM 于 K，则

$$CH = HD.$$

并且由于平行，

因为 $$BO = OA,$$
$$BK = KM.$$

所以 $$NH = HM.$$

因此 $$CN = DM.$$

命题 14

设 ACB 是一个以 AB 为直径的半圆，AD、BE 是 AB 上相等的线段. 分别以 AD、BE 为直径，朝 C 的方向作两个半圆，以 DE 为直径，朝相反方向作一个半圆. 设过第一个半圆的圆心 O 且与 AB 垂直的直线分别交两个相对的半圆于 C，F. 则这些半圆所围图形（阿基米德称之为 'Salinon'[2]）的面积等于以 CF 为直径的圆的面积[3].

据 Eucl. II. 10，由于 ED 被 O 平分且延长到 A，

$$EA^2 + AD^2 = 2(EO^2 + OA^2),$$

且 $$CF = OA + OE = EA.$$

因此

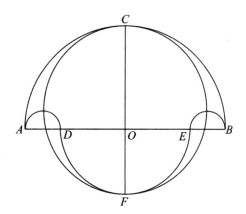

$$AB^2 + DE^2 = 4(EO^2 + OA^2)$$
$$= 2(CF^2 + AD^2).$$

但是两圆（从而两半圆）之比如同它们的半径（或直径）的平方之比，所以

（AB，DE 上的半圆之和）

$= CF$ 上的圆 +（AD，BE 上的半圆之和）.

因此 'Salinon' 的面积 = 以 CF 为直径的圆面积.

---

〔1〕无论 M，N 在 CD 或 CD 的延长线上，该命题仍然成立，对 M，N 在 CD 延长线上的情形，帕普斯在他的阿波罗尼奥斯的 νευσεις 第二篇的第一个引理中给出证明.

〔2〕这个名称的解释参见导论第 2 章中关于 liber Assumptorum 的注，在那里我相信最终 σαλινον 仅是拉丁语 Sainum 的 Graecised 形式，即盐碟形.

〔3〕康托尔（Gesch. d. mathematik. I, P. 285）把该命题与希波克拉底（Hippocrates）的通过 Lunes 化圆为方的企图作以比较，但是指出阿基米德的目的可能与希波克拉底相反，因为，当希波克拉底希望从同一类型的别的图形来得出圆的面积，阿基米德意图可能是使一些不同曲线围成的面积等于已知圆的面积.

命题 15

设 AB 是圆的直径，AC 是一个内接正五边形的一条边，D 是弧 AC 的中点. 连接 CD 并延长使其与 BA 的延长线交于 E；连接 AC、DB 交于 F，且作 FM 垂直于 AB，则

$$EM = 圆的半径 [1].$$

设 O 是圆心，连接 DA，DM，DO，CB.

这时 $\angle ABC = \dfrac{2}{5} 直角,$

且 $\angle ABD = \angle DBC = \dfrac{1}{5} 直角,$

因此 $\angle AOD = \dfrac{2}{5} 直角.$

进而，三角形 FCB 与 FMB 全等.

因此在三角形 DCB 与 DMB 中，边 CB 与 MB 相等且 BD 公用，同时角 CBD 与 MBD 相等，

$$\angle BCD = \angle BMD = \dfrac{6}{5} 直角.$$

但是 $\angle BCD + \angle BAD = 两个直角$

$$= \angle BAD + \angle DAE$$

$$= \angle BMD + \angle DMA,$$

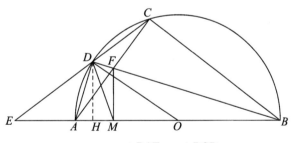

于是 $\angle DAE = \angle BCD,$

并且 $\angle BAD = \angle AMD.$

---

〔1〕帕普斯（P.418）在关于对 5 个正多边形作比较的引理中给出了一个几乎与该命题相同的命题，他的阐述本质上如下，如果 DH 是一个圆内接正五边形的半边，DH 垂直于半径 OHA，并且作 HM 等于 AH，则 M 以外内比分割 OA，OM 是其中较长的一段.

在证明的过程中，如上命题一样，先需证明 AD，DM，MO 均相等.

那么，三角形 ODA 与 DAM 相似，

$$OA : AD = AD : AM,$$

或者（因为 $AD = OM$） $OA : OM = OM : MA.$

所以 $AD = MD.$

在三角形 DMO 中，

$$\angle MOD = \frac{2}{5}\text{直角},$$

$$\angle DMO = \frac{6}{5}\text{直角}.$$

因此 $\angle ODM = \frac{2}{5}\text{直角} = \angle AOD,$

从而 $OM = MD.$

又 $\angle EDA = \angle ADC \text{ 的补角}$

$= \angle CBA$

$= \frac{2}{5}\text{直角}$

$= \angle ODM.$

于是，在三角形 EDA 与 ODM 中，

$$\angle EDA = \angle ODM,$$
$$\angle EAD = \angle OMD,$$

并且边 AD 与 MD 相等.

因此三角形 EDA 与 ODM 全等，并且

$$EA = MO,$$

所以 $EM = AO.$

而且 $DE = DO$；同时，由于 DE 等于内接正六边形的边长，DC 是一个内接正十边形的边长，EC 在 D 处被分割且具中外比［即 $EC : ED = ED : DC$］；此结论在《几何原本》中被证明［Eucl. XIII.9，"如果将同一圆内接的六边形的边与内接十边形的边连在一起，则整个直线的分割具中外比，且较长的一段是六边形的边长."］

（张惠民 译 叶彦润 校）

家畜问题

我们需要求出 4 种颜色的牛群中公牛和母牛的个数，或者说是求出 8 个未知量. 该问题的第一部分是用 7 个简单的方程将未知量联在一起；第二部分是又多加了未知量必须满足的两个条件.

设 W，w 分别是白色公牛和母牛的个数，X，x 分别是黑色公牛和母牛的个数，Y，y 分别是黄色公牛和母牛的个数，Z，z 分别是杂色公牛和母牛的个数.

第一部分

（Ⅰ）
$$W = \left(\frac{1}{2} + \frac{1}{3}\right)X + Y, \tag{α}$$

$$X = \left(\frac{1}{4} + \frac{1}{5}\right)Z + Y, \tag{β}$$

$$Z = \left(\frac{1}{6} + \frac{1}{7}\right)W + Y. \tag{γ}$$

（Ⅱ）
$$w = \left(\frac{1}{3} + \frac{1}{4}\right)(X + x), \tag{δ}$$

$$x = \left(\frac{1}{4} + \frac{1}{5}\right)(Z + z), \tag{ε}$$

$$z = \left(\frac{1}{5} + \frac{1}{6}\right)(Y + y), \tag{ζ}$$

$$y = \left(\frac{1}{6} + \frac{1}{7}\right)(W + w). \tag{η}$$

第二部分
$$W + X = 方形（平方数）, \tag{θ}$$
$$Y + Z = 三角形数（堆垒数）. \tag{ι}$$

［对于条件（θ）有多种说法. 若直说"当白色公牛混入黑色公牛群中，它们站立着排列成形，其宽度和广度是相等的；Thrinakia 平原上大批的牲畜密集在这里."如果考虑到这些公牛挤在一起构成一个方图形，它们的个数就不能是一个平形数，这是因为牛的身长要比它的身宽大. 很明显，一个可能的说法就是将"方"理解为"方图形"，这样将条件（θ）也就简单地理解为

$$W + X = 长方形数（即两个因数的乘积）.$$

因此，这个问题可以分为两种形式去研究：

（1）其中简单的一个形式就是对于条件（θ）仅仅用下面的要求来代替，即

$$W + X = 两个整数的乘积；$$

（2）其整体问题应该是（θ）中的条件都能包括在内，即

$$W + X = \text{平方数}.$$

上面提到的那种简单的问题是由乌尔姆（Jul. Fr. Wurm）解决的，并称它为：

乌尔姆的问题

给出该问题的解（连同对整体问题讨论）的是昂绍尔（Amthor），参考文献是
Zeitschrift fur Math. u. Physik（Hist. litt. Abtheilung），XXV.（1880），P. 156 以下.

方程（α）乘以 336，（β）乘以 280，（γ）乘以 126 再相加就得

$$297W = 742Y \text{ 或 } 3^3 \cdot 11 W = 2 \cdot 7 \cdot 53 Y \qquad (\alpha')$$

又从（γ）和（β）得出

$$891Z = 1580Y, \text{ 或 } 3^4 \cdot 11 Z = 2^2 \cdot 5 \cdot 79 Y \qquad (\beta')$$

$$99X = 178Y, \text{ 或 } 3^2 \cdot 11 X = 2 \cdot 89 Y \qquad (\gamma')$$

另外，如果（δ）乘以 4800，（ε）乘以 2800，

（ζ）乘以 1260，（η）乘以 462 再相加就得出

$$4657w = 2800X + 1260Z + 462Y + 143W;$$

再利用（α'），（β'），（γ'）中的值便得到

$$297 \cdot 4657w = 2402120Y,$$

或 $$3^3 \cdot 11 \cdot 4657w = 2^3 \cdot 5 \cdot 7 \cdot 23 \cdot 373 Y \qquad (\delta')$$

因此，由（η），（ζ），（ε）可得

$$3^2 \cdot 11 \cdot 4657y = 13 \cdot 46489 Y \qquad (\varepsilon')$$

$$3^3 \cdot 4657z = 2^2 \cdot 5 \cdot 7 \cdot 761 Y \qquad (\zeta')$$

$$3^2 \cdot 11 \cdot 4657x = 2 \cdot 17 \cdot 15991 Y \qquad (\eta')$$

因为所有的未知数都应该是整数，我们从方程（α'），（β'），…，（η'）可以看出，Y 必须被 $3^4 \cdot 11 \cdot 4657$ 整除，即可以设

$$Y = 3^4 \cdot 11 \cdot 4657n = 4149387n$$

因此，对所有的未知数，由方程（α'），（β'），…，（η）给出用 n 表示的值，即

$$
\left.
\begin{aligned}
W &= 2 \cdot 3 \cdot 7 \cdot 53 \cdot 4657n & &= 10366482n \\
X &= 2 \cdot 3^2 \cdot 89 \cdot 4657n & &= 7460514n \\
Y &= 3^4 \cdot 11 \cdot 4657n & &= 4149387n \\
Z &= 2^2 \cdot 5 \cdot 79 \cdot 4657n & &= 7358060n \\
w &= 2^3 \cdot 3 \cdot 5 \cdot 7 \cdot 23 \cdot 373n & &= 7206360n \\
x &= 2 \cdot 3^2 \cdot 17 \cdot 15991n & &= 4893246n \\
y &= 3^2 \cdot 13 \cdot 46489n & &= 5439213n \\
z &= 2^2 \cdot 3 \cdot 5 \cdot 7 \cdot 11 \cdot 761n & &= 3515820n
\end{aligned}
\right\} \quad (A)
$$

若令 $n = 1$，所得到的这些最小的数将会满足 7 个方程（α），（β），…，（η）；最后，对于我们可以找到一个整数，使其也满足方程（ι）.［要求 $W + X$ 必须是两个因数的乘积的方程（θ）也同时成立］

方程（ι）要求

$$Y + Z = \frac{q(q+1)}{2},$$

其中 q 是某一正整数.

若设 Y, Z 的值是从上面得到的, 则有

$$\frac{q\,(q+1)}{2} = (3^4 \cdot 11 + 2^2 \cdot 5 \cdot 79\,) \cdot 4657n$$

$$= 2471 \cdot 4657n$$

$$= 7 \cdot 353 \cdot 4657n.$$

这里的 q 或是偶数或是奇数, 即 $q = 2s$ 或 $q = 2s - 1$, 等式就变为

$$s(2s \pm 1) = 7 \cdot 353 \cdot 4657n.$$

因为 n 不必是一个素数, 我们假定 $n = u \cdot v$, 其中的 u 能除尽 s 无余数, v 是能除尽 $2s \pm 1$ 的因数; 这样我们就得如下的 16 对交错的联立方程:

(1)	$s =$	$u,$	$2s \pm 1 =$	$7 \cdot 353 \cdot 4657v,$
(2)	$s =$	$7u,$	$2s \pm 1 =$	$353 \cdot 4657v,$
(3)	$s =$	$353u,$	$2s \pm 1 =$	$7 \cdot 4657v,$
(4)	$s =$	$4657u,$	$2s \pm 1 =$	$7 \cdot 353v,$
(5)	$s =$	$7 \cdot 353u,$	$2s \pm 1 =$	$4657v,$
(6)	$s =$	$7 \cdot 4657u,$	$2s \pm 1 =$	$353v,$
(7)	$s =$	$353 \cdot 4657u,$	$2s \pm 1 =$	$7v,$
(8)	$s =$	$7 \cdot 353 \cdot 4657u,$	$2s \pm 1 =$	$v.$

为了求出 n 的满足该问题的所有条件的最小数, 我们应从这些成对方程的正整数解里选择, 其中的某个特解就给出 uv 或 n 中最小的那个数.

如我们解出各种成对的方程的解并比较其结果, 就得一对方程

$$s = 7u, \quad 2s - 1 = 353 \cdot 4657v.$$

由此可以得出我们想要找到的那个解, 即

$$u = 117423, \qquad v = 1$$

于是,

$$n = uv = 117423 = 3^3 \cdot 4349.$$

由此得出如下的结果:

和

$$s = 7u = 821961,$$

$$q = 2s - 1 = 1643921.$$

$$Y + Z = 2471 \cdot 4657n$$

$$= 2471 \cdot 4657 \cdot 117423$$

$$= 1351238949081$$

$$= \frac{1643921 \cdot 1643922}{2},$$

这就是我们要求出的那个堆垒数.

方程 (θ) 中的数就成为两个整数的乘积

$$W + X = 2 \cdot 3 \cdot (7 \cdot 53 + 3 \cdot 89) \cdot 4657n$$

$$= 2^2 \cdot 3 \cdot 11 \cdot 29 \cdot 4657n$$

$$= 2^2 \cdot 3 \cdot 11 \cdot 29 \cdot 4657 \cdot 117423$$

$$= 2^2 \cdot 3^4 \cdot 11 \cdot 29 \cdot 4657 \cdot 4349$$

$$= (2^2 \cdot 3^4 \cdot 4349) \cdot (11 \cdot 29 \cdot 4657)$$

$$= 1409076 \cdot 1485583,$$

这是一个具有接近相等的两个因数的矩形数.

问题的解如下面所列(n 的值取 117423)：

$$W = 1217263415886,$$
$$X = 876035935422,$$
$$Y = 487233469701,$$
$$Z = 864005479380,$$
$$w = 846192410280,$$
$$x = 574579625058,$$
$$y = 638688708099,$$
$$z = 412838131860,$$
$$其和 = 5916837175686.$$

整体问题

在这种情况下，7 个原始的方程(α),(β),$\cdots$,(η)应成立,还要提出下面更进一步的条件：

$$X + Y = 方形数 = P^2,$$
$$Y + Z = 堆垒数 = \frac{q(q+1)}{2}.$$

利用已求出的(A)中的值,我们首先得到的是

$$P^2 = 2 \cdot 3 \cdot (7 \cdot 53 + 3 \cdot 89) \cdot 4657n$$
$$= 2^2 \cdot 3 \cdot 11 \cdot 29 \cdot 4657n,$$

且在下面的条件下方程也成立：

$$n = 3 \cdot 11 \cdot 29 \cdot 4657\xi^2 = 4456749\xi^2.$$

其中的 ξ 是某一整数.

这样,下面的值就满足前 8 个方程(α),(β),$\cdots$,(θ)：

$$W = 2 \cdot 3^2 \cdot 7 \cdot 11 \cdot 29 \cdot 53 \cdot 4657^2 \cdot \xi^2 = 46200808287018 \cdot \xi^2$$
$$X = 2 \cdot 3^3 \cdot 11 \cdot 29 \cdot 89 \cdot 4657^2 \cdot \xi^2 = 33249638308986 \cdot \xi^2$$
$$Y = 3^5 \cdot 11^2 \cdot 29 \cdot 4657^2 \cdot \xi^2 = 18492776362863 \cdot \xi^2$$
$$Z = 2^2 \cdot 3 \cdot 5 \cdot 11 \cdot 29 \cdot 79 \cdot 4657^2 \cdot \xi^2 = 32793026546940 \cdot \xi^2$$
$$w = 2^3 \cdot 3^2 \cdot 5 \cdot 7 \cdot 11 \cdot 23 \cdot 29 \cdot 373 \cdot 4657 \cdot \xi^2$$
$$= 32116937723640 \cdot \xi^2$$
$$x = 2 \cdot 3^3 \cdot 11 \cdot 17 \cdot 29 \cdot 15991 \cdot 4657 \cdot \xi^2 = 21807969217254 \cdot \xi^2$$
$$y = 3^3 \cdot 11 \cdot 13 \cdot 29 \cdot 46489 \cdot 4657 \cdot \xi^2 = 24241207098537 \cdot \xi^2$$
$$z = 2^2 \cdot 3^2 \cdot 5 \cdot 7 \cdot 11^2 \cdot 29 \cdot 761 \cdot 4657 \cdot \xi^2$$
$$= 15669127269180 \cdot \xi^2$$

余下的问题就是确定 ξ,使方程（ι）也成立,即

$$Y + Z = \frac{q(q+1)}{2}.$$

代入 Y, Z 的值后就得

$$\frac{q(q+1)}{2} = 51285802909803 \cdot \xi^2$$
$$= 3 \cdot 7 \cdot 11 \cdot 29 \cdot 353 \cdot 4657^2 \cdot \xi^2.$$

乘以 8 再令

$$2q+1 = t, \quad 2 \cdot 4657 \cdot \xi = u,$$

我们就得到"Pellian"方程

$$t^2 - 1 = 2 \cdot 3 \cdot 7 \cdot 11 \cdot 29 \cdot 353 \cdot u^2$$

即

$$t^2 - 4729494u^2 = 1.$$

在这个方程的解中，最小的那个已选出，对于这个解而言，u 被 $2 \cdot 4657$ 整除．

这一步完成之后便有

$$\xi = \frac{u}{2 \cdot 4657} \quad \text{且是整数};$$

利用从后面的方程组中得到的 ξ 值的代换，我们就得到了整体问题的解．

将这个解代入"Pellian"方程

$$t^2 - 4729494u^2 = 1,$$

就太占地方了，对此感兴趣的读者可以参考昂绍尔的文章．他是将 $\sqrt{4729494}$ 分解成一个连分数的形式，周期是发生在 91 之后，经过大量的计算得

$$W = 1598 \boxed{206541},$$

这里的 $\boxed{206541}$ 表示还有 206541 等多个数目在它后面，类似的可以记为

$$\text{牛群的总数} = 7766 \boxed{206541}.$$

〔可能有人怀疑是否阿基米德解决了这个整体问题，认为该工作中还遗留有许多困难以及巨额的数目．如果想用一定的篇幅写出所得到的结果时，昂绍尔（Amthor）指出，一个大的七位对数表包括每行 50 个字共 50 行的一页纸，也就是 2500 个字；因此对 8 个未知量中的任何一个想写出它的结果要用 $82\frac{1}{2}$ 张纸，若写出所有的 8 个未知量要用 660 页的一卷书〕

（莫德　译　冯汉桥　校）

方 法

引 言

根据希腊数学学者的观点，近年来最重大的事情是 1906 年海伯格（Heiberg）发现一希腊文手稿. 该手稿除包含阿基米德的其他著作外，实际上还包含一篇曾被认为不可弥补地丢失了的完整论文《方法》.

如正在出版中的海伯格关于阿基米德著作的新版本第 I 卷（1910）的序言中给出的那样，该手稿的全名是——

codex rescriptus Metochii Constantinopolitani S. Sepulchri monasterii Hierosolymitani 355, 4to.

海伯格已经讲述了手稿发现的经过，并对其做了详尽的描述[1]. Papadopulos Kerameus 的 Ἱεροσολυμιτικὴ βιβλιοθήκη 的第 IV 卷（1899）中关于数学内容的羊皮纸书的介绍引起了他的注意，从引自于该羊皮纸书的几行样字他立刻推断这一手稿一定含有阿基米德的东西. 1906 年在君士坦丁堡（Constantinople），通过仔细观看手稿并依靠摄影技术，他能看出手稿所包含的内容，并可辨认出大部分字迹. 1908 年再一次去进行工作，除最后几页即 178—185 页属于 16 世纪的纸质外，手稿是用羊皮纸书写的，以 10 世纪时的优美字体分两列在上面抄着阿基米德的著作. 在 12—13 世纪或 13—14 世纪，羊皮纸被擦去旧字（幸好旧的字迹没有擦干净）并再次利用，在上面写上有关祈祷和典礼方面的内容作为东正教会使用的一本主祷书. 羊皮纸书中有 177 页，其中绝大部分页数上面的旧字迹依稀可辨；仅有 29 页没有一点儿旧字的痕迹；有 9 页多上面的字迹无可补救地被擦掉了；有几页上面只有几句话可以辨认出来；还有约 14 页上面有旧的字迹，却以不同的手迹并且没有分列书写. 所有未被擦净而幸存下来的字迹借助于放大镜还算易认易读. 在由其他手稿得到的阿基米德的论文中，新发现的这一手稿包括其中的《论球和圆柱》的大部分、《论螺线》的几乎全部内容以及《圆的度量》和《论平面图形的平衡》的一部分. 但更重要的事实在于该手稿包括（1）《论浮体》的相当一部分，过去一直认为希腊文本已失传，只有莫贝克（Wilhelm von Mörbeke）的拉丁文译本保存下来，（2）手稿中的许多地方以 Ἔφοδος 为标题，有时也以 Ἐφόδιον 或 Ἐφοδικον 为标题，意即方法（Method），这是最具价值的. 手稿中有关后者的部分内容已由海伯格以（1）希腊语[2]和（2）附有塞乌滕（Zeuthen）注释的德

---

[1] Hermes XL II. 1907, P.235 以下.

[2] Hermes XL II. 1907, P.243 – 297.

语译文[1]两种形式出版. 这篇论文过去仅休达（Suidas）提到过，他说西奥多修斯（Theodosius）对它作过注释；但由 R. 舍内（Schöne）新近发现，于 1903 年出版的海伦（Heron）的《度量论》（Metrica）引用了它的三个命题[2]，其中有两个重要的命题，阿基米德将其作为性质比较新颖的定理在这一论文的开头加以论述，而论文中所说的方法提供了考察它们所用的手段. 最后，手稿除序言以外，还包括名为《趣味》（Stomachion）（可能指 "Neck – Spiel" 或 "Quäl – Geist"）的著作中的两个简短命题，该著作论述一种后来被称为 "阿基米德小房"（Loculus Archimedius）的中国玩具，这表明这种玩具确属阿基米德的功劳，海伯格过去倾向于它不是阿基米德的发明[3].

由于以下原因，如此幸运地重获的《方法》（The Method）具有无比重大的价值. 希腊的大几何学家对他们发现定理所用的方法，没有作出一丝暗示，这恰是他们的古典著作的特色，也足以令后人叹为观止又百思不解. 这些定理作为完美的杰作流传下来，却没有留下任何形成时期的痕迹，也没有线索暗示推断它们所用的方法. 我们禁不住猜想，希腊人具有与现代几乎同样行之有效的分析方法；然而，总的来看，他们在公布经过反复思考和经过严格准确的证明所得到的结果之前，似乎煞费苦心地排除所用方法的残迹和杂乱之处，可以说，这些杂乱之处是艰难尝试的结果.《方法》却是个例外，从中我们可以撇开事物的表面洞察到阿基米德探求真理的本质思想. 在《方法》中，他告诉我们他是如何发现关于求面积和体积的定理，同时他特别强调下述两者间的差别：即（1）发现定理所用的方法，这种方法虽然不能作为定理的严格证明，但却足以说明定理的真实性；（2）这些定理的严格证明，就是说，这些定理最后被确认之前，必须经过无懈可击的几何方法的论证，用阿基米德本人的话说，前者使定理得以被研究（$\theta\varepsilon\omega\rho\varepsilon\hat{\iota}\nu$），但不能用来证明（$\alpha\pi o\delta\varepsilon\iota\kappa\nu\acute{\upsilon}\nu\alpha\iota$）之. 该论文中明确指出，文中所用的，对于定理的发现如此有效的力学方法并不能提供定理的证明. 关于论文开头所论述的两个重要定理，阿基米德说过要对它们的正规的几何证明作必要的补充. 其中一个几何证明已经失传，另一个证明只零散见于手稿中，却也足以表明所用证明方法是传统的穷竭法，阿基米德亦曾在别处用过，同时，这些零星的片断也足可使证明得以重建.

引言的余下部分在读过论文之后是非常好理解的. 下面是阿基米德所用力学方法的基本特征. 设 X 是一平面的或立体的图形，要求其面积或体积. 阿基米德的力学方法就是要将 X 的微元（有时连同另一图形 C 的相应微元一起）与图形 B 的相应微元进行比较，其中图形 B 和 C 的面积或体积以及 B 的重心位置是预先知道的. 出于这一目的，首先这些图形所放置的位置应使它们的直径或轴为同一条公共直线；其次，如果微元是由垂直（一般地讲）于轴的平行平面切这些图形所得的截面，那么相应于每个图形的所有微元的重心位于公共直径或轴上的某一点处. 延长该直径或轴，将其视为棒或平衡的杠杆. 对于只有 X 的微元与另一图形 B 的微元相比较这种简单的情形是很

---

[1] Bibliotheca Mathematica VII₃, 1906 – 7, P. 321 – 363.

[2]《亚历山大的海伦的论文集》（Heronis Alexandrini opera.）卷Ⅲ, 1903, P. 80, 17; 130, 15; 130, 25.

[3] 参看本书 P. 6.

容易处理的. 此时相互对应的微元分别是 X 和 B 的截面，它们由垂直（一般地讲）于直径或轴的任一平面分别切这两个图形所得，就平面图形而言，这些微元被说成是直线段；就立体图形而言则被说成是平面片. 尽管阿基米德称这些微元分别为直线段和平面段，但显然第一种情况下的直线段指没有明确宽度的窄条（对应于面积），第二种情况中的平面片指没有明确厚度的薄片（对应于立体），而且宽度或厚度（可以称其为 dx）没有参加计算，因为在彼此相比较的两个对应微元中，它被认为是相同的，因此不参与运算. 每一图形所含微元的数目是无穷的，但对于阿基米德来讲，没有必要说明这一点，他仅仅指出 X 和 B 分别由包含在其中的所有微元组成，也就是说，就面积而言，X 和 B 由直线段组成；就立体而言则由平面片组成.

阿基米德的目的在于对微元的平衡进行安排，使得 X 的微元都作用于杠杆的某一点上，而 B 的微元在不同的点上起作用，即它们实际上处于最初所在的位置. 因此他设法从最初所在的位置移动 X 的微元，使它们集中于杠杆某一点，而 B 的微元保持原来的位置，这样可以在它们各自的重心上起作用. 由于作为整体 B 的重心是知道的，其面积或体积同样也是知道的，于是它可以作为质量集于重心的质点而起作用. 所以，当整个图形 X 和 B 最终分别置于合适的位置以后，我们可以得出两重心距杠杆的支点或悬置点的距离，另外已知道 B 的面积或体积. 由此可求得 X 的面积或体积. 相反地，当 X 的面积或体积事先知道时，这种方法也可以用于求它的重心问题，在这种情形，作权衡比较时 X 的微元以及 X 本身必须位于它们最初所在的位置，而微元被移至杠杆的某一点并在该点作权衡比较的图形必须是其他的图形而非 X.

可以看出，这种方法不是如今大多数学论文里的某些几何证明所用的积分法，而是一种非常巧妙的设计，这种设计，绕开了用于直接求面积或体积的特殊的积分法，并代替了使所求解依赖于另一其结果已知的积分. 阿基米德论述了关于杠杆支点的力矩，即面积或体积的各个微元与支点和相应微元的重心间的距离之积. 如上面所述，对 B 的所有微元来说，这些距离是不同的，对 X 的微元来说，通过设法移动它们至某一确定位置，可使这些距离都相同. 作为既知事实，他假定，图形 B 处于所放之处时，它的各个微元的力矩之和等于将其视为质量集于一点即其重心时的力矩.

现假设 X 的微元是 $u \cdot dx$，其中 u 是垂直于杠杆的一系列平行平面中的某一平面切 X 所得截面的长度或面积，x 是杠杆（即两图形的公共轴）上距杠杆的支点的一段距离，这里将杠杆支点作为原点. 又假设这一微元置于杠杆上距原点的距离为一常数，比如说 a，并且与 B 异侧的位置上，若 $u' \cdot dx$ 是同一平面切得的 B 的相应微元，其中 x 为距原点的距离，那么，按照阿基米德的观点可建立如下方程

$$\int_h^k u dx = \int_h^k x u' dx.$$

因为图形 B（比如为三角形、棱锥、棱柱、球、圆锥或圆柱）的面积或体积是知道的，而且它可以视为质量集于重心的质点，且其重心也是知道的，所以上式中的第二个积分是知道的，设该积分等于 bU，其中 b 是重心距杠杆支点的距离，U 是 B 的面积或体积. 于是可得

$$X \text{ 的面积或体积} = \frac{bU}{a}.$$

对于下述情形即 X 的微元连同另一图形 C 的相应微元一起与 B 的对应微元作比较，若设 v 是 C 的微元，V 是其面积或体积，
则有

$$a \int_h^k u \mathrm{d}x + a \int_h^k v \mathrm{d}x = \int_h^k x u' \mathrm{d}x.$$

从而得

$$(X \text{ 的面积或体积} + V)\, a = bU.$$

在论文中所论述的那些特殊问题里，h 总是 $=0$，k 常常但不总是等于 a.

如果可能的话，细读摆在我们面前的这本著作，那么，我们对古代这位天才般的伟大数学家的钦佩之情一定会倍增. 数学家们会毋庸置疑地认为，大约在公元前 250 年，阿基米德竟能解决诸如求任一球缺的体积和重心以及半圆的重心之类的问题，其中所用的方法是如此的简单，而且这种方法（如我们所见到的那样），虽然阿基米德本人并不满意，但在我们今天看来却是相当严密的.

这本书，撇开数学内容不谈，也是很有趣的，这不仅因为阿基米德对其研究问题的过程所作的解释，而且还认为书中暗指德谟克利特（Democritus）是下面这一定理的发现者，即棱锥和圆锥的体积分别是同底等高的棱柱和圆柱体积的 $\frac{1}{3}$. 这两个命题一直被认为是欧多克斯（Eudoxus）的功劳，实际上阿基米德本人也曾陈述过这一结果[1]. 现在看来，虽然欧多克斯最先对它们做了科学的证明，但德谟克利特却第一个断言了这一事实. 我在别处[2]曾就德谟克利特得出这一结论的比较可能的过程提出过建议，按照阿基米德的观点，该过程不能算作命题的证明，但有必要在这里再次陈述一下该过程. 在一个很有名的段落里[3]，普卢塔克（Plutarch）谈及德谟克利特在自然哲学($\varphi\upsilon\sigma\iota\kappa\hat{\omega}\varsigma$)里提出如下问题："如果圆锥被平行于底的平面所截 [显然这里的平面是指无限接近于底的平面]，我们该如何考虑这些截面的表面呢？它们是相等抑或不等？因为，如果它们不相等，那么由于有许多像阶梯一样的锯齿和凸凹不平之处，所以它们使圆锥变得没有规则；但是，如果认为它们相等，那么截面就都是相等的，这时圆锥似乎具有和圆柱一样的特性，是由相等而非不等的圆组成，这是很荒谬的." 短语"由相等……圆组成"（$\dot{\varepsilon}\xi$ $\check{\iota}\sigma\omega\nu$ $\sigma\upsilon\gamma\kappa\varepsilon\acute{\iota}\mu\varepsilon\nu\upsilon\varsigma\ldots$ $\kappa\acute{\upsilon}\kappa\lambda\omega\nu$）表明德谟克利特已经有立体是无数平行平面之和的思想，或者说是无限薄的薄片即两侧无限接近相合的薄片之和，这是一个很重要的设想，阿基米德利用同样的思想获得了丰硕的成果. 如果我们可以就德谟克利特关于棱锥的观点作一猜测，那么他似乎很可能会注意到，如果同高且以面积相同的三角形为底的两个棱锥分别被平行于底并且将高分成相同比的平面所截，那么所得的两棱锥的相应截面面积相等，由此他可以推断两棱锥的体积相等，这是因为，它们都是数量相同的无数相等平截面或无限薄的薄片之和.（这一猜测应是下述卡瓦利里（Cavalieri）原理的一种特殊情形，原理是说，若两图形不管高度是多

---

〔1〕《论球和圆柱》卷 I 的序言.

〔2〕《欧几里得原本 13 卷》（The Thirteen Books of Euclid's Elements）卷Ⅲ，P.368.

〔3〕Plutarch, De Comm. Not. adv. Stoicos ⅩⅩⅩⅨ.3.

少，它们在同一高度处的两个截面总是分别为相等的直线段或相等的面片，则两图形的面积或体积相等.）当然德谟克利特也会看到，与以三角形为底的棱锥同底等高的棱柱所分成的三个棱锥（如欧几里得《几何原本》卷XII命题7中那样），其中任何两个都符合上面相同高度处的截面面积相等的条件，因此以三角形为底的棱锥体积是前述与之同底等高的棱柱体积的 $\frac{1}{3}$. 这一结论很容易推广到以多边形为底的棱锥的情形. 另外，德谟克利特关于圆锥命题的陈述（当然没有绝对意义上的证明）也许是从下述结果所作出的必然推断，即无限增加构成棱锥底的正多边形的边数.

我用引号标明的这些段落保持了《阿基米德全集》（The Works of Archimedes）中所采用的风格，由于它们在历史上或现今的重要性，我将它们从希腊语直译过来；论文的其余部分用现代的符号和术语做了重写. 方括号中的词和句子绝大部分表示海伯格通过推测而恢复的该处或许应具有的文字（含在其德语译本中），在手稿上这里的字迹是难以辨认的；少数地方中断相当大，括号中的注释表明这里所缺掉的部分可能包含的内容，并且也尽量指明缺掉的部分如何弥补.

T. L. 希思

1912 年 6 月 7 日

解决力学问题的方法——给厄拉多塞

"阿基米德向厄拉多塞（Eratosthenes）致意.

前些时候我寄给您一些我发现的定理，但当时我只写出了定理的内容，而没有给出证明，希望您做出证明. 我寄给您的那些定理的内容如下.

1. 如果在一底为平行四边形的直棱柱内作一内接圆柱，圆柱的两底位于两相对的平行四边形①上，圆柱的边［即四条母线］在直棱柱的其余平面（侧面）上. 经过圆柱的底圆圆心和与该底圆相对的正方形的一边作一平面，该平面从圆柱上截下的部分由两个平面和圆柱的表面围成，其中一个平面为所作的平面，另一平面为圆柱底所在的平面，圆柱的表面指位于上述两平面之间的部分，那么，从圆柱上所截下部分的体积是整个棱柱的 $\frac{1}{6}$.

2. 如果在一立方体内作一内接圆柱，圆柱的两底位于两相对的平行四边形②上，圆柱面与立方体的其余四个平面（侧面）相切. 同时还有另一圆柱内接于同一立方体，此圆柱的两底位于另外的平行四边形上，它的表面与余下的四个平面（侧面）相切，那么，位于两圆柱内部，由两（等直径）圆柱面（正交）所围成的图形③，其体积是整个立方体的 $\frac{2}{3}$.

上述这两个定理性质上不同于以前转寄出的那些定理，这是由于，那时所谈及的图形，即劈锥曲面体和旋转椭圆体及它们的一部分，我们是用圆锥和圆柱来衡量其体积的；但并未发现其中任一个图形等于由平面所围成的立体图形的体积；而现在谈及的由两个平面和圆柱面围成的图形，却发现其体积等于由平面围成的某一立体图形的体积. 关于前述两个定理的证明我已经写在这本书里，现在把它寄给您. 另外，如我所说，您是一位极认真的学者，在哲学上有卓越成就，又热心于［探索数学知识］，因而，我认为在同一本书中给您写出并详细说明一种方法的独特之处是合适的，用这种方法使您可能会借助于力学方法开始来研究某些数学问题. 我相信这一方法的相应过程甚至对定理本身的证明同样有用，因为按照上述方法对这些定理所做的研究虽然不能提供定理的实际证明，以后它们必须用几何学进行论证，但通过力学方法，我对一些问题首先变得清晰了. 然而，当我们用这种方法预先获得有关这些问题的信息时，完成它们的证明当然要比没有任何信息的情况下去发现其证明容易得多. 正是由于这一原因，对于圆锥是同底等高的圆柱体积的三分之一及棱锥是同底等高的棱柱体积的三分之一这两个定理来说，欧多克斯首先给出它们的证明，但我们不能就此轻视德谟

---

① 这里所说的平行四边形显然为正方形.

② 即正方形.

③ 此图形我国刘徽（公元 263 年前后）称为"牟合方盖".

克利特的功绩，是他最先就上述图形[1]作出这种断言，虽然他没有予以证明．现在我本人就处于［通过上面指出的方法］先发现要公布的定理的情形，这使我认为有必要阐述一下这种方法．这样做部分是因为我曾谈到过此事[2]，我不希望被视作讲空话的人，另外也因为我相信这种方法对数学很有用．我认为，这种方法一旦被理解，将会被同代人或未来的某些人用以发现我尚未想到的其他一些定理．

那么，我先列出我用力学方法得到的第一个定理，即：

直角圆锥的截面［即抛物线］所构成的弓形面积是同底等高三角形的$\frac{4}{3}$，

这之后我将给出用同样的方法研究得到的所有其他定理．然后，在该书的最后部分我将给出［书的开始处所述命题］的几何［证明］……

［我假定下列命题成立，它们在后面将要用到．］

1．如果［两个重心不同的量相减，那么剩余量的重心可通过如下方法求得］，即［在整体量的重心方向上］延长［连接整体量和减量的重心的直线］，然后从其上截去一段长度，使该长度与上述两重心间的距离之比等于减量与剩余量的重量之比．

［《论平面图形的平衡》，I.8］

2．如果一组量的重心均在同一直线上，那么由这组量的全体所组成的量的重心将在相同的直线上．

［出处同上，I.5］

3．任一直线的重心是该直线的中点．

［出处同上，I.4］

4．三角形的重心是从角顶点到（对）边中点所作直线的交点．

［出处同上，I.13，14］

5．平行四边形的重心是对角线的交点．

［出处同上，I.10］

6．圆的重心就是［该圆的］圆心．

7．圆柱的重心是轴的平分点．

8．圆锥的重心是［划分轴的点，该点使轴上靠近顶点的］那部分［是靠近底的那部分的］三倍．

［这些命题都已经］证明过了[3]［除这些命题外，我还要用到下面的命题，它是很容易证明的：

如果在两组量中，第一组量依次与第二组量成比例，而且［第一组］量的全体或其中一部分［与第三组量］成任一比，又第二组量与［第四组］中的相应量也成同一比，那么，第一组量之和与第三组所选量之和的比等于第二组量之和与第四组中（相

---

〔1〕περὶ τοῦ εἰρημένου σχήματος 是单数形式，也许阿基米德把棱锥看作更基本的情形，并由此考虑到圆锥的情形，也可能这里的"图形"指"图形的类型"而言．

〔2〕参看《求抛物线弓形的面积》的序言．

〔3〕求圆锥重心的问题在阿基米德现存的著作中未见解决，或许它已经在一个单独的论文中得到解决，如已失传的 περὶζυγῶν，也可能存在于一部较大的力学著作中，现存的《论平面图形的平衡》只是其中的一部分．

应）所选量之和的比.

[《论劈锥曲面体与旋转椭圆体》，命题1.]"

命题 1

设 ABC 是由直线 AC 和抛物线 ABC 所围成的抛物线弓形，D 为 AC 的中点. 作直线 DBE 平行于抛物线的轴，连接 AB、BC.

则弓形 ABC 的面积是三角形 ABC 面积的 $\dfrac{4}{3}$.

由 A 点作 AKF 平行于 DE，设抛物线在 C 点的切线交 DBE 于 E，交 AKF 于 F. 延长 CB 交 AF 于 K，再延长 CK 至 H，使 KH 等于 CK.

将 CH 作为杠杆，K 为中点.

设 MO 是平行于 ED 的任一直线，它与 CF、CK、AC 分别交于点 M、N、O，与曲线交于 P 点.

由于 CE 为抛物线的切线，CD 为半纵坐标，所以

$$EB = BD,$$

"这在［圆锥曲线的］理论中已经证明过了[1]."

又因为 FA、MO 都平行于 ED，所以应有

$$FK = KA, \quad MN = NO,$$

根据抛物线的性质，"已在引理中证明"，有

$$MO : OP = CA : AO \;［参看《求抛物线弓形的面积》命题5］$$
$$= CK : KN \;［欧几里得《几何原本》 Ⅵ. 2］$$
$$= HK : KN,$$

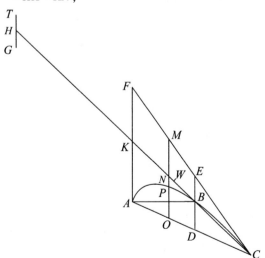

───────────

〔1〕即阿里斯泰库斯（Aristaeus）和欧几里得的关于圆锥曲线的著作，参看《论劈锥曲面体与旋转椭圆体》的命题3和《求抛物线弓形面积》的命题3中类似的表达.

取直线 TG 等于 OP，将其以 H 为重心放置，以使 $TH = HG$，于是由 N 为直线 MO 的重心.

及 $$MO : TG = HK : KN,$$

可推知，H 处的 TG 和 N 处的 MO 关于 K 点保持平衡.［《论平面图形的平衡》，I.6，7］

类似地，对平行于 DE 且与抛物线弧相交的所有其他直线，（1）截于 FC、AC 之间、中点在 KC 上的部分和（2）曲线和 AC 之间的截线为长、以 H 为重心放置的一段长度将关于 K 点保持平衡.

因此，K 是由如下两组直线构成的整个系统的重心，即（1）截于 FC、AC 之间，置于图中实际所示位置的所有像 MO 一样的直线和（2）置于 H 处、以曲线和 AC 间的截线为长度的所有像 PO 一样的直线.

因为三角形 CFA 由所有像 MO 一样的平行线组成、弓形 CBA 由所有像 PO 一样含于曲线内部的直线组成，所以可推知，置于图中所示位置上的三角形与以 H 为重心放置的弓形 CBA 关于 K 点保持平衡.

以 W 点划分 KC，使 $CK = 3KW$，则 W 是三角形 ACF 的重心，"这已在有关平衡性的著作中得到证明"（ἐν τοῖς ἰσορροπικοῖς）.

［参看《论平面图形的平衡》I.15］

于是有 $$\triangle ACF : 弓形\ ABC = HK : KW$$
$$= 3 : 1.$$

从而 $$弓形\ ABC = \frac{1}{3}\triangle ACF.$$

但 $$\triangle ACF = 4\triangle ABC.$$

故 $$弓形\ ABC = \frac{4}{3}\triangle ABC.$$

"这里所陈述的事实不能以上面所用的观点作为实际证明，但这种观点暗示了结论的正确性，鉴于该定理并未得到证明，同时它的真实性又值得怀疑，因此我们将求助于几何学的证明，我本人已经发现并公布了这一证明[1]."

命题 2

用同样的方法，我们可以考察命题

（1）球（就体积而言）是以它的大圆为底、它的半径为高的圆锥体积

---

［1］在希腊语文本中支配 τὴν γεωμέτρουμένην ἀπόδειξιν 的词是 τάξομεν，这是一个看上去含糊的，因而很难翻译的词，海伯格的翻译似乎 τάξομεν 意指"我们将在下面给"或"以后"，但我赞同 Th. Reinach 的观点（Revue genérale des sciences pures et appliquées，30 November 1907，P. 918），他认为阿基米德是否以附录的形式又一次完整写出如他所说已经公布的证明（应该在《求抛物线弓形的面积》中公布的）这一点是值得怀疑的. τάξομεν，如果正确的话，显然应该解释为"我们将提供""给出"或"指出".

的 4 倍.

（2）以球的大圆为底、球直径为高的圆柱的体积是球体积的 $1\dfrac{1}{2}$ 倍.

（1）设 $ABCD$ 为球的大圆，AC、BD 是相互垂直的直径.

在与 AC 垂直的平面上作以 BD 为直径的圆，再以该圆为底，以 A 为顶点作一圆锥，扩展这一圆锥的表面，然后用经过 C 点平行于该圆锥底的平面去截它，截面是以 EF 为直径的圆，以该圆为底，以 AC 为高和轴作一圆柱，并延长 CA 至 H，使 AH 等于 CA.

视 CH 为一杠杆，A 为其中点.

在圆 $ABCD$ 所在的平面上作与 BD 平行的任一直线 MN，设 MN 与圆 $ABCD$ 交于点 O、P，与直径 AC 交于点 S，与直线 AE、AF 分别交于点 Q、R. 连接 AO.

过 MN 作与 AC 成直角的平面，该平面截圆柱所得的截面是以 MN 为直径的圆，截球所得的截面是以 OP 为直径的圆，截圆锥得以 QR 为直径的圆.

因为 $MS = AC$，$QS = AS$，则有

$$MS \cdot SQ = CA \cdot AS$$
$$= AO^2$$
$$= OS^2 + SQ^2.$$

又　$HA = AC$，从而有

$$HA : AS = CA : AS$$
$$= MS : SQ$$
$$= MS^2 : MS \cdot SQ$$
$$= MS^2 : (OS^2 + SQ^2)，这是$$

上面推导出的结果，

$$= MN^2 : (OP^2 + QR^2)$$

$=$ 以 MN 为直径的圆：（以 OP 为直径的圆 + 以 QR 为直径的圆）.

即

$$HA : AS = 圆柱中的圆：（球中的圆 + 圆锥中的圆）.$$

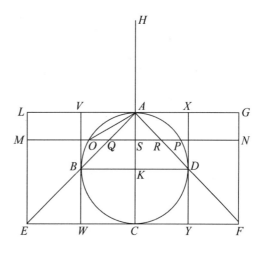

因此，若以 H 为重心放置球中的圆和圆锥中的圆，那么，处于原位置上的圆柱中的圆与前两圆关于 A 点保持平衡.

同理，由这样的平面，即该平面垂直于 AC 并且经过平行四边形 LF 内平行于 EF 的任一其他直线，截得的三个相应的截面也有类似的结论.

如果我们以同样的方法讨论所有这三类圆，即垂直于 AC 的平面截圆柱、球和圆锥所得的圆，而且所有这三类圆分别组成上述三种立体图形，那么，可以得出，当球和圆锥以 H 为重心放置时，处于原位置上的圆柱将与二者关于 A 点保持平衡.

因而由 K 为圆柱的重心知有

$$HA : AK = 圆柱：（球 + 圆锥 AEF）.$$

但　　　　　　　　　　$HA = 2AK.$

于是有

$$圆柱 = 2（球 + 圆锥 AEF）.$$

而　　　　　　圆柱 = 3 圆锥 AEF，［Eucl. XⅡ. 10］

所以　　　圆锥 AEF = 2 球.

又由　　　　　　EF = 2BD 知

圆锥 AEF = 8 圆锥 ABD.

故　　　　　　球 = 4 圆锥 ABD.

（2）过 B、D 作 VBW、XDY 平行于 AC，设有一圆柱，以 AC 为轴，以 VX、WY 为直径的圆作两底.

则　　　圆柱 VY = 2 圆柱 VD

$$= 6 圆锥 ABD \qquad ［Eucl. XⅡ. 10］$$

$$= \frac{3}{2} 球，这是由上面的（1）得到的.$$

证完

"由这一定理，即球体积是以它的大圆为底、半径为高的圆锥体积的 4 倍，我想到，任一球的表面积是它的大圆面积的 4 倍，这是因为，由圆面积等于以它的周长为底，以它的半径为高的三角形面积这一事实进行推断，我认识到同样应有，球体积等于以球的表面积为底、半径为高的圆锥的体积，由此推断出球的表面积等于它的大圆面积的 4 倍[1]."

命题 3

用这种方法我们还能考察下面的定理.

以旋转椭圆体的大圆为底、轴为高的圆柱体积是旋转椭圆体的 $1\frac{1}{2}$ 倍.

而且，当这一定理被证实时，显然有

如果旋转椭圆体被经过中心且垂直于轴的平面所截，则截得的半旋转椭圆体的体积是与该部分（即半旋转椭圆体）同底同轴的圆锥体积的 2 倍.

设经过旋转椭圆体的轴的平面与旋转椭圆体面相交的交线为椭圆 ABCD，该椭圆的直径（即轴）为 AC、BD，中心为 K.

在与 AC 垂直的平面上作以 BD 为直径的圆，将以该圆为底，A 为顶点的圆锥面扩展，所得锥面又被经过 C 点平行于该圆锥底的平面所截，截面是垂直于 AC 的平面上以 EF 为直径的圆.

设有一圆柱，以后面的圆为底，以 AC 为轴，延长 CA 至 H，使 AH 等于 CA.

将 HC 视为杠杆，A 为其中点.

在平行四边形 LF 内作平行于 EF 的任一直线 MN，与椭圆交于点 O、P，与 AE、

---

〔1〕这说明，阿基米德解决球体积问题先于球表面积问题，并由前一问题推断出后一问题的结论，但在《论球和圆柱》卷Ⅰ里，球表面积问题独立列为一个题目（即命题33），而且在球体积问题即命题34之前. 这一事实也说明，希腊几何学家最后在论文中详尽阐述命题时未必遵循发现的顺序.

AF、AC 分别交于点 Q、R、$S.$

现若经过 MN 作与 AC 垂直的平面，则该平面截圆柱、旋转椭圆体和圆锥所得的截面分别是以 MN、OP、QR 为直径的圆.

因为 $HA = AC$，则

$$HA : AS = CA : AS$$
$$= EA : AQ$$
$$= MS : SQ.$$

从而
$$HA : AS = MS^2 : MS \cdot SQ.$$

但由椭圆的性质有
$$AS \cdot SC : SO^2 = AK^2 : KB^2$$
$$= AS^2 : SQ^2.$$

于是
$$SQ^2 : SO^2 = AS^2 : AS \cdot SC$$
$$= SQ^2 : SQ \cdot QM.$$

因而
$$SO^2 = SQ \cdot QM.$$

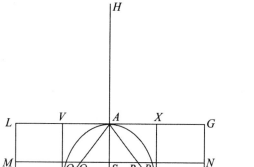

两边同时加上 SQ^2 有
$$SO^2 + SQ^2 = SQ \cdot SM.$$

所以，由上面推导的结果可得
$$HA : AS = MS^2 : (SO^2 + SQ^2)$$
$$= MN^2 : (OP^2 + QR^2)$$
$$= 以 \ MN \ 为直径的圆 : (以 \ OP \ 为直径的圆 + 以 \ QR \ 为直径的圆)，$$

即
$$HA : AS = 圆柱中的圆 : 旋转椭圆体中的圆 + 圆锥中的圆$$

因此，若以 H 为重心放置旋转椭圆体中的圆与圆锥中的圆，那么，处于原位置上的圆柱中的圆与前两圆关于 A 点保持平衡.

同理，由这样的平面，即该平面垂直于 AC 并且经过平行四边形 LF 内平行于 EF 的任一其他直线，截得的三个相应的截面也有类似的结论.

如果我们以同样的方法讨论所有这三类圆，即垂直于 AC 的平面截圆柱，旋转椭圆体和圆锥所得的圆，而且所有这三类圆分别组成上述三种图形，那么，可以得出，当旋转椭圆体和圆锥以 H 为重心放置时，处于原位置上的圆柱将与二者关于 A 点保持平衡.

因而由 K 为圆柱的重心知有
$$HA : AK = 圆柱 : (旋转椭圆体 + 圆锥 \ AEF).$$

但 $HA = 2AK$，

于是有
$$圆柱 = 2 \ (旋转椭圆体 + 圆锥 \ AEF).$$

而
$$圆柱 = 3 \ 圆锥 \ AEF, \quad [Eucl. \ VIII. 10]$$

所以
$$圆锥 \ AEF = 2 \ 旋转椭圆体$$

又由 $EF = 2BD$ 知

$$圆锥 AEF = 8 圆锥 ABD,$$

故 $$旋转椭圆体 = 4 圆锥 ABD,$$

从而 $$半旋转椭圆体 = 2 圆锥 ABD.$$

　　过 B、D 作 VBW、XDY 平行于 AC，设有一圆柱，以 AC 为轴，以 VX、WY 为直径的圆作两底.

则 $$圆柱 VY = 2 圆柱 VD$$
$$= 6 圆锥 ABD$$
$$= \frac{3}{2} 旋转椭圆体，这是由上面的结论得到的.$$

证完

命题 4

　　直角劈锥曲面（即旋转抛物体）被垂直于轴的平面所截取的部分的体积是与该部分立体同底同轴的圆锥体积的 $1\frac{1}{2}$ 倍.

　　该命题能用我们所说的方法考察，过程如下.

　　设旋转抛物体被经过轴的平面所截，截面为抛物线 BAC，它又被另一垂直于轴的平面所截，该平面与前一平面的交线为 BC，延长 DA 至 H，即延长旋转抛物体被垂直于轴的平面所截取部分的轴，使 HA 等于 AD.

　　视 HD 为杠杆，A 为中点.

　　旋转抛物体被截取部分的底是与 AD 垂直的平面上以 BC 为直径的圆，又设有（1）以后面的圆为底、A 为顶点的圆锥，（2）以同样的圆为底、AD 为轴的圆柱.

　　在平行四边形 EC 内作平行于 BC 的任一直线 MN，再作经过 MN 与 AD 垂直的平面，该平面截圆柱、旋转抛物体所得截面分别是以 MN、OP 为直径的圆. 因为 BAC 为抛物线，BD、OS 为平行于纵标方向的直线，则

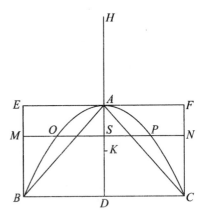

$$DA : AS = BD^2 : OS^2,$$

或 $$HA : AS = MS^2 : SO^2.$$

从而

$$HA : AS = 半径为 MS 的圆 : 半径为 OS 的圆$$
$$= 圆柱中的圆 : 旋转抛物体中的圆.$$

　　因此，若以 H 为重心放置旋转抛物体中的圆，那么，处于原位置上的圆柱上的圆将与前者关于 A 点保持平衡.

　　同理，由这样的平面，即该平面垂直于 AD 并且经过平行四边形内平行于 BC 的任

一其他直线，截得的两个相应的圆截面也有类似的结论.

所以，同以前一样，如果考虑组成整个圆柱和旋转抛物体被截取部分的所有圆，并用同样的方法讨论它们，那么，我们发现，处于原位置上的圆柱与以 H 为重心放置的旋转抛物体被截取的部分关于 A 点保持平衡.

设 AD 的中点为 K，则 K 为圆柱的重心，

因而　　　$HA:AK=$ 圆柱：旋转抛物体被截取的部分.

于是　　　圆柱 $=2$ 旋转抛物体被截取的部分，

又　　　　圆柱 $=3$ 圆锥 ABC，　　　　　　　　　　　　[Eucl. XII. 10]

故　　　旋转抛物体被截取部分的体积 $=\dfrac{3}{2}$ 圆锥 ABC.

命题 5

直角劈锥曲面（即旋转抛物体）被垂直于轴的平面所截取部分的重心位于该被截取部分的轴所在的直线上，并且分该直线为两部分，靠近顶点的部分是余下部分的 2 倍.

该命题用这种方法考察如下.

设旋转抛物体被经过轴的平面所截，截面为抛物线 BAC，它又被另一垂直于轴的平面所截，该平面与前一平面的交线为 BC.

延长 DA 至 H，即延长旋转抛物体被垂直于轴的平面所截取部分的轴，使 HA 等于 AD，将 DH 视为杠杆，A 为其中点.

旋转抛物面被截取部分的底是与 AD 垂直的平面上以 BC 为直径的圆，又设有一圆锥，以该圆为底，A 为顶点，以使 AB、AC 为它的母线.

在抛物线内作平行于纵坐标方向的任一直线 OP，分别交 AB、AD、AC 于点 Q、S、R.

现由抛物线的性质有
$$BD^2:OS^2=DA:AS$$
$$=BD:QS$$
$$=BD^2:BD\cdot QS.$$

从而　　　$OS^2=BD\cdot QS$，

即　　　　$BD:OS=OS:QS$.

于是有　　$BD:QS=OS^2:QS^2$，

但　　　　$BD:QS=AD:AS$

$$=HA:AS.$$

因而　　　$HA:AS=OS^2:QS^2$

$$=OP^2:QR^2.$$

现在，若经过 OP 作与 AD 重直的平面，则此平面截旋转抛物体和圆锥所得的截面分别为以 OP、QR 为直径的圆.

因此应有

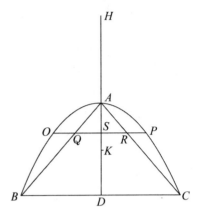

$HA:AS$ = 直径为 OP 的圆：直径为 QR 的圆

= 旋转抛物体中的圆：圆锥中的圆.

进一步可知，处于原位置上的旋转抛物体中的圆与以 H 为重心放置的圆锥中的圆关于 A 点保持平衡.

同理，由下述平面，即该平面垂直于 AD 并且经过抛物线内平行于纵坐标方向的任一其他直线，截得的两个相应的圆形截面也有类似的结论.

因此，对于分别组成旋转抛物体被截取的部分和圆锥的所有圆形截面，按照同前一样的方法讨论它们，可知，处于原位置上的旋转抛物面被截取的部分与以 H 为重心放置的圆锥关于 A 点保持平衡.

由于 A 是上述整个系统的重心，其中的一部分即圆锥置于上面所述位置上时，重心在 H 点，另一部分即旋转抛物体被截取部分的重心位于 HA 延长线上某点 K 处，于是有

$$HA:AK = 旋转抛物面被截取部分：圆锥.$$

但
$$旋转抛物面被截取部分 = \frac{3}{2}圆锥. \qquad [命题4]$$

因而
$$HA = \frac{3}{2}AK,$$

这说明，K 分 AD 的两部分有关系式 $AK = 2KD$.

命题6

半球的重心位于其轴 [所在的直线上]，并且分该直线段为如下两部分，靠近半球面的部分与余下部分的比为 3 比 5.

设球被经过中心的平面所截，截面为圆 $ABCD$，AC、BD 是该圆的两条相互垂直的直径，经过 BD 作垂直于 AC 的平面.

这一平面截球所得截面是以 BD 为直径的圆.

又设有一圆锥，以后面所说的圆为底，A 为顶点.

延长 CA 至 H，使 AH 等于 CA，将 HC 视为杠杆，A 为其中点.

在半圆 BAD 内，作平行于 BD 的任一直线 OP，与 AC 交于 E，与圆锥的两条母线 AB，AD 分别交于点 Q、R，连接 AO.

经过 OP 作垂直于 AC 的平面，该平面截半球所得的截面是以 OP 为直径的圆，截圆锥的截面是以 QR 为直径的圆.

现在知有

$$HA:AE = AC:AE$$
$$= AO^2:AE^2$$
$$= (OE^2 + AE^2):AE^2$$
$$= (OE^2 + QE^2):QE^2$$

= （直径为 OP 的圆 + 直径为 QR 的圆）：直径为 QR 的圆.

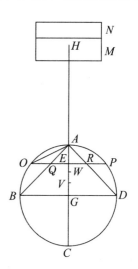

因此，若以 H 为重心放置直径为 QR 的圆，那么，处于原位置上的直径分别为 OP、QR 的圆与前者关于 A 点保持平衡.

另外，由于直径分别为 OP、QR 的两圆的重心，如所示位置重合在一起，是……

［命题到这里出现空白，但按照命题 8 中解决相应的、但更困难的情形所用的方法，可以容易地完成证明.

上面已经提到，处于原位置上的、直径分别为 OP、QR 的圆与以 H 为重心放置的直径为 QR 的圆关于 A 点保持平衡，我们从这里继续进行推导.

由经过 AG 上的点且垂直于 AG 的其他平面所截得的任何一组其他的圆截面关于 A 点也有类似的关系.

那么，分别考虑充满半球 BAD 和圆锥 ABD 的所有圆，可以发现，处于原位置上的半球 BAD 和圆锥 ABD 与以 H 为重心放置的，与圆锥 ABD 相同的另一圆锥关于 A 点保持平衡.

设体积为 $M + N$ 的圆柱等于圆锥 ABD 的体积.

于是由以 H 为重心放置的圆柱 $M + N$ 与处于原位置上的半球 BAD，圆锥 ABD 保持平衡，可以假定，圆柱的体积为 M 的部分，以 H 为重心放置时，与处于原位置上的圆锥 ABD（仅其一个）保持平衡；从而以 H 为重心放置的圆柱的体积为 N 的部分与处于原位置上的半球（仅其一个）保持平衡.

现设圆锥的重心在点 V 处，满足 $AG = 4GV$，于是由 H 处的体积 M 与圆锥 ABD 平衡可知

$$M : 圆锥 = \frac{3}{4}AG : HA = \frac{3}{8}AC : AC,$$

从而得

$$M = \frac{3}{8}圆锥.$$

但 $M + N = $ 圆锥，因此 $N = \frac{5}{8}$ 圆锥.

再令半球的重心在 W 点，它是 AG 上的某点.

于是由 H 处的体积 N 只与半球平衡可知

$$半球 : N = HA : AW.$$

但半球 $BAD = 2$ 倍的圆锥 ABD，

［《论球和圆柱》卷 I 命题 34 和前面的命题 2］

又 $N = \frac{5}{8}$ 圆锥，这已由上面推得，因此有

$$2 : \frac{5}{8} = HA : AW$$

$$= 2AG : AW,$$

所以 $AW = \frac{5}{8}AG$，这表明 W 以 $AW : WG = 5 : 3$ 的方式分割 AG.］

命题 7

用同样的方法还可以考察命题.

[球缺] 与 [同底等高的] 圆锥 [的体积之比等于球半径与余下球缺的高度之和比上余下球缺的高度]

[这里出现脱漏,但缺掉的部分是作图部分,依据图形它是很容易理解的,显然 *ABD* 是所说的球缺,其体积要与同底同高的圆锥进行比较.]

经过 *MN* 作垂直于 *AC* 的平面,该平面截圆柱,球缺和底为 *EF* 的圆锥所得的截面分别是以 *MN*、*OP*、*QR* 为直径的圆.

用同以前一样的方法 [参看命题 2] 可以证明,如果直径为 *OP*、*QR* 的两圆都移至 *H* 处,使 *H* 为它们的重心,那么,处于原位置上的直径为 *MN* 的圆与前两圆关于 *A* 点保持平衡.

同理可证,均以 *AG* 为高的圆柱、球缺和圆锥被垂直于 *AC* 的任一平面所得的各组圆中,每组中的三个圆都有同样的结论.

因为所有各组中的三个圆分别组成圆柱、球缺和圆锥,所以可以推知,如果球缺和圆锥都以 *H* 为重心放置时,则处于原位置上的圆柱与二者之和关于 *A* 点保持平衡.

以点 *W*、*V* 划分 *AG*,使得

$$AW = WG, \quad AV = 3VG.$$

则可知,*W* 是圆柱的重心,*V* 是圆锥的重心.

现由上述立体处于平衡状态,知有

$$圆柱:(圆锥\ AEF + 球缺\ BAD) = HA:AW.$$

……

[证明的余下部分丢失了,但这可以很容易地做如下的补遗.

现知有

$$(圆锥\ AEF + 球缺\ BAD):圆柱 = AW:AC$$
$$= AW \cdot AC:AC^2.$$

但
$$圆柱:圆锥\ AEF = AC^2:\frac{1}{3}GE^2$$
$$= AC^2:\frac{1}{3}AG^2.$$

因此,由首末比有

$$(圆锥\ AEF + 球缺\ BAD):圆锥\ AEF = AW \cdot AC:\frac{1}{3}AG^2$$

$$= \frac{1}{2} AC : \frac{1}{3} AG,$$

于是有

$$球缺\ BAD : 圆锥\ AEF = (\frac{1}{2} AC - \frac{1}{3} AG) : \frac{1}{3} AG.$$

又 $\qquad 圆锥\ AEF : 圆锥\ ABD = EG^2 : DG^2$

$$= AG^2 : AG \cdot GC$$

$$= AG : GC$$

$$= \frac{1}{3} AG : \frac{1}{3} GC.$$

故由首末比得

$$球缺\ BAD : 圆锥\ ABD = (\frac{1}{2} AC - \frac{1}{3} AG) : \frac{1}{3} GC$$

$$= (\frac{3}{2} AC - AG) : GC$$

$$= (\frac{1}{2} AC + GC) : GC]$$

证完

命题 8

[有关命题内容的阐述、假设以及有关作图的话都缺掉了.

然而,由命题 9 可以得知该命题的内容,其内容,除了不可能谈及"任一球缺"外,和命题 9 一定是相同的,因此可以推测,该命题仅是关于一类球缺的论述,即或者是比半球大的球缺或者是比半球小的球缺.

海伯格(Heiberg)的图形对应的是比半球大的情形、所考察的球缺自然应是图中的球缺 BAD,作图的开始部分和作图由图中所示显然是很清楚的]

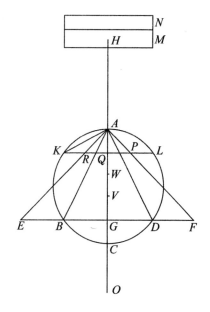

延长 CA 两端至 H、O 点,使 HA 等于 AC,CO 等于球半径,视 HC 为杠杆,中点为 A.

在截得球缺的平面上作以 G 为圆心,半径(GE)等于 AG 的圆,再以该圆为底、A 为顶点作一圆锥,AE、AF 为该圆锥的母线.

过 AG 上的任一点 Q 作 KL 平行于 EF,与球缺交于点 K、L,与 AE、AF 分别交于点 R、P. 连接 AK.

现知　　　$HA : AQ = CA : AQ$

$$= AK^2 : AQ^2$$

$$= (KQ^2 + QA^2) : QA^2$$

$$= (KQ^2 + PQ^2) : PQ^2$$

$$= (直径为 KL 的圆 + 直径为 PR 的圆) : 直径为 PR 的圆.$$

设有一圆，与直径为 PR 的圆相等，以 H 为重心将其放置，于是可知，处于原位置上的直径为 KL、PR 的圆与以 H 为重心放置的、直径等于 PR 的上述圆关于 A 点保持平衡.

同理，对于由垂直于 AG 的任一其他平面所截得的相应的圆截面也有类似的结论.

因此，考虑分别组成球缺 ABD 和圆锥 AEF 的所有圆截面，可以发现，处于原位置上的球缺 ABD 和圆锥 AEF 与假设以 H 为重心放置时的圆锥 AEF 保持平衡.

设体积为 $M + N$ 的圆柱等于以 A 为顶点，以 EF 为直径的圆作底的圆锥的体积.

在 V 点划分 AG，使得 $AG = 4VG$，则 V 是圆锥 AEF 的重心，"这一点以前已经证明过了[1]."

设圆柱 $M + N$ 被垂直于轴的平面所截，使得（仅）圆柱 M，当以 H 为重心放置时，与圆锥 AEF 平衡.

因为悬挂于 H 处的圆柱 $M + N$ 与处于原位置上的球缺 ABD 和圆锥 AEF 保持平衡，而 M，也置于 H 点，与处于原位置上的圆锥 AEF 保持平衡，所以可以推知，置于 H 处的 N 与处于原位置上的球缺 ABD 保持平衡.

另外，

$$球缺 ABD : 圆锥 ABD = OG : GC,$$

"这已被证明"［参看《论球和圆柱》Ⅱ.2 的推论，亦即前面的命题 7］.

及　　　　$圆锥 ABD : 圆锥 AEF = 直径为 BD 的圆 : 直径为 EF 的圆$

$$= BD^2 : EF^2$$

$$= BG^2 : GE^2$$

$$= CG \cdot GA : GA^2$$

$$= CG : GA.$$

于是由首末比有

$$球缺 ABD : 圆锥 AEF = OG : GA.$$

在 AG 上取点 W，使得

$$AW : WG = (GA + 4GC) : (GA + 2GC),$$

其反比为

$$GW : WA = (2GC + GA) : (4GC + GA).$$

由合比得

———————————

〔1〕参看本节命题 1 的注.

$$GA : AW = (6GC + 2GA) : (4GC + GA).$$

又
$$GO = \frac{1}{4}(6GC + 2GA), \quad \left[因为\ GO - GC = \frac{1}{2}(CG + GA) \right]$$

$$CV = \frac{1}{4}(4GC + GA),$$

因此
$$GA : AW = OG : CV,$$

交换内项，并求反比得

$$OG : GA = CV : WA.$$

所以由上面的结论应有

$$球缺\ ABD : 圆锥\ AEF = CV : WA.$$

现在由重心在 H 点的圆柱 M 与重心在 V 点的圆锥 AEF 关于 A 点保持平衡，可知

$$圆锥\ AEF : 圆柱\ M = HA : AV$$
$$= CA : AV,$$

又圆锥 $AEF =$ 圆柱 $M + N$，由分比定理和反比可得

$$圆柱\ M : 圆柱\ N = AV : CV.$$

因此由合比得

$$圆锥\ AEF : 圆柱\ N = CA : CV^{[1]}$$
$$= HA : CV.$$

但已证得

$$球缺\ ABD : 圆锥\ AEF = CV : WA,$$

所以由首末比可得

$$球缺\ ABD : 圆柱\ N = HA : AW.$$

上面已经证得，置于 H 处的圆柱 N 与处于原位置上的球缺 ABD 关于 A 点保持平衡，因此由 H 是圆柱 N 的重心知，W 是球缺 ABD 的重心.

命题 9

依然用同一方法可以考察命题.

任一球缺的重心位于其轴所在的直线上，并且分该直线为如下两部分，靠近球缺顶点的部分与余下部分之比等于球缺的轴与 4 倍的余下球缺的轴之和比上球缺的轴与 2 倍的余下球缺的轴之和.

[由于该命题论述的是"任一球缺"，而且结论和前一命题相同，因此可以推断，命题 8 讨论的一定只是某一种球缺，或者比半球大（如海伯格关于命题 8 的图形所示）或者比半球小，现在的命题就两种情形进行了证明. 但无论如何，这只需在图形上作一微小变化.]

---

〔1〕阿基米德迂回地得到这一结果，实际上该结果利用换比定理（Convertendo）立刻可得. 参看 Eucl. Ⅹ. 14.

命题 10

按照这一方法还可以考察如下命题.

［钝角劈锥曲面（即旋转双曲体）的一部分和该部分立体］同底［等高的圆锥的体积之比等于该部分立体的轴与 3 倍的］"附加轴"（即通过双曲体的轴的双曲线截面的横截轴之半，亦即在该部分立体图形的顶点和包络圆锥的顶点之间的距离）之和比上该部分立体图形的轴与 2 倍的"附加轴"之和[1].

［这是在《论劈锥曲面体与旋转椭圆体》的命题 25 中已经得到证明的定理］，"另外还有许多其他的定理，因为通过前述的例子，这种方法已经很清楚了，所以我不再讨论它们，以便现在可以着手进行上面提到的定理的证明."

命题 11

如果一圆柱内接于底为正方形的直棱柱，其中圆柱的两底位于两相对的正方形面上，圆柱面与其余的四个矩形面相切，通过圆柱的一底圆的圆心与另一底圆相切的正方形的一边作一平面，则由该平面所截圆柱部分图形的体积是整个棱柱的 $\frac{1}{6}$.

"这一命题可用力学方法加以考察，在我能够清楚地表达它之后，就将从几何角度着手其证明."

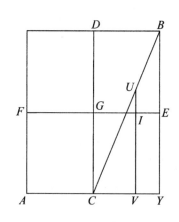

［按照力学方法所作的考察包含在 11、12 两个命题里，命题 13 给出另一种解法，尽管这种解法没有涉及力学知识，但它仍具有阿基米德所谓的无说服力这一特性，因为其中假设了主体实际上是由平行的平面截面组成，以及辅助抛物线实际上是由包含在其内部的平行直线组成的. 命题 14 增加了确定性的几何证明.］

如下所述，设有一直棱柱，在其内部内接一圆柱.

设棱柱被一平面所截，该平面经过棱柱和圆柱的公共轴且与截得圆柱的一部分［以下简称部分圆柱］的平面垂直，设得到的截面为矩形 *AB*，又它与截得部分圆柱的平面（该平面垂直于平面 *AB*）的交线是直线 *BC*.

设 CD 为棱柱和圆柱的公共轴，EF 垂直平分它，经过 EF 作垂直于 CD 的平面，该平面截棱柱所得的截面为正方形，截圆柱所得截面为圆.

设 MN 为截得的正方形截面，$OPQR$ 为所截得的圆，圆与正方形各边切于点 O、P、Q、R［第一个图形中的点 F、E 分别和点 O、Q 重合］. 令 H 为圆心.

设 KL 是经过 EF 垂直于圆柱的轴的平面与截得部分圆柱的平面的交线，又 KL 被 OHQ 平分［且经过 HQ 的中点.］

作圆的任一条弦，比如 ST，使其与 HQ 垂直且交点为 W，再过 ST 作垂直于 OQ 的平面，并于圆 $OPQR$ 所在平面的两侧将其扩展.

以半圆 PQR 为中截面、棱柱轴为高的半圆柱被该平面所截，截面为矩形，它的一边等于 ST，另一边为圆锥的母线，同时所截得的部分圆柱也被该平面所截，截面也为一矩形，其一边等于 ST，另一边等于且平行于（第一个图中的）UV.

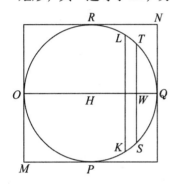

UV 平行于 BY，并且沿矩形 DE 的边 EG 方向，截得等于 QW 的一段 EI.

现由 EC 为矩形、VI 平行于 GC 得

$$EG : GI = YC : CV$$
$$= BY : UV$$
$$= 位于半圆柱中的矩形 : 位于部分圆柱中的矩形.$$

又 $EG = HQ$,
$$GI = HW, \quad QH = OH,$$

所以
$$OH : HW = 位于半圆柱中的矩形 : 位于部分圆柱中的矩形.$$

假设将位于部分圆柱中的矩形移至 O 处，使 O 为其重心，又假设 OQ 为杠杆，H 为其中点.

于是由 W 是位于半圆柱中的矩形的重心及上面所述可推知，当部分圆柱中的矩形以 O 为重心放置时，处于原位置上且重心为 W 的半圆柱中的矩形与前者关于 H 保持平衡.

同理，由如下所述的任一平面，即该平面垂直于 OQ 并且经过半圆 PQR 中垂直于 OQ 的任一其他弦，截得的其他的矩形截面有类似的结论.

如果考虑分别组成半圆柱和部分圆柱的所有矩形，则可推知，当所截的部分圆柱以 O 为重心放置时，处于原位置上的半圆柱与前者关于 H 保持平衡.

命题 12

将垂直于轴的正方形 MN 连同圆 $OPQR$ 和它的直径 OQ、PR 单独画出.

连接 HG、HM，经过这两条直线分别作两平面，使其与圆所在的平面相垂直，并于圆所在平面的两侧扩展它们.

这时可得以三角形 GHM 为截面、高等于圆柱轴的棱柱，该棱柱的体积是最初外切于圆柱的棱柱体积的 $\dfrac{1}{4}$.

作平行于 OQ 且与其等距离的直线 LK、UT，与圆分别交于点 K、T，与 RP 交于点 S、F，与 GH、HM 交于点 W、V.

过 LK、UT 作垂直于 PR 的平面，并于圆所在平面的两侧扩展它们，这两个平面在半圆柱 PQR 和棱柱 GHM 中产生四个平行四边形截面，它们的高等于圆柱的轴，另一边分别等于 KS、TF、LW、UV……

［证明的余下部分是缺掉的，但是，正如塞乌滕所说[1]，上面的叙述清楚地表明了所得到的结论以及得到这一结论所用的方法.

阿基米德想要证明分别处于原位置上的半圆柱 PQR 和棱柱 GHM 关于定点 H 保持平衡.

他必须首先证明分别处于原位置上的微元（1）边 = KS 的矩形和（2）边 = LW 的矩形关于 S 保持平衡，也就是说，要先证明分别处于原位置上的直线 SK 和 LW 关于 S 保持平衡.

现知
$$（圆 OPQR 的半径）^2 = SK^2 + SH^2,$$

即
$$SL^2 = SK^2 + SW^2.$$

因此
$$LS^2 - SW^2 = SK^2,$$

从而
$$（LS + SW）\cdot LW = SK^2.$$

由此得
$$\frac{1}{2}（LS + SW）：\frac{1}{2}SK = SK：LW.$$

又 $\frac{1}{2}（LS + SW）$ 是 LW 的重心与 S 点的距离，而 $\frac{1}{2}SK$ 是 SK 的重心与 S 点的距离.

因而，分别处于原位置上的 SK 和 LW 关于 S 点保持平衡.

同理，对其他相应的矩形也有类似的结论.

考虑分别位于半圆柱和棱柱中的所有矩形微元，可以发现，分别处于原位置上的半圆柱 PQR 和棱柱 GHM 关于 H 点保持平衡.

从这一结果和命题 11 的结论，可立刻推出由圆柱上截得的部分圆柱的体积. 因为命题 11 表明，以 O 为重心放置的部分圆柱与处于原位置上的半圆柱（关于 H）保持平衡，根据命题 12，在半圆柱所在的位置上，可以用棱柱 GHM 代替半圆柱，即相对于 RP 将棱柱 GHM 向相反方向旋转. 如此放置的棱柱的重心位于 HQ 上的某点处（比如说 Z 点），满足 $HZ = \frac{2}{3}HQ$.

因此，假设该棱柱集于其重心处，则有

$$部分圆柱：该棱柱 = \frac{2}{3}HQ：OH = 2：3.$$

〔1〕见塞乌滕在《Bibliotheca Mathematica》Ⅶ₃，1906 – 1907，P.352 – 353 中所讲.

故 部分圆柱 $= \dfrac{2}{3}$ 棱柱 $GHM = \dfrac{1}{6}$ 最初的棱柱.

注记 这一命题同时也解决了求半圆柱即半圆的重心问题. 因为处于原位置上的三角形 GHM 与同样处于原位置上的半圆 PQR 关于 H 点保持平衡.

于是，若设 HQ 上的点 X 为半圆的重心，则有

$$\frac{2}{3}HO \cdot (\triangle GHM) = HX \cdot (\text{半圆} PQR),$$

即

$$\frac{2}{3}HO \cdot HO^2 = HX \cdot \frac{1}{2}\pi \cdot HO^2,$$

亦即

$$HX = \frac{4}{3\pi} \cdot HQ. \ ]$$

命题 13

设有一底为正方形的直棱柱，其中一底为 $ABCD$，在棱柱里内接一圆柱，它的底为圆 $EFGH$，与正方形 $ABCD$ 的各边切于点 E、F、G、H.

经过圆心和与 $ABCD$ 相对的另一正方形底面中对应于 CD 的边作一平面 α，这将截得一棱柱 Σ，其体积是原棱柱的 $\dfrac{1}{4}$，它由三个平行四边形和两个三角形组成，其中的两个三角形形成两相对的底面.

在半圆 EFG 内作以 FK 为轴且经过 E、G 两点的抛物线，再作 MN 平行于 KF，交 GE 于点 M、抛物线于点 L、半圆于点 O、CD 于点 N.

于是有 $\quad MN \cdot NL = NF^2$,

"这是显然的". ［参看阿波罗尼奥斯的《圆锥曲线论》卷 I 命题 11］［参变量 MN 显然等于 GK 或 KF.］

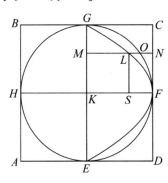

从而 $\qquad MN : NL = GK^2 : LS^2$.

过 MN 作垂直于 EG 的平面，由此可得截面（1）位于从整个棱柱上截得的棱柱 Σ 中的直角三角形，它的底边是 MN，竖直边于 N 点垂直于平面 $ABCD$ 且等于圆柱的轴，斜边在截圆柱的平面 α 上，（2）位于所截得的部分圆柱中的直角三角形，它的底边是 MO，竖直边是于 O 点垂直于平面 KN 的部分圆柱的母线，斜边是……｛斜边在 α 上，｝

［这里出现脱漏，可作如下填补.

因为 $\qquad MN : NL = GK^2 : LS^2$
$$= MN^2 : LS^2,$$

所以应有 $\qquad MN : ML = MN^2 : (MN^2 - LS^2)$

$$= MN^2 : (MN^2 - MK^2)$$
$$= MN^2 : MO^2.$$

但位于（1）棱柱 Σ 中的三角形与位于（2）部分圆柱中的三角形的面积之比为 $MN^2 : MO^2$.

因而

$$\text{棱柱} \Sigma \text{中的} \triangle : \text{部分圆柱中的} \triangle = MN : ML$$
$$= \text{矩形} DG \text{中的直线} : \text{抛物线中的直线}.$$

现在考虑分别在棱柱 Σ，部分圆柱，矩形 DG 和抛物线 EFG 中的所有相应的微元，]

应有

$$\text{棱柱} \Sigma \text{中的所有} \triangle : \text{部分圆柱中的所有} \triangle$$
$$= \text{矩形} DG \text{中的所有直线} : \text{抛物线和} EG \text{间的所有直线}.$$

而棱柱 Σ 由含于其内的三角形组成，[部分圆柱由含于其内的三角形组成]，矩形 DG 由其内平行于 KF 的直线组成，抛物线弓形由截于其周线和 EG 间且平行于 KF 的直线组成，于是有

$$\text{棱柱} \Sigma : \text{部分圆柱} = \text{矩形} GD : \text{抛物线弓形} EFG,$$

又

$$\text{矩形} GD = \frac{3}{2} \text{抛物线弓形} EFG,$$

"这在我早期的论文里已经证明了."

[《求抛物线弓形的面积》]

因此
$$\text{棱柱} \Sigma = \frac{3}{2} \text{部分圆柱}.$$

如果以 2 表示部分圆柱的体积，则棱柱 Σ 的体积为 3，最初的外切于圆柱的棱柱体积是 12（该棱柱体积是前一棱柱的 4 倍）.

$$\text{故部分圆柱} = \frac{1}{6} \text{最初的棱柱}.$$

[上述命题和下一个命题特别有趣之处在于，抛物线是一条辅助曲线，引进它的目的只是为了把求积问题转化为已知的抛物线求积问题.]

命题 14

设有一底为正方形的直棱柱，[其中内接一圆柱，圆柱的一个底位于正方形 $ABCD$ 上并与各边切于点 E、F、G、H. 又圆柱被一平面所截，该平面 α 经过 EG 和与 $ABCD$ 相对的正方形底面中对应于 CD 的边.]

该平面 α 从上述棱柱截得又一棱柱 Σ，从圆柱截得其一部分.

可以证明，该平面所截得的圆柱的一部分 [以下简称部分圆柱] 的体

积是原棱柱的 $\frac{1}{6}$.

但必须先证明，可使立体图形内接和外接于部分圆柱，这样的立体图形由高相等、底为相似三角形的棱柱组成，并且满足外接图形与内接图形之差小于任何指定的量……

已经证明

$$棱柱 \Sigma < \frac{3}{2} 内接于部分圆柱的图形.$$

现知

$$棱柱 \Sigma : 内接图形 = 矩形\ DG : 内接于抛物线弓形的所有矩形,$$

所以

$$矩形\ DG < \frac{3}{2} 抛物线弓形中的所有矩形,$$

这是不可能的，因为"别处已经证明"矩形 DG 的面积是抛物线弓形的 $\frac{3}{2}$.

因此……

……不是更大的.

……

又

组成棱柱 Σ 的所有棱柱：组成外接图形的所有棱柱

$$= 组成矩形\ DG 的所有矩形：组成抛物线弓形的外接图形的所有矩形,$$

于是有

$$棱柱 \Sigma : 部分圆柱的外接图形 = 矩形\ DG : 抛物线弓形的外接图形.$$

但由平面 α 截得的棱柱 Σ 的体积 > 外接于部分圆柱的立体图形的 $\frac{3}{2}$……

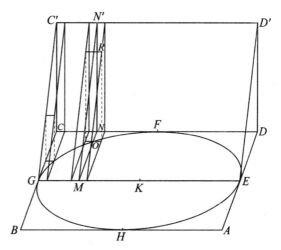

［在几何证明的论述中有几处大的间断，但其中所用的证明方法即穷竭法及其运用于此处和其他地方时所具有的相似性是很清楚的. 第一处间断表明由棱柱组成的立体图形分别外接和内接于部分圆柱. 这些棱柱的底面是相互平行的三角形，它们垂直于命题 13 的图形中所示的 GE，并把 GE 分成任意小的等份，这样的三角形所在的平面截部分圆柱所得的三角形截面是内接和外接直棱柱的公共底面. 在由截得部分圆柱的平面 α 截得的、立于 GD 上的棱柱 Σ 中，这些平面也截得一些小棱柱.

那些三角形所在的平行平面分 GE 所成的份数要足够大，以保证外接图形与内接图形之差小于所指定的微小量.

证明的第二部分由假设部分圆柱的体积 $>$ 棱柱 Σ 体积的 $\frac{2}{3}$ 开始，通过利用辅助抛物线及命题 13 中用过的比例式

$$MN : ML = MN^2 : MO^2,$$

这一假设被证明是不成立的.

缺掉部分的证明可填补如下[1].

附图中表示出①外接于部分圆柱的第一个小棱柱，②纵标线 OM 附近的两个小棱柱，左边一个是外接的，右边一个（与左边一个体积相等）是内接的，③相应于上述小棱柱是棱柱 Σ（$CC'GEDD'$）的一部分小棱柱，其中棱柱 Σ 的体积是原棱柱的 $\frac{1}{4}$.

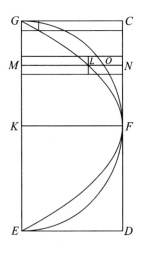

第二个图形中表示出外接和内接于辅助抛物线的小矩形，这些小矩形恰好对应于第一个图形中的外接和内接小棱柱（在两图形中，GM 的长度是相同的，小矩形的宽度与小棱柱的高度相同），此外，形成矩形 GD 的一部分的相应的小矩形也被类似地表示出来.

为方便起见，假定将 GE 划分成偶数等份，以使 GK 含有其中的整数份数.

出于简洁性，以 OM 为棱的两个小棱柱，其中每一个都称为"小棱柱（O）"；以 MNN' 为公共底面的小棱柱，每一个都称为"小棱柱（N）."类似地，第二个图形中有关辅助抛物线的相应元素可相应地缩记为"小矩形（L）"和"小矩形（N）".

现在容易看出，所有外接棱柱组成的图形与所有内接棱柱组成的图形之差为紧接 FK 的最后一个外接棱柱的 2 倍，即"小棱柱（N）"的 2 倍，由于这个小棱柱的高度，通过将 GK 划分成足够小的份，可任意小，因此可知，可作由小棱柱组成的内接和外接立体图形，使它们的差小于任一指定的立体图形.

（1）假设

$$部分圆柱 > \frac{2}{3}棱柱 \Sigma,$$

即

$$棱柱 \Sigma < \frac{3}{2}部分圆柱.$$

不妨设

$$棱柱 \Sigma = \frac{3}{2}部分圆柱 - X,$$

作由小棱柱组成的外接和内接图形，使得

$$外接图形 - 内接图形 < X,$$

---

〔1〕应该指出，Th. Reinach 在一篇论文（"Un Trnité de Géométrie inédit d'Archiméde" in Revue générale des sciences pures et appliquées, 30 Nov. and 15 Dee. 1907）的译文中已经对此做了填补，但我更倾向于叙述我本人所作的填补.

则   内接图形 >（外接图形 $-X$）

进一步   >（部分圆柱 $-X$）.

于是应有

$$棱柱 \Sigma < \frac{3}{2} 内接图形.$$

现在考虑分别位于棱柱 Σ 和内接图形中的小棱柱，有

$$小棱柱（N）：小棱柱（O）= MN^2 : MO^2$$
$$= MN : ML \quad [同命题 13]$$
$$= 小矩形（N）：小矩形（L）.$$

由此可推知

   所有小棱柱（N）之和：所有小棱柱（O）之和

$$= 所有小矩形（N）之和：所有小矩形（L）之和.$$

（的确，第一项里的小棱柱和第三项里的小矩形分别比第二项和第四项多两个，不过这没有关系，因为以公因子比如 $n/(n-2)$ 乘第一项和第三项并不影响上面的比例式，参看本论文的序言结尾处引自《论劈锥曲面体与旋转椭圆体》中的命题.）

从而

$$棱柱 \Sigma：内接于部分圆柱的图形 = 矩形 GD：内接于抛物线的图形.$$

但上面已证明

$$棱柱 \Sigma < \frac{3}{2} 内接于部分圆柱的图形,$$

因此 $矩形 GD < \dfrac{3}{2} 内接于抛物线的图形,$

更有

$$矩形 GD < \frac{3}{2} 抛物线弓形,$$

这是不可能的，因为

$$矩形 GD = \frac{3}{2} 抛物线弓形,$$

故

$$部分圆柱不大于 \frac{2}{3} 棱柱 \Sigma.$$

（2）第二处间断一定以推翻另一种可能的假设开始，即假设部分圆柱的体积 < 棱柱 Σ 体积的 $\dfrac{2}{3}$.

此时的假设也就是

$$棱柱 \Sigma > \frac{3}{2} 部分圆柱,$$

作由小棱柱组成的外接和内接图形，使得

$$棱柱 \Sigma > \frac{3}{2} 外接于部分圆柱的图形.$$

现在考虑分别位于所截得的棱柱 Σ 和外接图形中的小棱柱，同样按照前面的推理，可得

棱柱 Σ：外接于部分圆柱的图形 = 矩形 GD：外接于抛物线的图形，

由此可推知

$$矩形\ GD > \frac{3}{2}外接于抛物线的图形，$$

进一步有

$$矩形\ GD > \frac{3}{2}抛物线弓形，$$

这是不可能的，因为

$$矩形\ GD = \frac{3}{2}抛物线弓形.$$

因此

$$部分圆柱不小于 \frac{2}{3}棱柱 \Sigma.$$

又已证明它们之间的不大于关系，所以

$$部分圆柱 = \frac{2}{3}棱柱 \Sigma$$

$$= \frac{1}{6}最初的棱柱. \rbrack$$

命题 15

[该命题已经失传了，这篇论文的序言里曾提到两个特殊的问题，它是对其中的第二个问题所做的力学考察，即用力学方法考察两圆柱间所含图形的体积，其中每个圆柱都内接于同一个立方体，每个圆柱的相对的底面位于立方体的两个相对的面上，并且其表面与立方体的其余四个面相切。

塞乌滕已经说明在这种情况下如何应用力学方法[1]。

附图中的 $VWYX$ 是立方体被一平面所截而得的一个截面，该平面（即纸面）经过内接于立方体的一个圆柱的轴 BD 且平行于立方体两相对的面。

该平面截另一内接圆柱所得的截面为圆 $ABCD$，其中该圆柱的轴垂直于纸面，扩展截面 $VWYX$ 所在平面的两侧，使左、右两侧延伸的距离等于圆半径或立方体边长之半。

AC 是圆 $ABCD$ 的直径，且与 BD 垂直。

连接 AB、AD 并延长，与圆 $ABCD$ 在 C 点的切线交于 E、F。

则 $EC = CF = CA$。

设 LG 为圆 $ABCD$ 在 A 点的切线，作矩形 $EFGL$。

经过 BD 垂直于 AK 的平面截立方体得一截面，从 A 点到该截面的四个角作直线，这

---

〔1〕见塞乌滕在《数字文库》Ⅶ₃，1906 – 1907，P. 356 – 357 中所讲.

些直线,如果被延长,将与下述平面交于四点,即立方体与 A 相对的那个面所在的平面,所得的四个交点在该平面上形成正方形的四个角,正方形的边长等于 EF 或立方体边长的两倍,于是以 A 为顶点,以后面所述正方形为底可得一棱锥.

作为该棱锥同底同高的棱柱（平行六面体）.

在平行四边形 LF 内作平行于 EF 的任一直线 MN,再过 MN 作垂直于 AC 的平面.

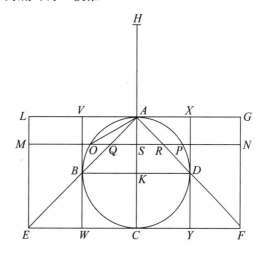

该平面截出

（1）包含在两圆柱之间的立体得边长等于 OP 的正方形,

（2）棱柱得边长等于 MN 的正方形,

（3）棱锥得边长等于 QR 的正方形.

延长 CA 至 H,使 HA 等于 AC,视 HC 为杠杆.

同命题 2 一样,由于 $MS = AC$,$QS = AS$,则有

$$MS \cdot SQ = CA \cdot AS$$
$$= AO^2$$
$$= OS^2 + SQ^2.$$

同样也有

$$HA : AS = CA : AS$$
$$= MS : SQ$$
$$= MS^2 : MS \cdot SQ$$
$$= MS^2 : (OS^2 + SQ^2)，这是上面得出的结果,$$
$$= MN^2 : (OP^2 + QR^2)$$
$$= 边长等于 MN 的正方形 : (边长等于 OP 的正方形 + 边长$$
$$等于 QR 的正方形).$$

因此,处于原位置上的边长等于 MN 的正方形与以 H 为重心放置的边长分别等于 OP、QR 的正方形关于 A 点保持平衡.

按照同样的方式继续考察由垂直于 AC 的其他平面所产生的正方形截面,最后可以证明,处于原位置上的棱柱与均以 H 为重心放置的棱锥和包含在两圆柱之间的立体关于 A 点保持平衡.

棱柱的重心在 K 点.

于是有　　　　　　$HA : AK = 棱柱 : (立体 + 棱锥)$,

即　　　$2 : 1 = 棱柱 : (立体 + \dfrac{1}{3}棱柱)$.

从而　　$2 立体 + \dfrac{2}{3}棱柱 = 棱柱.$

所以得

$$包含在圆柱间的立体 = \frac{1}{6}棱柱$$

$$= \frac{2}{3}立方体.$$

证完

毫无疑问，阿基米德接下来是用穷竭法进行严格的几何证明，并且完成了这一证明.

如 C. Juel 教授（即上文中提到的塞乌滕）所考察的那样，该命题中的立体是由 8 块前面的命题中所述类型的圆柱组成的，然而由于这两个命题被分开叙述，因此，无疑阿基米德对这两个命题的证明是截然不同的.

在这种情况下，AC 要被分成许多相等的小份，并且要过这些分点作垂直于 AC 的平面，这些平面截所求立体和立方体 VY 所得截面均为正方形，因此，可作所求立体的内接和外接立体图形，它们由小棱柱组成，并且可使它们的差小于任一指定的立体体积，其中那些小棱柱以正方形为底，以分 AC 所得的各个小段为高. 内接和外接图形中以面积为 OP^2 的正方形为底的小棱柱对应于立方体中的一个小棱柱，这个小棱柱的底是以立方体的边长作为边长的正方形，由于这样的两个小棱柱的体积比为 $OS^2 : BK^2$，所以同命题 14 一样，可引用辅助抛物线并采用与之完全相同的方法完成证明.］

（周冬梅 译 苟增光 校）

附 录

阿基米德的正七边形作图法[①]

在施科伊（Schoy）对穆斯林数字的研究过程中，他发现了一本由撒比·伊本·库拉翻译的阿拉伯文手稿，这是另一篇未为人知的阿基米德的论文，在施科伊死后于 1927 年印刷出版. 这篇论文中含有（作为第 16 个也是最后 1 个命题）阿基米德正七边形作图法. 下面的介绍来自特洛普克（Tropfke）的德文版[1].

（a）我们从图上的给定线段 AB 开始作图. 在 AB 上作一正方形 $AFEB$，画出它的对角线 AE，并将线段 AB 向 B 外延长. 下面我们来用端点作图法：过点 F 作一直线，转动此直线直到它与 AE 以及边 FE 之间所围的面积等于该线与边 BE 以及 AB 在 B 外的延长线之间所围的面积. 令 FD 表示该直线的位置，而相等的面积就是图上的阴影面积. FD 与对角线相交于 G，与 BE 相交于 H，同时 AB 延长到 D. 过 G 作一直线平行于 BE，且交 AB 于 C，交 FE 于 K. 上面我们们来说明四个共线点 A、B、C、D 满足下列两个方程：

$$AB \cdot AC = BD^2, \qquad (\text{i})$$
$$CD \cdot CB = AC^2. \qquad (\text{ii})$$

其证明如下：由于两个带阴影的三角形面积相等，我们得到

$$GK \cdot FE = BH \cdot BD.$$

或

$$\frac{BH}{GK} = \frac{FE}{BD}. \qquad (1)$$

三角形 HBD 相似于三角形 GKF，这是因为它们都是直角三角形，且在 F 点和 D 点的角相等. 因此我们有

$$\frac{BH}{GK} = \frac{BD}{FK}. \qquad (2)$$

从方程（1）和（2）可知

$$\frac{FE}{BD} = \frac{BD}{FK},$$

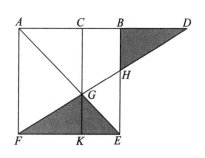

由此推得 $FE \cdot FK = BD^2$. 用 AB 代替 FE，AC 代替 FK，就得到了（i）式，即

$$AB \cdot AC = BD^2.$$

现在，注意以三角形 FKG 相似于三角形 DCG，可知

① 早期数学史选篇，北京大学出版社，1990 年出版 P. 97 – 103.

[1] J. Tropfke. 《Die Siebeneckabhandlung des Archimedes》（阿基米德的正七边形论文）Osiris 1, P. 636 – 651.

$$\frac{GK}{FK} = \frac{GC}{CD}, \quad 或$$

$$GK \cdot CD = FK \cdot GC, \tag{3}$$

因为 AE 是正方形的对角线，$\angle GAC$ 和 $\angle GEK$ 都是 $45°$，所以 $GC = AC$，$GK = KE$. 又 $FK = AC$，$KE = GK = CB$. 从而，以 CB 代替（3）中的 GK，AC 代替 FK 和 GC，可得到 $CB \cdot CD = AC^2$.（ii）式成立.

心急的读者可能会觉得奇怪，做这些事与七边形有什么关系. 在回忆下述经常要用到的一个定理（见图），我们就会知道其中的联系了. 定理说：设动点 P 位于给定线段 AB 的一侧，且角 APB 为一给定角 α，则动点 P 的轨迹是一条由弦 AB 和角 α 所确定的圆弧；$\angle APB = \alpha$ 是用位于 AB 另一侧的圆弧长的一半来度量的.

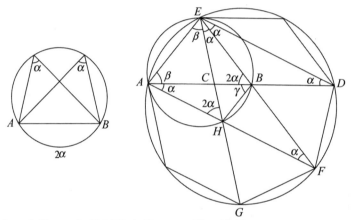

（b）上图中，直线 AD 与前图的直线 AD 一样，满足

$$AB \cdot AC = BD^2, \tag{i}$$

$$CD \cdot CB = AC^2. \tag{ii}$$

又作点 E，使得 $CE = CA$ 和 $BE = BD$.

然后，作三角形 AED 的外接圆（即图中的大圆）. 现在，我们可以断定 AE 就是内接于该圆的正七边形的边.

这一论断的证明并不简单，但较之结果之惊人就不算太复杂了.

首先，我们看出三角形 EBD 是等腰三角形，它的两个底角 α 是相等的. 同样，三角形 ACE 的底角也相等，将它们记作 β.

现在我们延长 EB 和 EC，它们分别与圆相交于 F 和 G. 画出 AF，并设 H 是它与 EG 的交点，连接 H 和 B. 我们知道，顶点在圆周上的角是它们所对的圆弧的一半. 因此劣弧 AE 和 DF 各为 2α，因此 $\angle FAD = \alpha$，$\angle AFE = \alpha$，把它们标在图上.

注意到 $\angle EBA$ 是三角形 EBD 中 $\angle B$ 的补角，它等于该三角形中其他两角之和 2α，把它也标上. 现在我们利用条件（ii），它蕴含

$$\frac{CD}{AC} = \frac{AC}{CB},$$

而由于 $AC = EC$，故有

$$\frac{CD}{EC} = \frac{EC}{CB}.$$

这就是说三角形 *BEC* 和三角形 *EDC* 相似，这是因为它们在 *C* 点有公共角并有一对对应边成比例. 从而 $\angle BEC = \alpha$（将它标上），而劣弧 *GF* 为 2α 并等于弧 *AE* 和 *DF*.

弧 *ED* 和 *AC* 相等，它们各为 2β. 如果我们能指出 $\beta = 2\alpha$，也就完成了全部证明. 因为这样我们就得到：弧 *AE* 是整个圆周的七分之一. 我们注意到，由于线段 *HB* 对着在 *A* 点及 *E* 点的角 α，故 *A* 和 *E* 一定都在以 *HB* 为弦的圆弧上. 换言之，四边形 *AHBE* 是一个内接四边形，它的外接圆已经画在图上. 在此图上，圆周角 β 对着弦 *EB* 和 *AH*，因此这两条弦相等. 继之，在 *H* 点对着弦 *AE* 的角等于在 *B* 点对 *AE* 张（已标出）的角 2α. 于是 $\angle AHE$ 也为 2α.

下面我们利用条件（i）的变形

$$\frac{AB}{BD} = \frac{BD}{AC},$$

或 $EB = BD = AH$，得到

$$\frac{AB}{AH} = \frac{EB}{EC}.$$

此外，又有 $\angle BAH = \angle BEC$. 这就是说三角形 *EBC* 和 *ABH* 相似. 因此图上所标的角 γ 等于 2α. 因为 γ 和 β 都在同一圆上对着弦 *AH*，所以 $\beta = 2\alpha$. 而弧 *ED* 及 *AG* 都是 4α，整个大圆的周长就是 14α，弧 *AE* 就是圆周的七分之一. 这样，我们冗长的证明就结束了，正七边形已在图上作出.

上述（a）部分中的端点作图法在希腊数学中是独一无二的. 从直观上看，我们可能会觉得它不如三等分一角中的用法更令人满意. 事实上，我并不确切地知道阿基米德是怎样打算去确定什么时候两个三角形就相等了，而阿拉伯文本也没有给出任何线索. 不过，易证方程（i）和（ii）可用两条二次曲线相交来求解，这种方法曾为希腊几何学家广泛地应用过.

虽然希腊数学家解题时还没有我们今天的方便代数记法，但他们已完全能够把一对具有两个未知数的二次方程化为两圆锥曲线的相交问题.

汉译者附录

阿基米德与杠杆原理

阿基米德（Archimides，公元前 287—前 212）是古希腊著名学者，在科学技术诸多领域都曾经有过卓越的贡献．有一句豪言壮语据说出自他："给我一个支点，我可以移动地球！"① 这句话充分表达了阿基米德对于杠杆的作用有充分的自信！它能经过两千多年的时间流传至今，也说明历史对他在这方面贡献的充分肯定，实际上阿基米德不仅利用杠杆原理设计制造了许多在当时极为有用的机械装置，作为一个科学家，他还把杠杆原理提高到理论水平加以准确陈述，并以一些更为简单和明显的事实作为公理，在此基础上对它给出逻辑上严格的证明，并将它应用于力学和数学中．

一、阿基米德对杠杆原理的证明

阿基米德在他所著的《论平面图形的平衡》的两卷中，卷 I 首先给出了 7 个公理．前 3 个公理是：

1. 相等距离上的相等重物是平衡的，而不相等距离上的相等重物是不平衡的，且向距离较远的一方倾斜（下沉）；

2. 如果相隔一定距离的重物是平衡的，当在某一方增加重量时，其平衡将被打破，而且向增加重量的一方倾斜（下沉）；

3. 类似地，如果相隔一定距离的重物是平衡的，当从某一方取掉一些重量，其平衡也将被打破，而且向未取掉重量的一方倾斜（下沉）．

利用它们证明了开始的 5 个命题，接着又证明了与"杠杆原理"有关的两个重要命题，即命题 6 和命题 7．

命题 6　可公度的两个量，当其距支点的距离与两量（重量）成反比例时，处于平衡状态．②

命题 7　不可公度的两量，当其距支点的距离与两量（重量）成反比例时，处于平衡状态．

阿基米德是用反证法证明的．

设 $(A+a)$ 与 B 是不可公度的，让线段 DE 被点 C 所分，使得

$$(A+a):B=DC:CE. \tag{1}$$

如果 $(A+a)$ 放在 E 处，B 放在 D 处相对于 C 不平衡，不妨设 $(A+a)$ 在 E 处下沉．从 $(A+a)$ 取掉重量 a，使其 a 小于与 B 关于支点 C 保持平衡而从 $(A+a)$ 中减

---

① 张庄文．《著名科学家传记》中国国际广播出版社，2000 年 10 月出版，P.1.
② 命题 6 和命题 7 的证明见本书 P.239 – 240.

去的重量，并保证得到的剩余量 A 与 B 是可公度的．（图1-1）

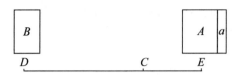

图 1-1

于是，由（1）得

$$A : B < DC : CE, \tag{2}$$

因为 A 与 B 是可公度的，所以 A 和 B 不平衡［命题6］，且在 D 端下沉.

这是不可能的，因为取掉 a 以后并不足以使 A 与 B 达到平衡，而且仍在 E 端下沉．同样可证，在 D 端下沉亦不可能.

因此，$(A+a)$ 与 B 关于支点 C 平衡，命题得证.

由命题6与命题7，阿基米德完成了"杠杆原理"的证明.

二、对"命题7"的解读

阿基米德在证明"命题7"中有一段论述，"从 $(A+a)$ 取掉重量 a，使其 a 小于与 B 关于支点 C 保持平衡而从 $(A+a)$ 中减去的重量，并保证得到的剩余量 A 与 B 是可公度的．"这在命题的证明中是很关键的，但要实现它，还需要作一些补充说明的工作，现叙述如下：

设 A' 与 B 为不可公度的两个量，设线段 DE 上一点 C，使得（图2-1）

$$A' : B = DC : CE. \tag{1}$$

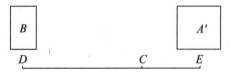

图 2-1

若 A' 放在 E 处，B 放在 D 处相对于 C 不平衡，则 A' 过大或过小，而不能与 B 保持平衡.

如果可能，设 A' 过大而不能与 B 保持平衡，那么从 A' 中取掉一个量 ε 使得与 B 保持平衡，即将 B 放在 D 处，$(A'-\varepsilon)$ 放在 E 处相对于 C 保持平衡．（图2-2）

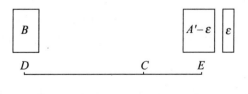

图 2-2

由欧几里得《几何原本》卷 X 命题 1（Eucl. X. 1）[1] 的证明方法，可得"对于给定的 ε，可使从 B 中减去它的一半，再从余下的量中减去其一半，如此继续下去，必得某个余量小于给定的 ε 量".

即存在一个正整数 n，使得 $\dfrac{1}{2^n}B < \varepsilon$.

又由阿基米德公理，对于大、小不等的两个量，小量数倍后大于大量.

即存在一个正整数 m，使得

$$m\frac{1}{2^n}B < A' < (m+1)\frac{1}{2^n}B,$$

于是

$$0 < A' - \frac{m}{2^n}B < \frac{1}{2^n}B < \varepsilon.$$

设

$$A' - \frac{m}{2^n}B = a，那么 a < \varepsilon.$$

这样

$$A' - a = \frac{m}{2^n}B，设 \frac{m}{2^n}B = A.$$

于是 $A' = A + a$，其中 A 与 B 可公度（其公度量为 $\dfrac{1}{2^n}B$），且 $a < \varepsilon$.

因为 $a < \varepsilon$，于是 $A' - a > A' - \varepsilon$，即 $A > A' - \varepsilon$，这样，将 B 放在 D 处，A 放在 E 处关于支点 C 将不平衡（比较（图 2-2）），且在 E 处下沉（图 2-3）.

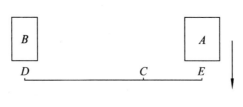

图 2-3

阿基米德下一步论述，"因为 A 与 B 可公度，由（2）可得 A 与 B 不平衡，且在 D 端下沉，这里依据的是命题 6. "

然而这一步并不是显然的，因为命题 6 的否命题并不见得成立.

现在继续讨论如下：

因为 A 与 B 可公度，在 EC 直线上，在 E 关于 C 的另一侧线段上取一点 D'，使

$$A : B = D'C : CE, \tag{2}$$

由命题 6 知，A 与 B 分别在 E、D' 两处关于支点 C 保持平衡（图 2-4）.

①《欧几里得几何原本》（第 3 版）. 兰纪正、朱恩宽译. 梁宗巨、张毓新、徐伯谦校订. 陕西科学技术出版社，2020，P.225.

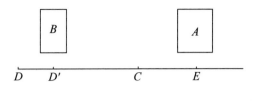

图 2 - 4

由（1）有　　$(A+a):B=DC:CE$,

于是　　　　　　　　$A:B<DC:CE$,　　　　　　　　　　　　　　　　（3）

由（2）、（3）得　　$D'C:CE<DC:CE$,

这样　　$D'C<DC$, 即 D' 在 DC 之间.

在 DCE 直线上, 在 D 关于 C 的另一侧取一点 E', 使

$$CE'=D'C.$$

在 D 和 E' 处分别放上等于 B 的 B_1 和 B_2 (取 $B\equiv B_1\equiv B_2$), (图 2 - 5), 由于 $DC>CE'$, 由公理 1 后部分内容, 杠杆不平衡, 在 D 处下沉.

图 2 - 5 在左方下沉的状态下, 向支点 C 两侧的 D' 和 E 处分别加上关于支点 C 平衡的两重物 B 和 A (图 2 - 4), **认定**仍在左边下沉 (图 2 - 6).

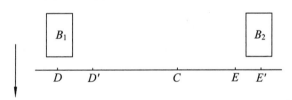

图 2 - 5

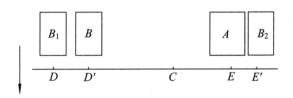

图 2 - 6

因为 $B=B_2$, $CD'=CE'$, 由公理 1, B 与 B_2 关于支点 C 平衡.

图 2 - 6 在左方下沉的状态下, 在支点 C 的两侧的 D' 和 E' 处分别取掉关于支点 C 平衡的两重物 B 和 B_2 ($B\equiv B_2$), **认定**仍在左边下沉 (图 2 - 7).

图 2 - 7 与图 2 - 3 完全一样 ($B=B_1$), 但图 2 - 3 却是在右边 (即 E 处) 下沉, 于是得到矛盾.

所以 A' 不是过大而不能与 B 平衡, 同理 B 也不是过大而不能与 A' 平衡.

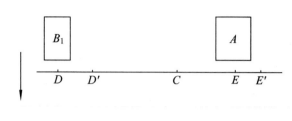

图 2 - 7

因而，在（1）成立的情况下，A' 与 B 分别在 E、D 关于支点 C 保持平衡（或者说 A' 与 B 总体的重心在 C 处），于是命题 7 得证.

推论　关于支点平衡的两物体，当一方远离支点（或靠近支点），则失去平衡，向远离的一方倾斜（下沉）（或向靠近支点的另一方倾斜（下沉）.

"命题 6" 和 "命题 7" 给出了重物在杠杆上平衡的充分条件，即 "重物距支点的距离与物体重量成反比"，可以证明它也是 "重物在杠杆上平衡" 的必要条件. 后者，阿基米德没有明确提出过，但却一直在应用着.

于是，阿基米德的 "杠杆原理" 应表述为 "重物在杠杆上平衡的充分与必要条件是，重物距支点的距离与物体的重量成反比".

在证明命题中，用到了两个 "**认定**"，如果把两个 "认定" 不作为 "当然" 的话，我们可以把它们作为一个新的公理来对待，这样引入 "公理 8".

公理 8　对于支点两边重物的平衡或向某侧下沉的状态，当对支点两边分别加上或减少原是关于支点保持平衡的两重量，则原状态保持不变.

在证明了 "命题 6" 和 "命题 7" 之后，阿基米德结合所给公理，进一步探求了 "三角形" "平行四边形" "梯形" 和 "抛物线弓形" 等平面图形的重心命题.

阿基米德继承了欧几里得（Euclid，约公元前 330—前 275）研究数学的公理化方法，不仅用于研究数学，而且也应用于研究物理，完成了 "物体杠杆平衡理论" 和 "浮力理论"，对物理学科的发展有着深刻的影响，也被称为古希腊的力学家.

三、"平衡法" 在力学和数学中的应用

"杠杆原理" 以 "平衡法" 在阿基米德《方法》中得到充分的应用，它极大地开拓了数学研究的思想. 现通过探求 "圆锥的重心"[①] 来阐述他处理这一类问题的思想方法.

　　命题　圆锥的重心是顶点与底面中心连线上一点，它到顶点的距离是

————————

　　①阿基米德在《方法》中证明命题前，给出了一组已证的命题作为论证的依据，其中有圆锥重心的命题. 希斯在命题 6 求半球的重心的补遗中，也应用了该命题的结论，但是 "求圆锥重心的问题在阿基米德现存的著作中未见解决".[②]

　　②见本书 P.334 的注〔3〕.

它到底面中心距离的 3 倍.

1. 直圆锥的重心是轴上一点，它到顶点的距离是它到底面中心距离的 3 倍.

（1）设△AEF 为过直圆锥轴 AC 的截面，则 AC 垂直平分 EF；以 AC 中点 O 为圆心，以 AO 为半径作圆；

（2）以 AC 为轴旋转所作的圆得球 O，延长 CA 到 H，使 HA = AC；

（3）以 AC 上任一点 S 作垂直于 AC 的平面，且与圆 O、△AEF 分别交于 PQ 和 RK；与球、圆锥分别交于以 PQ、RK 为直径的圆.（图 3-1）.

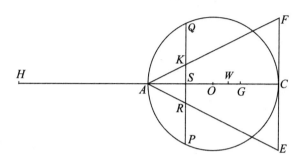

图 3-1

于是，$HA : AS = AC : AS$

$= AS \, (AS + SC) : AS^2$

$= (AS \cdot SC + AS^2) : AS^2$

$= (SP^2 + AS^2) : AS^2.$　　　　　　　　　　　　　　　（1）

∵　△ASK ∼ △ACF,

于是，　　$\dfrac{AS}{AC} = \dfrac{SK}{CF}$，就有 $AS = SK \cdot \dfrac{AC}{CF}$.　　　　　　　（2）

设 $\dfrac{CF^2}{AC^2} = \alpha$，由（1）、（2）就有

$$HA : AS = \left(SP^2 + SK^2 \cdot \dfrac{AC^2}{CF^2} \right) : SK^2 \cdot \dfrac{AC^2}{CF^2}$$

$$= (\alpha \cdot SP^2 + SK^2) : SK^2$$

$$= (\alpha \cdot 以 PQ 为直径的圆 + 以 RK 为直径的圆) : 以 RK 为直径的圆.$$

或　　$HA : AS = (\alpha \cdot 球中的圆 + 圆锥中的圆) : 圆锥中的圆.$

因此，由"杠杆原理"，若以 H 为重心放置被截的圆锥中的圆，那么处于原位置上 α 倍球中的圆和圆锥中的圆与它关于 A 点保持平衡.

从 AC 上每一点作垂直于 AC 的平面，将截得的圆锥中的圆都放在 H 处，与原位置 α 倍的球中的圆和圆锥中的圆关于 A 点仍处于平衡状态.

现将 H 处所有圆锥中的圆合并为圆锥，这样，原位置上球的 α 倍与圆锥就与它关

于 A 点保持平衡，于是就有

$$HA : AW = (\alpha \cdot \text{球} + \text{圆锥}) : (\text{圆锥}).$$

其中 W 为 $\alpha \cdot$ 球和圆锥的重心，于是

$$HA : AW = \left[\alpha \cdot \frac{4}{3}\pi \cdot \left(\frac{AC}{2}\right)^3 + \frac{1}{3}\pi \cdot AC \cdot FC^2 \right] : \left(\frac{1}{3}\pi \cdot AC \cdot FC^2 \right)$$

$$= \left(\alpha \cdot \frac{1}{2}AC^2 + FC^2 \right) : FC^2$$

$$= \left(\frac{FC^2}{AC^2} \cdot \frac{1}{2}AC^2 + FC^2 \right) : FC^2$$

$$= 3 : 2.$$

即

$$AW = \frac{2}{3}AC.$$

设圆锥重心为 G，且 α 倍球重心为 O，由于 α 倍球与圆锥关于它们的重心 W 保持平衡，于是就有

$$OW : WG = (\text{圆锥}) : (\alpha \cdot \text{球})$$

$$= \frac{1}{3}\pi \cdot AC \cdot FC^2 : \alpha \cdot \frac{4}{3}\pi \cdot \left(\frac{AC}{2}\right)^3$$

$$= FC^2 : \frac{1}{2} \cdot \frac{FC^2}{AC^2} \cdot AC^2$$

$$= FC^2 : \frac{1}{2}FC^2 = 1 : \frac{1}{2}.$$

于是

$$WG = \frac{1}{2}OW = \frac{1}{2}(AW - AO)$$

$$= \frac{1}{2}\left(\frac{2}{3}AC - \frac{1}{2}AC\right) = \frac{1}{12}AC.$$

故

$$AG = AW + WG = \frac{2}{3}AC + \frac{1}{12}AC = \frac{3}{4}AC.$$

即

$$GA = 3GC.$$

2. 斜圆锥的重心是圆锥顶点与底面中心连线上一点，它到顶点的距离是它到底面中心距离的 3 倍.

设斜圆锥顶点与底面中心的连线为 l，过平行于底面的平面截斜圆锥，其截面的中心（重心）在 l 上，过平行于底面的任意两平面截斜圆锥，其两截面的重心在两重心的连线上，即仍在 l 上，所以斜圆锥的重心在 l 上.

设斜圆锥的底为 α（椭圆或圆），其中心为 O，顶点 A 向 α 所在平面作垂线交于 M 点，则 AM 为斜圆锥的高设为 h，在与 α 同底的平面上放置一个与斜圆锥等底等高的直圆锥，设底面 β 的中心为 Q，D 为顶点（图 3 - 2）.

连接 MO 交 α 于 B、C.

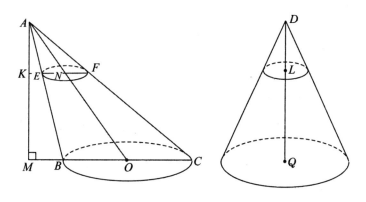

图 3 – 2

过平行于底面的平面截斜圆锥和直圆锥分别交于 α' 和 β'，交 AB、AO、AC、AM 和 AQ 于 E、N、F、K 和 L.

∵　　$\alpha \sim \alpha'$，则有 $\alpha : \alpha' = BO^2 : EN^2$，

∵　　$\triangle ABO \sim \triangle AEN$，则有 $BO^2 : EN^2 = AO^2 : AN^2$.

∵　　$\triangle AMO \sim \triangle AKN$，则有 $AO^2 : AN^2 = AM^2 : AK^2$.

同样可得 $\beta : \beta' = DQ^2 : DL^2 = AM^2 : AK^2$.

于是得

$$\alpha : \alpha' = \beta : \beta'.$$

∵　　　　　　　　　　　$\alpha = \beta,$

∴　　　　　　　　　　　$\alpha' = \beta'.$

即平行于底面的平面截两等底等高的锥体得到面积相等的截面.

现将两圆锥放置在杠杆 γ 支点 H 的同侧，使直圆锥顶点 D 与 H 重合，轴 DQ 与 γ 重合，那么直圆锥底 β 垂直于 γ；将斜圆锥顶点放在 H 的铅垂线上，将它的底 α 放在 β 所在的平面上，且使斜圆锥的重心 G（在 AO 上）在 γ 上（图 3 – 3）.

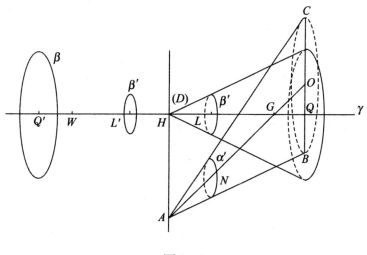

图 3 – 3

在 HQ 上任取一点 L 作垂直于 γ 的平面，将斜圆锥和直圆锥分别截得面片 α' 和 β'。由前知，因两底 $\alpha = \beta$，于是有 $\alpha' = \beta'$。

在交点 H 的另一侧 γ 上取一点 L'，使 $L'H = HL$，将以直圆锥截得的截面 β' 放在 L' 处，于是放在 L' 处的 β' 面片就和在原处（悬挂在 L 处）的斜圆锥截面 α' 面片关于支点 H 保持平衡。且以 Q 为心的直圆锥的底对称于以 Q 为心的圆。

就这样从 H 到 Q 用垂直于 γ 的平面切割两圆锥，将从直圆锥截得截面都对称于 H 放在另一侧，从斜圆锥截得的面片保持不动，两边仍将保持平衡。也就是说，左边的直圆锥与右边的斜圆锥关于支点 H 保持平衡。

设直圆锥的重心为 W，于是由"杠杆原理"就有

$$\text{直圆锥体积} : \text{斜圆锥体积} = HG : WH.$$

因两锥体体积相等，于是 $HW = HG$。

由命题 1 知
$$HW = \frac{3}{4}HQ' = \frac{3}{4}HQ,$$

因而，$HG = \frac{3}{4}HQ$，或 $HG : \frac{3}{4}(HG + GQ)$，于是 $HG = 3GQ$。

$$\because \qquad \triangle GHA \sim \triangle GQO,$$

就有
$$AG : GO = HG : GQ = 3 : 1, \tag{2}$$

即
$$AG = 3GO.$$

由命题 1 和命题 2 得到一般圆锥重心定理。

命题 圆锥的重心是圆锥顶点与底面中心连线上一点，它到顶点的距离是到底面中心距离的 3 倍①。

《方法》包含 15 个命题，它用"平衡法"探求了抛物线弓形的面积、球的体积、旋转椭圆体的体积、旋转抛物体和旋转双曲体正截段的体积，以及半球的重心等，最后一个命题是两等直径圆柱正交的公共部分的体积②，这些相当复杂的问题，在今天，只有用积分的方法才能解决。

---

①在判定圆锥重心在其顶点和底面中心的连线上后，可以用积分求得重心的位置。

设圆锥顶点为 A，底面为 α，其中心为 D，圆锥的高为 h，将圆锥放置于 X 轴正侧，使顶点 A 与坐标 $o\text{-}xyz$ 的中心 o 重合，使底面 α 平行于 yoz 平面。在 x 轴上取一点 x，过 x 作平行于 yoz 平面的平面截圆锥得 α' 面，则 $\alpha' = \dfrac{x^2}{h^2}\alpha$。设圆锥有为 1 的均匀密度，这样确定 x 轴上静力矩为

$$dm_x = x \cdot \frac{x^2}{h^2}\alpha dx = \frac{x^3}{h^2} \cdot \alpha dx,$$

于是对于圆锥重心 $G(\xi, \eta, \gamma)$ 有

$$\xi \cdot \text{圆锥体积} = \int_o^h \frac{x^3}{h^2} \cdot \alpha dx,$$

那么有
$$\xi \cdot \frac{1}{3}h\alpha = \frac{1}{4}h^2\alpha, \ \ 得 \ \xi = \frac{3}{4}h,$$

又知 G 在 AD 上，于是有 $AG = \dfrac{3}{4}AD$，即 $AG = 3GD$。

② 我国刘徽（263 年前后）把它称为"牟合方盖"。

　　《方法》给出了发现定理的方法，对于立体图形的物体的体积和重心，一个已知求另一个，就找一个体积和重心都已知的"相伴"立体物体与该物体放在一起，然后用一平面同时切割两体分别得到两面片．假设两面片都具有同一均匀的密度的重量，这样找其确定的支点使两面片平衡．就是这样，用平行平面将两体全部切割，且将无穷片面分别放于该支点两侧且处于平衡状态，于是所有切片将又分别合并为原物体和相伴物体，从而得到该物体与相伴物体关于选定支点保持平衡，最后得到结果．

　　对于平面图形也是如此．

　　这种借用"杠杆平衡"实现定量的关系是极富创造性的，其中的"分割"与"求和"的步骤实际体现了现代积分的基本思想．

　　然而阿基米德明确认识到，这个从无穷多的"切片"的合并看来虽是"合情的推理"，但它缺乏理论的基础，也就是说不能算作证明，《方法》是寄给厄拉多塞（Evatosthenes，约公元前276—前195）的，在给他的信中写道："……这些判断出的结论，以后它们必须用几何学进行论证."① 所以阿基米德第二步的工作就是对发现的定理进行严格逻辑的证明。《方法》中命题2是探求"球的体积"，他的证明是在他的著作《论球和圆柱》Ⅰ中的命题34完成的，用的方法是"穷竭法".

　　穷竭法是依"$\frac{1}{2^n}$当 n 趋向无穷，其极限为零"这个命题（Eucl. X. 1）为理论基础的②，也就是说，它是间接地通过这个特殊极限命题而得到证明．③

　　通过对证明的解读，我们看到，这些命题都是以阿基米德公理为基础的．通过阿基米德公理，我们看到，一个数或量通过不断地加倍，可以大于任意数或量．也就是数在增大方面是无止境的、是无限的，即数的整体具有无限性，而数与数之间，却可能只相差有限的倍数，即数在局部具有有限性．也可以看到，数在减小方面也无止境，数与数的接近程度也是无限的，或者说，数具有连续性．两方面合起来，说明数有无限性和连续性，这是实数的一个重要特性，同时也反映了人类对宏观和微观世界在量的方面的最终认识．没有它，上述命题6、7以及其他许多数学命题无法完成严格的证明，没有它，数学理论是不严密的．阿基米德、欧几里得等古希腊时代的数学家曾不止一次地提到它，并在研究中用到它．阿基米德把它明确地作为公理在《论球和圆柱》Ⅰ中提出，这就是以他名字命名的"阿基米德公理"，但阿基米德本人却把它归于欧多克斯（Eudoxas of Cnidus，公元前4世纪），所以在现代数学中，也称它为"阿基米德-欧多克斯公理"．希尔伯特（Hilbert, D. 1862—1943）还把它引入《几何基础》中的连续公理中④．

　　阿基米德在数学、力学上做了许多开创性的工作，当海伯格（Heiberg, J. L.

---

　　① 见本书 P. 333.

　　② 见本书 P. 331.

　　③ 欧几里得《几何原本》的结构及其理论基础，朱恩宽，陕西师范大学学报（理科），1990，18（4）．P. 68 – 72.

　　④《几何基础》（第二版）上册，D. 希尔伯特著．江泽涵，朱鼎勋译，科学出版社，1987.
P. 25

1854—1928）1906 年在君士坦丁堡重新发现了长期失传的《方法》的论文之后，现代人对阿基米德的数学思想有了更全面的认识，他的数学成就令后人为之惊叹．数学史家贝尔（Eric Temple Bell，1883—1960）说：任何一张列有有史以来最伟大的数学家的名单中，必定会包括阿基米德．另外两个通常是牛顿和高斯①．

常心怡、张毓新两位教授审阅了该文，并提出了许多宝贵意见，我希望借此机会向他们表示感谢．

朱恩宽

2010 年 10 月

---

① 《世界数学通史》，梁宗巨著，辽宁教育出版社，2001 年 4 月第二次印刷．P. 327.

主要参考文献

［1］ Joseph Torelli, *Archimedis quae supersunt omnia cum Eutocii Ascalonitae commentariis.* (Oxford, 1792.)

［2］ Ernst Nizze, *Archimedes von Syrakus vorhandene Werke aus dem griechischen übersetzt und mit erläuternden und kritischen Anmerkungen begleitet.* (Stralsund, 1824.)

［3］ J. L. Heiberg, *Archimedis opera omnia cum commentariis Eutocii.* (Leipzig, 1880 – 1881.)

［4］ J. L. Heiberg, *Quaestiones Archimedeae.* (Copenhagen, 1879.)

［5］ F. Hultsch, Article *Archimedes* in Pauly-Wissowa's *Real-Encyclopädie der classischen Altertumswissenschaften.* (Edition of 1895, Ⅱ. 1, P. 507 – 539.)

［6］ C. A. Bretschneider, *Die Geometrie und die Geometer vor Euklides.* (Leipzig, 1870.)

［7］ M. Cantor, *Vorlesungen über Geschichte der Mathematik*, Band Ⅰ, zweite Auflage. (Leipzig, 1894.)

［8］ G. Friedlein, *Procli Diadochi in primum Euclidis elementorum librum commentarii.* (Leipzig, 1873.)

［9］ James Gow, *A short history of Greek Mathematics.* (Cambridge, 1884.)

［10］ Siegmund Günther, *Abriss der Geschichte der Mathematik und der Naturwissenschafter im Altertum* in Iwan von Müller's *Handbuch der klassischen Altertumswissenschaft*, v. 1.

［11］ Hermann Hankel, *Zur Geschichte der Mathematik in Alterthum und Mittelalter.* (Leipzig, 1874.)

［12］ J. L. Heiberg, *Litterargeschichtliche Studienüber Euklid.* (Leipzig, 1882.)

［13］ J. L. Heiberg, *Euclidis elementa.* (Leipzig, 1883 – 8.)

［14］ F. Hultsch, Article *Arithmetica* in Pauly-Wissowa's *Real-Encyclopädie*, Ⅱ. 1, P. 1066 – 1116.

［15］ F. Hultsch, *Heronis Alexandrini geometricorum et stereometricorum reliquiae.* (Berlin, 1864.)

［16］ F. Hultsch, *Pappi Alexandrini collectionis quae supersunt.* (Berlin, 1876 – 1878.)

［17］ Gino Loria, *Il periodo aureo della gemetria greca.* (Modena, 1895.)

［18］ Maximilien Marie, *Histoire des sciences mathematiques et physiques*, Tome Ⅰ. (Paris, 1883.)

［19］ J. H. T. Müller, *Beiträge zur Terminologie der griechischen Mathematiker.* (Leipzig, 1860.)

［20］ G. H. F. Nesselmann, *Die Algebra der Griechen.* (Berlin, 1842.)

［21］ F. Susemihl, *Geschichte der griechischen Litteratur in der Alexandrinerzeit*, Band Ⅰ. (Leipzig, 1891.)

［22］ P. Tannery, *La Géométrie grecque*, Première partie, *Histoire générale de la Géométrie él ementaire.* （Paris，1887.）

[23] H. G. Zeuthen，*Die Lehre von den Kegelschnitten im Altertum.* （Copenhagen，1886.）

[24] H. G. Zeuthen， *Geschichte　der　Mathematik　im　Altertum　und　Mittelalter.* （Copenhagen，1896.）

人名索引

Eudemus	欧德莫斯（公元前 4 世纪）
Eudoxus	欧多克斯（公元前 4 世纪）
Eutocius	欧托西乌斯（约 480—?）
Foster, S.	福斯特（?—1652）
Galen	盖伦
Gauricus, L.	高里库斯
Gelon	革隆
Geminus	格米努斯（约公元前 70）
Gongava	贡伽瓦
Gow	高
Gronovius	格罗那韦尔斯
Günther	古恩瑟
Hankel, H.	汉克尔（1839—1873）
Hauber	哈乌伯
Heath, T. L.	希思（1861—1940）
Heiberg, J. L.	海伯格（1854—1928）
Heilermann	黑勒曼
Heracleides, P.	赫拉克利德（约公元前 390—前 339 以后）
Heron	海伦（约 62）
Hipparchus	希帕霍斯（?—公元前 127 以后）
Hippasus	希帕苏斯（约公元前 470）
Hippias	希比亚斯（公元前 400）
Hippocrates	希波克拉底（公元前 5 世纪下半叶）
Horsley, S.	赫斯雷
Hultsch	惠尔慈
Hunrath	胡恩拉斯
Isidorus	伊西多鲁斯（6 世纪）
Krumbiegel	科鲁贝格尔
Lagny, T. F. de	德·拉尼（1660—1734）
Lessing	莱斯英
Livy	列维
Lucian	鲁西安
Macrobius	马克罗比乌斯
Mai	麦
Marcellus	玛塞勒斯
Menaechmus	门奈赫莫斯（公元前 4 世纪中叶）
Minos	米诺斯
Mollweide, K. B.	莫尔韦德（1774—1825）

Then	赛恩
Theodorus	西奥多罗斯（约公元前465—前399以后）
Theodosius	西奥多修斯（公元前2世纪下半叶）
Theon	（亚历山大里亚的）泰奥恩（约390）
Torelli	陶瑞利
Tropfke，J.	特罗普克（1866—1939）
Tzetzes，J.	采齐斯
Valla，G.	瓦拉（约1430—1499）
Venatorius，T.	维那图留斯
Vitruvius	维特鲁维乌斯（约公元前25）
Wallis，J.	瓦里斯（1616—1703）
Wissowa，P.	威斯瓦
Wurm	乌尔姆
Zeuthen，H. G.	塞乌滕（1839—1920）
Zeuxippus	赛克西普斯
Zonaras	伊那拉斯

第 3 版后记

1998 年 10 月，《阿基米德全集》汉译本在陕西科学技术出版社出版发行. 这是我国首次全面介绍古希腊伟大的数学家、力学家阿基米德的著作.

初版 12 年后的 2010 年，重新修订再版了《阿基米德全集》. 关于这次修订所做的改动，在本书开头的"2010 年修订版前言"中作了简要说明.

又过了 12 年，这次是《阿基米德全集》汉译本的第 2 次修订再版. 修订工作由主要译者朱恩宽先生完成，校正了已经发现的错误，改正了以前排版与插图上的疏漏. 根据所发现的一些最新研究成果，增加了几处与本书内容相关的注解. 内容篇章完全依照第 2 版. 继续保留了在第 2 版添加的汉译者附录"阿基米德与杠杆原理"，这篇文章是朱恩宽先生研究阿基米德数学思想的心得，也可作为学习阿基米德数学思想的导读.

此次修订，将开本改成了 16 开重新进行了排校，是为了与我社出版的另外三部古希腊经典数学著作（《欧几里得几何原本》，阿波罗尼奥斯《圆锥曲线论（Ⅰ－Ⅳ）》，阿波罗尼奥斯《圆锥曲线论（Ⅴ－Ⅶ）》）新版形式配套.

汉译本《阿基米德全集》原责任编辑赵生久先生参与了此次修订与排校的全过程，在此表示感谢.

陕西科学技术出版社

2022 年 4 月

《欧几里得几何原本》汉译本简介

欧几里得（Euclid，约公元前330—前275）是古希腊第一大数学家，他的最重要的著作《几何原本》（Elements）是用公理化方法建立起数学演绎体系的最早典范．对后世数学与科学思想的发展有着深远的影响，在世界数学史上具有十分重要的地位．

《几何原本》共13卷，第1～4卷讲直线和圆的基本性质，其中第1卷首先给出23个定义，接着是5个公设，公设之后是5个公理，公理之后给出48个命题；第2卷包括14个命题，用几何的语言叙述代数的恒等式；第3卷有37个问题，讨论圆、弦、切线、圆周角、内接四边形及与圆有关的图形；第4卷有16个命题，包括圆内接与外切三角形、正方形的研究，圆内接正多边形的作图；第5卷是比例论，给出25个命题；第6卷是相似形理论，共33个命题；第7、8、9三卷是数论，分别有39、27、36个命题；第10卷是篇幅最大的一卷，包含115个命题，主要讨论不可公度量的分类；第11、12、13卷是立体几何和穷竭法，分别有39、18、19个命题．

欧几里得生活的时代距今2000多年，他本人的手稿早已失传，当时尚未发明印刷术，在很长的一段历史时期内，《几何原本》是以各种文字的手抄本到处流传．最早的印刷本是1482年在意大利出版的．从第一个印刷本的出现到19世纪末，世界上各种文字的印刷本达1000多种．

中国最早的汉译本是1607年（明万历年间）由意大利传教士利玛窦（Matteo Ricci，1552—1610）和徐光启（1562—1633）合译的，根据的版本是利玛窦的老师——德国数学家克拉维乌斯（C. Clavius，1537—1612）——校订增补的拉丁文本 Euclidis Elementorum Libri XV（《欧几里得原本15卷》，1574年初版，后多次再版），他们将汉译本定名为《几何原本》。当时仅译了前六卷。250年后，1857年（清咸丰年间），后9卷由英国人伟烈亚力（Alexander Wylie. 1815—1887）和李善兰（1811—1882）共同译出，根据的是英国数字家比林斯利（Billngsleg. Henrg.？—1606）《欧几里得几何原本》的英译本。1865年李善兰又将前六卷和后九卷合刻成十五卷本，后称"明清本"。《几何原本》"明清本"在国内曾多次修订出版，它对于中西文化的交流起了积极作用，促进了我国数学的发展。明清本的最初翻译距今已好几百年，现在不容易找到，而且又是文言文，名词术语不是现代语言，增加了阅读的困难。

1990年陕西科学技术出版社出版了《欧几里得几何原本》汉文白话文译本，陕西师范大学兰纪正、朱恩宽译，辽宁师范大学梁宗巨、张毓新、徐伯谦校订。

《欧几里得几何原本》汉文白话文译本是以目前世界上比较流行的标准的希思（Thomas Little Heath，1861—1940）的英译评注本《欧几里得原本13卷》（1908年初版，1926年再版，1956年新版）为底本进行翻译的。其中包括了欧几里得《几何原本》中的公理、公设、定义及全部十三卷内容，并作了简注。

中国著名西方数学史专家梁宗巨教授为本书写了序和导言。导言对欧几里得传略、《原本》产生的历史背景、版本和流传、各卷的内容及其对我国数学的影响等评论甚详（其中有梁先生多年研究的成果），对理解《原本》很有价值，成为该书结构的重要组成部分。

1992年台湾九章出版社以它为底本，出版了汉文繁体字版本的《欧几里得几何原本》。

2003年6月，陕西科学技术出版社修订再版了汉译本《欧几里得几何原本》，这次再版，由兰纪正、朱恩宽和张毓新三位对原文做了较全面的校订，译者写了再版后记，其中有20世纪80年代以来我国学者们研究《几何原本》的论文综述。

2011年译林出版社将陕西科技出版社2003年修订的《欧几里得几何原本》作为"汉译经典系列丛书"之一再次印刷出版。

2020年5月，陕西科学技术出版社重新修订出版了第3版，16开本精装，定价85.00元．

阿波罗尼奥斯《圆锥曲线论》
汉译本简介

阿波罗尼奥斯（Ἀπολλωνιος，约公元前262—前190）是古希腊大几何学家。他的贡献涉及几何学和天文学，但最为重要的是他在前人工作的基础上创立了完美的圆锥曲线论，它是在欧几里得《几何原本》的基础上演绎推理写就的传世之作《圆锥曲线论》，它几乎使近20个世纪的后人在这方面未增添多少新内容，直到17世纪笛卡尔和费马的坐标几何出现，才使它研究的方法有所替代。

《圆锥曲线论》共8卷，含487个命题，前4卷是基础部分，后4卷为拓广的内容，其中第8卷已失传。

卷 I 有两组共11个定义和60个命题，在命题11、命题12和命题13中，阿波罗尼奥斯从一般的圆锥面上用平面在不同方向截得了三种曲线，即抛物线、双曲线（一支）和椭圆，阿波罗尼奥斯把它们分别称为齐曲线、超曲线和亏曲线，并得出了它们的基本性质。以后就不再利用立体图形而依此基本性质推导圆锥曲线的其他理论。

卷 II 有53个命题，包含着圆锥曲线的直径、轴、切线以及渐近线的性质，还有求圆锥曲线的直径、轴、中心和有条件的切线的作图命题。

卷 III 有56个命题，主要是圆锥曲线有关面积的命题。命题52是与椭圆和双曲线的"焦点"有关的命题，即椭圆上任一点到两"焦点"距离之和是定值；双曲线上的一点到两"焦点"距离之差是定值。

卷 IV 有57个命题，开头讨论圆锥截线的极点和极线的有关命题，其余部分命题论述各种位置的两圆锥曲线可能的切点个数和交点个数。

卷 V 有77个命题，内容很新颖，它的天才表现臻于顶点，它论述如何作出从一个点到圆锥曲线的最小线和最大线位置以及离开时的变化情况。

卷 V 首先证明了从轴上到顶点距离小于或等于正焦弦一半的点到曲线的最小线是该点到顶点的线段（V.4~6），对椭圆来说，轴指长轴，并且从这一点到椭圆的最大线是长轴上的其余部分。

其次讨论轴上到顶点距离大于正焦弦一半的点，这就是所谓的最小线的基本定理。关于抛物线的轴上到顶点距离大于半个正焦弦的点，从这个点朝顶点方向取等于半个正焦弦的一点，过这一点作轴的垂线交曲线，交点与那一点的连线是最小线（V.8）；关于双曲线和椭圆的轴上到顶点距离大于半个正焦弦的点，把中心到这一点的线段分成横截直径比正焦弦，在其分点作轴的垂线交曲线，交点与那一点的连线是最小线（V.8、V.10）。椭圆的轴仍然指长轴。

后面讨论了椭圆的短轴上的点到曲线的最小线和最大线以及最小线与最大线的性质和关系。

一般情况讨论在Ⅴ.51~52中，给出了从轴下一点画出0、1或2条最小线的判别条件。阿波罗尼奥斯使用辅助双曲线，用双曲线与原曲线的交点个数来判定最小线的个数。

　　卷Ⅵ有33个命题，前面部分论述两圆锥截线相等、相似的有关命题。如任何两不同类的截线是不能相似的（Ⅴ.14~15），而双曲线的二支是相似相等的（Ⅵ.16），两平行平面在同一圆锥曲面上截得相似但不全等的二圆锥截线（Ⅵ.26）等。

　　卷Ⅶ共有51个命题，主题是关于共轭直径有关性质的论述：如Ⅶ.12椭圆上任意两共轭直径上正方形之和等于其两轴上正方形之和；Ⅶ.13双曲线的一支上任意两共轭直径上正方形之差等于两轴上正方形之差；Ⅶ.31椭圆或双曲线的一支上任两条共轭直径与其夹角所构成的平行四边形等于其两轴所夹的矩形。Ⅶ.25和Ⅶ.26给出了亏曲线（椭圆）和超曲线（双曲线的一支）都有两轴之和小于其任意两条共轭直径之和。

　　阿波罗尼奥斯《圆锥曲线论》（卷Ⅰ~Ⅳ）汉译本是由［美］绿狮出版社（Green Lion Press）2000年出版的《Apollonius of Perga Conics Books Ⅰ~Ⅲ》英译本（R. Caresby Taliafro译）（修订本）和2002年出版的该书卷Ⅳ的英泽本（Micheal N. Fried译）为底本合译而成。

　　陕西科学技术出版社2007年12月出版了阿波罗尼奥斯《圆锥曲线论》（卷Ⅰ~Ⅳ）汉译本。朱恩宽、张毓新、张新民、冯汉桥译。2018年6月修订本出版，16开本，336千字，定价85.00元。

　　希腊文的阿波罗尼奥斯《圆锥曲线论》卷Ⅴ~Ⅶ已经不复存在，但是阿拉伯文的译本却保留了下来。阿波罗尼奥斯《圆锥曲线论》卷Ⅴ~Ⅶ的汉译本是依据1990年施普林格出版社（Springer-Verlag）出版的《Apollonius Conics Books Ⅴ~Ⅶ》英文和阿拉伯文对照本为底本，以英文内容翻译而成的。该底本的译者G. J. 图默（［美］G. J. Toomer 1934~）依据班鲁·穆萨（Banū Mūsā，9世纪）主持翻译及校订的《圆锥曲线论》（卷Ⅴ~Ⅶ）阿拉伯文译本译成英文并详加注释。

　　陕西科学技术出版社2014年6月出版了阿波罗尼奥斯《圆锥曲线论》（卷Ⅴ~Ⅶ）汉译本。朱恩宽、冯汉桥、郝克琦译。16开本，511千字，定价68.00元。